Excel 2019从入门到精通

视频教学版

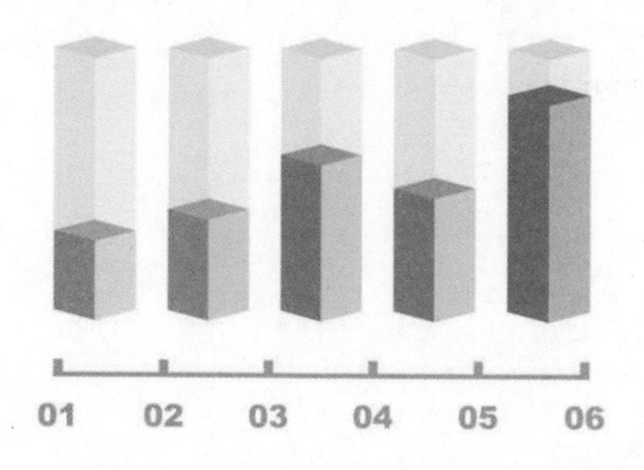

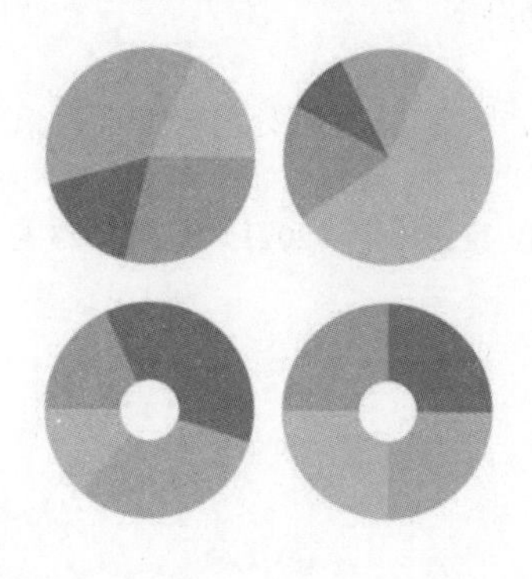

卢启生　编著

清华大学出版社
北京

内 容 简 介

Excel 2019 是一款功能强大、技术先进且使用方便的数据分析和管理软件，是职场常见的办公软件。本书是一本为 Excel 初学者量身定制的办公软件入门教材，配套源文件、课件和教学视频，方便读者快速学习 Excel 办公软件的使用。

本书分为 13 章，第 1~3 章详细介绍 Excel 2019 软件的基本操作；第 4~7 章介绍数据处理的基本操作，包括单元格数据录入处理、公式和函数的应用、图表的处理；第 8~10 章是 Excel 2019 的进阶应用，主要介绍日常工作常用到的数据处理方法；第 11~13 章是 3 个实战案例，解析图表处理、数据录入、数据分析的 3 个实战应用例子。

本书内容详尽，涵盖 Excel 2019 软件日常使用的基本操作，是广大初入职场办公人员的必备学习资料，也适合高等院校和中职学校的师生阅读，同时也可作为计算机及相关专业的培训教材使用。

图书在版编目（CIP）数据

Excel 2019 从入门到精通：视频教学版 / 卢启生编著.—北京：清华大学出版社，2021.4
ISBN 978-7-302-57681-5

Ⅰ. ①E…　Ⅱ. ①卢…　Ⅲ. ①表处理软件　Ⅳ. ①TP391.13

中国版本图书馆 CIP 数据核字（2021）第 045423 号

责任编辑：夏毓彦
封面设计：王　翔
责任校对：闫秀华
责任印制：沈　露

出版发行：清华大学出版社
网　址：http://www.tup.com.cn，http://www.wqbook.com
地　址：北京清华大学学研大厦 A 座　　邮　编：100084
社 总 机：010-62770175　　邮　购：010-62786544
投稿与读者服务：010-62776969，c-service@tup.tsinghua.edu.cn
质 量 反 馈：010-62772015，zhiliang@tup.tsinghua.edu.cn

印 装 者：小森印刷霸州有限公司
经　销：全国新华书店
开　本：190mm×260mm　　**印　张**：21.5　　**字　数**：551 千字
版　次：2021 年 5 月第 1 版　　**印　次**：2021 年 5 月第 1 次印刷
定　价：69.00 元

产品编号：068939-01

前　　言

Excel 2019 是一款功能强大、技术先进且使用方便的数据分析和管理软件，具有强大的制表功能和数据管理功能。在职场上，熟练掌握 Excel 2019 技能后，可以提高工作效率，增强自身的职场竞争力。

本书介绍的基本理论知识、操作方法和技巧同样适用于 Excel 的早期版本，如 Excel 2010 和 Excel 2016。本书采用的实例均源自工作中的常见问题，涉及的大多数操作均可以在实际工作中直接使用。在日常工作中遇到相关问题时，也可以通过目录快速查找类似的操作实例来参考，简单易用。

本书在内容编辑上采用图文详解的方式，读者按照步骤一步一步进行操作即可完成实例的制作；在结构上采用由浅入深的方式，从读者的角度出发，以解决读者在学习过程中遇到的问题和帮助读者掌握实用技能为目标；在内容安排上，层层推进，步步深入，让读者实现“从入门到精通，由知之到用之”的平滑过渡。

本书特点

（1）不论是理论知识的介绍，还是实例的开发，都从实际工作的角度出发，讲解细致，分析透彻。

（2）深入浅出、轻松易学，以实例为主线，图文并茂地进行讲解，即使是零基础的读者也能够轻松掌握书中的知识点并应用于实践中。

（3）实例新颖、与时俱进，结合时下办公常用的 Excel 功能，如图表制作、公式应用、打印设置、专业数据分析，帮助读者解决日常使用 Excel 时常见的问题。

（4）贴心提示，在学习过程中，根据需要在各章使用很多“提示”小栏目，帮助读者走出常见的操作误区，更轻松地理解相关知识点及技巧。

源文件、课件与教学视频下载

本书配套的源文件、课件与教学视频，可用微信扫描右侧的二维码获取（可按页面提示，转发到自己的邮箱中下载）。如果阅读过程中遇到问题，请联系 booksaga@163.com，邮件主题为“Excel 2019 从入门到精通”。

本书读者

- Excel 初学者
- 从事 Excel 数据处理的专业人员
- 高等院校和中职学校的师生
- 办公软件培训机构的学员
- 秘书、助理、销售等职员

编 者

2021 年 1 月

目　　录

第 1 章

初识 Excel 2019

当今的 Excel 摒弃了传统的菜单和工具栏模式，转而使用一种称为功能区的用户界面模式。这是一种“面向结果”的用户界面，操作界面简洁明快，用户操作方便快捷。本章将以 Excel 2019 为例来介绍 Excel 的操作环境。

1.1 Excel 的操作界面

Excel 2019 的操作界面一般包括功能区、快速访问工具栏、“文件”窗口和状态栏这几个部分，本节逐个介绍。

1.1.1 功能区

在 Excel 2019 中，功能区是程序窗口上方的一个区域，相当于一个控制中心，替代了早期版本的菜单和工具栏。功能区实际上是一个命令控制中心，集中了若干围绕特定方案和对象进行组织的选项卡。在选项卡中集成了相关的操作命令控件，这些命令控件被细分为各个组，以便于用户使用。

默认情况下，Excel 2019 的功能区中有 8 个选项卡，每个选项卡中放置了代表 Excel 执行的一组命令控件。在需要执行某项操作时，可以单击选项卡标签打开选项卡，在组中单击相应的命令按钮进行操作，如图 1.1 所示。

功能区中的命令将按照操作进行分组，在组的右下角会有一个按钮，单击该按钮能够打开该组对应的命令窗格或对话框。命令窗格或对话框提供了丰富的设置项，用户可以根据需要来进行设置。例如，打开“剪贴板”窗格，可按照如图 1.2 所示的步骤进行操作。

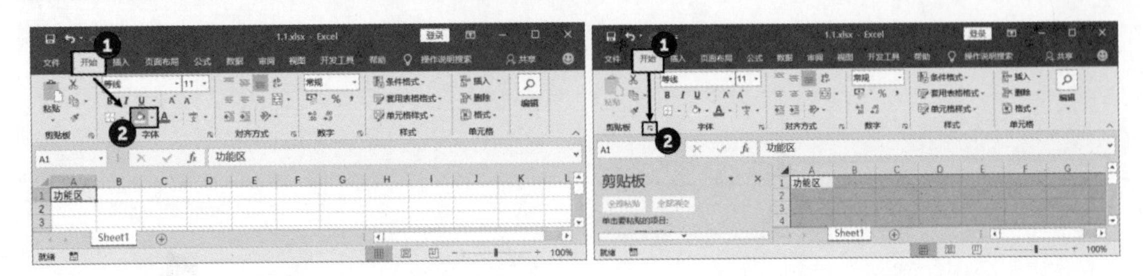

图 1.1　打开选项卡后单击按钮　　　　图 1.2　打开“剪贴板”窗格

Excel 2019 的功能区中除了默认的选项卡外，还包括只在执行特定任务时才出现的选项卡。一种情况是在需要的时候才出现，其能够对选项对象进行操作。比如，在选择表格、图片或绘制的图形等对象时出现的选项卡，这类选项卡称为上下文选项卡，其中包含了对特定对象进行操作的命令。图 1.3 所示为选择工作簿中的图片后获得的上下文选项卡。

当用户切换到某些特殊的创作模式或视图时，将会打开程序选项卡。比如，在为 Excel 工作簿插入图表时，将打开“设计”选项卡，选项卡中提供了与设计操作有关的命令，如图 1.4 所示。

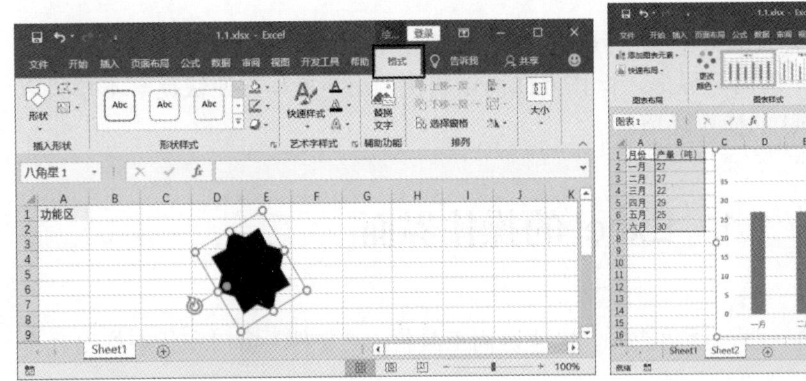

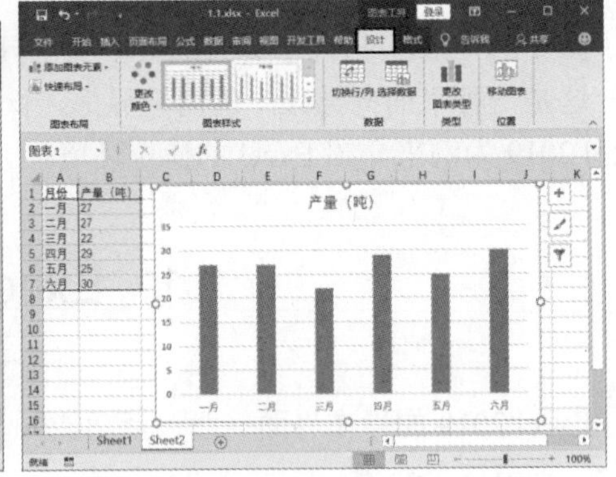

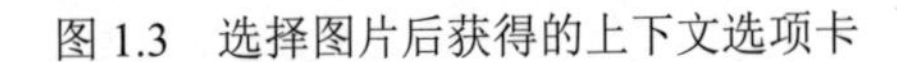

图 1.3　选择图片后获得的上下文选项卡　　　　图 1.4　插入图表时打开的“设计”选项卡

1.1.2　特殊的“文件”窗口

“文件”窗口是 Excel 应用程序的一个特殊窗口，许多与工作簿有关的全局设置和操作都需要从这个窗口开始。在 Excel 2019 中，单击功能区中的“文件”标签，可以打开“文件”窗口，如图 1.5 所示。

“文件”窗口包括 3 个部分：左侧的列表给出相关的操作选项，不同选项窗口中显示内容略有不同；一般情况下，在左侧列表中选择某个选项后，窗口的中间区域将会显示出该类选项的下级操作列表；窗口的右侧区域将显示选择某个选项后的相应信息，或显示该选项的下级操作命令列表，如图 1.6 所示。

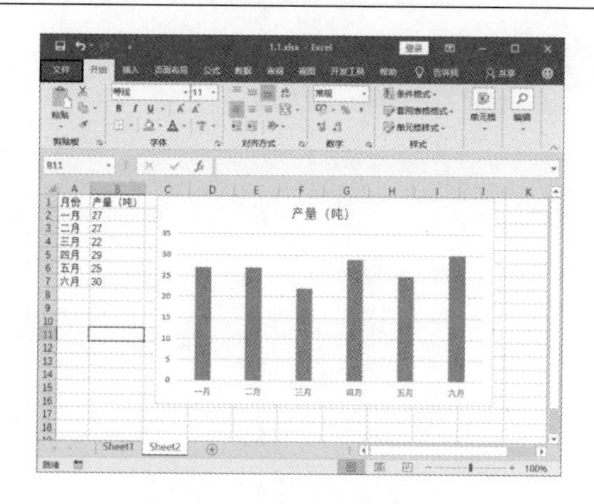

图 1.5　单击“文件”标签

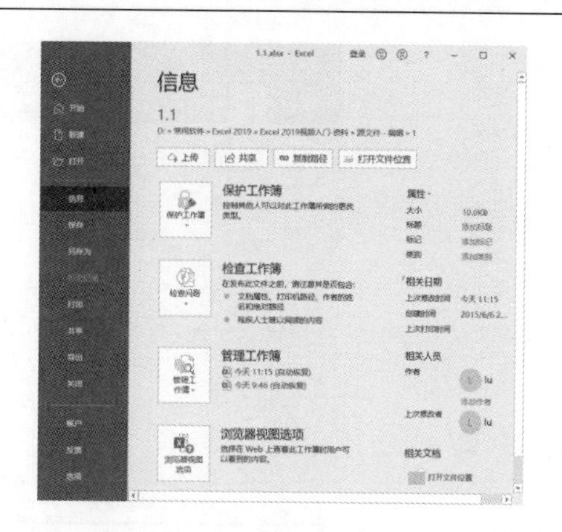

图 1.6　“文件”窗口

如果需要从“文件”窗口返回编辑窗口，可以单击左侧列表上方的“返回”按钮，如图 1.7 所示。

图 1.7　单击“返回”按钮返回编辑窗口

1.1.3　方便的快速访问工具栏

默认情况下，快速访问工具栏位于 Excel 2019 程序窗口的左上方，是一个命令按钮的载体，用于放置各种应用按钮，如图 1.8 所示。一般情况下，在 Excel 2019 中进行某项操作，需要在打开选项卡后找到相应的命令进行操作。如果将常用的命令按钮放置到快速访问工具中，就可以直接进行操作，从而提高操作效率。

图 1.8　快速访问工具栏

1.1.4　从状态栏中获得信息

状态栏是 Windows 应用程序窗口的标准构件，其位于程序窗口的底部，用于显示相关的信息。Excel 的状态栏除了显示相关的信息之外，还放置了某些按钮，用于进行操作，如图 1.9 所示。

在状态栏的左侧依次显示了当前选中单元格包含数值的个数、选中单元格数值的平均值、选中单元格数值的求和值。在状态栏最右侧显示了当前工作簿页面的缩放比例。

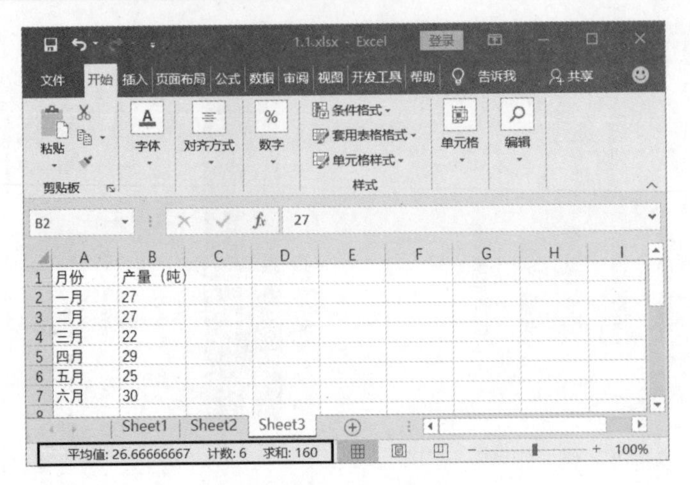

图 1.9　Excel 的状态栏

1.2　自定义操作环境

“工欲善其事，必先利其器”，使用 Excel 进行工作簿操作时，要想充分发挥 Excel 的强大功能，提高工作簿操作的效率，一个方便、熟悉而容易上手的操作界面是必需的。本节将从自定义访问工具栏、功能区、程序窗口的外观和程序窗口元素这 4 个方面来介绍自定义操作环境的使用技巧。

1.2.1　自定义快速访问工具栏

Excel 2019 的快速访问工具栏位于程序主界面标题栏左侧，可以放置一些常用的操作命令按钮。快速访问工具栏是一个命令按钮的容器，用于放置命令按钮，以方便操作。下面以 Excel 2019 为例来介绍快速访问工具栏的设置方法。

1. 在快速访问工具栏中添加和删除按钮

Excel 2019 允许用户向快速访问工具栏中添加常用的命令按钮，同时也允许用户将不需要的按钮从快速访问工具栏中删除，方法如下所示。

（1）单击快速访问工具栏右侧的“自定义快速访问工具栏”按钮，在获得的菜单中选择需要添加到快速访问工具栏中的命令，单击将其勾选，如图 1.10 所示。此时，选择的命令将会被添加到快速访问工具栏中。

（2）在功能区中单击某个标签，打开该选项卡，在需要添加到快速访问工具栏的命令按钮上右击，选择快捷菜单中的“添加到快速访问工具栏”命令，如图 1.11 所示。此时，功能区中的命令按钮可以添加到快速访问工具栏中。

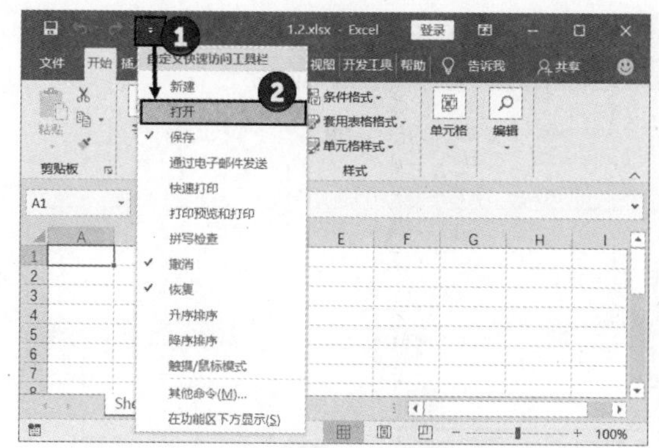

图 1.10　选择需要添加的命令

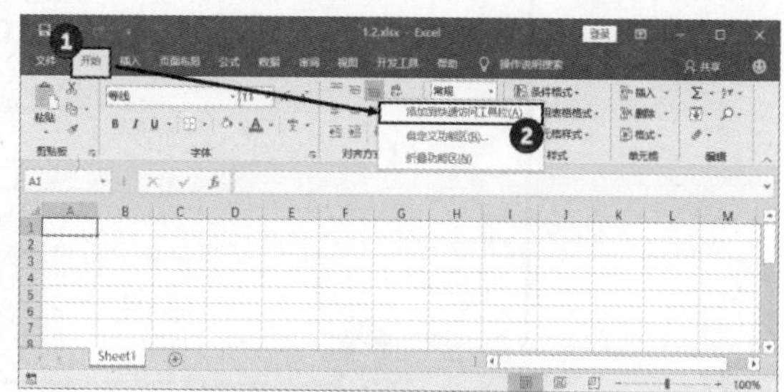

图 1.11　将功能区中的按钮添加到快速访问工具栏中

（3）在快速访问工具栏的某个按钮上右击，选择快捷菜单中的“从快速访问工具栏删除”命令，如图 1.12 所示。此时，选择的命令按钮将从工具栏中删除。

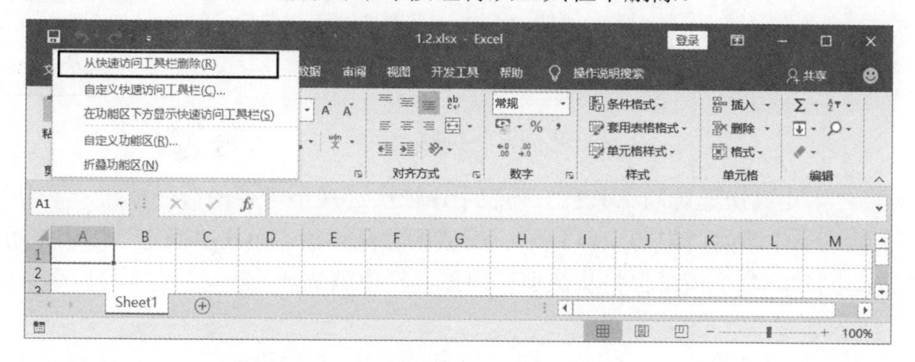

图 1.12　“从快速访问工具栏中删除”命令

2. 在快速访问工具栏中批量增删命令按钮

在自定义快速访问工具栏时，有时需要将不在功能区中的命令按钮添加到快速访问工具栏中，有时需要同时向快速访问工具栏中添加多个命令按钮，此时可以按照下面的方法来进行操作。

（1）启动 Excel 2019，单击“快速访问工具栏”右侧的“自定义快速访问工具栏”按钮，在菜单中选择“其他命令”命令，打开“Excel 选项”对话框，然后在“从下列位置选择命令”列表中选择一个需要添加的命令，单击“添加”按钮将其添加到“自定义快速访问工具栏”列表中，该命令将出现在右侧的列表中，依次向右侧列表中添加其他的命令按钮，在完成命令按钮的添加后，单击“确定”按钮，它们将会同时添加到快速访问工具栏中，如图 1.13 所示。

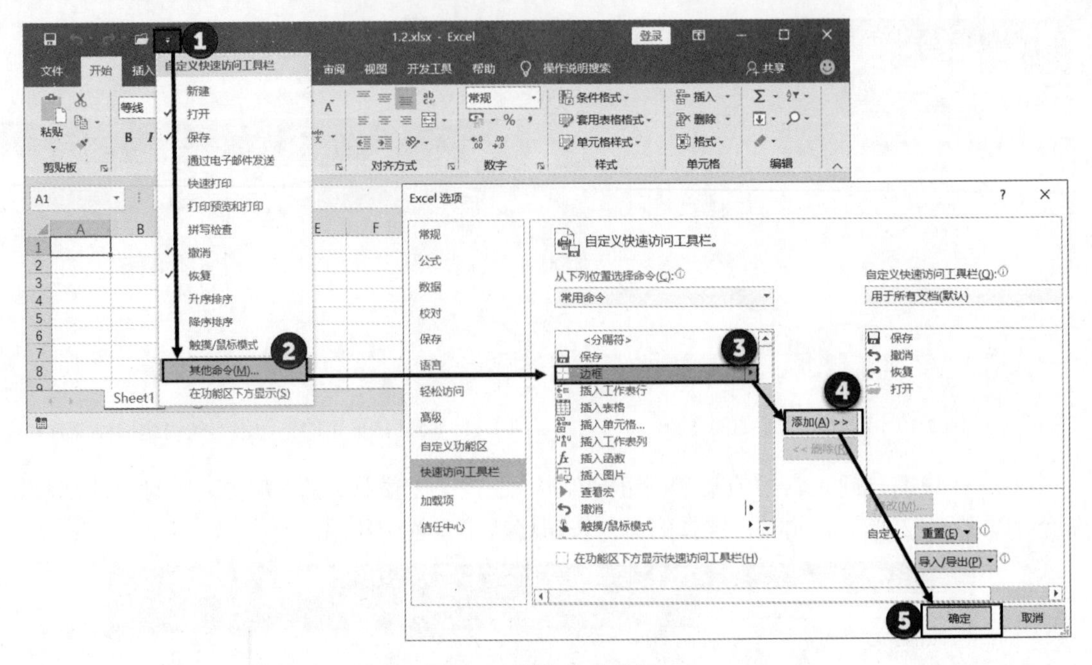

图 1.13　添加命令按钮

（2）在“自定义快速访问工具栏”列表中，依次选择不需要的命令按钮，单击“删除”按钮将它们从列表中删除，如图 1.14 所示。完成删除操作后，单击“确定”按钮关闭对话框，这些从列表中删除的命令按钮也将从快速访问工具栏中消失。

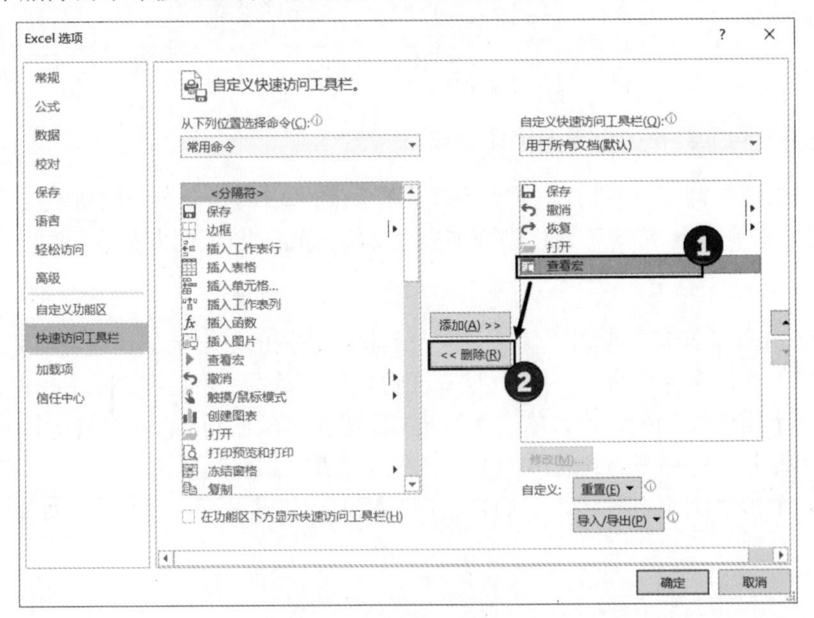

图 1.14　删除命令按钮

（3）在“自定义快速访问工具栏”列表框中选择某个命令按钮，单击列表框右侧的“上移”或“下移”按钮，可以改变命令按钮在列表中的位置，如图 1.15 所示。命令按钮在列表中的位置决定了该按钮在“快速访问工具栏”中的位置。

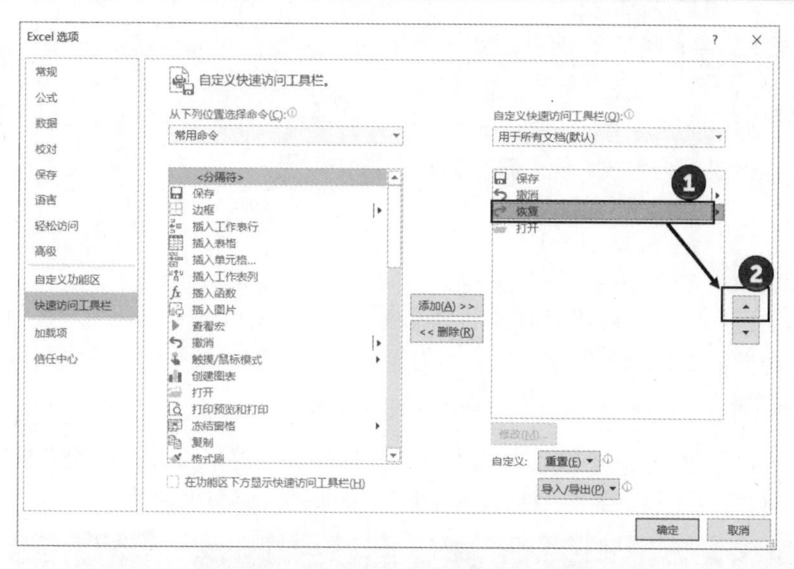

图 1.15　更改命令按钮在列表中的位置

提　示
“自定义快速访问工具栏”下拉列表中除了“用于所有文档（默认）”选项外，还将列出当前所有打开的文档。通过选择相应的选项，用户可以选择自定义的快速访问工具栏是应用于所有的文档还是只针对某个特别的文档。

3. 改变快速访问工具栏的位置

默认情况下，Excel 2019 的快速访问工具栏位于程序窗口的左上角，但这个位置是允许用户根据自己的需要进行更改的，操作方法如下。

（1）单击快速访问工具栏右侧的“自定义快速工具栏”按钮，在打开的菜单中选择“在功能区下方显示”命令，如图 1.16 所示。“快速访问工具栏”将被放置到功能区的下方。

（2）当快速访问工具栏位于功能区下方时，单击快速访问工具栏右侧的“自定义快速工具栏”按钮，在打开的菜单中选择“在功能区上方显示”命令，如图 1.17 所示。“快速访问工具栏”将被重新放置到功能区的上方。

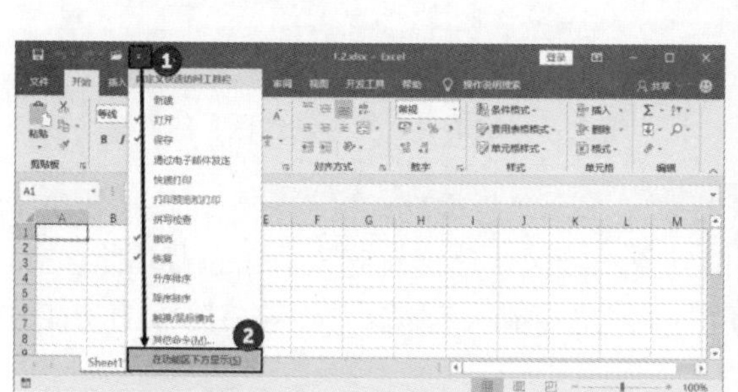

图 1.16　选择“在功能区下方显示”命令

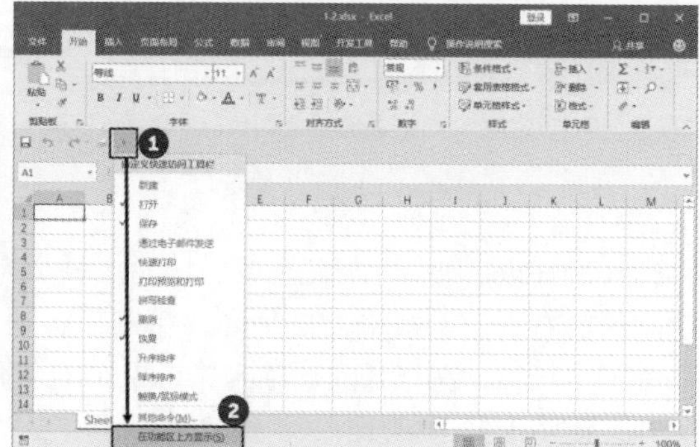

图 1.17　选择“在功能区上方显示”命令

1.2.2 设置功能区

Excel 2019 的功能区是 Excel 操作的出发点，其中集结了进行操作的各个命令，用户可以根据需要对功能区进行自定义，使之符合自己的操作习惯。下面介绍对功能区进行设置的相关技巧。

1. 折叠或显示功能区

功能区位于程序窗口的顶端，能够自动适应窗口大小的改变。实际上，在使用 Excel 应用程序时，有时会觉得功能区在程序窗口中占有了很大的面积，为了获得更大的可视空间，可以将功能区折叠起来。

（1）在功能区的任意一个按钮区域上右击，选择快捷菜单中的“折叠功能区”命令，如图 1.18 所示。此时，在程序界面中将只显示选项卡标签，如图 1.19 所示。

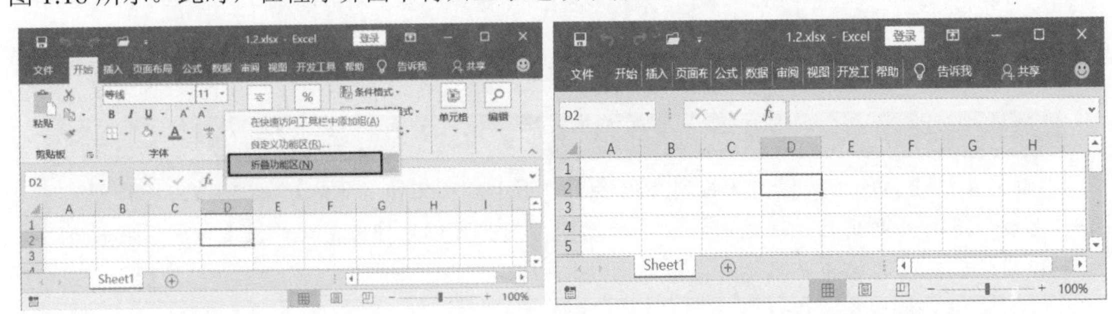

图 1.18 选择“折叠功能区”命令　　图 1.19 主界面只显示标签

在折叠功能区后，单击窗口中的标签，功能区将重新展开，显示该选项卡的内容，如图 1.20 所示。在折叠后的功能区上右击，在快捷菜单中取消对“折叠功能区”选项的勾选，功能区可以重新显示，如图 1.21 所示。

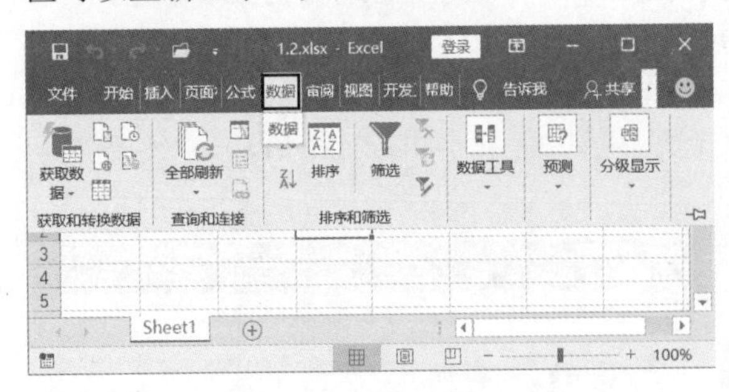

图 1.20 展开选项卡

图 1.21 取消对“折叠功能区”的勾选

（2）Excel 2019 为快速实现功能区最小化提供了一个“折叠功能区”按钮，该按钮位于功能区的右下角，如图 1.22 所示，单击该按钮能够将功能区快速折叠起来。在隐藏功能区后，单击某个标签，在打开的选项卡中，单击右下角的“固定功能区”按钮，能够将隐藏的功能区展开，如图 1.23 所示。

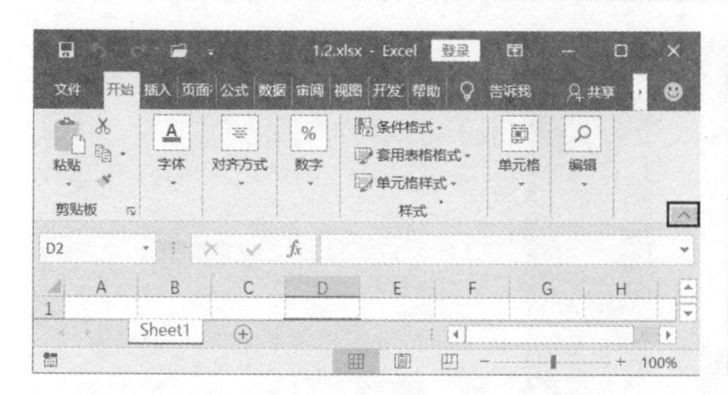

图 1.22　单击“折叠功能区”按钮

图 1.23　单击“固定功能区”按钮

提　示

在功能区上双击当前打开的选项卡标签，能够折叠功能区。在折叠后的功能区选项卡标签上双击，能使折叠的功能区重新显示。按 Ctrl+F1 键可以折叠功能区，再次按 Ctrl+F1 键能使折叠后的功能区重新显示。

（3）单击标题栏右侧的“功能区显示选项”按钮，在打开的菜单中选择“自动隐藏功能区”命令，如图 1.24 所示。此时功能区将被隐藏，再次单击屏幕右上方的“功能区选项”按钮，在打开的菜单中选择相应的选项，即可恢复功能区的显示，如图 1.25 所示。

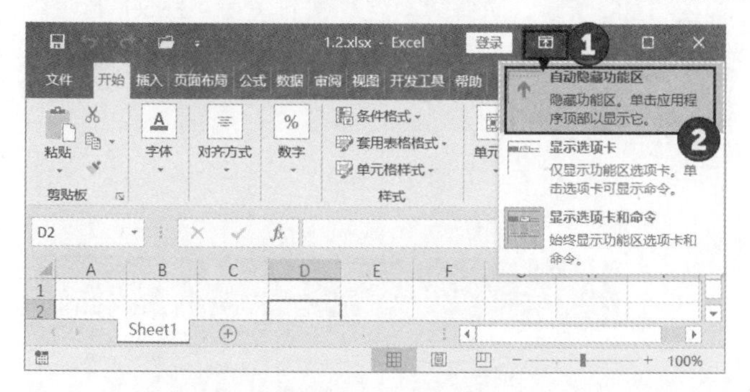

图 1.24　选择“自动隐藏功能区”命令

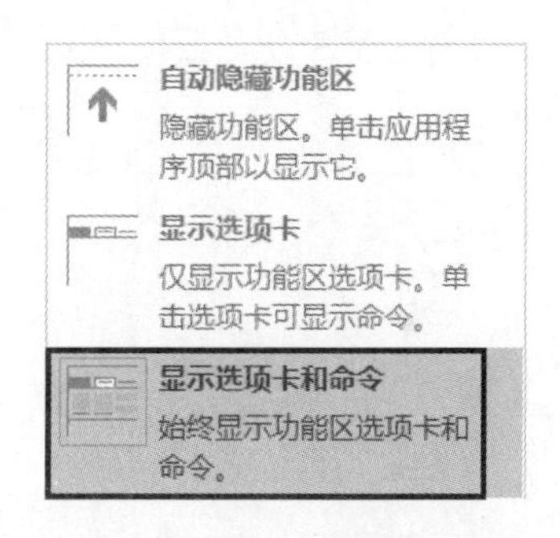

图 1.25　恢复功能区的显示

提　示

单击“功能区显示选项”按钮，在打开的菜单中选择“显示选项卡”命令，将使功能区只显示选项卡标签。如果选择“显示选项卡和命令”选项，则可使功能区解除隐藏，完全显示出来。

2. 设置功能区提示

为了使用户更快地掌握功能区中各个命令按钮的功能，Excel 2019 提供了屏幕提示功能。当鼠标放置于功能区的某个按钮上时，系统会给出一个提示框，框中显示该按钮有关的操作信息，包括按钮名称、快捷键和功能介绍等内容。这个屏幕提示是可以根据用户的需要设置其显示或隐藏的。

01 将鼠标光标放置于功能区的某个按钮上，Excel 会给出按钮的功能提示，如图 1.26 所示。单击程序窗口中的“文件”按钮，在“文件”窗口左侧列表中选择“选项”选项，如图 1.27 所示。

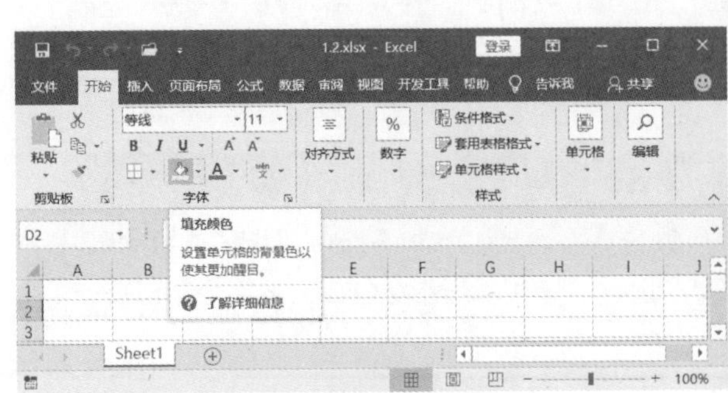

图 1.26　显示功能提示

图 1.27　选择“选项”选项

02 此时，将打开“Excel 选项”对话框。在对话框中的“屏幕提示样式”下拉列表中，选择“不在屏幕提示中显示功能说明”选项，如图 1.28 所示。单击“确定”按钮关闭“Excel 选项”对话框，将鼠标放置于功能区按钮上时，提示框将不再显示功能说明，只显示按钮名称和快捷键，如图 1.29 所示。

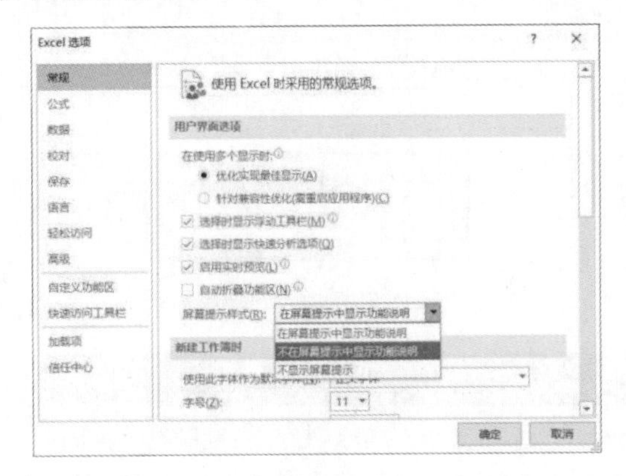

图 1.28　选择“不在屏幕提示中显示功能说明”选项

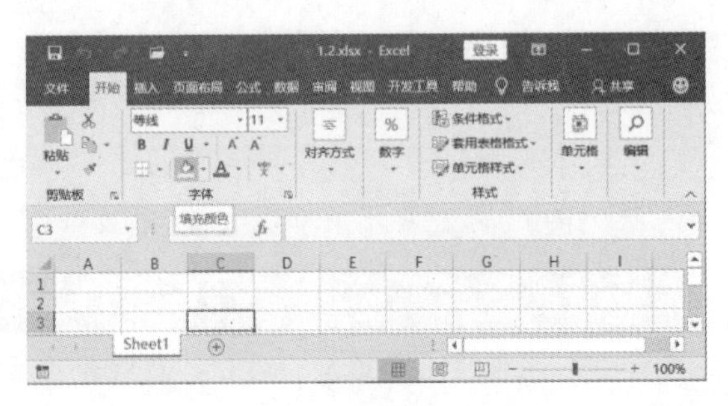

图 1.29　不显示功能说明

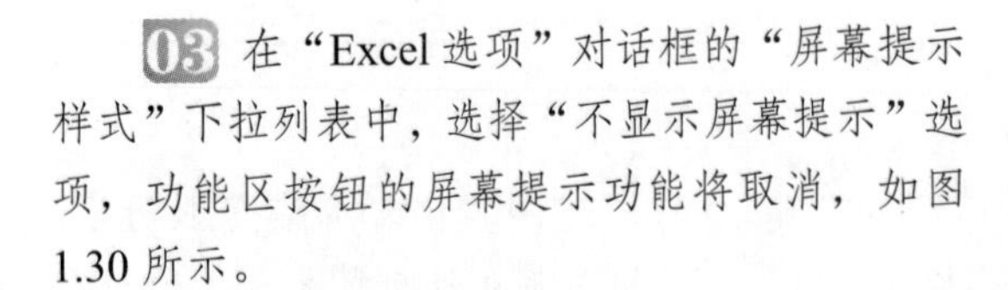

03 在“Excel 选项”对话框的“屏幕提示样式”下拉列表中，选择“不显示屏幕提示”选项，功能区按钮的屏幕提示功能将取消，如图 1.30 所示。

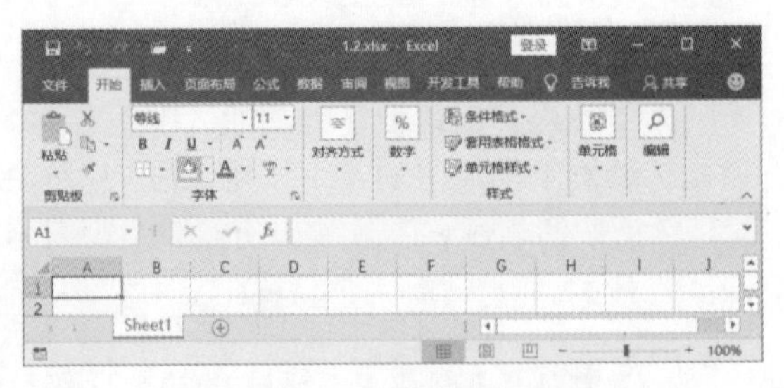

图 1.30　不再显示屏幕提示

3. 向功能区添加命令按钮

默认情况下，并不是所有的命令按钮都出现在选项卡中。如果要使用那些不在功能区选项卡中的命令，就需要先将它们放置到功能区中，下面介绍具体的操作方法。

01 启动 Excel 2019，单击“文件”标签打开“文件”窗口。在左侧列表中选择“选项”选项，打开“Excel 选项”对话框。在“Excel 选项”对话框左侧列表中选择“自定义功能区”选项，单击“新建选项卡”按钮，创建一个新的自定义选项卡，如图 1.31 所示。

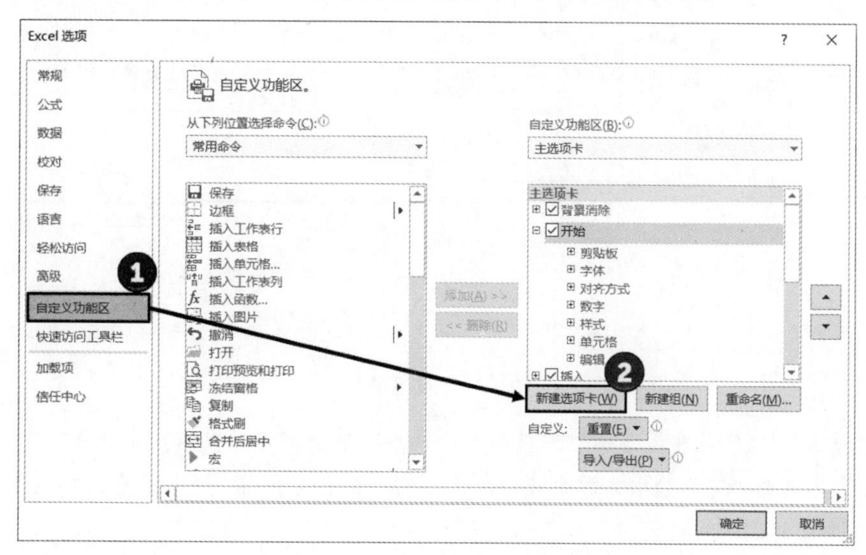

图 1.31　创建自定义选项卡

02 选择“新建选项卡（自定义）”选项，单击“重命名”按钮，打开“重命名”对话框，在“显示名称”文本框中输入文字，为选项卡命名，如图 1.32 所示。完成设置后，单击“确定”按钮关闭对话框。

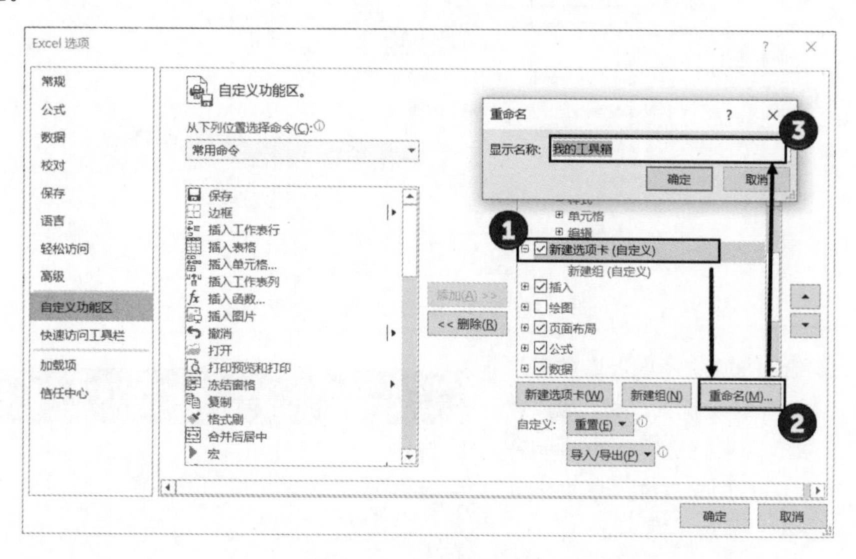

图 1.32　为选项卡命名

03 选择“新建组（自定义）”选项，再次单击“重命名”按钮。在打开的“重命名”对话框的“显示名称”文本框中，输入自定义组的名称，如图 1.33 所示。完成设置后，单击“确定”

按钮关闭对话框。

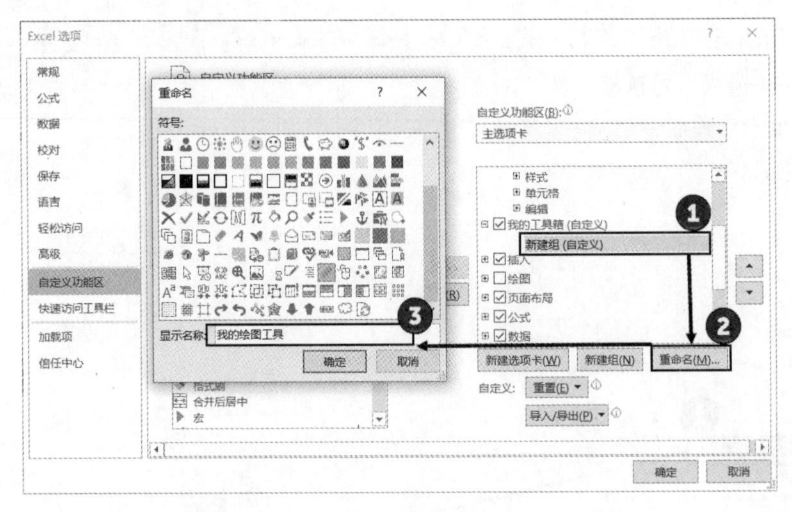

图 1.33　对组命名

04 在“从下列位置选择命令”下拉列表中选择“所有命令”选项，此时其下拉列表显示所有可用的命令，选择“笔”选项，单击“添加”按钮，向自定义组中添加命令，如图 1.34 所示。

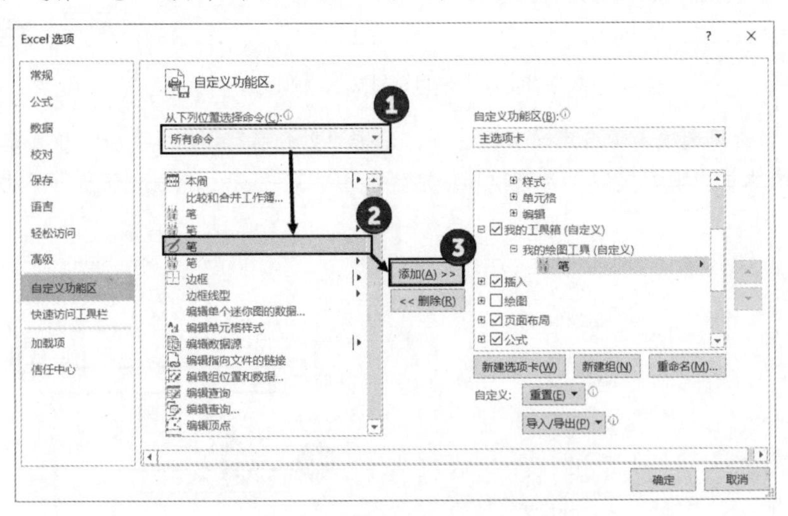

图 1.34　向自定义组中添加命令

05 完成命令添加后，单击“确定”按钮关闭对话框，此时功能区中将出现“我的工具箱”选项卡，在该选项卡中将有一个名为“我的绘图工具”的组，组中将列出添加的所有命令，如图 1.35 所示。

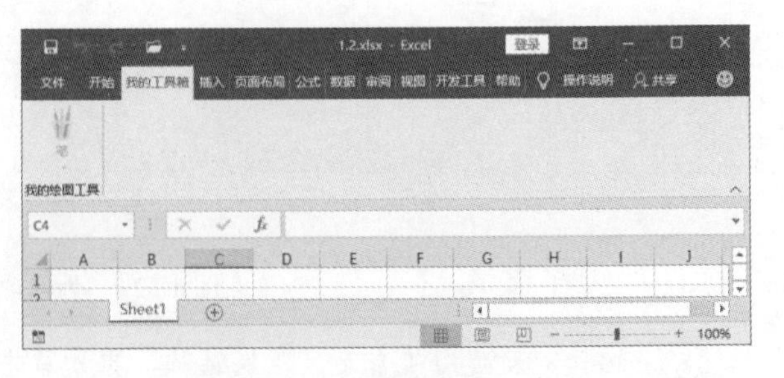

图 1.35　功能区中的新选项卡

提　示

自定义功能区时，命令按钮必须添加到自定义组中。因此，不管是向自定义选项卡，还是向功能区中已有的选项卡添加命令，都必须先在该选项卡中创建自定义组。用户添加的命令只能放在这个自定义组中。

06 在“Excel 选项”对话框的“自定义功能区”列表中，选择一个命令按钮，单击“删除”选项，该命令按钮将从列表中删除，如图 1.36 所示。单击“确定”按钮关闭对话框，命令将从功能区的选项卡中删除。使用相同的方法可以删除功能区中的选项卡和选项卡中的组。

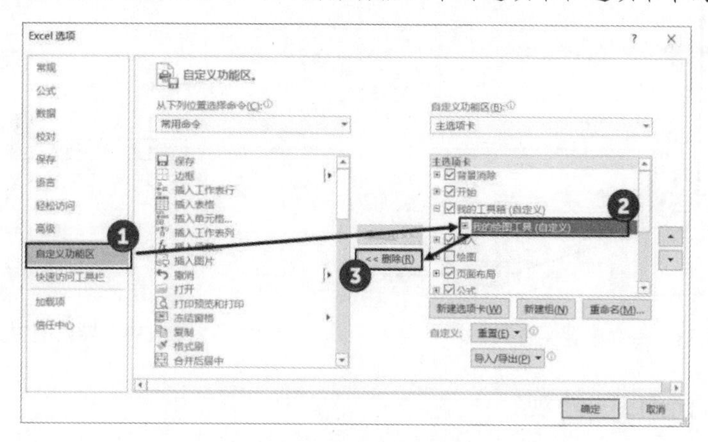

图 1.36　删除按钮选项

4. 在其他计算机上使用熟悉的功能区

设置功能区，使其布局符合自己的操作习惯，可以有效地提高操作效率。然而，当在其他计算机上使用 Excel 2019 时，却不一定是熟悉的那个功能区。重新对功能区进行设置，有时会比较麻烦。此时可以借助于配置文件，将熟悉的功能区直接导入到当前 Excel 中，从而获得与自己操作习惯一致的操作界面。下面介绍具体的操作方法。

01 打开“Excel 选项”对话框，在完成功能区的自定义后，单击 “导入/导出”按钮，在获得的下拉列表中选择“导出所有自定义设置”选项，如图 1.37 所示。

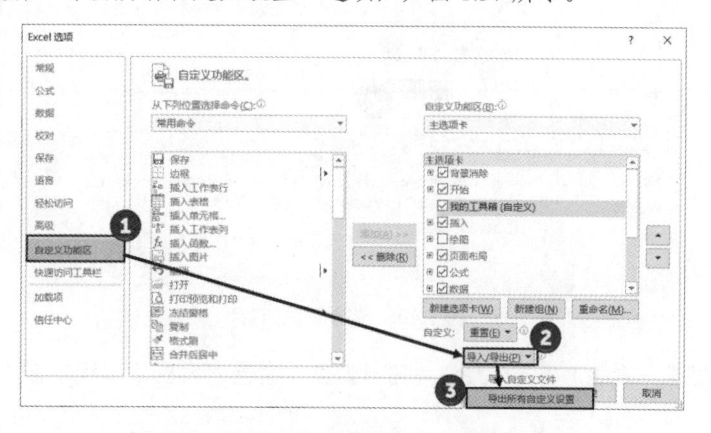

图 1.37　选择“导出所有自定义设置”命令

02 此时将打开“保存文件”对话框，选择文件保存的磁盘和文件夹，在“文件名”文本框中输入文件名。完成设置后，单击“保存”按钮保存文件，如图 1.38 所示。此时，当前功能区和快速访问工具栏的设置将保存在这个配置文件中。

03 在其他计算机上使用 Excel 时，在“Excel 选项”对话框的“导入/导出”列表中，选择“导入自定义文件”选项，打开“打开”对话框，选择需要导入的配置文件后单击“打开”按钮，如图 1.39 所示。此时在 Excel 中可获得相同的功能区和快速访问工具栏。

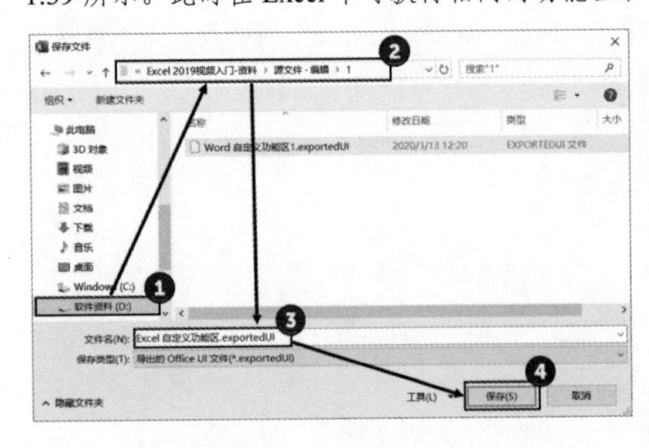

图 1.38 保存配置文件

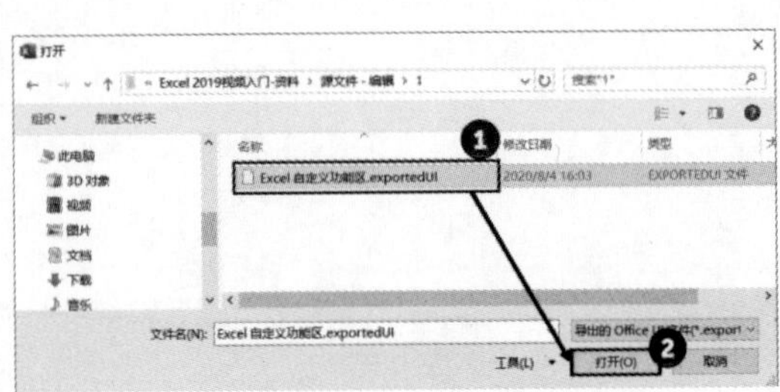

图 1.39 导入配置文件

1.2.3 设置程序窗口的外观

Excel 2019 各个应用程序窗口都有默认的外观，如 Excel 2019 程序窗口默认的配色方案是蓝色。实际上，用户可以根据需要更改应用程序窗口的颜色和背景图案，从而改变程序窗口的外观。下面介绍具体的操作方法。

01 打开“Excel 选项”对话框，在对话框左侧列表中选择“常规”选项，在右侧的“对 Microsoft Excel 进行个性化设置”设置栏的“office 主题”列表中，选择相应的选项，如图 1.40 所示。

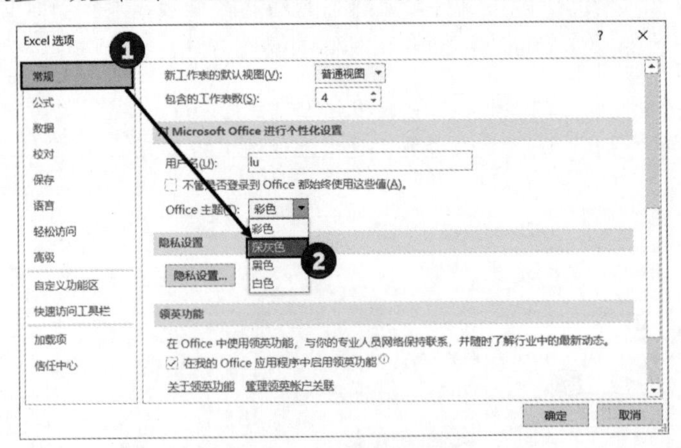

图 1.40 选择颜色方案

02 完成设置后，单击“确定”按钮关闭对话框，颜色方案应用于程序窗口，如图 1.41 所示。

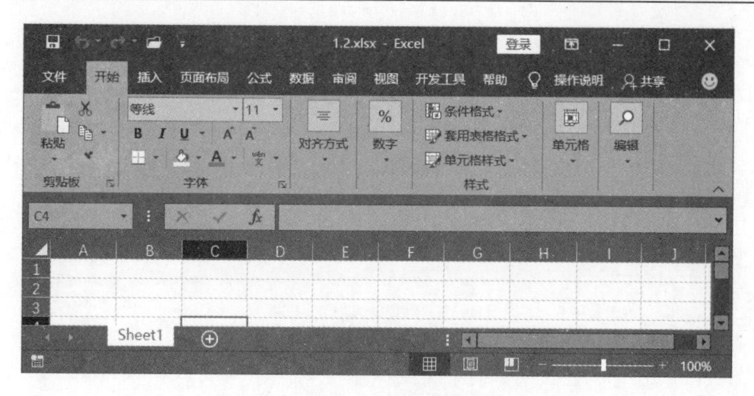

图 1.41　颜色方案应用后的效果

1.2.4　设置程序窗口的元素

可以根据需要对 Excel 2019 应用程序窗口中的构成元素进行设置，使之操作更方便，符合用户的个性化要求。

1. 调整任务窗格

Excel 2019 很多具体的设置需要在任务窗口中进行，默认情况下任务窗格一般停靠在程序窗口的左侧或右侧。将鼠标指针放置到任务窗格的边框上，拖动鼠标可以调整任务窗格的大小，如图 1.42 所示。将鼠标指针放置到任务窗格的标题栏上，拖动鼠标可以移动任务窗格，将任务窗格放置到屏幕的任意位置，如图 1.43 所示。

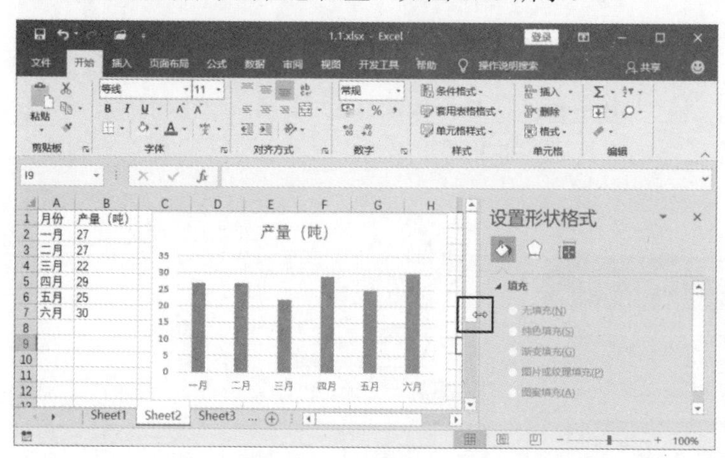

图 1.42　改变任务窗格的大小

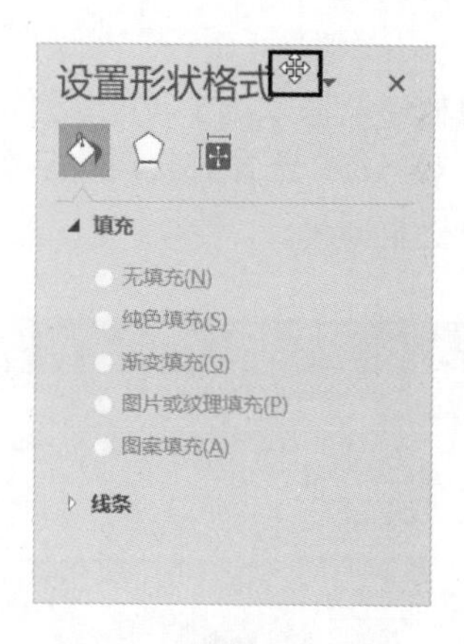

图 1.43　移动任务窗格

单击任务窗格上的“任务窗格选项”按钮，在打开的列表中选择“移动”或“调整大小”选项，同样可以移动任务窗格或调整其大小，如图 1.44 所示。

2. 自定义状态栏

Excel 2019 程序窗口下方的状态栏可以用来显示相关信息。用户可以自定义在这个状态栏中显示哪些信息。右击状态栏，在打开的快捷菜单中勾选相应的选项，则对应信息可以在状态栏中显示，如图 1.45 所示。

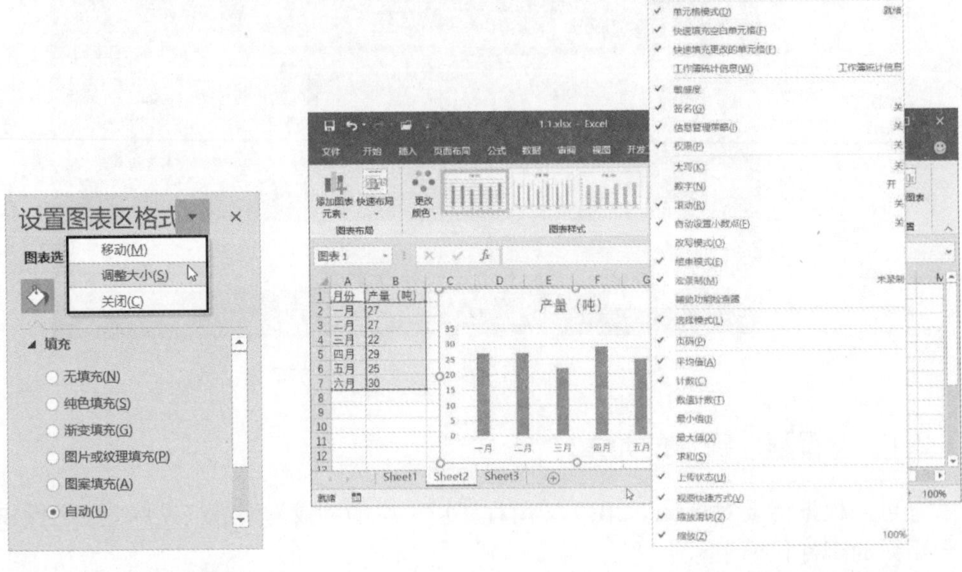

图 1.44 “任务窗格选项”列表　　　图 1.45 选择在状态栏中需要显示的信息

3. 显示或隐藏浮动工具栏

默认情况下，在选择某个对象后，Excel 会在选择对象旁边给出一个浮动工具栏。例如，在 Excel 2019 中选择文字，文字旁出现浮动工具栏，如图 1.46 所示。使用这个浮动工具栏，能够快速实现对选择对象的操作。但是有时候浮动工具栏的出现会干扰编辑工作，此时可以让该工具栏不显示。

打开“Excel 选项”对话框，在左侧列表中选择“常规”选项，在右侧的“用户界面选项”设置栏中取消“选择时显示浮动工具栏”复选框的选择，如图 1.47 所示。单击“确定”按钮关闭对话框，选择对象后将不会显示浮动工具栏。如果需要浮动工具栏显示，只要重新勾选上述复选框即可。

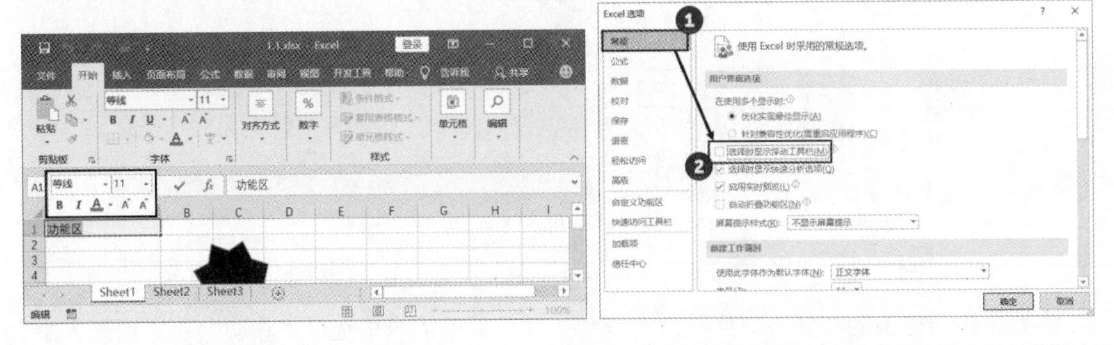

图 1.46 显示浮动工具栏　　　图 1.47 取消“选择时显示浮动工具栏”复选框的勾选

1.3　快捷键与帮助

本节将简单介绍在使用 Excel 2019 时如何使用按键来提高操作效率，以及获取 Excel 帮助的方法。

1.3.1　快捷的操作按键

大家都知道，在对工作簿进行操作时，最快捷的方式是使用快捷键。Excel 应用程序内置了大量的快捷键，操作起来非常方便。正是因为快捷键多，要记住它们并非易事，即使暂时记住了，时间长了也容易忘记。在 Excel 2019 中，如果忘记了某个操作的快捷键，可以使用下面的方法来进行查询。

在程序窗口中按 Alt 键，功能区中将显示打开各个选项卡对应的快捷键，同时也会显示快速访问工具栏中的命令按钮对应的快捷键，如图 1.48 所示。比如“开始”选项卡旁显示字母 H，只需要按 Alt+H 键就可以打开“开始”选项卡。

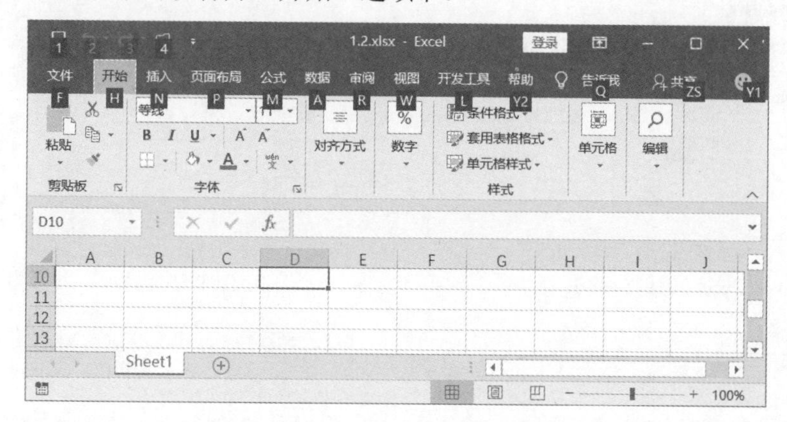

图 1.48　打开选项卡的快捷键

按 Alt 键后再按 H 键，功能区中将显示“开始”选项卡中各个命令按钮对应的快捷键，如图 1.49 所示。此时只需要点击命令按钮旁对应的按键，就可以对选择对象应用该命令了。

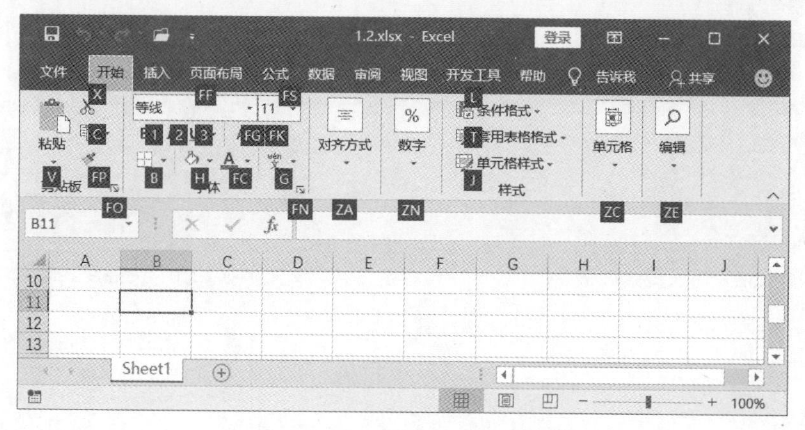

图 1.49　显示命令按钮的快捷键

1.3.2 获取 Excel 帮助

就像家用电器一样，软件都有自己的“说明书”，Excel 应用程序的说明书，包含了大量丰富的官方说明和操作指南，可以帮助用户快速查找相关资源，寻求操作帮助。

在程序窗口中按 F1 键，即可打开“帮助”窗口（Excel 2019 的“帮助”窗口如图 1.50 所示），这里列出了最常用的帮助主题，单击链接文字即可打开相关的帮助内容，如图 1.51 所示。在对话框的搜索文本框中输入搜索关键字，如图 1.52 所示。单击文本框左侧的搜索按钮，对话框中将列出搜索结果，如图 1.53 所示。

图 1.50 Excel 2019“帮助”窗口

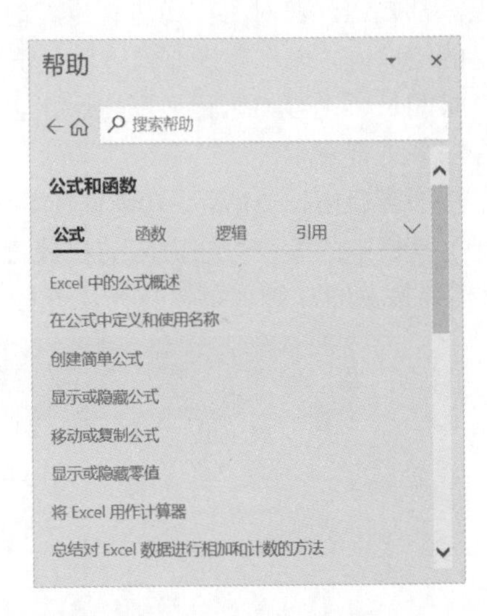

图 1.51 显示帮助内容

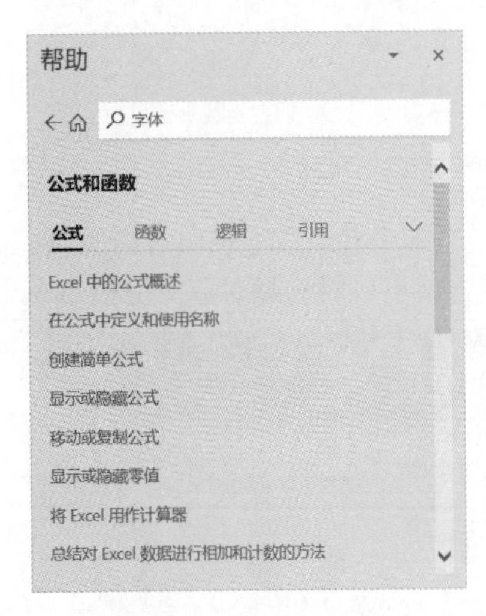

图 1.52 输入搜索关键字

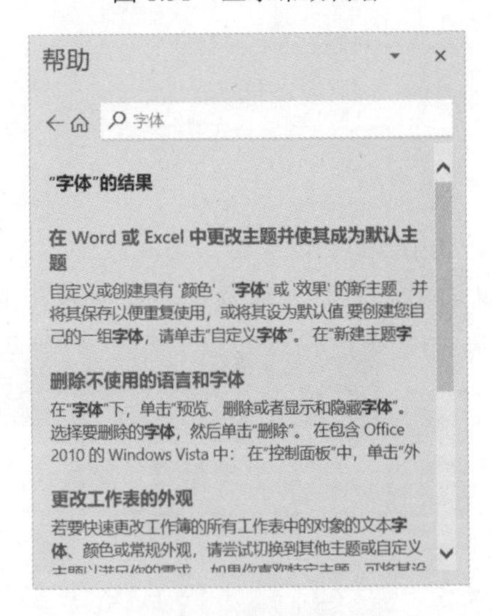

图 1.53 获得搜索结果

第 2 章

工作簿的基本操作

本章正式介绍 Excel 文件的一些操作，包括窗口界面的操作、工作簿的操作，文件的启动和退出，等等。这些是 Excel 学习的第一步，只有创建好工作簿，才能进行表格的一些创作。

2.1 Excel 2019 的启动和退出

应用程序的启动是操作的开始，应用程序的退出是工作的结束。下面以当前主流的 Windows 10 操作系统为例，来介绍 Excel 2019 应用程序的启动和退出技巧。

2.1.1 启动 Excel 2019 应用程序

基于 Windows 操作系统的 Excel 2019，其启动方式与 Windows 应用程序的启动方式完全一样。下面以启动 Excel 2019 为例来介绍 Excel 2019 启动的常用方法。

1. 从“开始”菜单启动

对于 Windows 10 操作系统来说，在正确安装 Excel 2019 后，安装程序会在“开始”菜单中添加用于启动 Excel 2019 的应用程序快捷方式。单击 Windows 窗口左下角的“开始”按钮，在弹出的菜单中单击 Excel 快捷方式，即可启动应用程序，如图 2.1 所示。

也可以单击开始菜单“磁贴”中的 Excel 2019 图表，即可启动 Excel 2019 程序，如图 2.2 所示。

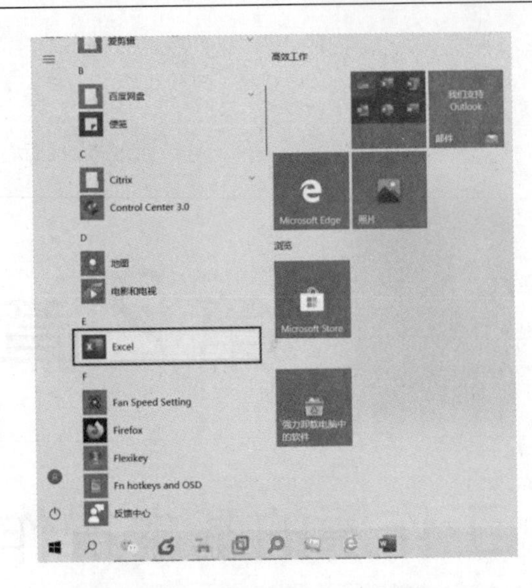

图 2.1　从“开始”菜单启动

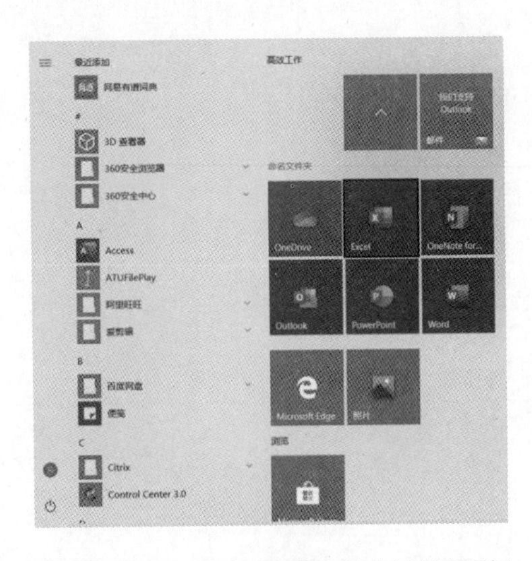

图 2.2　单击“开始”屏幕中的应用程序图标

2．从桌面启动

快捷方式也能完成程序启动和工作簿的打开，无须知道程序在磁盘上的具体位置。下面介绍创建 Excel 2019 桌面启动快捷方式的操作方法。

01 在桌面空白处右击，选择快捷菜单中的“新建”|“快捷方式”命令。此时将打开“创建快捷方式”对话框，单击“浏览”按钮打开“浏览文件或文件夹”对话框，在对话框中找到应用程序，如图 2.3 所示。完成选择后单击“确定”按钮关闭“浏览文件或文件夹”对话框。在 Windows 10 64 位操作系统中，Excel 2019 应用程序默认所在的文件夹为 C:\Program Files\Microsoft Office\root\Office16\。

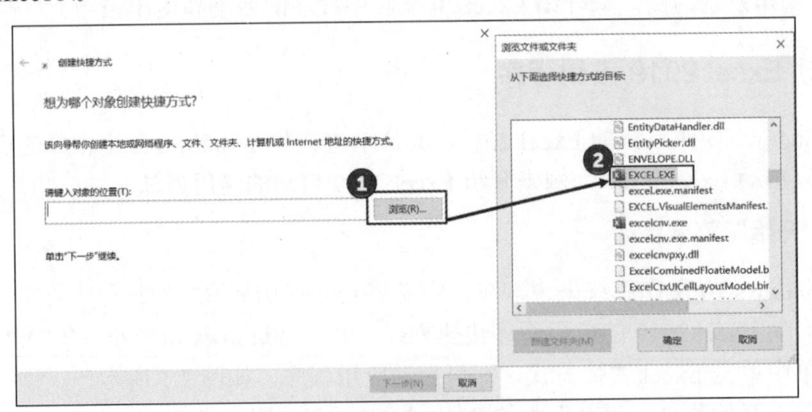

图 2.3　选择应用程序文件

02 在“创建快捷方式”对话框中，单击“下一步”按钮进入下一步操作，在“键入该快捷方式的名称”文本框中输入快捷方式名称，单击“完成”按钮完成快捷方式的创建，如图 2.4 所示。

03 此时，在桌面上将会出现一个名为“EXCEL”的快捷方式，双击该快捷方式图标即可启动 Excel，如图 2.5 所示。

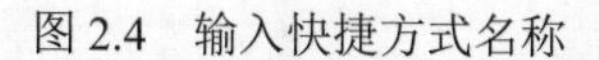

图 2.4　输入快捷方式名称

图 2.5　在桌面上创建快捷方式

提　示

在 Windows 操作系统中创建桌面快捷方式的方法很多。例如，可以直接将“开始”|“所有程序”|“Microsoft Excel 2019”文件夹中对应的命令拖放到桌面；也可以打开 Windows“资源管理器”，找到 Excel 的程序文件后右击，选择“发送到”|“桌面快捷方式”命令，在桌面上创建启动程序的快捷方式。

3．使用快捷键从桌面快速启动 Excel 应用程序

Windows 允许用户为桌面上的快捷方式添加快捷键，通过按键代替双击快速启动应用程序。下面介绍创建快捷键快速启动 Excel 应用程序的方法。

01 右击创建的快捷方式，选择快捷菜单中的“属性”命令，打开“Excel 属性”对话框。在“快捷方式”选项卡中，单击“快捷键”文本框，放置插入点光标，如图 2.6 所示。

02 按键盘上的键，如 W 键，此时系统会自动将快捷键设置为 Ctrl + Alt + W，如图 2.7 所示。单击“确定”按钮关闭对话框，完成快捷键的设置。此时，在 Windows 桌面上按 Ctrl+Alt+W 键即可启动 Excel。

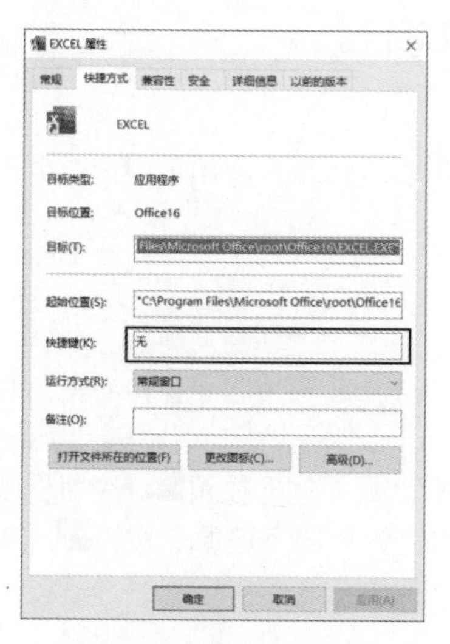

图 2.6　放置插入点光标

图 2.7　设置快捷键

2.1.2 退出 Excel 2019 应用程序

在完成操作后，应用程序需要退出。Excel 2019 应用程序的退出一般可以采用 2 种方式：一种是关闭其应用程序窗口；另一种和所有的 Windows 应用程序一样，单击程序窗口右上角的“关闭”按钮（见图 2.8）。应用程序窗口的关闭意味着程序的退出。

打开 Excel“文件”窗口，在左侧列表中选择“关闭”选项，也可以退出 Excel 应用程序，如图 2.9 所示。

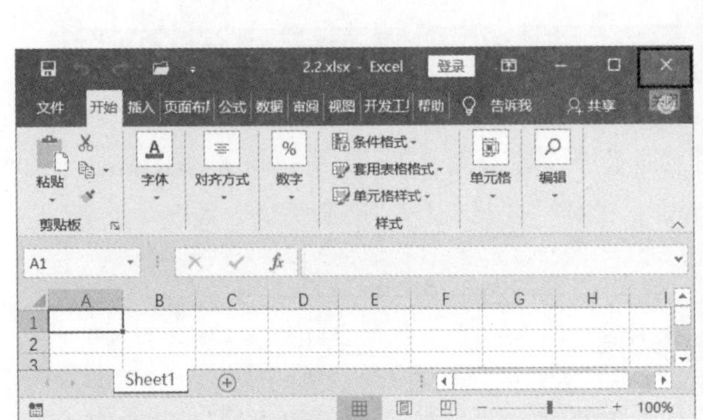

图 2.8 单击“关闭”按钮退出应用程序

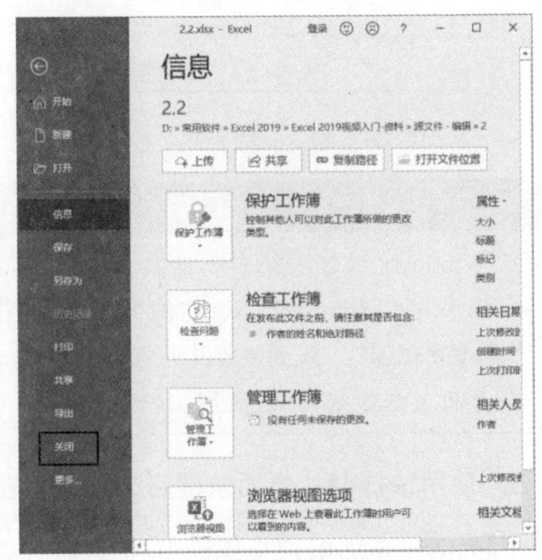

图 2.9 选择“关闭”选项

提 示

在 Excel 应用程序窗口处于激活状态时，按 Alt+F4 键也可以关闭该应用程序窗口，退出 Excel 应用程序。

2.2 操作 Excel 窗口

窗口是 Windows 应用程序的基本元素，程序功能的实现都是在应用程序窗口中进行的。本节将介绍 Excel 2019 程序窗口的操作技巧。

2.2.1 操作程序窗口

程序窗口的操作实际上就是改变程序窗口的状态。在 Excel 应用程序窗口右上角有 2 个按钮，可以帮助用户快速调整窗口的状态，如图 2.10 所示。

单击“最小化”按钮，程序窗口将最小化。单击“最大化”按钮，应用程序窗口将最大化，也就是占据整个屏幕，此时“最大化”按钮将变为“向下还原”按钮，单击该按钮将取消应用程序窗口的最大化，使窗口恢复到开始大小。

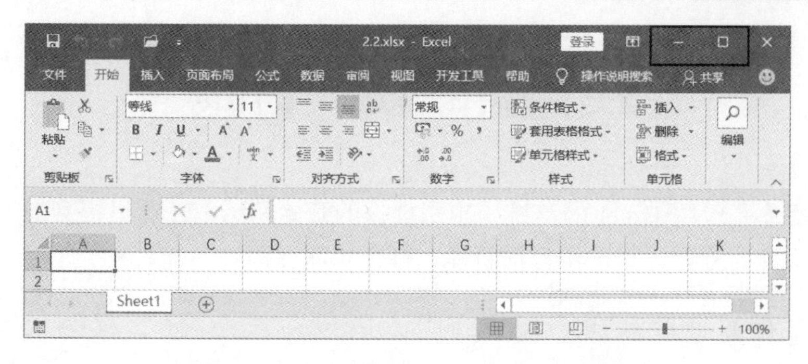

图 2.10　应用程序窗口右上角的 2 个按钮

将鼠标指针放置到 Excel 应用程序窗口的标题栏上，拖动鼠标，可以移动应用程序窗口在屏幕上的位置，将窗口放置到屏幕的任意位置。在 Windows 10 操作系统中，当窗口处于最大化状态时，拖动窗口可以取消其最大化状态，并将其放置到屏幕的任意位置，同时将非最大化的窗口拖放到屏幕的上方，应用程序窗口将自动最大化。

2.2.2　设置窗口大小比例

当 Excel 应用程序窗口处于非最大化状态时，用户可以对窗口的大小进行任意调整。将鼠标指针放置到窗口的边缘或四角处，鼠标光标变为双箭头状，按照箭头的方向拖动鼠标即可调整窗口的大小，如图 2.11 所示。

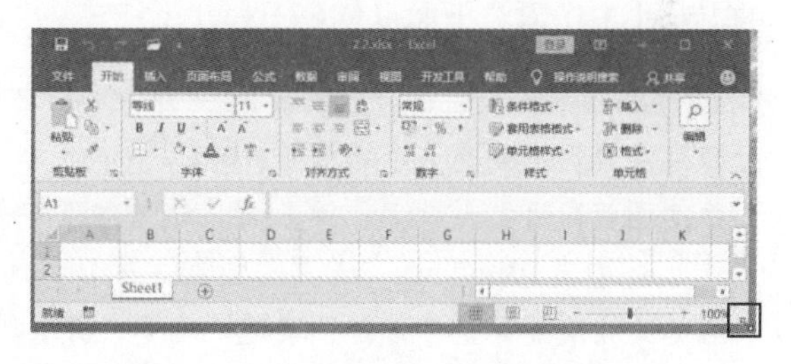

图 2.11　拖动鼠标改变应用程序窗口大小

2.2.3　使用多个窗口

Excel 2019 应用程序组件之间可以进行协同办公，因此有时会同时打开多个应用程序窗口，此时就需要进行多窗口操作。

在打开多个应用程序窗口后，如果需要在多个窗口之间切换，可以将鼠标指针移动到要切换的应用程序窗口中，在窗口的任意位置单击，该窗口即可切换为当前窗口。如果所有的应用程序窗口都处于最大化状态，可以借助于状态栏进行切换。

如果需要切换的是多个相同的应用程序窗口，可以在状态栏中单击该应用程序图标，此时可以打开应用程序窗口组，单击需要切换的窗口缩览图即可，如图 2.12 所示。

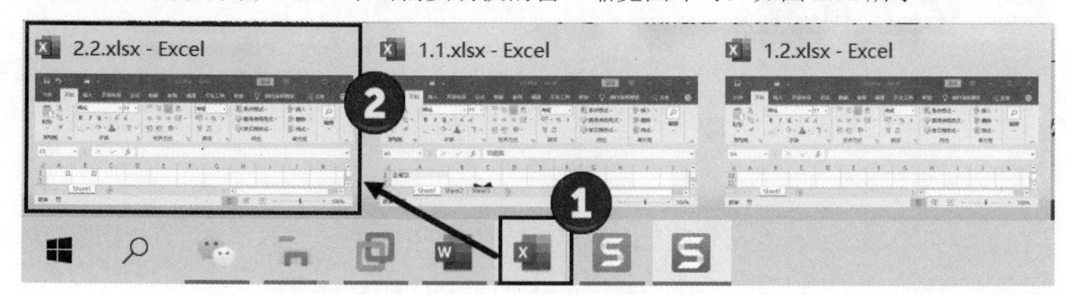

图 2.12　切换应用程序窗口

2.3 操作 Excel 工作簿

工作簿的操作是应用 Excel 的基础，也是操作的开始和结束。这里提到的工作簿是 Excel 应用程序生成文件的总称，其操作包括新建、打开和保存等。

2.3.1 新建工作簿

Excel 2019 应用程序在完成某项工作时，首先需要创建新工作簿。Excel 2019 新工作簿的建立一般分为下面几种情况。

1．不启动应用程序创建新工作簿

在没有启动 Excel 2019 应用程序的情况下，用户可以使用桌面右键快捷菜单命令，在桌面直接创建需要的 Excel 工作簿。同时，在进行文件浏览的过程中，用户同样可以随时创建新的 Excel 工作簿。下面以创建 Excel 工作簿为例来介绍具体的操作方法。

01 在桌面上右击，在打开的快捷菜单中选择“新建”|“Microsoft Excel 工作簿”命令，此时即可在桌面上创建一个新的 Excel 工作簿。为该工作簿指定工作簿名，如图 2.13 所示。双击该工作簿图标即可打开该工作簿，用户便可对工作簿进行编辑。

02 打开 Windows“资源管理器”窗口，选择需要创建 Excel 工作簿的文件夹，在右侧窗格中右击，在快捷菜单中选择“新建”命令，其下级菜单中会出现能够创建的 Excel 工作簿选项，单击需要创建的工作簿命令，如选择“Microsoft Excel 工作簿”命令。此时，在选择的文件夹中将会创建一个空白的 Excel 工作簿，该工作簿的文件名将会突出显示，如图 2.14 所示。输入工作簿名称后，按 Enter 键确认工作簿的更名操作，双击该工作簿即可启动 Excel 2019 对其进行编辑处理。

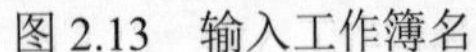

图 2.13 输入工作簿名

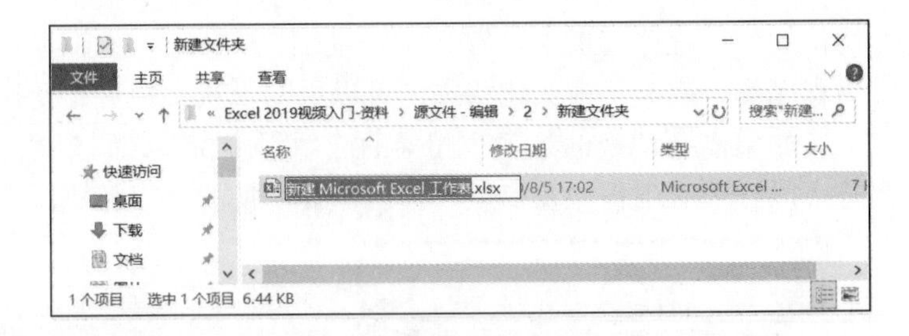

图 2.14 在文件夹中创建 Excel 工作簿

2．在应用程序中创建新工作簿

在启动了 Excel 2019 应用程序后，用户可以创建空白的新工作簿，也可以根据需要选择 Excel 的设计模板来创建工作簿。下面介绍在应用程序中创建工作簿的方法。

01 启动 Excel 2019，Excel 直接打开“开始”窗口，在窗口中选择“空白工作簿”选项即可创建一个新的空白工作簿，如图 2.15 所示。

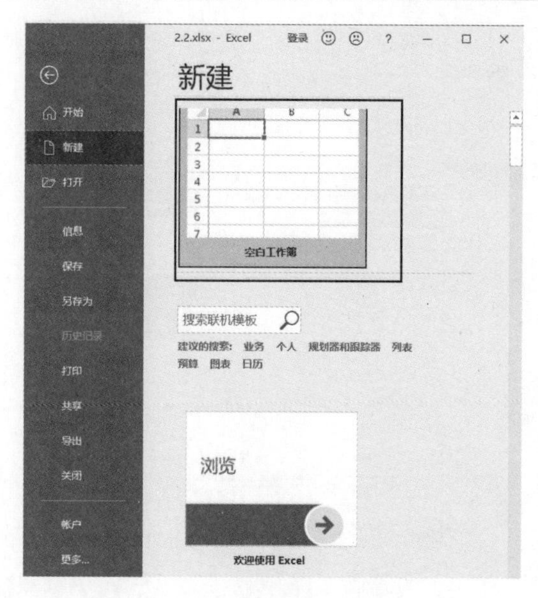

图 2.15　创建空白工作簿

02 启动 Excel 2019，在“开始”窗口中将列出常用的工作簿模板，选择需要使用的模板并单击，如图 2.16 所示。此时出现该模板的提示对话框，在对话框中列出模板的使用说明以及缩览图等信息，单击“创建”按钮，如图 2.17 所示。Excel 将下载该模板并创建基于该模板的 Excel 工作簿，如图 2.18 所示。

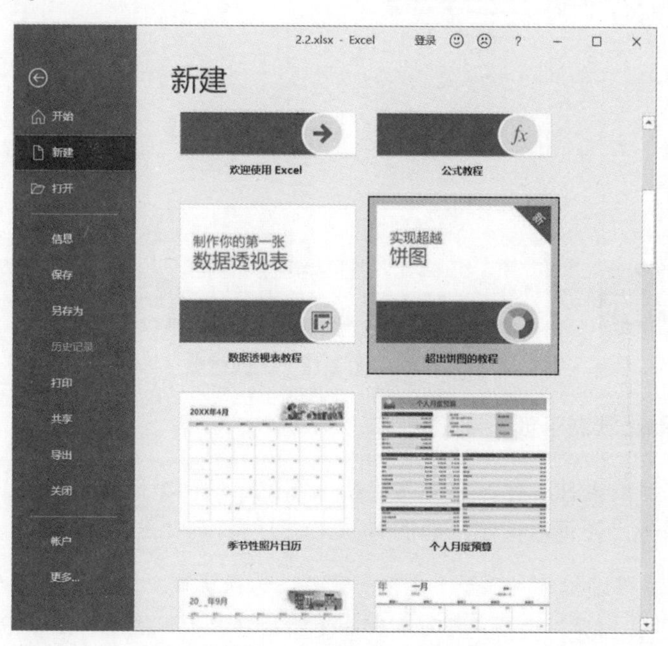

图 2.16　选择需要使用的模板

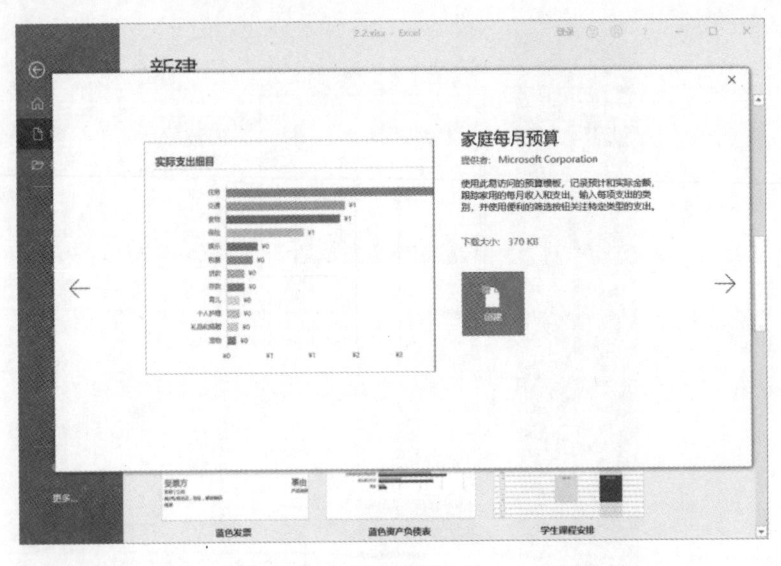

图 2.17　提示信息

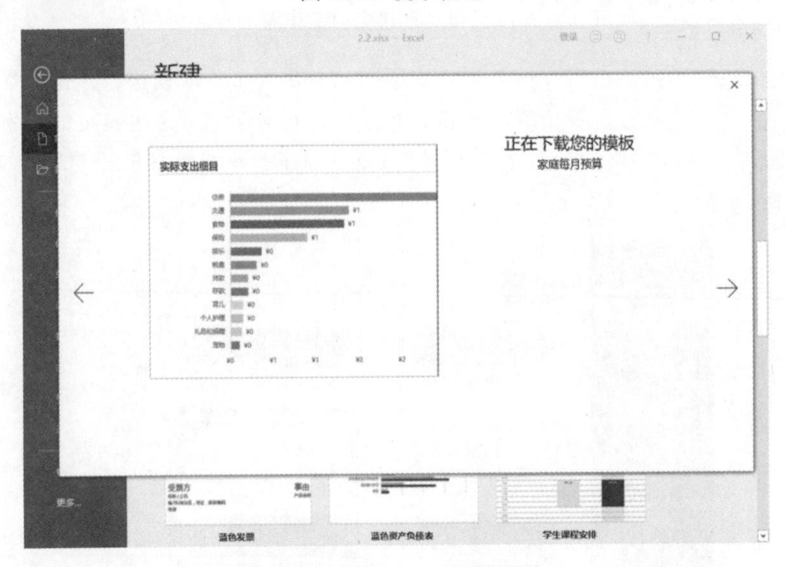

图 2.18　下载模板

3．在工作簿编辑状态下创建新工作簿

在对工作簿进行编辑时，有时需要创建新工作簿，最简单的方法就是直接按 Ctrl+N 键来获得新工作簿。另外，还可以按照下面的方法来进行操作。

01 在进行工作簿编辑时，打开“文件”窗口。选择窗口左侧列表中的“新建”选项，单击窗口列表中的“空白工作簿”选项，即可创建一个新的空白工作簿，如图 2.19 所示。

02 在页面中的“建议的搜索”栏中单击相应的选项，如选择“个人”选项，如图 2.20 所示。此时 Excel 将搜索可用的模板，在页面右侧的“分类”栏中显示模板的分类列表，页面中间栏中选择模板列表，如图 2.21 所示。选择模板后将显示模板提示信息，单击“创建”按钮，即可创建基于该模板的工作簿，如图 2.22 所示。

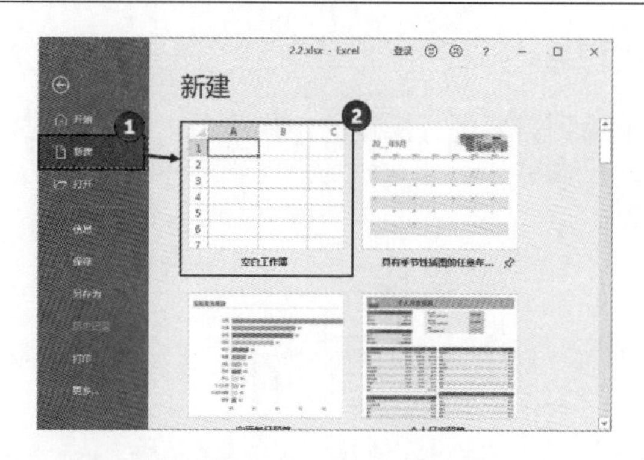

图 2.19　新建工作簿

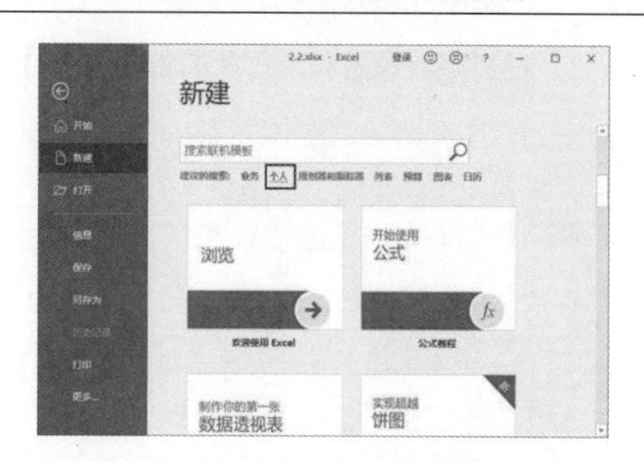

图 2.20　选择“个人”选项

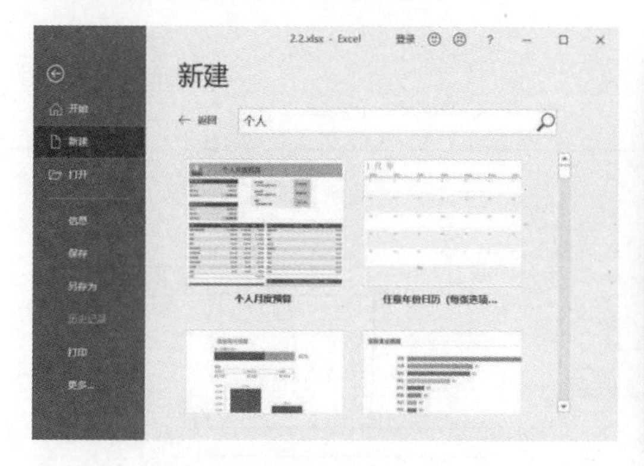

图 2.21　选择模板

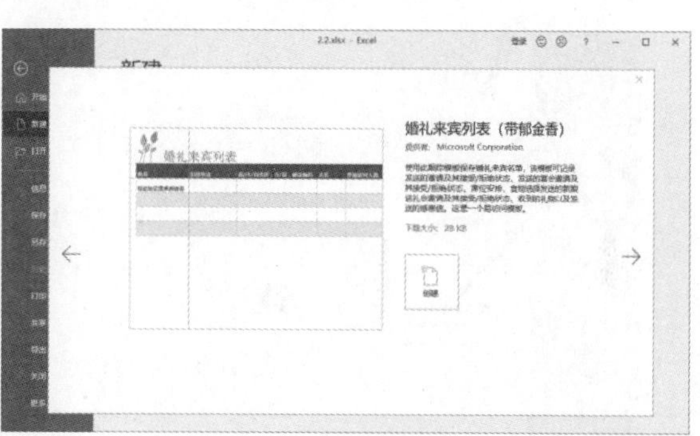

图 2.22　显示模板信息

03 如果在“新建”页面中没有找到需要的模板，可以在搜索框中输入需要的模板名称后单击“开始搜索”按钮，如图 2.23 所示。此时，Excel 将联机搜索模板，可用的模板将列出来，如图 2.24 所示。

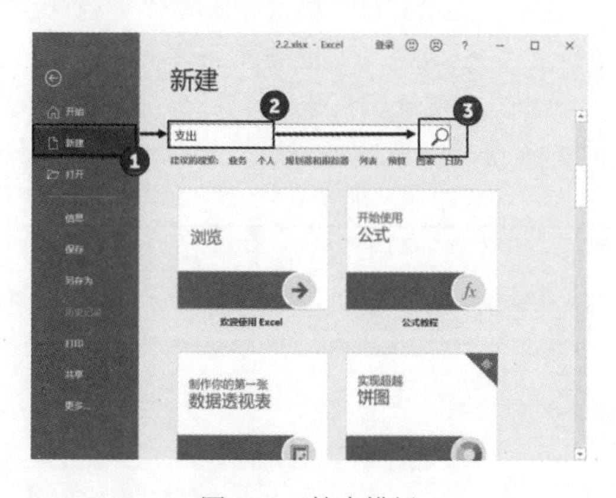

图 2.23　搜索模板

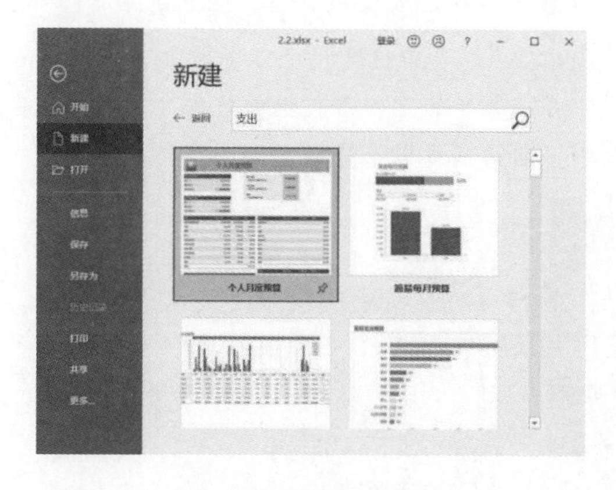

图 2.24　显示搜索结果

2.3.2　打开工作簿

使用 Excel 的一项重要的工作就是对已有的工作簿进行编辑修改。要对工作簿进行编辑修改，首先需要使用 Excel 应用程序将工作簿打开。根据不同的需要，Excel 工作簿有不同的打开方式，下面对工作簿打开的技巧进行介绍。

1. 在资源管理器和工作簿编辑状态中打开工作簿

正如前面介绍的，在 Windows 资源管理器中找到需要进行操作的工作簿后，双击该工作簿，即可使用 Excel 应用程序将其打开。在工作簿编辑状态，如果需要打开另一个工作簿，可以按照下面的两种方法来进行操作。

方法一：

01 打开“文件”窗口，在左侧列表中选择“打开”选项，在中间的“打开”列表中选择“浏览”选项，如图 2.25 所示。

02 此时将打开“打开”对话框，使用对话框找到需要打开的文件，单击“打开”按钮，即可打开该工作簿，如图 2.26 所示。

图 2.25 选择“浏览”选项

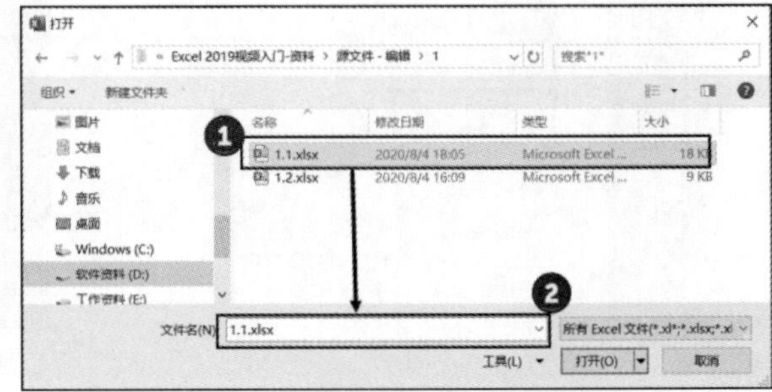

图 2.26 “打开”对话框

方法二：

打开“文件”窗口，在左侧列表中选择“打开”选项，在“打开”列表中选择“这台电脑”选项，右侧列表中搜索栏上方将显示当前工作簿所在的文件夹，用户可以直接单击该文件夹在计算机中寻找需要的工作簿，比如单击“文档”文件夹，如图 2.27 所示。此时将打开“打开”对话框，使用该对话框可以选择磁盘上的文件并打开它，如图 2.28 所示。

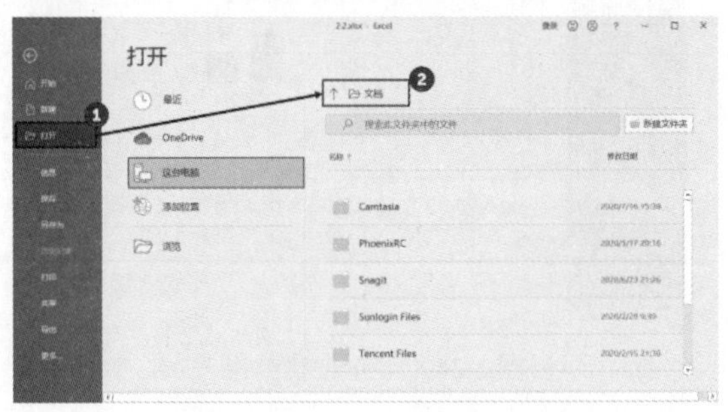

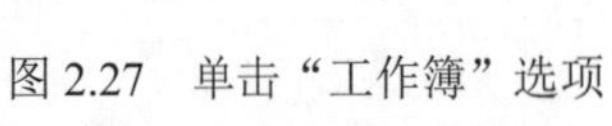
图 2.27 单击“工作簿”选项

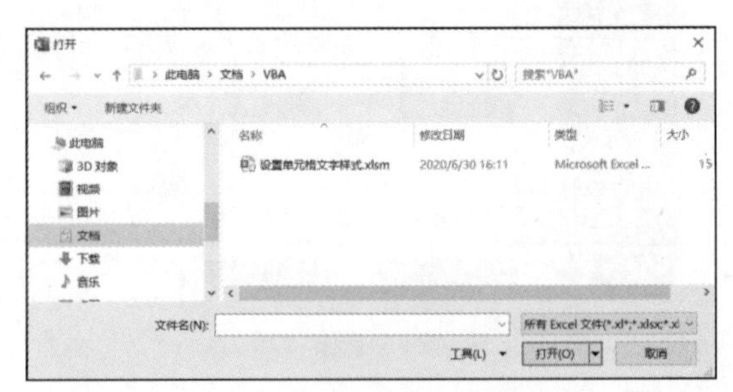

图 2.28 打开“打开”对话框

2. 以副本的方式打开工作簿

在打开已有工作簿时，有时需要以副本的方式打开工作簿。当一个工作簿以副本的方式打开时，用户对工作簿的编辑操作将只在副本工作簿中进行。这样可以有效地使用现有工作簿，提高创建同类工作簿的效率，同时可以避免误操作造成重要工作簿的破坏。下面介绍以副本方式打开工作簿的操作方法。

01 在 Excel 2019 中，单击主界面左上角的“文件”标签，在打开的“文件”窗口中，选择页面左侧列表中的“打开”选项，在窗口中间的“打开”列表中选择“浏览”选项，如图 2.29 所示。

02 在“打开”对话框中选择需要打开的文件后，单击“打开”按钮上的下三角按钮，在打开的下拉列表中选择“以副本方式打开”命令，如图 2.30 所示。此时工作簿将以副本形式打开，在标题栏上显示的工作簿名将自动添加“副本（1）”字样，如图 2.31 所示。

图 2.29 选择“浏览”选项

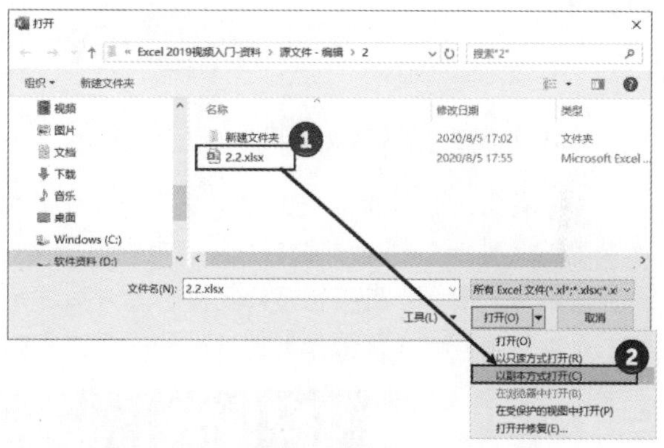

图 2.30 选择“以副本方式打开”命令

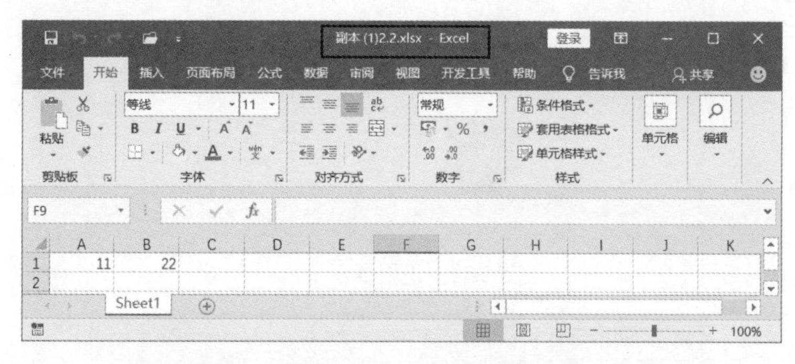

图 2.31 标题栏中显示“副本（1）”字样

提 示

在创建工作簿的一个副本时，Excel 会自动将这个副本文件保存在与指定文件相同的文件夹中。同时，Excel 会根据指定文件的文件名自动为其命名。

3. 在受保护的视图中打开工作簿

在使用 Excel 2019 时，有时只是为了阅读工作簿，而不希望对工作簿进行编辑修改，此时为了避免误操作，可以在受保护的视图中查看工作簿。

01 按照上面介绍的方法打开“打开”对话框，在对话框中选择需要打开的文件，单击“打开”按钮上的下三角按钮，在打开的菜单中选择“在受保护的视图中打开”命令，如图2.32所示。

02 工作簿被打开后将处于受保护视图状态，工作簿不能进行编辑，只能浏览，如图2.33所示。

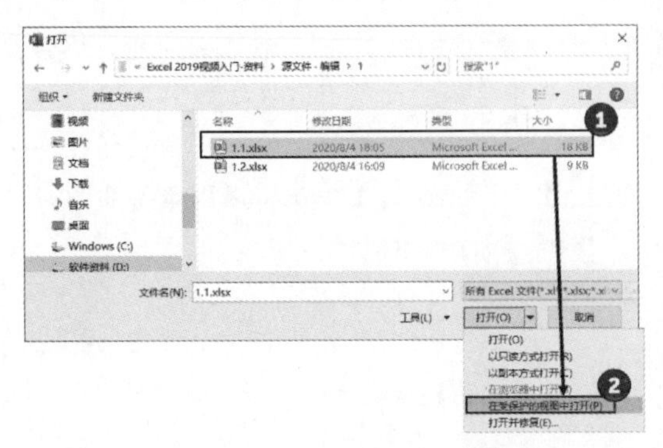

图2.32 选择“在受保护的视图中打开”命令

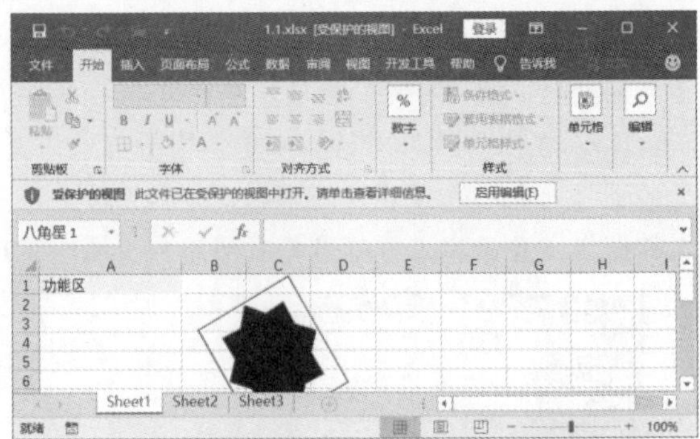

图2.33 受保护的视图状态

03 使用工作簿窗口中的“视图”菜单中的命令，可以对工作簿浏览窗口进行设置，如选择“视图”|“显示”|“编辑栏”命令，可以显示Excel中的编辑栏，如图2.34所示。选择“视图”|“页面布局”命令，根据标尺的尺寸调整对应单元格的大小，如图2.35所示。选择“视图”|“缩放”命令，可以对当前工作表进行缩放，如图2.36所示。

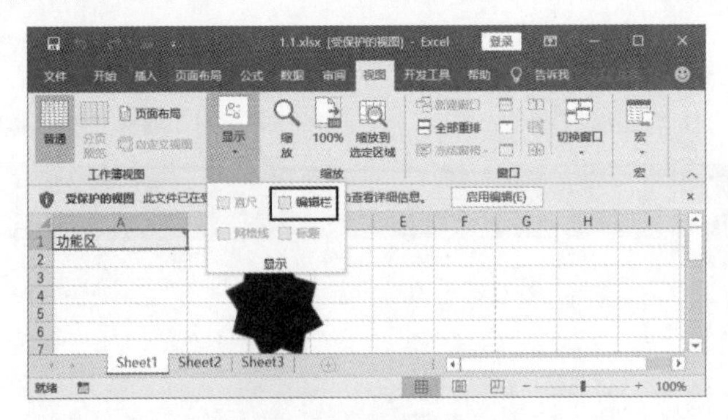

图2.34 设置显示批注

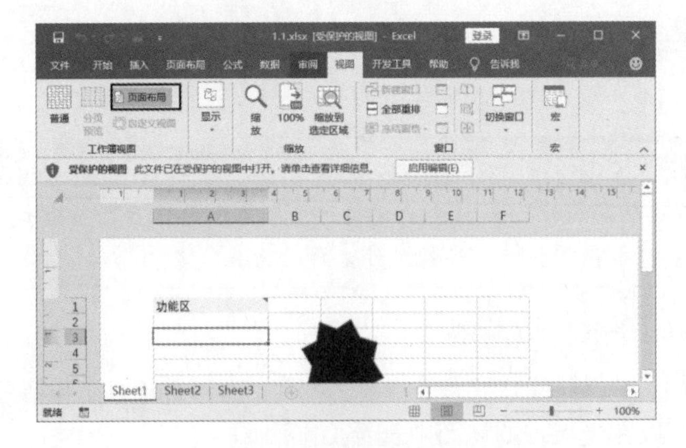

图2.35 设置显示标尺

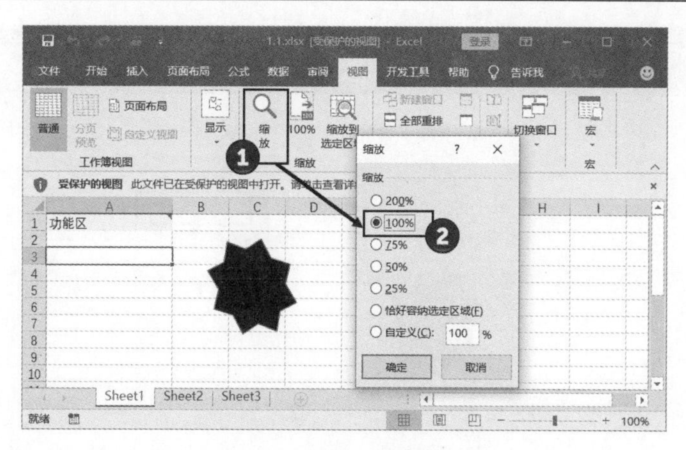

图 2.36　设置页面缩放比例

04 在“开始”菜单中选择“查找”命令将打开“查找和替换”窗格，在其中的搜索框中输入文字，就可以在阅读工作簿中查找需要的内容，如图 2.37 所示。

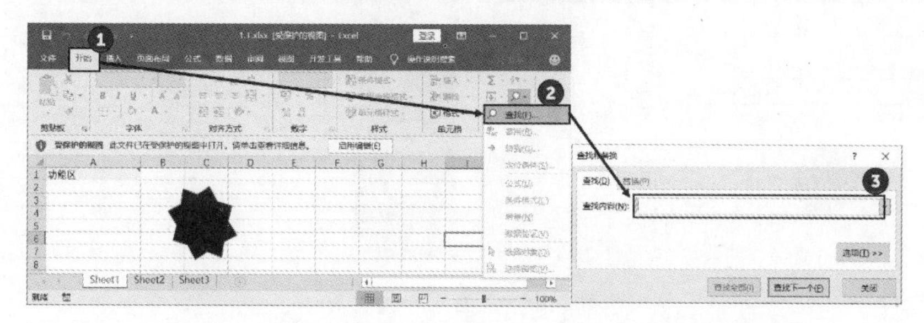

图 2.37　使用“查找”命令打开“查找和替换”窗格

05 单击标题栏右侧的“自动隐藏功能区”按钮，可以将功能区隐藏起来，如图 2.38 所示。

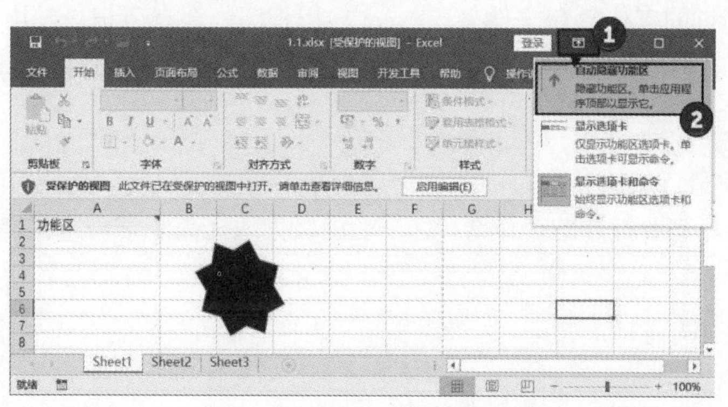

图 2.38　单击“自动隐藏功能区”按钮隐藏功能区

06 如果需要对工作簿进行编辑，可以单击窗口提示栏中的“启用编辑”按钮，如图 2.39 所示。此时将退出受保护的视图，进入普通视图状态，用户可以对工作簿进行编辑处理。单击工具栏下方的“此文件已在受保护的视图中打开。请单击查看详细信息...”超链接，就能在“文件”窗口中查看工作簿的详细信息，如图 2.40 所示。

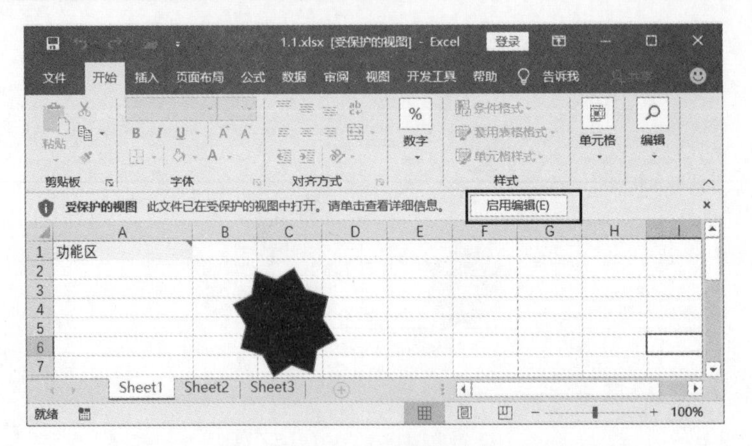

图 2.39　单击“启用编辑”按钮退出受保护的视图

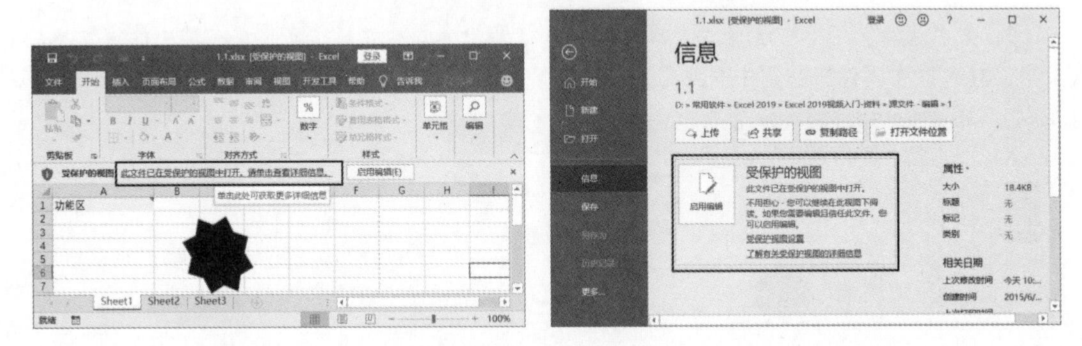

图 2.40　查看工作簿信息

2.3.3　打开最近编辑的工作簿

对于最近使用过的工作簿和文件夹，Excel 应用程序都会有所记录，用户可以通过这些记录直接打开需要的工作簿和文件夹，避免忘掉工作簿放置的位置而找不到工作簿的情况发生。

1. 快速打开工作簿

Excel 2019 将最近编辑处理过的工作簿以列表的形式列出来，用户可以直接查看这个列表，并在列表中选择需要打开的工作簿。这个功能极大地提高了常用工作簿的打开速度，有效地提高了工作效率。

01 打开“文件”窗口，选择“打开”选项。在窗口的右侧列出今天和昨天曾经编辑处理过的工作簿（见图 2.41），单击列表中的工作簿选项即可将其打开。

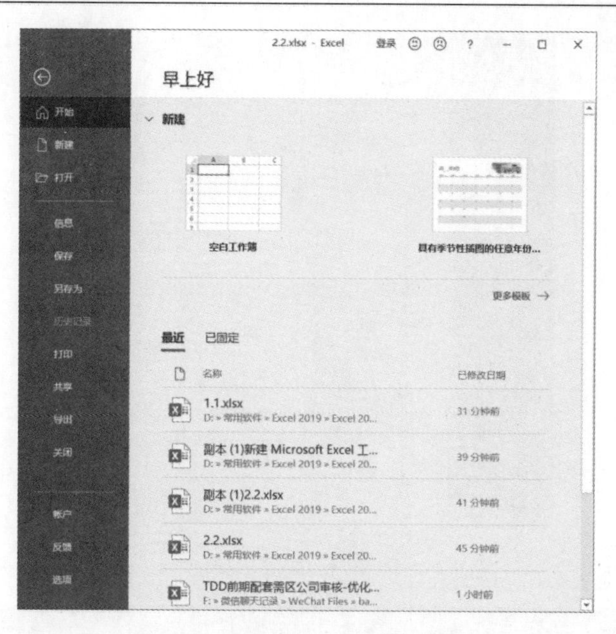

图 2.41 列出编辑处理过的工作簿

02 在“文件”窗口中选择“选项”选项，打开“Excel 选项”对话框，在左侧列表中选择“高级”选项，在右侧窗格的“显示”栏的“显示此数目的‘最近使用的工作簿’”微调框中输入数字，单击“确定”按钮关闭对话框，如图 2.42 所示。此时在“文件”窗口中显示的工作簿数量将改变，如图 2.43 所示。

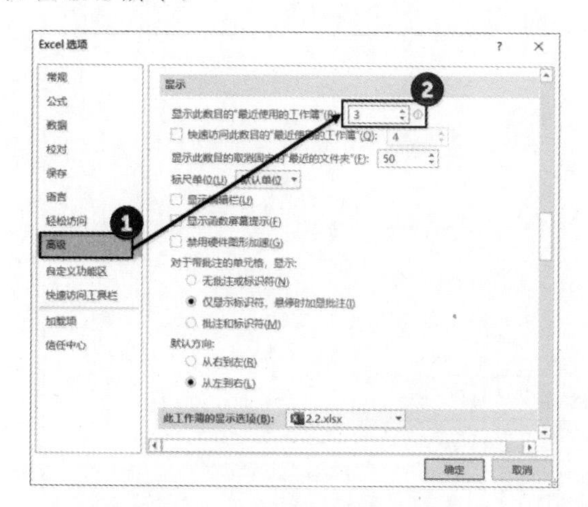

图 2.42 设置显示的工作簿数

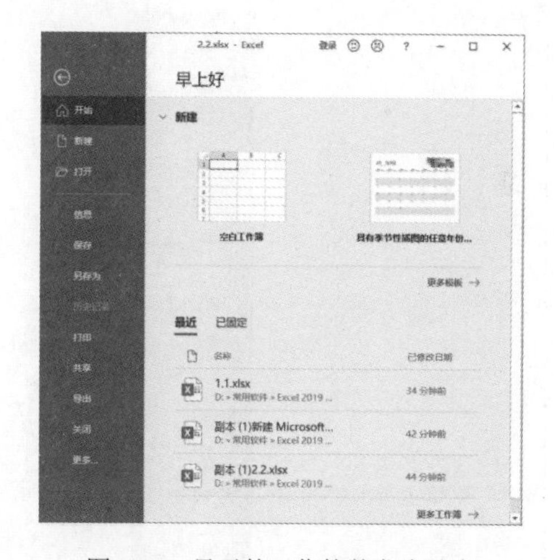

图 2.43 显示的工作簿数发生改变

03 在列表中的某个选项上右击，选择快捷菜单中的“从列表中删除”命令可以删除该文件选项，如图 2.44 所示。

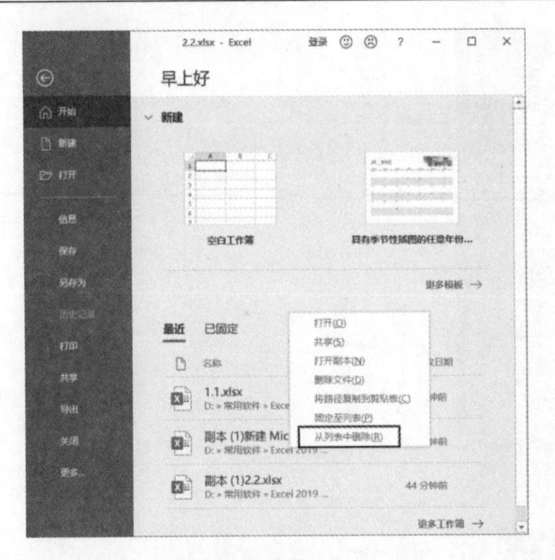

图 2.44　删除选项

提　示

当最近使用的工作簿数目超过了设置的值时，新使用的工作簿将替代列表中旧的工作簿。在快捷菜单中选择“固定至列表”命令，该文件选项将被固定在列表中，不会被新工作簿所替代。当然，直接单击文件选项右侧的“将此项目固定到列表”按钮，同样可以达到固定文件选项的目的，如图 2.45 所示。

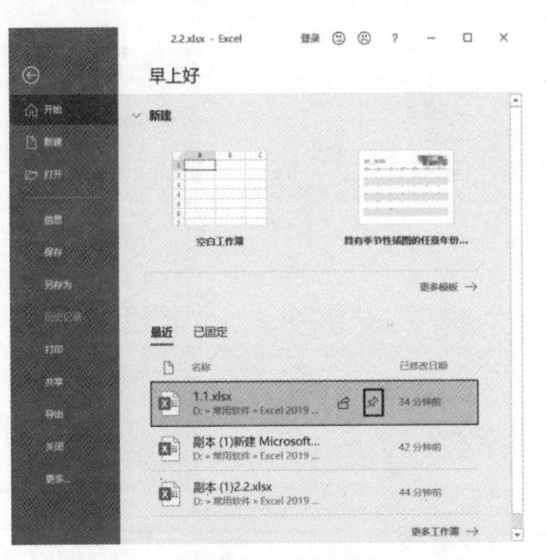

图 2.45　“将此项目固定到列表”按钮

2．快速打开文件夹

为了便于工作簿的管理，编辑处理过的工作簿一般会放置在专门的文件夹中。Excel 应用程序能够记录最近访问过的文件夹，以便用户快速地打开文件夹中的工作簿。

01 在“文件”窗口中选择“打开”选项后，在“打开”列表中选择“这台电脑”选项，在窗口右侧将显示当前工作簿所在文件夹中的所有 Excel 工作簿，如图 2.46 所示。用户可以直接选择打开需要的工作簿。

图 2.46　显示当前工作簿所在文件夹中的工作簿

02 单击“选择转至上一级”按钮，可以在窗口中打开上一级的文件夹，列表中显示该文件夹中的文件夹和工作簿，如图 2.47 所示。

图 2.47　返回上一级文件夹

03 单击“选择转至上一级”按钮旁的文件夹选项，打开“打开”对话框，使用该对话框打开需要的文件夹，并寻找需要打开的工作簿，如图 2.48 所示。

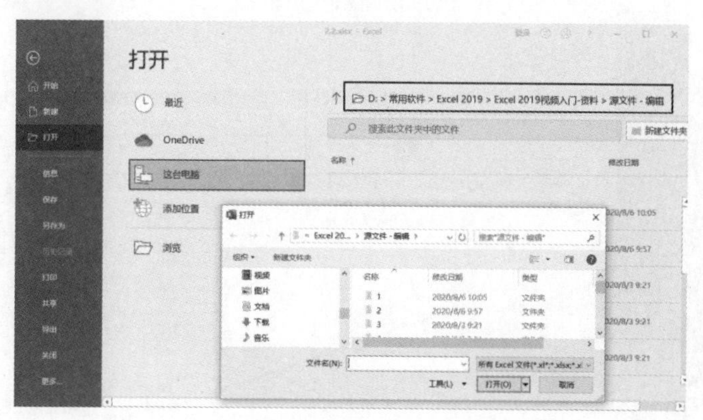

图 2.48　打开“打开”文件夹

提　示

如果当前正在编辑处理的工作簿是没有保存过的工作簿，那么在“文件”窗口中选择“这台电脑”选项后，列表中将列出Windows系统中的“我的工作簿”|“工作簿”文件夹中包含的文件夹和Excel工作簿，如图2.49所示。此时，列出文件夹的数目由“Excel选项”对话框中“显示此数目的取消固定的‘最近的文件夹’”后的微调框中输入的数字决定。

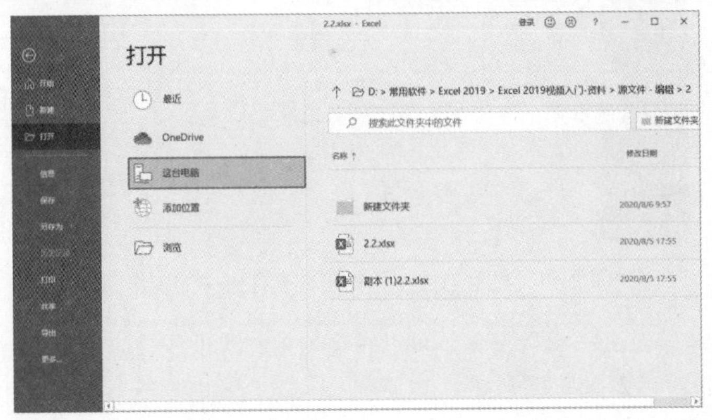

图2.49　列出“工作簿”文件夹中的文件夹和工作簿

2.3.4　保存工作簿

在完成工作簿的编辑处理后，必须对工作簿进行保存，否则数据会丢失，使我们的工作变成“无用功”。下面对工作簿保存的基本操作方法进行介绍。

1．保存新工作簿

对于一个还没有进行保存操作的新Excel工作簿，可以通过下面的方法来对其进行保存。

01 在“文件”窗口左侧列表中选择“另存为”选项，用户可以选择工作簿保存的位置。这里，Excel可以直接将工作簿保存在云端，也可以保存在本地计算机中。在“另存为”栏中选择“这台电脑”选项，选择保存的文件夹，在窗口中输入工作簿名并选择文件格式后，单击“保存”按钮，如图2.50所示。

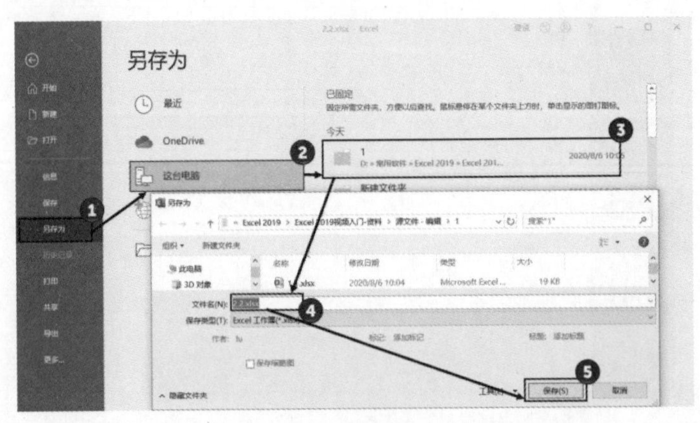

图2.50　输入文件名并选择工作簿类型后保存

02 在“另存为”列表中选择“浏览”选项，打开“另存为”对话框，在对话框中选择工作簿保存的文件夹，设置工作簿保存的名称和文件类型。单击“保存”按钮即可完成工作簿的保存，如图 2.51 所示。工作簿将保存在默认的“我的工作簿”|“工作簿”文件夹中。

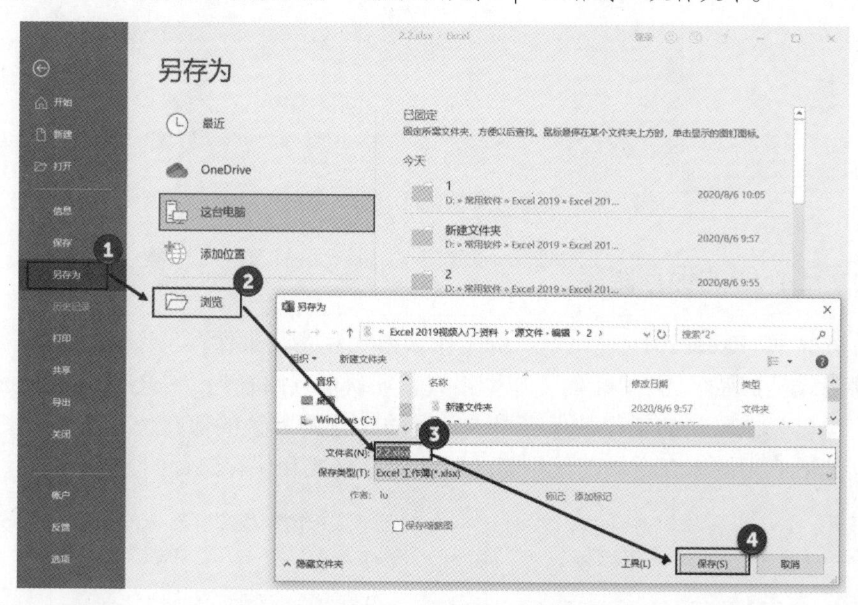

图 2.51　“另存为”对话框

> **提　示**
>
> 如果工作簿是第一次保存，在“文件”窗口左侧列表中选择“保存”选项，将执行与上面介绍相同的操作步骤。在对工作簿进行处理时，如果选择的是“保存”命令，Excel 将按照该工作簿上次保存的方式来对工作簿进行保存。

2. 已有工作簿的保存

所谓的已有工作簿，指的是已经保存过的工作簿。在对已有工作簿进行编辑时，如果需要把修改的内容保存在工作簿中，可以直接按 Ctrl+S 键，工作簿直接进行保存操作。对于第一次保存的工作簿，Excel 会打开“文件”窗口，用户只能按照上面介绍的方法来进行保存。

在“文件”窗口左侧列表中选择“保存”选项，直接保存已有工作簿；选择“另存为”选项，则可以通过更改文件名后保存来实现工作簿的换名保存，通过更改文件保存的文件夹，将工作簿保存到其他位置。

默认情况下，Excel 应用程序的快速访问工具栏中有一个“保存”按钮，直接单击该按钮即可进行保存操作，如图 2.52 所示。

图 2.52　快速访问工具栏中的“保存”按钮

2.3.5　设置工作簿的保存路径

在默认情况下，Excel 2019 使用默认的工作簿格式和路径来保存工作簿。例如，Excel 2019 的默认保存格式是扩展名为*.xlsx 的工作簿格式，默认保存路径为“C:\Users\lu\Documents”。实际上用户可以修改默认的工作簿保存格式，并将工作簿默认的保存位置修改为其他的文件夹。下面以 Excel 为例来介绍修改工作簿的默认保存格式和保存路径的方法。

01 打开“Excel 选项”对话框，在对话框左侧列表中选择“保存”选项。在“将文件保存为此格式”下拉列表中选择工作簿保存格式，如图 2.53 所示。

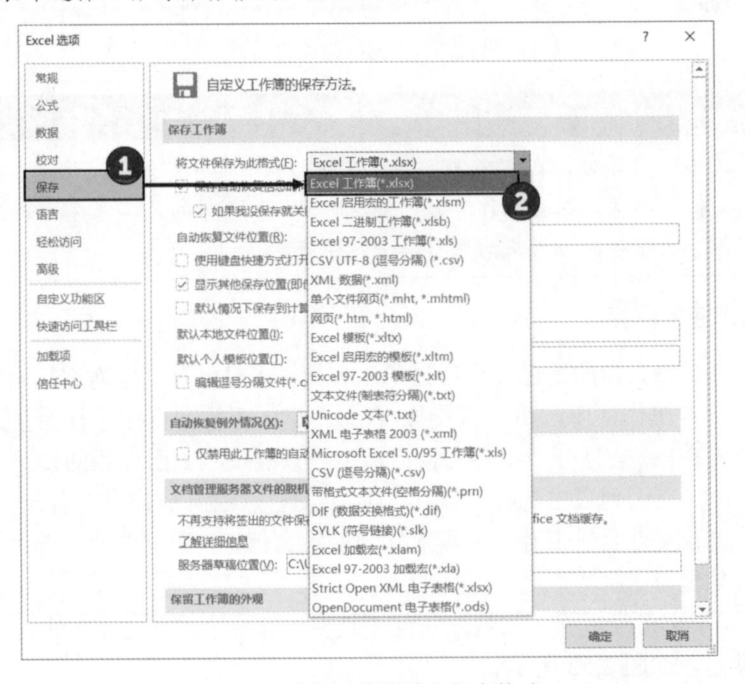

图 2.53　选择工作簿默认保存格式

02 在“默认本地文件位置”文本框中输入完整路径，设置默认保存工作簿的文件夹，如图 2.54 所示。单击“确定”按钮关闭对话框。

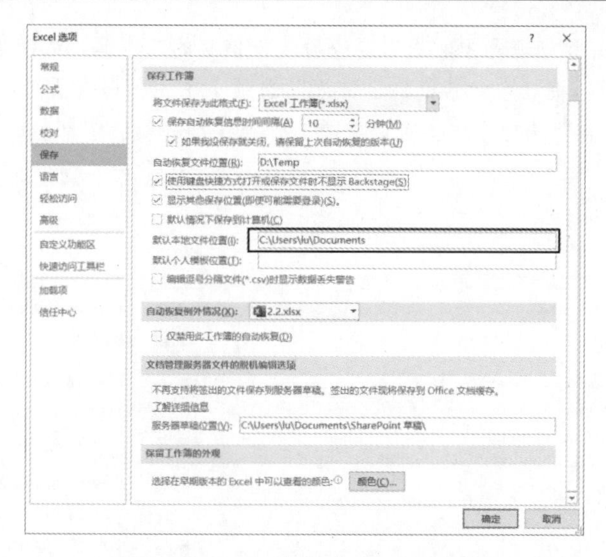

图 2.54　设置工作簿的默认保存位置

2.4　工作簿的实用技巧

本节将介绍 Excel 2019 的工作簿的一些实用操作技巧。

2.4.1　了解工作簿信息

要了解 Excel 工作簿各种属性信息，可以在 Excel 应用程序的“文件”页面中查看，也可以利用 Windows 的资源管理器来查看工作簿信息。下面介绍具体的操作方法。

01 启动 Excel 2019，打开工作簿，打开“文件”窗口。在页面左侧列表中选择“信息”选项，此时可以查看工作簿的属性信息，如图 2.55 所示。

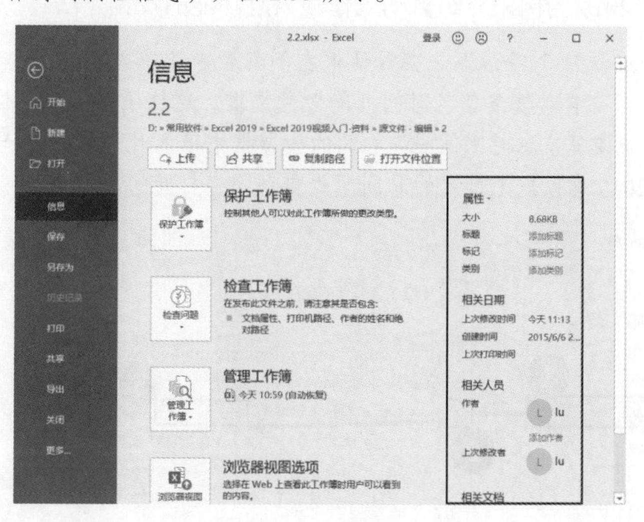

图 2.55　查看工作簿属性信息

02 在 Windows 资源管理器中右击需要查看属性信息的工作簿，选择快捷菜单中的“属性”命令，打开“属性”对话框。在对话框的“常规”选项卡中，可以查看工作簿的一般信息，如图 2.56 所示。在“详细信息”选项卡中，可以查看工作簿详细的属性信息，如图 2.57 所示。

图 2.56　查看工作簿的一般信息

图 2.57　查看工作簿的详细属性信息

2.4.2　设置工作簿的自动恢复功能

Excel 2019 具有自动工作簿恢复功能，即程序能自动定时保存当前打开的工作簿。当遇到突然断电或程序崩溃等意外时，程序能够使用自动保存的工作簿，以恢复未来得及保存的工作簿，从而有效地避免重大损失。在 Excel 2019 中，用户可以根据需要对自动恢复功能进行设置，包括自动保存工作簿的时间间隔、是否开启自动工作簿恢复功能和自动恢复工作簿的保存位置。下面以 Excel 2019 为例来介绍自动工作簿恢复功能的设置方法。

01 打开“Excel 选项”对话框，在对话框左侧列表中选择“保存”选项，在右侧“保存工作簿”栏中，勾选“保存自动恢复信息时间间隔”复选框，这样 Excel 2019 将开启自动保存工作簿功能。在“保存自动恢复信息时间间隔”右侧的微调框中输入时间值，以分钟为单位，如图 2.58 所示。这样，Excel 2019 会以这个设定的时间间隔自动保存打开的工作簿。

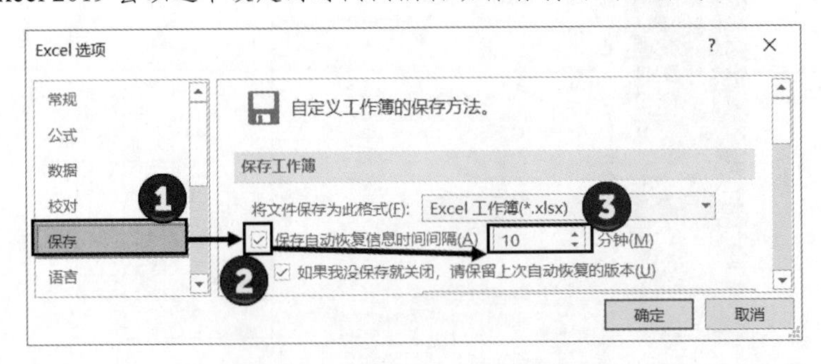

图 2.58　设置自动保存时间间隔

02 在“自动恢复文件位置”文本框中输入完整的文件夹路径，如图2.59所示。这样自动修复文件保存的位置将更改为刚才指定的磁盘上的文件夹。

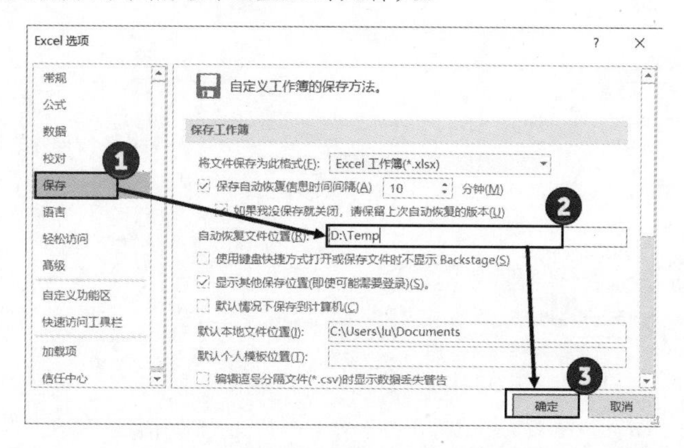

图2.59　指定自动恢复文件的保存位置

2.4.3　将工作簿转换为PDF工作簿

PDF和XPS是固定版式的工作簿格式，可以保留工作簿格式并支持文件共享。在进行联机查看或打印工作簿时，工作簿可以完全保持预期的格式，且工作簿中的数据不会轻易被更改。此外，PDF工作簿格式对于使用专业印刷方法进行复制的工作簿十分有用。Excel 2019提供了对这2种工作簿的支持，这里着重介绍把Excel工作簿转换为PDF工作簿的操作方法。

01 启动Excel 2019，打开需要转换为PDF工作簿的Excel工作簿。在“文件”窗口中选择“导出”选项命令，在“导出”栏中选择“创建PDF/XPS工作簿”选项，单击右侧窗格中出现的“创建PDF/XPS”按钮，如图2.60所示。

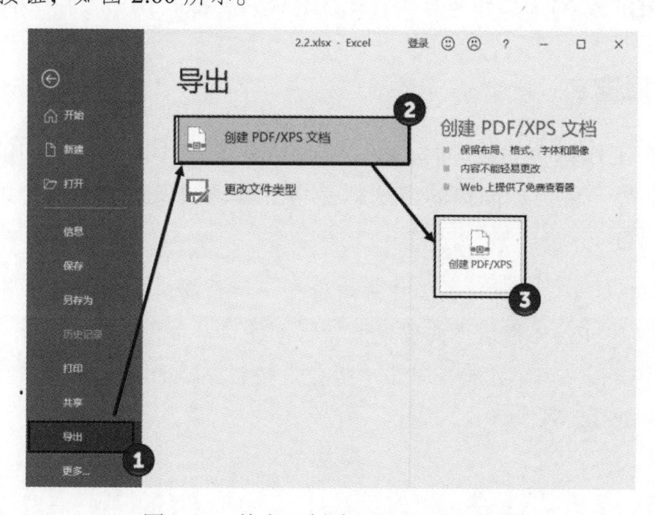

图2.60　单击“创建PDF/XPS”按钮

02 打开“发布为PDF或XPS”对话框，在对话框中选择保存工作簿的文件夹，在“文件名”文本框中输入工作簿保存时使用的名称，在“保存类型”下拉列表中选择工作簿保存的类型。这里默认的工作簿格式为PDF工作簿格式，如图2.61所示。

03 单击“选项”按钮打开“选项”对话框，在对话框中可以对打印的页面范围进行设置，同时可以选择是否打印标记以及选择输出选项，如图2.62所示。

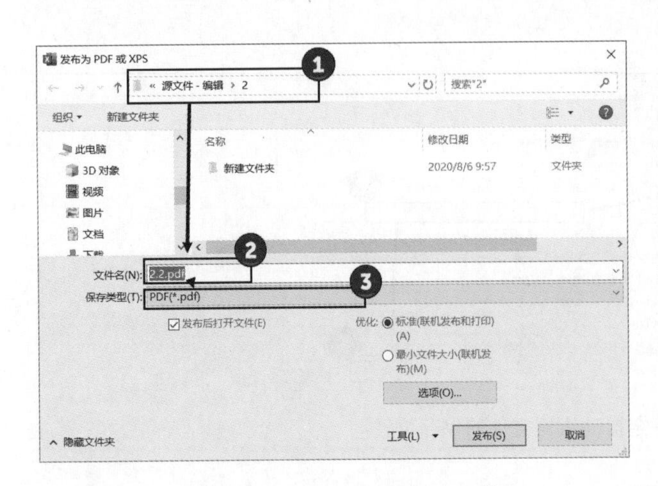

图2.61 “发布为PDF或XPS”对话框

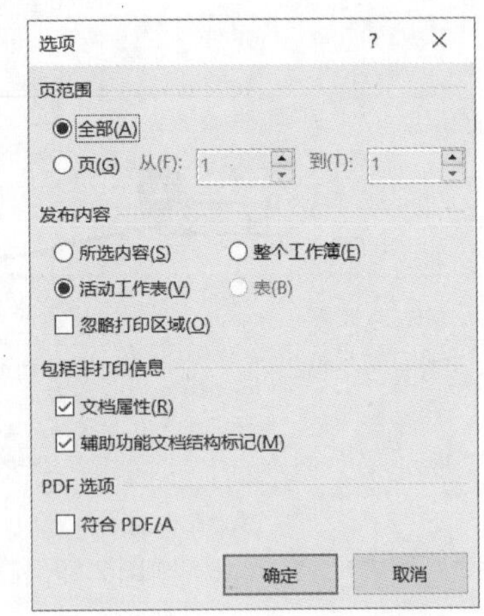

图2.62 打开“选项”对话框

04 完成设置后，单击“确定”按钮，关闭“选项”对话框。单击“发布”按钮，即可将工作簿保存为PDF工作簿。

提 示

在“文件”菜单中选择“另存为”命令，使用“另存为”对话框可以直接把工作簿保存为PDF或XPS工作簿格式。此时，在对话框的“保存类型”下拉列表中将会显示“PDF工作簿”和“XPS工作簿”这2个选项，根据需要选择后即可直接进行工作簿的保存。工作簿转换为PDF或XPS工作簿后，将无法再使用Excel 2019应用程序进行编辑修改。

2.4.4 拆分工作簿窗口

用户在查看一个工作簿中的数据时，经常需要查看其中不同工作表中的内容。一种方法是在新开窗口中查看，另一种更加简单的方法就是将工作簿窗口拆分为两个或更多个视图，这样就可以分别进行查看了。

01 启动Excel并打开工作簿，在工作表中选择一行数据。打开“视图”选项卡，在“窗口”组中单击“拆分”按钮。Excel将从当前位置开始拆分窗口，如图2.63所示。

02 在工作表中选择一个单元格，单击“拆分”按钮。Excel将以所选单元格为中心，将工作表拆分为4个窗口，如图2.64所示。

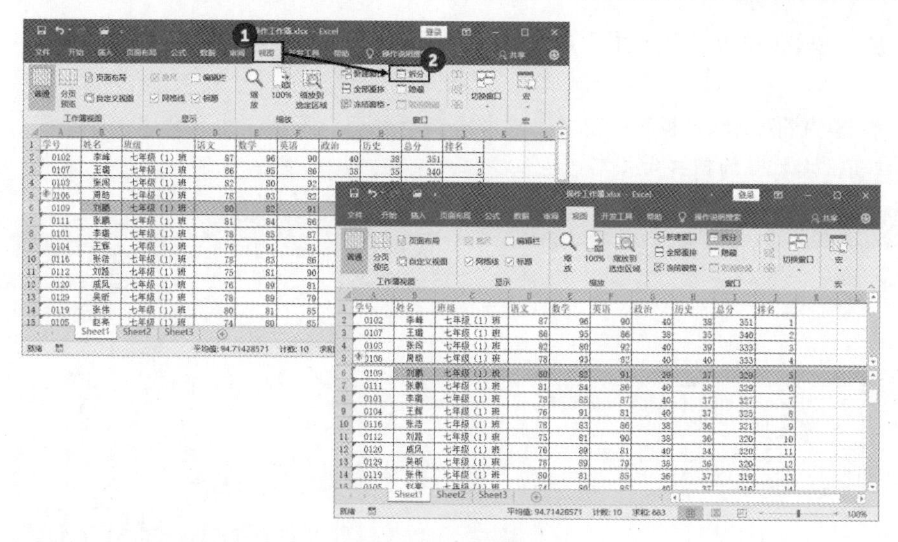

图 2.63　拆分窗口

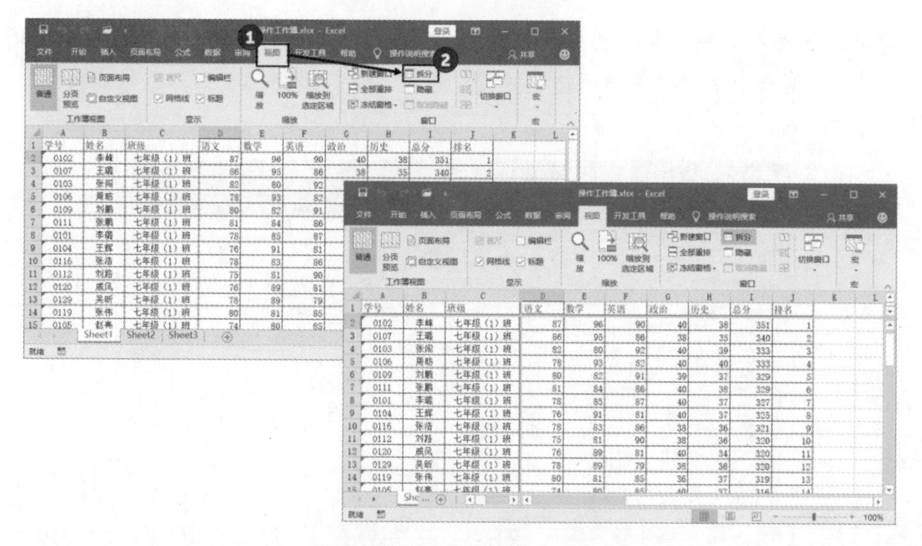

图 2.64　将窗口拆分为 4 个

提　示

拆分窗口后，可以通过拖动滚动条来分别控制窗口中内容的显示。处于拆分状态时，“拆分”按钮处于按下状态，此时单击该按钮可以取消窗口的拆分。

2.4.5　冻结工作簿窗格

在对数据较多的工作表进行编辑处理时，有时需要同时查看工作表的表头和结尾的数据。当工作表数据较多，在当前窗口中无法显示所有数据时，如果使用滚动条来滚屏，则表头也会随着屏幕的滚动而消失，这在查看大型表格中的数据时显然极不方便。在 Excel 中，可以通过冻结工作簿窗格来解决这个问题。所谓冻结工作簿窗格，就是使工作表中指定的行不会随着数据滚动而移动。下面以冻结此表头所在行为例来介绍具体的操作方法。

01 启动 Excel 2019 并打开工作簿。在工作表中选择表头所在行的下一行的单元格，如图 2.65 所示。

02 单击功能区中的“视图”标签，在打开的“视图”选项卡中，单击“窗口”组中的“冻结窗格”按钮，在打开的列表中选择“冻结窗格”选项，如图 2.66 所示。

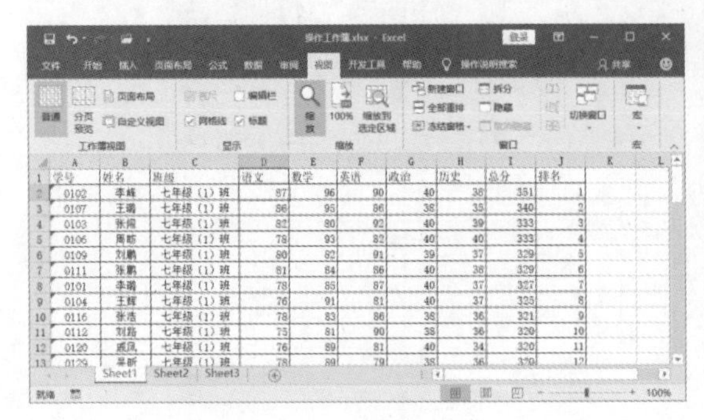

图 2.65　选择单元格

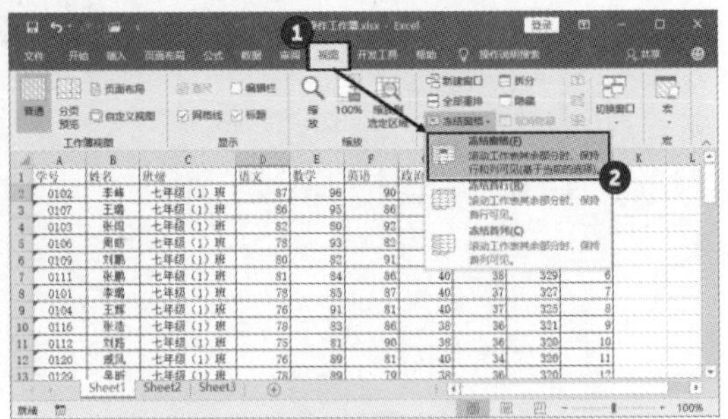

图 2.66　选择“冻结窗格”命令

03 拖动工作表上的垂直滚动条查看数据，此时表头所在的行不再滚动，数据可以随之滚动。再次在“视图”选项卡中单击“冻结窗格”按钮，选择下拉列表中的“取消冻结窗格”命令，可以取消对行和列的冻结，如图 2.67 所示。

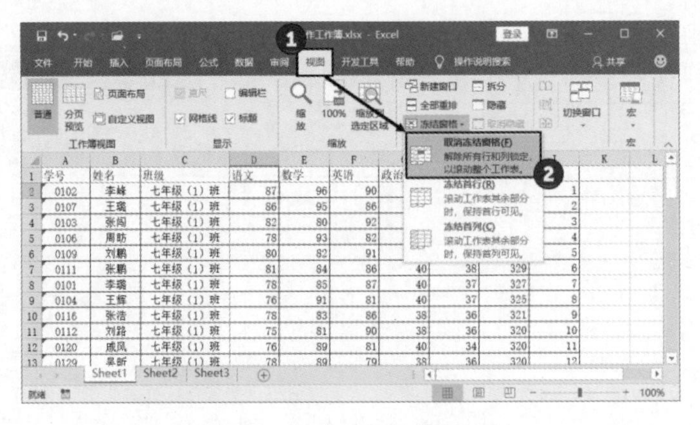

图 2.67　取消对行和列的冻结

2.4.6　工作簿的多窗口比较

在进行数据处理时往往需要同时打开多个工作表，有时需要对打开的多个工作表的数据进行比较，此时需要让工作表在桌面上能够并排排列，以方便查看数据。要实现这种操作，可以通过使用鼠标移动程序窗口的位置，并调整程序窗口的大小来实现。要快速实现多个工作表窗口的排列，可以使用下面的方法来进行快捷操作。

01 启动 Excel 2019，分别打开需要的工作簿。选择一个工作簿窗口，在“视图”选项卡中单击“全部重排”按钮。在打开的“重排窗口”对话框中选择窗口排列方式，这里选择“平铺”方式，如图 2.68 所示。

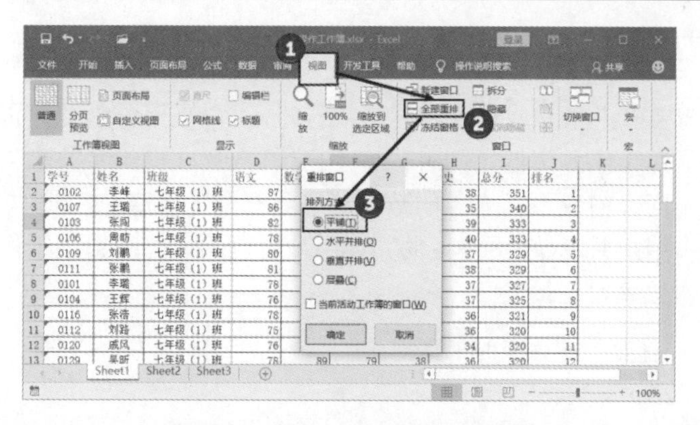

图 2.68　打开“重排窗口”对话框

提　示

在设置多张工作表同时显示时，如果只是需要同时显示活动工作簿中的工作表，可以在“重排窗口”对话框中勾选“当前活动工作簿窗口”复选框。

02 完成设置后，单击“确定”按钮关闭对话框，此时工作簿窗口在屏幕上平铺排列，如图 2.69 所示。

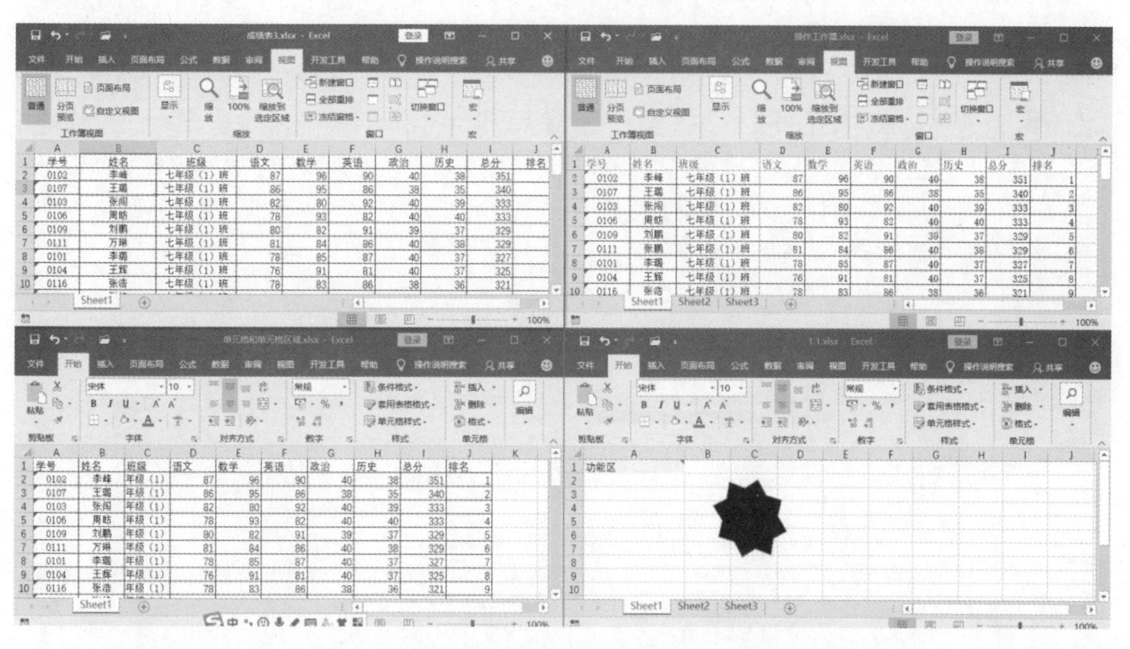

图 2.69　工作簿窗口平铺排列

提　示

在 Excel 中，如果需要同时打开多个工作簿，可以在“打开”对话框中按 Shift 或 Ctrl 键的同时，使用鼠标单击工作簿来同时选择它们，然后单击“打开”按钮将它们打开。

2.4.7 创建共享工作簿

当一个数据簿需要多人来完成录入和编辑工作时，可以采用分别处理再复制到一个工作簿的方法。这种方法显然工作效率低，同时也容易出错。Excel 提供了共享工作簿功能，该功能能够方便地实现将不同部门或不同人员的数据汇总到一个工作簿中。此时，用户可以将包含数据的工作簿设置为多用户共享，在网络上的其他用户可以阅读并编辑该工作簿，实现多人协作，从而有效地提高工作效率。

01 启动 Excel，打开需要共享的工作簿。在“审阅”选项卡中，单击“共享”组中的“共享工作簿”按钮，如图 2.70 所示。

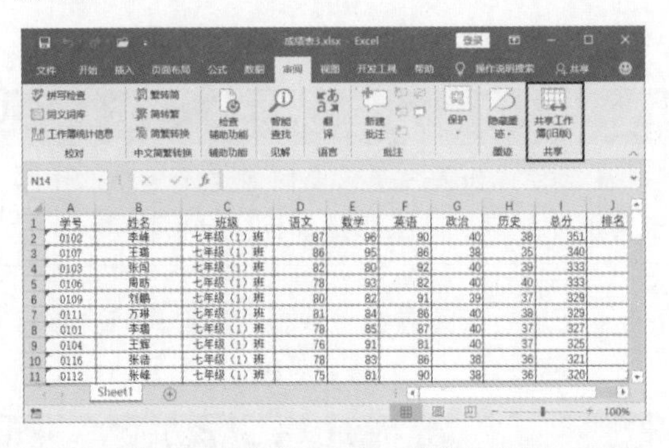

图 2.70　单击“共享工作簿”按钮

02 在打开的“共享工作簿”对话框的“编辑”选项卡中，勾选“使用旧的共享工作簿功能，而不是新的共同创作体验(U)。”复选框。打开“高级”选项卡，在选项卡中根据需要对“修订”“更新”和“用户间的修订冲突”等设置项进行设置，如图 2.71 所示。单击“确定”按钮关闭对话框，其他用户就可以一起使用该工作簿了。

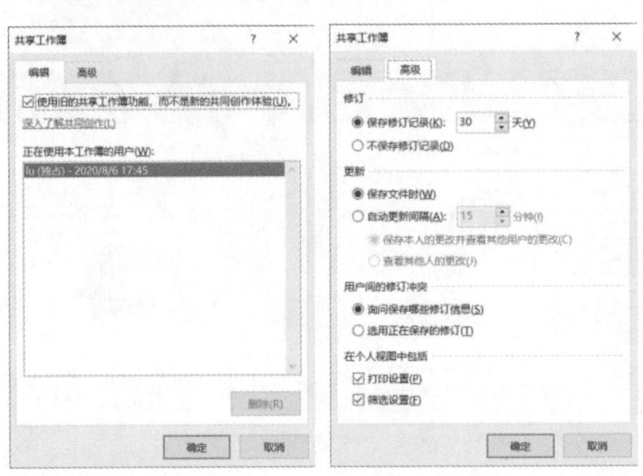

图 2.71　“共享工作簿”对话框

第 3 章

工作表的基本操作

工作簿相当于整个 Excel 文件，而工作表才是一张张的表格。不管做财务还是做人力资源，我们最常听到的就是做一张财务报表、做一张工资表。从通俗意义上说，工作表就是我们常听到的“表”。本章将介绍 Excel 工作表的操作技巧。

3.1 操作工作表

Excel 工作簿由一个或多个工作表构成，工作表是数据处理、分析和制作图表等操作的界面。在工作簿中，最多可以包含 255 张工作表，这些工作表就像一张张的页面，包含了各种内容。本节将介绍操作 Excel 工作表的技巧。

3.1.1 添加工作表

工作表是工作簿中的表格，是存储数据和对数据进行处理的场所。在对工作簿进行操作时，用户往往需要在工作簿中新建工作表。在工作簿中新建工作表的方法很多，下面对这些方法分别进行介绍。

01 启动 Excel 并打开工作簿，选择一个工作表，在“开始”选项卡的“单元格”组中，单击“插入”按钮上的下三角按钮。在获得的列表中选择“插入工作表”选项，如图 3.1 所示。此时在当前工作表前添加了一个新工作表，同时该工作表处于激活状态，如图 3.2 所示。

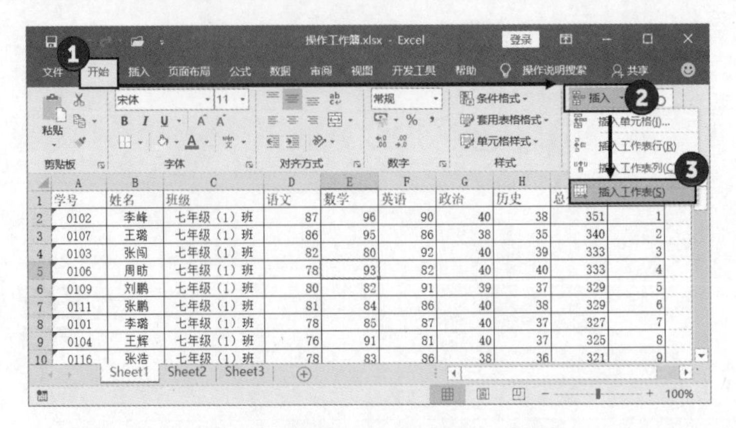

图 3.1 选择“插入工作表”选项

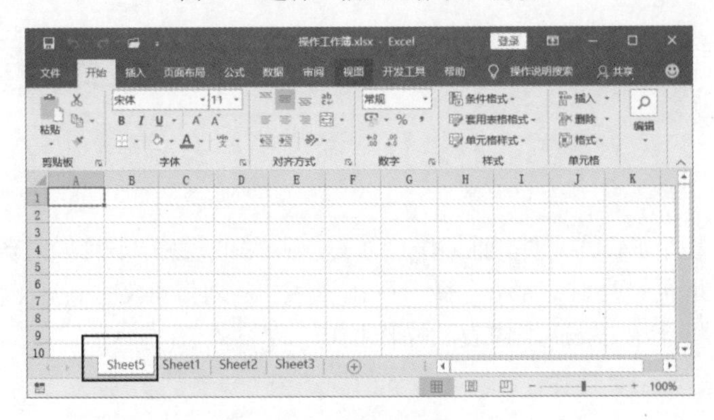

图 3.2 插入新的工作表

02 在工作表标签上右击，选择快捷菜单中的“插入”命令打开“插入”对话框。在“常用”选项卡中选择“工作表”选项，如图 3.3 所示。单击“确定”按钮，即可在当前工作表前插入一个新的工作表，该工作表处于激活状态。

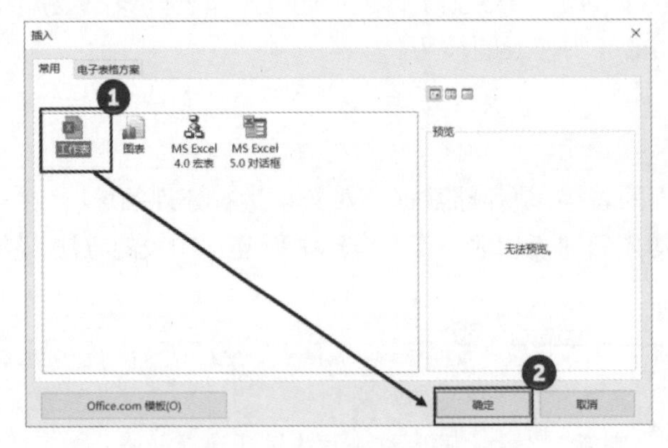

图 3.3 “插入”对话框

03 在主界面下方单击工作表标签右侧的“工作表”按钮，即可在当前工作表后插入一个新的工作表，如图 3.4 所示。

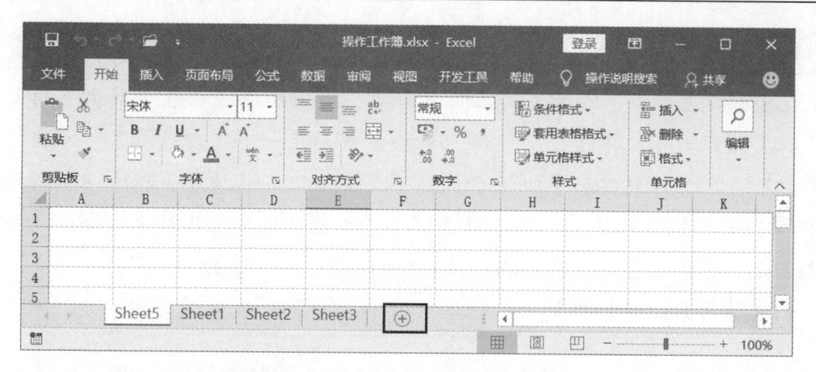

图 3.4　单击“工作表”按钮

提　示

同时选择相同数目的工作表，然后单击“开始”选项卡“单元格”组“插入”按钮上的下三角按钮，在打开的下拉列表中选择“插入工作表”选项。此时可以同时插入与选择工作表数目相同的新工作表。

3.1.2　选择工作表

对工作表进行操作，首先要选择工作表。下面分别介绍在工作簿中选择单个工作表、选择连续的多个工作表和选择不连续的多个工作表的方法。

01 在工作簿中单击 Excel 窗口下方的工作表标签，即可选择该工作表，如图 3.5 所示。右击工作表标签左侧的导航栏上的按钮，打开“激活”对话框，在对话框的“活动工作簿”列表中选择工作表名，单击“确定”按钮，即可实现对工作表的选择，如图 3.6 所示。

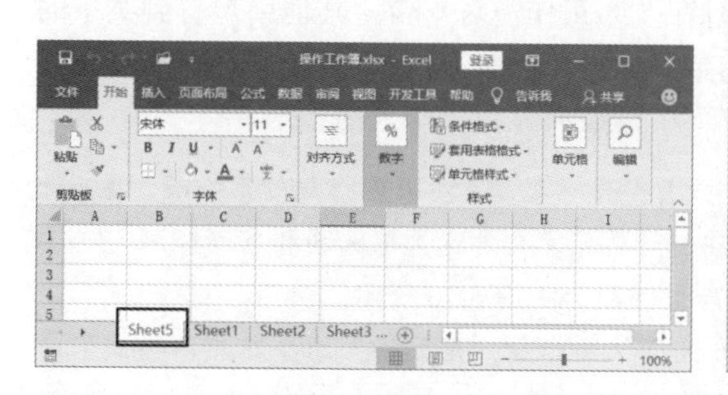

图 3.5　选择单个工作表

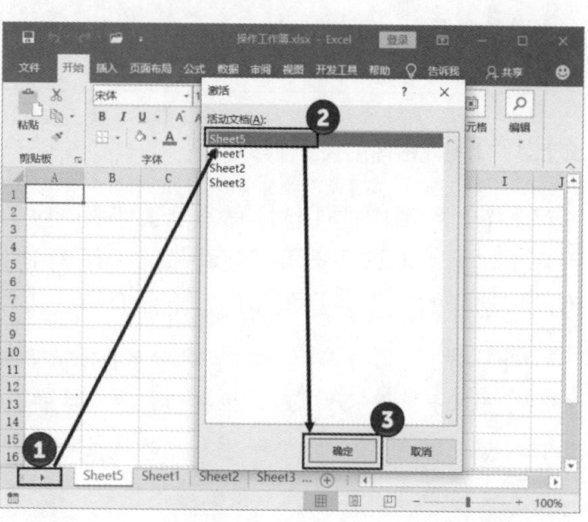

图 3.6　在“激活”对话框中选择需要选择的工作表

提　示

如果在 Excel 窗口底部看不到所有的工作表标签，可以单击工作表导航栏上的箭头按钮，让工作表标签滚动显示，单击“上一张”◂按钮显示上一个工作表标签，单击“下一张”按钮▸显示下一个工作表标签。按住 Ctrl 键单击▸按钮，可以显示最后一个工作表标签，按 Ctrl 键单击◂按钮会显示第一个工作表标签。如果导航栏上出现…按钮，单击该按钮会显示上一个工作表标签。另外，按 Ctrl + PgUp 和 Ctrl + PgDn 键，也可以实现工作表的切换，它们的作用分别是切换到上一张工作表和切换到下一张工作表。

02 选择连续的多个工作表。单击某个工作表标签，按住 Shift 键，单击另一个工作表标签，则这两个标签间的所有工作表将被选择，如图 3.7 所示。

03 选择不连续的多个工作表。按住 Ctrl 键，依次单击需要选择的工作表标签，则这些工作表将被同时选择，如图 3.8 所示。

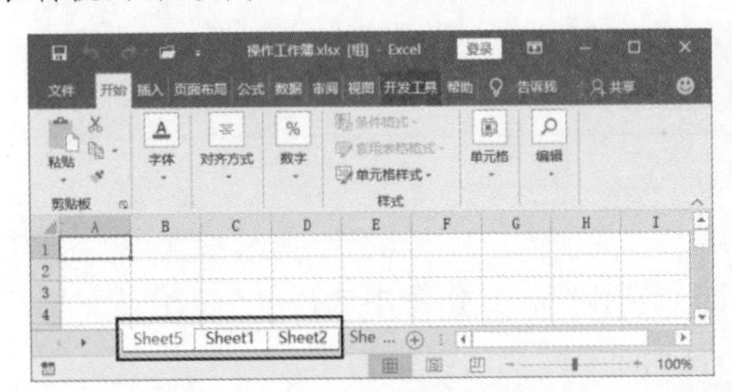

图 3.7　选择多个连续工作表

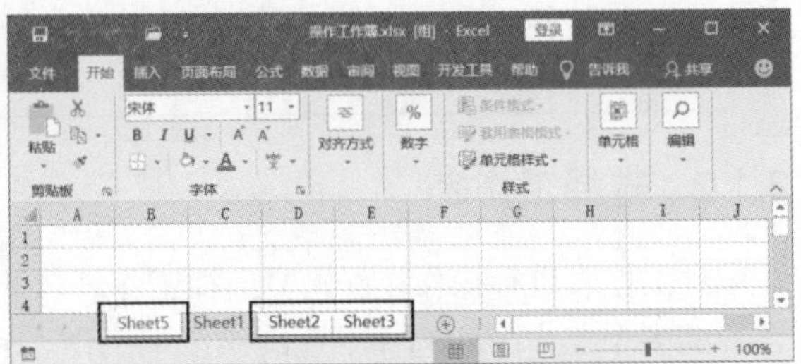

图 3.8　选择多个不连续的工作表

提　示

在同时选择了多个工作表后，要取消对这些工作表的选择，只需要单击任意一个未被选择的工作表标签即可。

3.1.3　隐藏和显示工作表

一个工作簿中往往包含有多个工作表，但有时在发布工作簿时不希望其他用户看到其中的所有工作表，但这些不希望被看见的工作表中的数据又需要保留，以备以后进行修改。此时，可以把这样的工作表隐藏起来。下面介绍在工作簿中隐藏和显示工作表的方法。

01 启动 Excel 并打开需要处理的工作簿，单击工作表标签，激活需要隐藏的工作表。在“开始”选项卡的“单元格”组中单击“格式”按钮，在打开的菜单中，选择“隐藏和取消隐藏”|“隐藏工作表”命令，如图 3.9 所示。此时选择的工作表被隐藏，如图 3.10 所示。

02 如果想要重新显示隐藏的工作表，在“开始”选项卡的“单元格”组中单击“格式”按钮，在打开的菜单中选择“隐藏和取消隐藏”|“取消隐藏工作表”命令打开“取消隐藏”对话框。该对话框中将列出当前工作簿中所有隐藏的工作表，选择需要取消隐藏的工作表，单击“确定”按钮，如图 3.11 所示，则该工作表会显示出来。

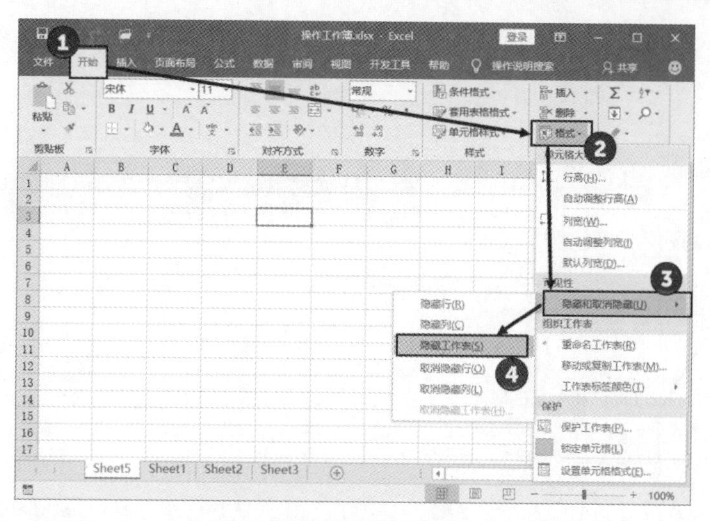

图 3.9　选择“隐藏工作表”命令

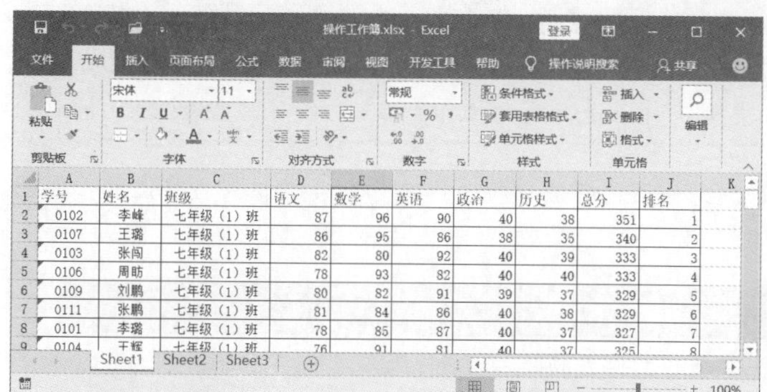

图 3.10　选择的工作表被隐藏

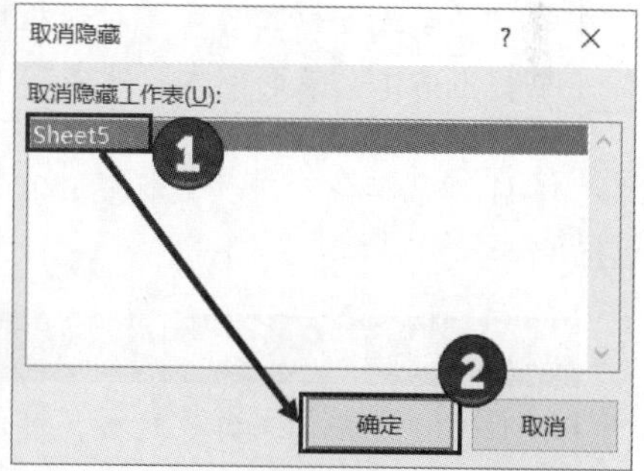

图 3.11　“取消隐藏”对话框

提　示

右击需要隐藏的工作表，在获得的快捷菜单中选择“隐藏”命令，同样可以实现对工作表的隐藏。

3.1.4　复制和移动工作表

在工作簿中，复制和移动工作表是常见的操作，基本的操作方式是在“开始”选项卡中选择“剪切”“复制”和“粘贴”等命令来进行操作。实际上，移动和复制工作表还有一些快捷操作方法，下面对这些方法进行介绍。

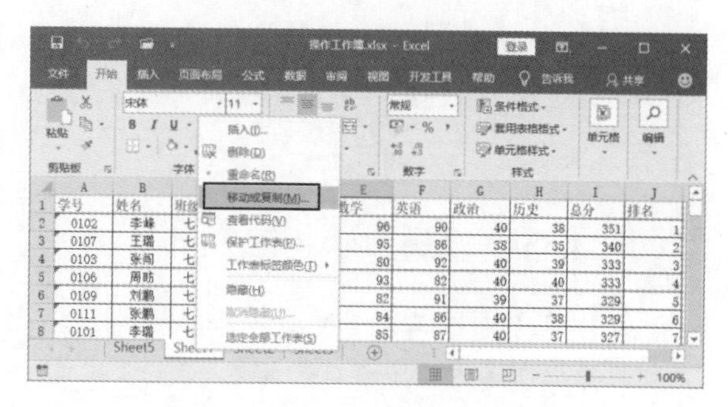

图 3.12　选择“移动或复制”命令

01 在工作簿中右击需要复制或移动的工作表，选择快捷菜单中的“移动或复制”命令，如图 3.12 所示。此时将打开“移动或复制工作表”对话框，在“下列选定工作表之前”列表中选择目标工作表。单击“确定”按钮，如图 3.13 所示。当前工作表即可移到指定工作表之前，如图 3.14 所示。

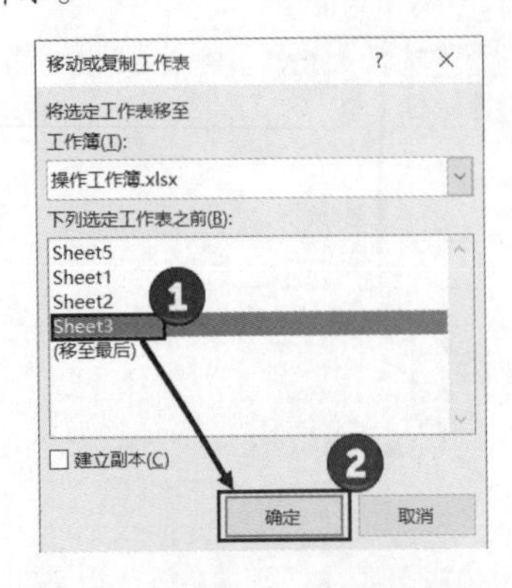

图 3.13 “移动或复制工作表”对话框

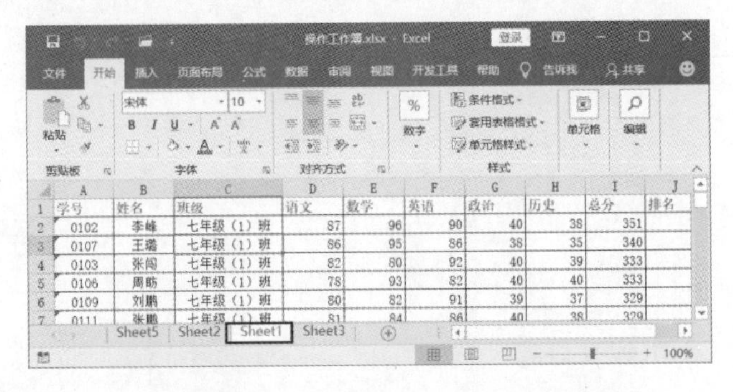

图 3.14 工作表移动到指定工作表之前

提 示

在“移动或复制工作表”对话框中，勾选“建立副本”复选框，则会在指定工作表之前创建当前工作表的副本，这实际上是对工作表进行复制操作。

02 用鼠标拖动工作表标签，在目标工作表前释放鼠标，则工作表会被移到当前位置，如图 3.15 所示。

提 示

按住 Ctrl 键拖动工作表标签，可以实现对工作表的快速复制。

03 如果需要把当前工作簿中的工作表移动到其他的工作簿中，可以按照前面的方法打开“移动或复制工作表”对话框，在对话框的“工作簿”下拉列表中选择移动的目标工作簿。在“下列选定工作表之前”列表中选择移动到的目标工作表。完成设置后，单击“确定”按钮关闭对话框，如图 3.16 所示。此时，工作表将移到选定工作簿的指定工作表之前。

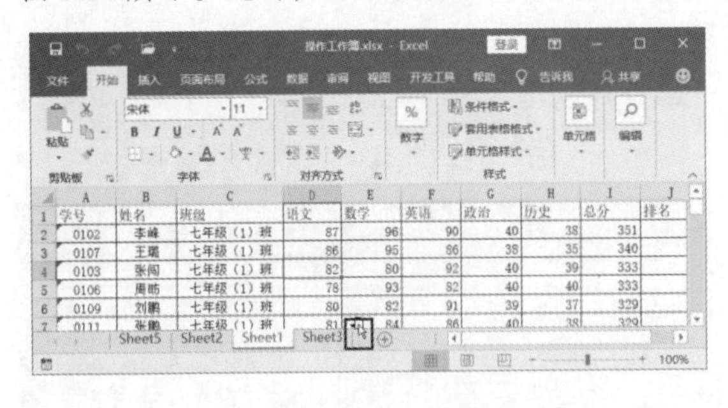

图 3.15 拖动工作表标签移动工作表

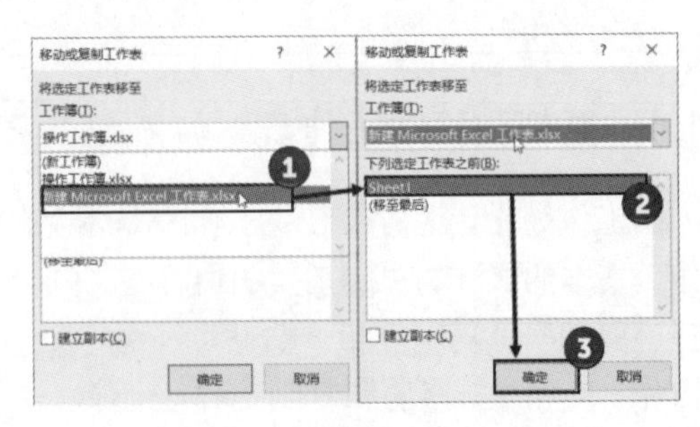

图 3.16 选择目标工作簿

04 在不同的工作簿间移动工作表，还可以使用下面的快捷方式来操作。将源工作簿程序窗口和目标工作簿的程序窗口叠放在一起，使用鼠标将工作表从一个工作簿拖放到另一个工作簿需要的位置，即可实现工作表的复制，如图 3.17 所示。

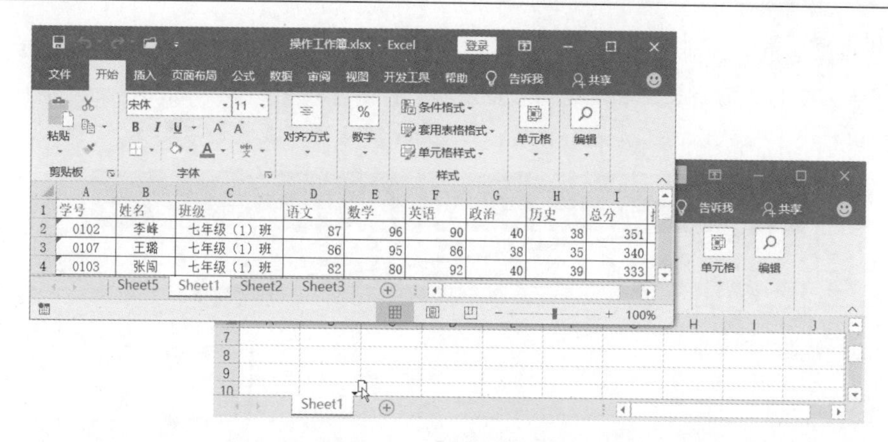

图 3.17 拖动实现复制

提 示

按住 Ctrl 键拖动工作表可以实现工作表的复制操作。

3.1.5 重命名和标示工作表

在工作簿中，为了便于识别包含数据的工作表，可以对工作表进行命名。同时，也可以通过设置工作表标签的颜色让工作表显得突出。

1. 为工作表命名

默认情况下，Excel 工作簿中以 sheet1、sheet2 和 sheet3 命名，新插入的工作表将按照插入的先后顺序，以"sheet＋数字"来命名，这样的命名方式将无法使读者了解工作表的功能和包含的内容。实际上，工作表的名称是可以自定义的，用户可以根据需要将工作表名称更改为意义明确的名字。下面介绍重命名工作表的常见方法。

01 右击需要重命名的工作表标签，在快捷菜单中选择"重命名"命令，此时工作表名处于可编辑状态，如图 3.18 所示。输入新的名称后，按 Enter 键即可更改工作表名，如图 3.19 所示。

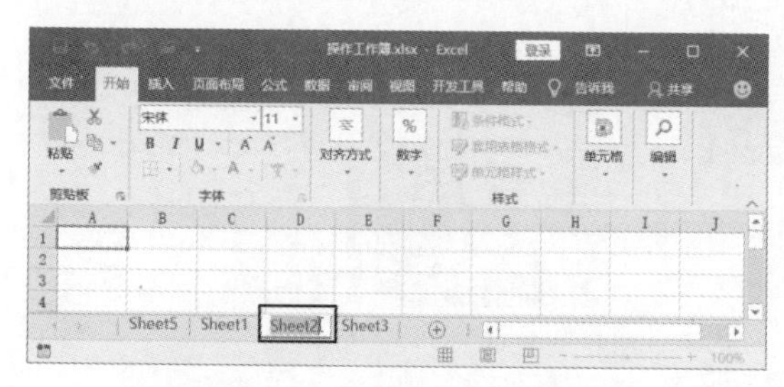

图 3.18 工作表名处于可编辑状态

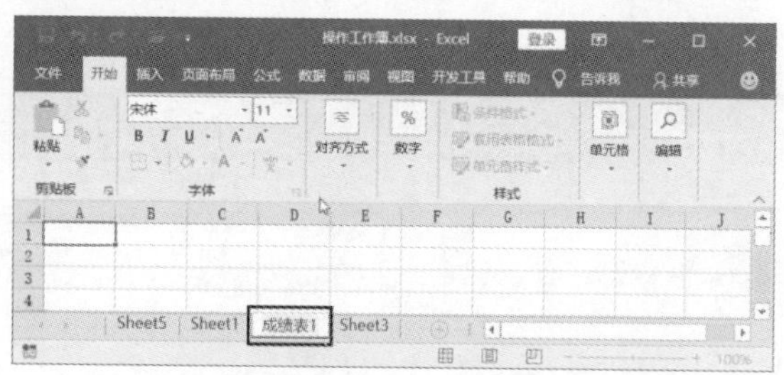

图 3.19 更改工作表名

提 示

直接双击工作表标签，工作表名称会变为可编辑状态，输入新名称后，按 Enter 键即可对工作表重命名。

02 选择需要重命名的工作表，在“开始”选项卡的“单元格”组中，单击“格式”按钮上的下三角按钮。在打开的下拉列表中选择“重命名工作表”命令，如图 3.20 所示。此时工作表名称处于可编辑状态，输入新的工作表名称后，按 Enter 键即可完成重命名操作。

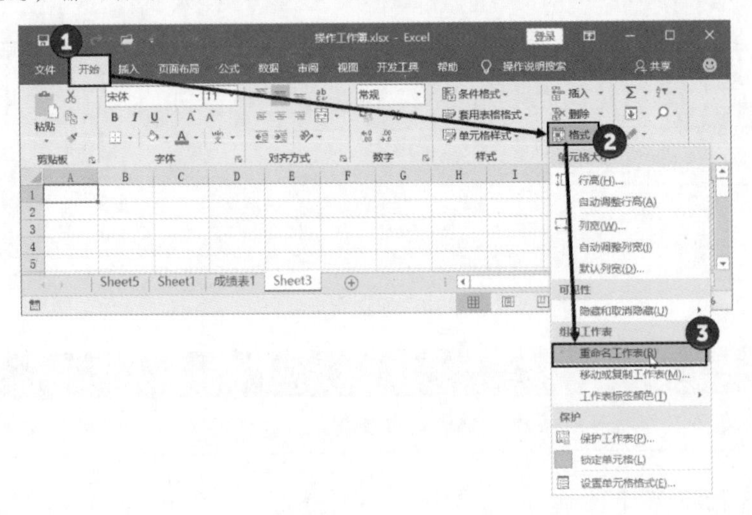

图 3.20　选择“重命名工作表”命令

2. 用颜色标示工作表

命名是识别工作表的一种方式。把工作表标签设置为不同的颜色，也是一种更加直观地区别不同工作表的方式。下面介绍设置工作表标签颜色的方法。

01 在工作簿中右击需要设置颜色的工作表标签，在“开始”选项卡的“单元格”组中单击“格式”按钮，在打开的菜单中选择“工作表标签颜色”命令，在打开的颜色列表中选择需要的颜色，即可将该颜色应用于工作表标签，如图 3.21 所示。

02 如果在“主题颜色”或“标准色”列表中没有找到需要的颜色，可以单击“其他颜色”命令打开“颜色”对话框，在“自定义”选项卡中对颜色进行自定义，如图 3.22 所示。

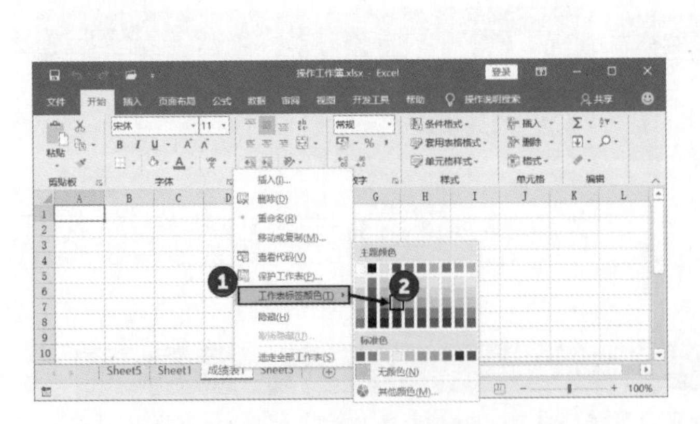

图 3.21　选择工作表标签颜色

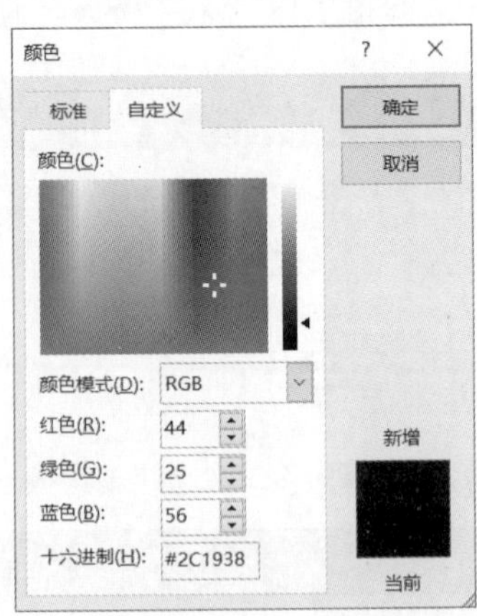

图 3.22　自定义颜色

3.2　工作表中的行列操作

行和列是构成工作表的重要元素，很多时候在对数据操作时需要对行和列进行操作。本节将介绍对 Excel 工作表中的行和列进行操作的基本技巧。

3.2.1　选择行列

要对工作表中的行列进行操作，首先需要对行列进行选择。下面介绍选择行列的一般方法。

01 在工作表中直接单击需要选择行列的行号或列号，可以选择整行或整列，如图 3.23 所示。

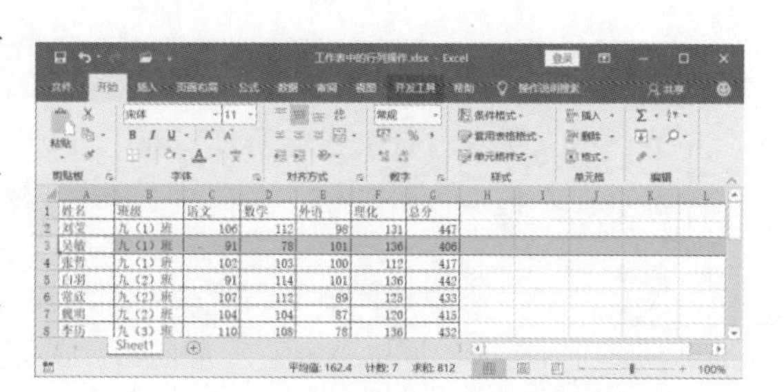

图 3.23　单击行号选择整行

02 将鼠标指针指向起始行号或列号，按住左键移动鼠标，同时选择多个连续的行或列，如图 3.24 所示。

03 按住 Ctrl 键后，依次单击需要选择行列的行号或列号，可以同时选择多个非连续的行或列，如图 3.25 所示。

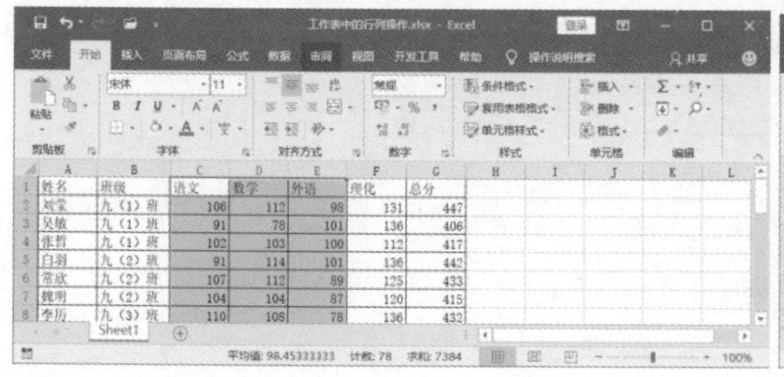

图 3.24　同时选择多个连续的列

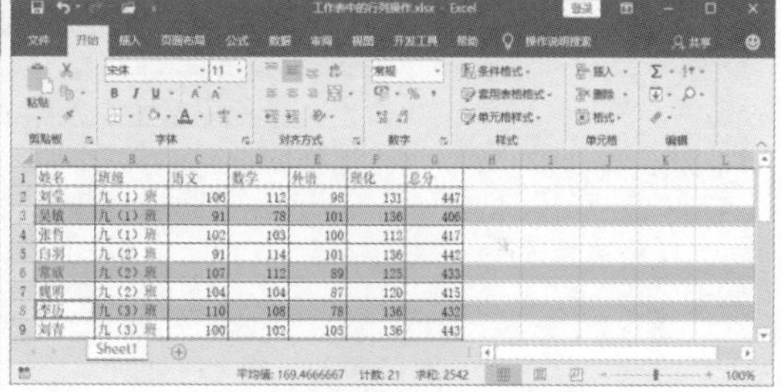

图 3.25　同时选择多个非连续的行

3.2.2　插入或删除行列

根据数据输入的需要，有时候需要在工作表中插入空白行或列。对于不需要的行或者是列，则需要将其从工作表中删除。下面介绍在工作表中插入行和删除行的操作方法。

01 在工作表中同时选择行，如这里选择 3 行，右击，选择快捷菜单中的“插入”命令。此时，在工作表中将插入和选择行数相同的行，如图 3.26 所示。

02 此时在插入的行首会出现“插入选项”按钮。单击该按钮上的下三角按钮，在打开的下拉列表中选择相应的单选按钮，可以设置插入行的格式，如图 3.27 所示。

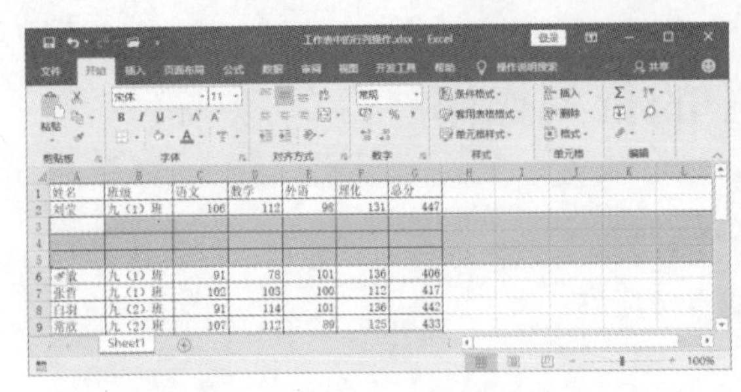

图 3.26 同时插入多行

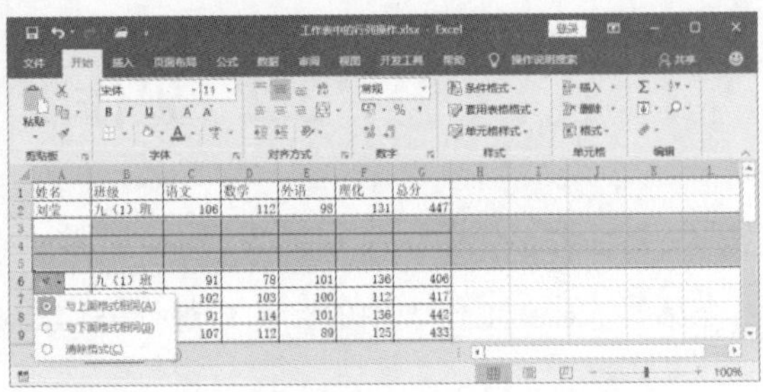

图 3.27 设置插入行的格式

提 示

在工作表中插入行或列，还可以在“开始”选项卡的“单元格”组中直接单击“插入”按钮。在选择行或列后，按 Ctrl+Shift+＝键，可以在工作表中快速插入行或列。

03 在工作表中选择需要删除的行或列，如这里选择 3 行。在“开始”选项卡的“单元格”组中，单击“删除”按钮上的下三角按钮，在打开的列表中选择“删除工作表行”命令，如图 3.28 所示，选择的行即可被删除。

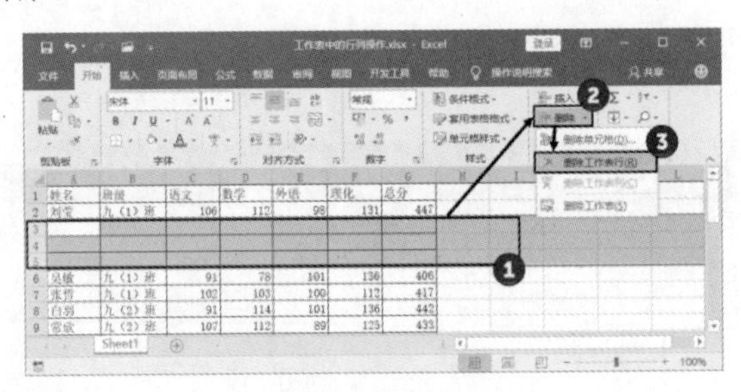

图 3.28 选择“删除工作表行”选项

3.2.3 设置行高或列宽

在工作表中输入数据后，有时需要对行高和列宽进行调整。在 Excel 中，调整行高和列宽的方法很多，下面分别对这些方法进行介绍。

01 使用鼠标调整行高和列宽。在调整行高时，将鼠标放到 2 个行标签之间，当鼠标指针变为✛时，拖动鼠标调整行高直到合适的高度，如图 3.29 所示。将鼠标放到 2 个列标签之间，使用相同的方法可以更改列宽，如图 3.30 所示。

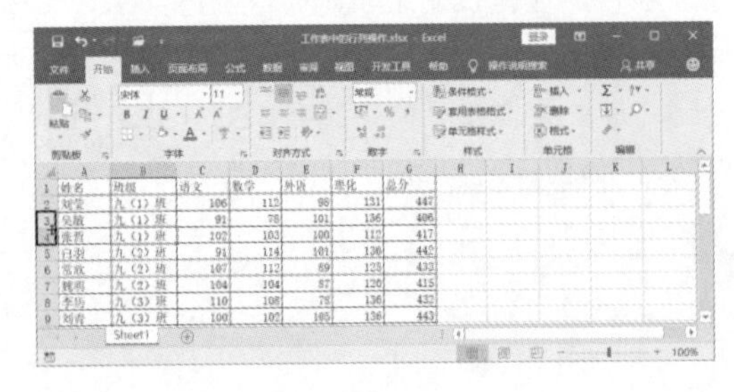

图 3.29 调整行高

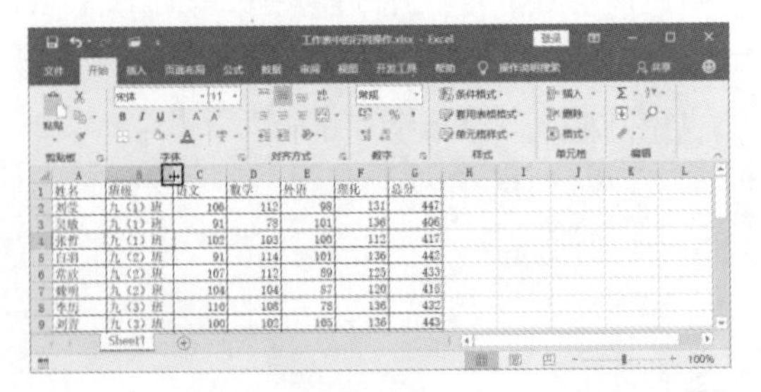

图 3.30 调整列宽

02 精确调整行高和列宽。右击列标签，选择快捷菜单中的“列宽”命令，打开“列宽”对话框。在对话框的“列宽”文本框中输入数值，单击“确定”按钮关闭对话框，即可实现对列宽的精确调整，如图 3.31 所示。右击行标签，在获得的快捷菜单中选择“行高”命令，打开“行高”对话框，使用该对话框可以对行高进行精确调整，如图 3.32 所示。

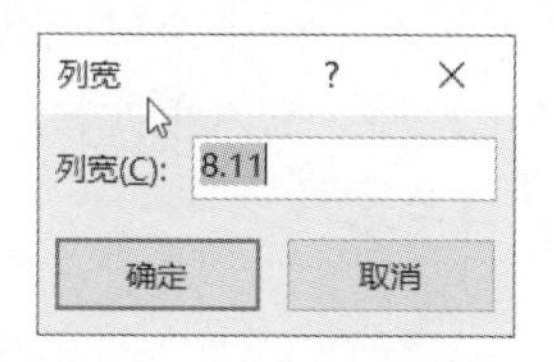

图 3.31　精确调整列宽

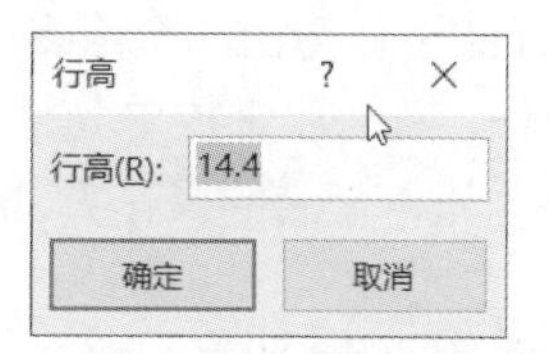

图 3.32　精确调整行高

03 自动调整行高和列宽。在工作表中选择需要调整列宽的列中的任意一个单元格，在“开始”选项卡的“单元格”组中单击“格式”按钮，在打开的菜单中选择“自动调整列宽”命令，如图 3.33 所示。此时，选择单元格将按照输入的内容自动调整列宽，如图 3.34 所示。

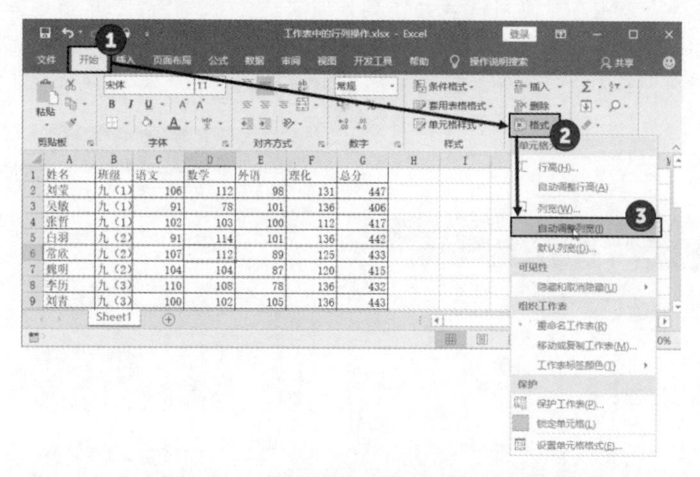

图 3.33　选择“自动调整列宽”命令

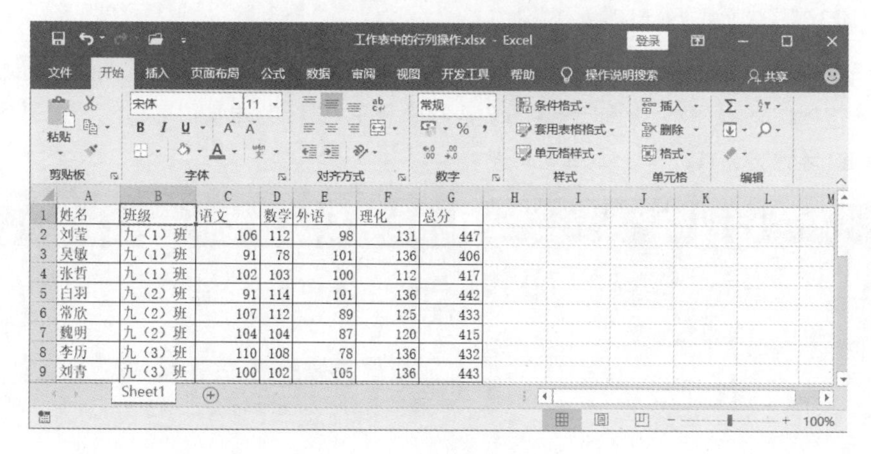

图 3.34　自动调整列宽

3.3 工作表中的单元格

一个 Excel 工作簿由一个或多个工作表构成的，每一个工作表由一个个单元格构成的。对数据进行操作，首先要掌握单元格的操作。本节将介绍选择单元格、插入单元格、合并和拆分单元格以及单元格命名的操作方法。

3.3.1 选择单元格和单元格区域

单元格是 Excel 的基本数据存储单位，选择单元格是用户进行数据处理的基础。下面介绍在工作表中选择单元格的常用技巧。

01 在选择较小的单元格区域时，可以使用鼠标来进行操作。如果选择单元格区域较大，且超过了程序窗口显示的范围，则使用键盘操作更方便快捷。在工作表中单击选择单元格，如这里的 A1 单元格，按 Shift+→键到达 F1 单元格，则 A1 至 F1 单元格间的连续单元格区域被选择，如图 3.35 所示。此时按 Shift+↓键，则可选择连续的矩形单元格区域，如图 3.36 所示。

图 3.35　选择 A1 至 F1 单元格

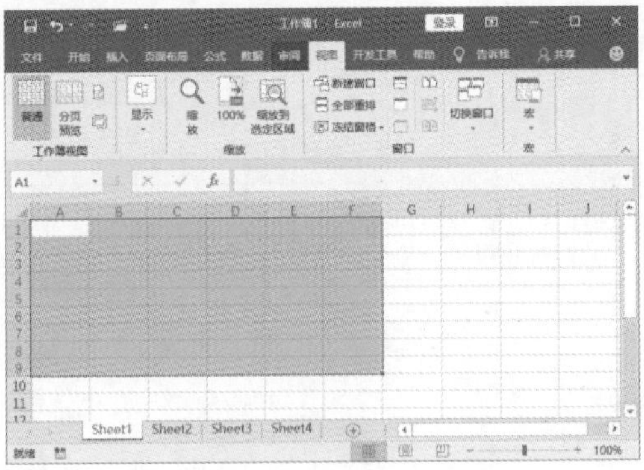

图 3.36　获取矩形单元格区域

02 在工作表中单击选择某个单元格，如这里选择 A1 单元格，按 Shift+PageDown 键可以向下翻页扩展选择区域，如图 3.37 所示。在工作表中选择单元格，如这里的 E2 单元格。按 Shift+Home 键，A2 至 E2 单元格会被选择，如图 3.38 所示。

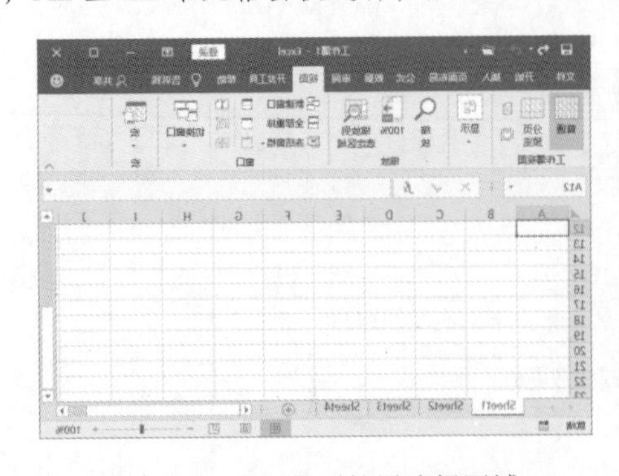

图 3.37　向下翻页扩展选择区域

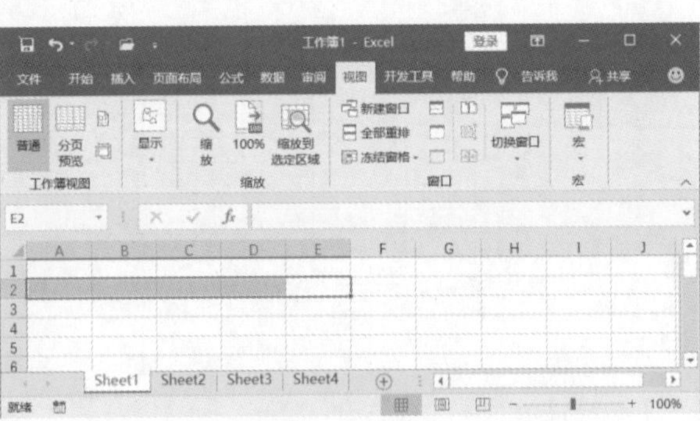

图 3.38　选择 A2 至 E2 单元格区域

提　示

要选择连续的单元格区域，还可以使用下面的方法进行操作。单击需要选取的单元格区域左上角的第一个单元格，按住鼠标左键，向下拖动鼠标到单元格区域的最后一个单元格。也可以在选择单元格区域左上角第一个单元格后，按住 Shift 键鼠标，单击单元格区域右下角的最后一个单元格。

03 如果需要选择多个不连续的单元区域，可以使用下面的方法操作。按住 Ctrl 键，依次单击需要选中的单元格，则这些单元格将被同时选择，如图 3.39 所示。在选择单元格区域后，按 Shift+F8 键，此时只需要单击单元格就可以在不取消已经获得的选区的情况下，将新选择的单元格区域添加到已有的选区中，如图 3.40 所示。

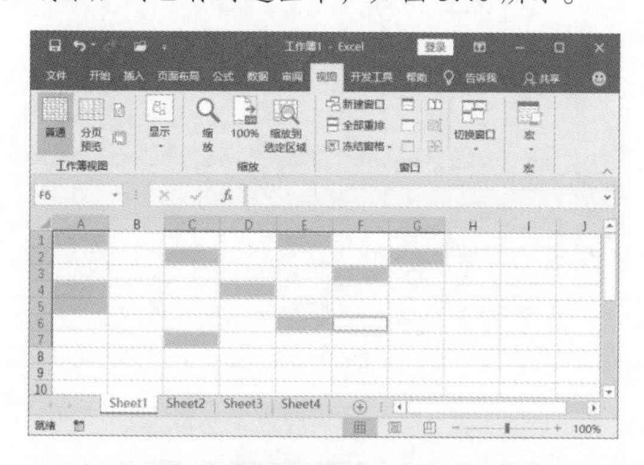

图 3.39　同时选择多个非连续单元格

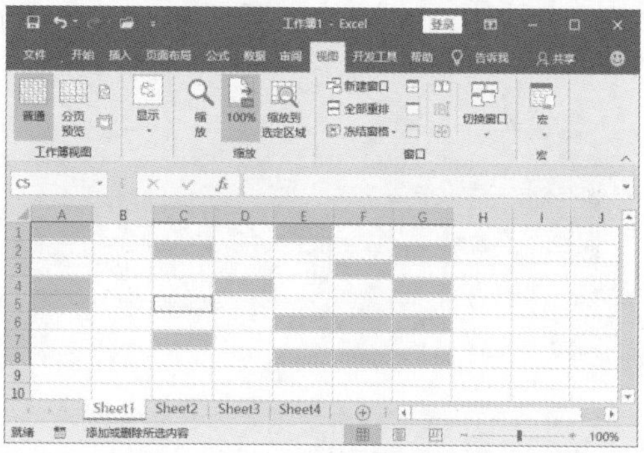

图 3.40　添加选区

提　示

在按 Shift+F8 键进入多重选择状态后，可以按 Esc 键退出这种选择状态。

04 在工作表中选择某列，按 Ctrl+Shift+←键可以选择从该列开始到第一列的所有列，如图 3.41 所示。按 Ctrl+Shift+→键则可以选择从当前选择列开始向右的所有列，如图 3.42 所示。

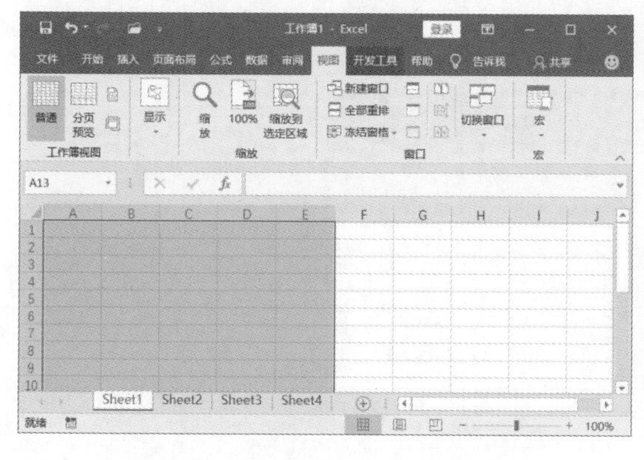

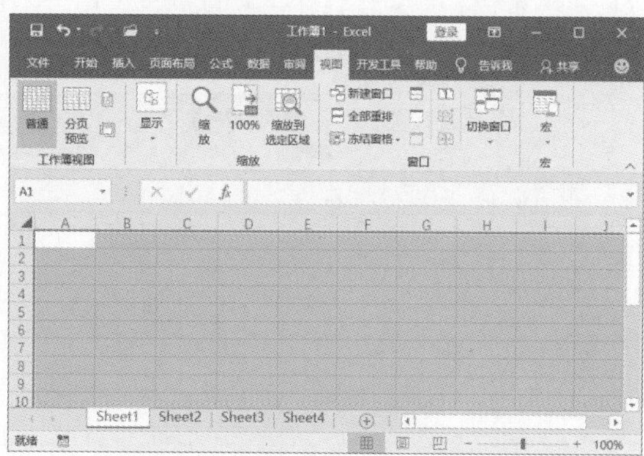

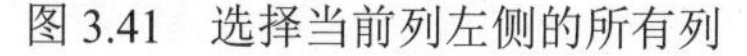

图 3.41　选择当前列左侧的所有列

图 3.42　选择当前列右侧的所有列

提　示

在选择某行后，按 Ctrl+Shift+↑键将从当前行开始向上选择所有行，按 Ctrl+Shift+↓键将从当前列开始向下选择所有行。这些快捷键适用于连续单元格的选择。

05 如果需要选择工作表中的连续数据区域，可以选择该区域中的任意一个数据单元格，按 Ctrl+A 键即可，如图 3.43 所示。

06 在工作表中，单击位于行号和列标之间的“全选”按钮，可以快速选择全部单元格，如图 3.44 所示。

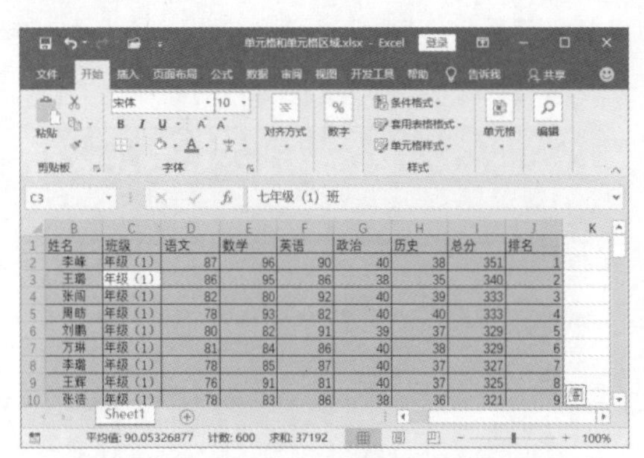

图 3.43　选择包含数据的单元格区域

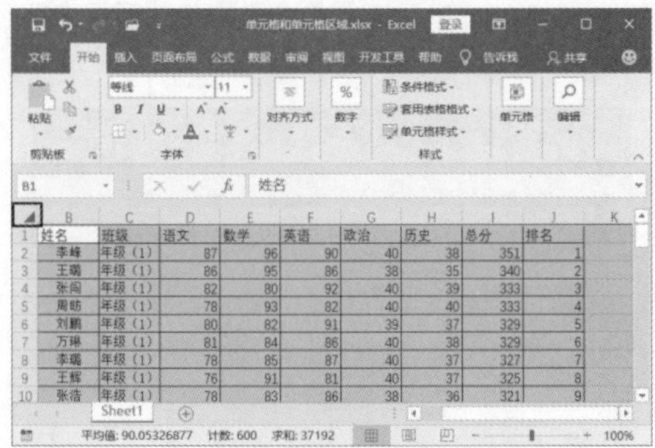

图 3.44　选择所有单元格

提　示

选择工作表中没有数据的单元格，按 Ctrl+A 键会选中工作表中所有的单元格。如果在选中包含数据的单元格后按 Ctrl+A 键，则只会选择连续数据区域。

07 当工作表中的数据区域很大时，通过移动光标或滚动条来定位到区域的边缘单元格很不方便。此时，可以选择数据区域中的某个数据单元格，按 Ctrl 键和箭头键来快速定位到数据区域的边缘单元格。例如，选择单元格后按 Ctrl+→键，可以定位到数据区域中该单元格所在行最右侧的单元格，如图 3.45 所示。

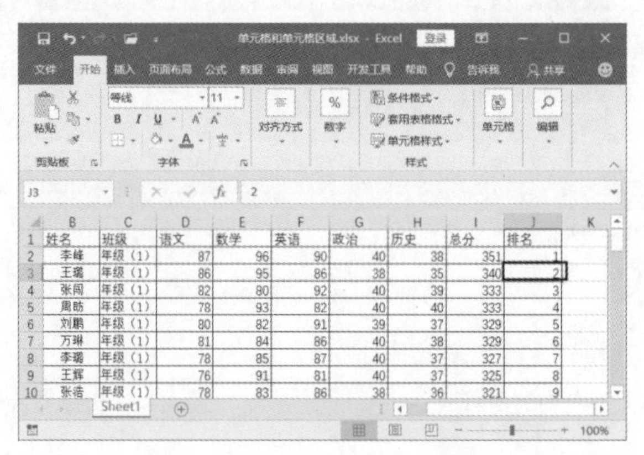

图 3.45　定位到最右侧单元格

提　示

按 Ctrl+←键，可以定位到选择单元格所在行最左侧的单元格。按 Ctrl+↑和 Ctrl+↓键，可以快速定位到选择单元格所在列的最上端或最下端的单元格。

08 工作簿中包含多个工作表时，在当前工作表中选择单元格区域，按 Ctrl 键单击工作表标签，则这些被选择工作表中的相同单元格区域被选择，比如选择 Sheet3 的对应单元格区域，如图 3.46 所示。

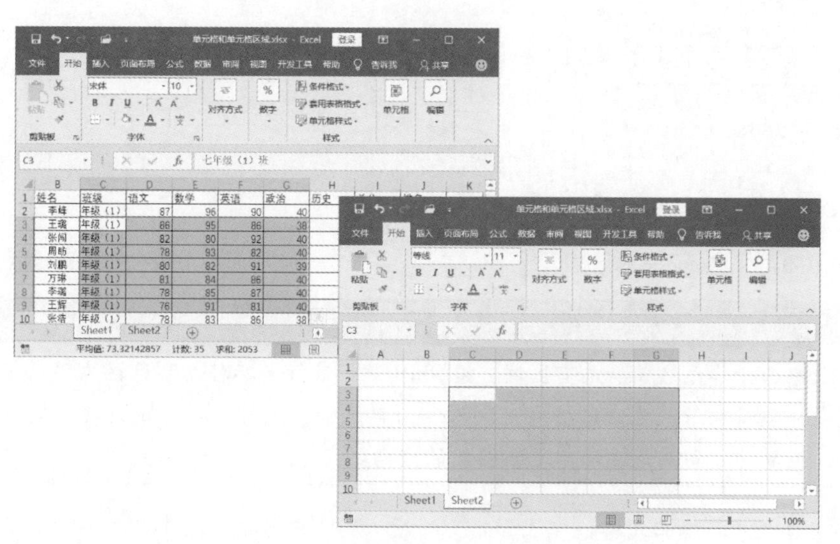

图 3.46　同时选择其他工作表中相同的区域

3.3.2　插入和删除单元格

在工作表中插入单元格是 Excel 的常见操作。单元格的插入包括插入单个单元格和同时插入多个单元格的操作，这两种操作都可以使用功能区的命令来实现，下面介绍具体的操作方法。

01 在工作表中选择单元格，在“开始”选项卡的“单元格”组中，单击“插入”按钮上的下三角按钮，在打开的下拉列表中选择“插入单元格”选项，如图 3.47 所示。

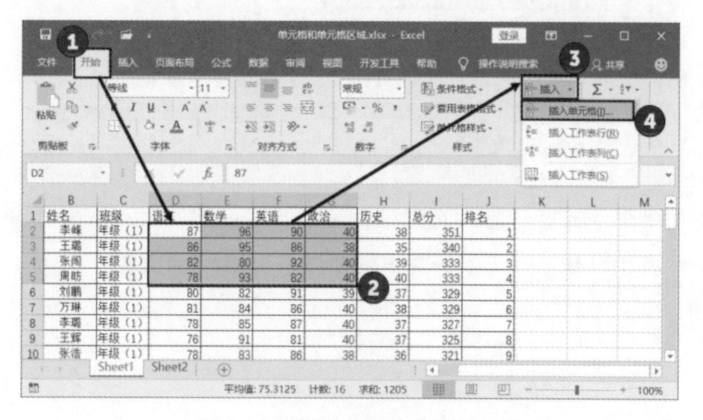

图 3.47　选择“插入单元格”选项

02 此时将打开“插入”对话框，在对话框中选择相应的单选按钮，选择活动单元格的移动方向，完成选择后单击“确定”按钮关闭对话框，如图 3.48 所示。此时，当前选择的活动单元格区域下移，也就是在选择单元格区域上方插入相同数目的空白单元格，如图 3.49 所示。

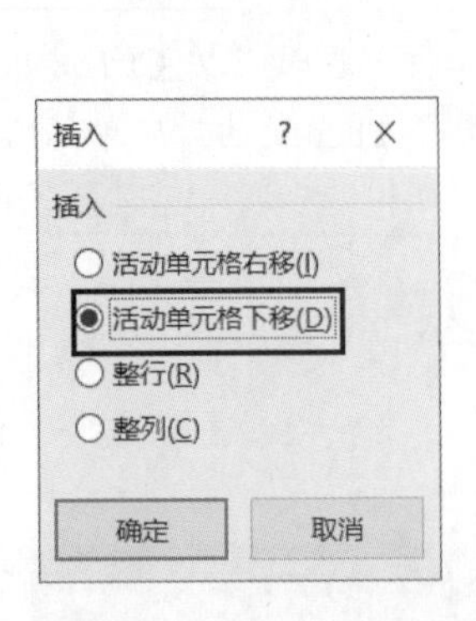

图 3.48 “插入”对话框

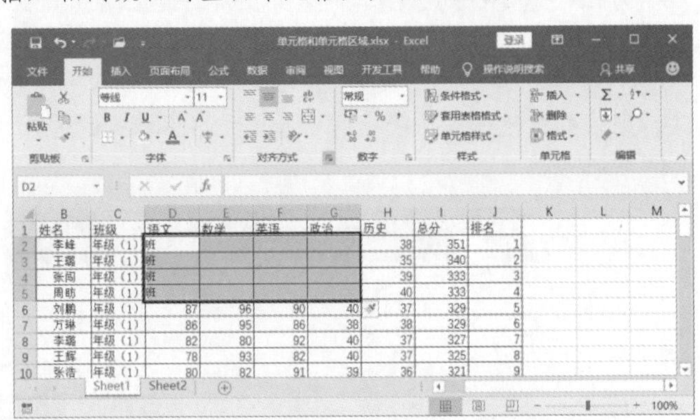

图 3.49 插入空白单元格

提 示

在工作表中选择单元格或单元格区域，按 Shift 键将鼠标光标移动到选区右下角。当鼠标光标变成分隔箭头时，拖动鼠标即可插入空白单元格。此时拖动的距离就是插入的单元格数量，拖动的方向就是活动单元格移动的方向。

03 在工作表中选择单元格，在“开始”选项卡的“单元格”组中，单击“删除”按钮上的下三角按钮，在打开的列表中选择“删除单元格”选项，如图 3.50 所示。

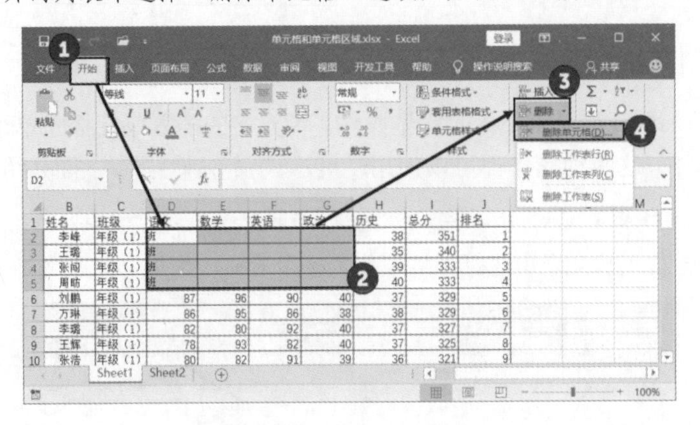

图 3.50 选择“删除单元格”选项

04 此时将打开“删除”对话框，在对话框中选择相应选项后，单击“确定”按钮关闭对话框，如图 3.51 所示。选择的单元格在工作表中被删除，如图 3.52 所示。

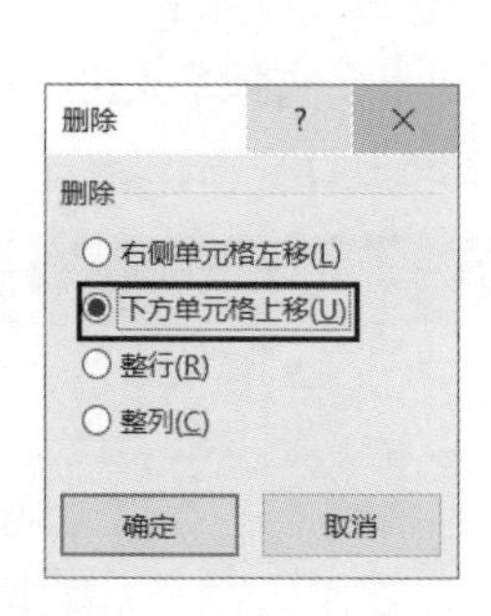

图 3.51　“删除”对话框

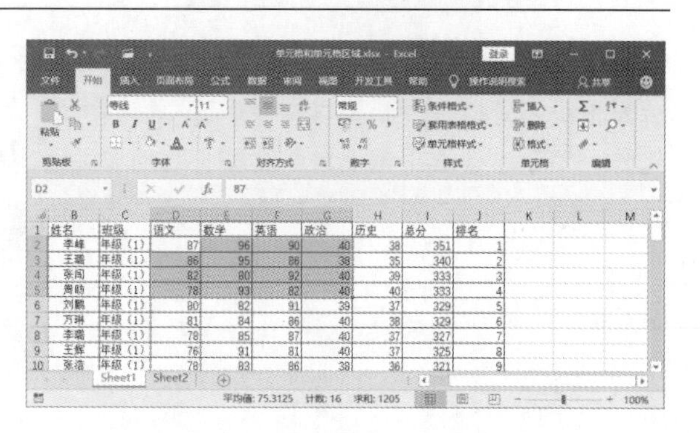

图 3.52　选择的工作表被删除

3.3.3　合并和拆分单元格

在制作工作表时，有时一些内容需要跨越多个单元格显示，如一个表格的标题。此时需要使用单元格合并功能，将多个单元格合并为一个单元格。同样地，合并的单元格在需要时也可以拆分为多个单元格。

01 在工作表中选择需要合并的单元格，在“开始”选项卡的“对齐方式”组中，单击“合并后居中”按钮上的下三角按钮，在打开的列表中选择“合并后居中”选项，如图 3.53 所示。选择的单元格合并为 1 个单元格，单元格中的文字在合并单元格中居中放置，如图 3.54 所示。

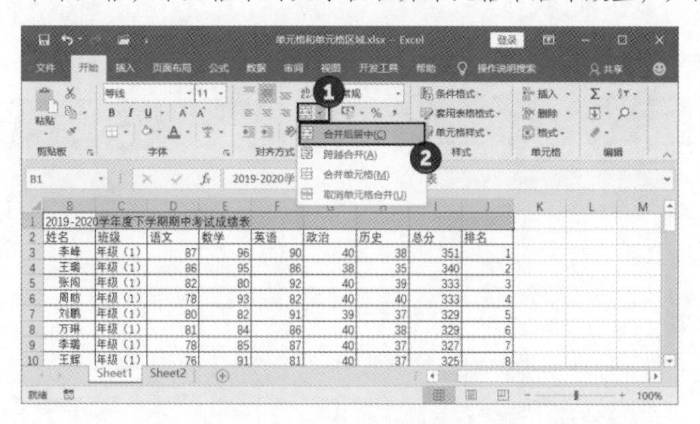

图 3.53　选择“合并后居中”选项

图 3.54　单元格合并且文字居中

02 在工作表中选择单元格，如果单元格都包含有数据，选择“合并后居中”选项，Excel 将给出提示对话框，如图 3.55 所示。单击“确定”按钮关闭对话框，选择单元格被合并为一个单元格，单元格区域中左上角的数据将被保留并居中放置，如图 3.56 所示。

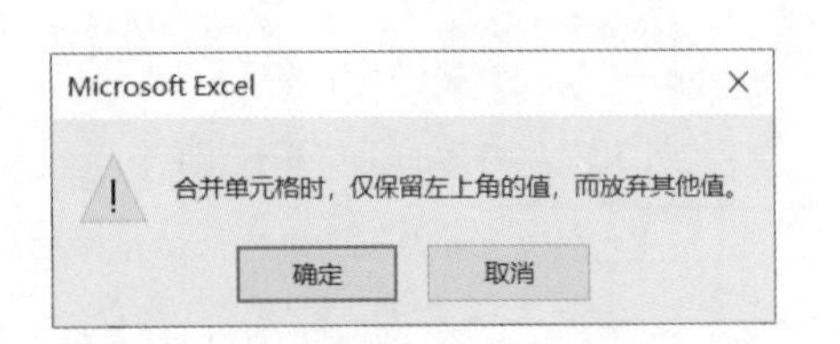

图 3.55 Excel 提示对话框

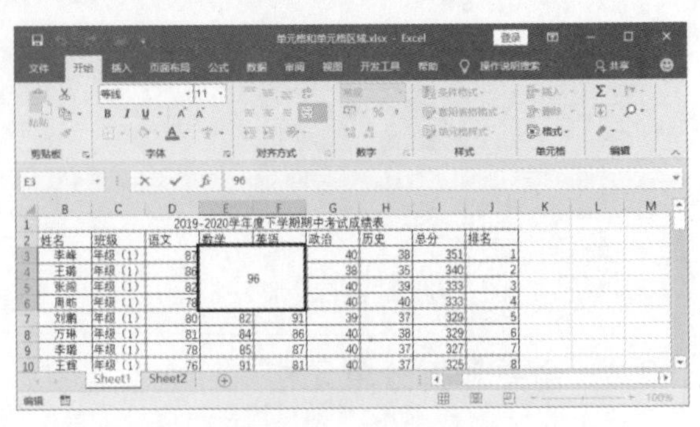

图 3.56 合并单元格的效果

提 示

“合并后居中”列表中包含“合并后居中”“跨越合并”和“合并单元格”3 个选项。选择一个单元格区域，如图 3.57 所示。选择“合并后居中”选项和“合并单元格”选项的合并效果类似，唯一不同的是“合并单元格”选项在合并单元格后数据不会居中放置，如图 3.58 所示。“跨越合并”选项可以实现“跨列合并，保持行数”的合并效果，如图 3.59 所示。

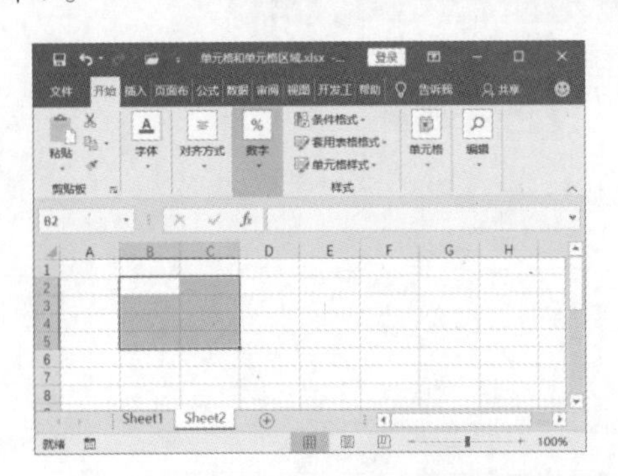

图 3.57 需要合并的单元格

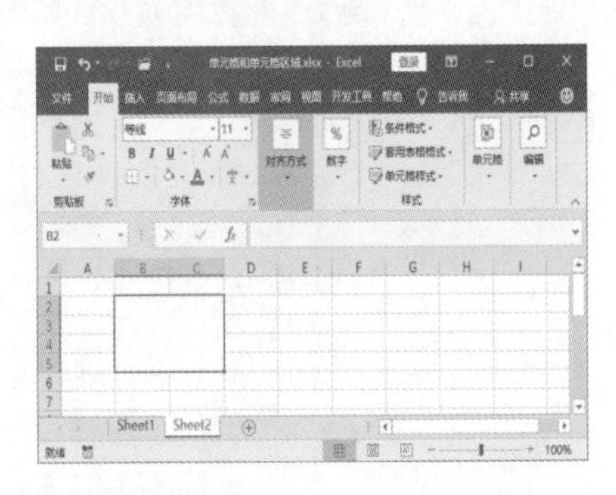

图 3.58 “合并单元格”的效果

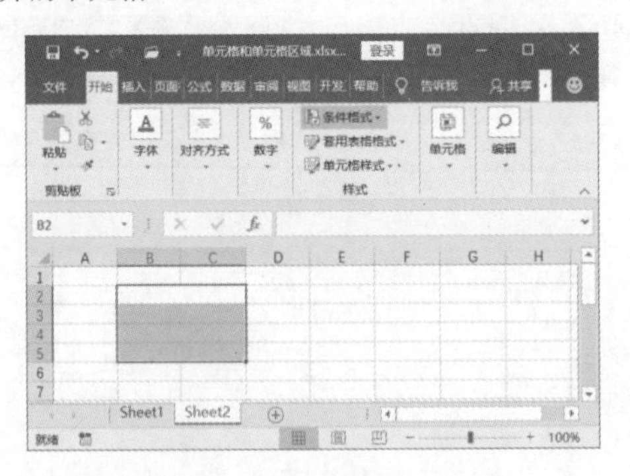

图 3.59 “跨越合并”的效果

03 选择合并的单元格，单击“合并后居中”按钮上的下三角按钮，在打开的列表中选择“取消单元格合并”选项，如图 3.60 所示。合并单元格被拆分为多个单元格，数据放置于左上角单元格中，如图 3.61 所示。

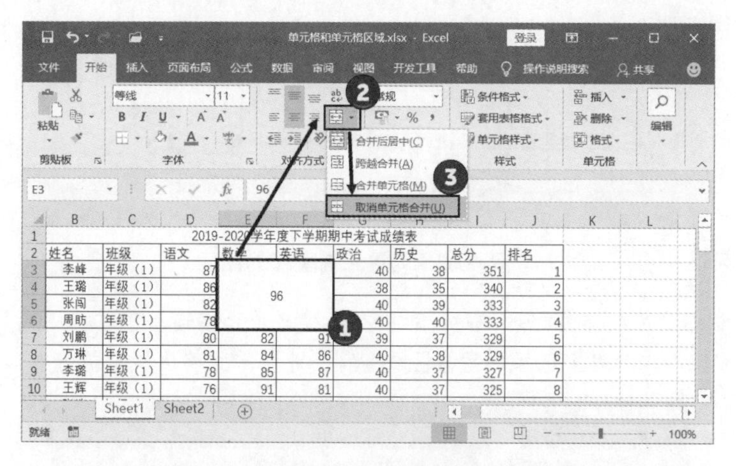

图 3.60　选择“取消单元格合并”选项

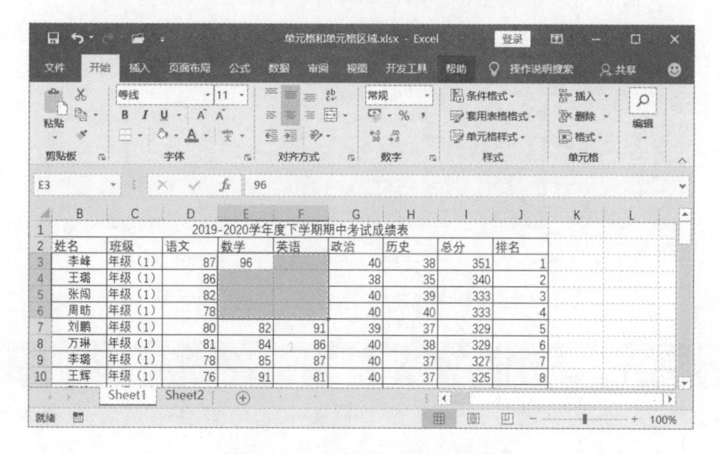

图 3.61　合并单元格被拆分

3.3.4　使用命名单元格

在工作表中，单元格和单元格区域是可以命名的。命名单元格后，即可使用名称框来快速定位这些单元格，这为数据的选择和计算提供了极大的方便。下面介绍具体的操作方法。

01 在工作表中选择需要命名的单元格区域，在“公式”选项卡的“定义的名称”组中，单击“定义名称”按钮，此时将打开“新建名称”对话框，在该对话框的“名称”文本框中输入单元格区域名称。完成设置后，单击“确定”按钮关闭对话框，如图 3.62 所示。

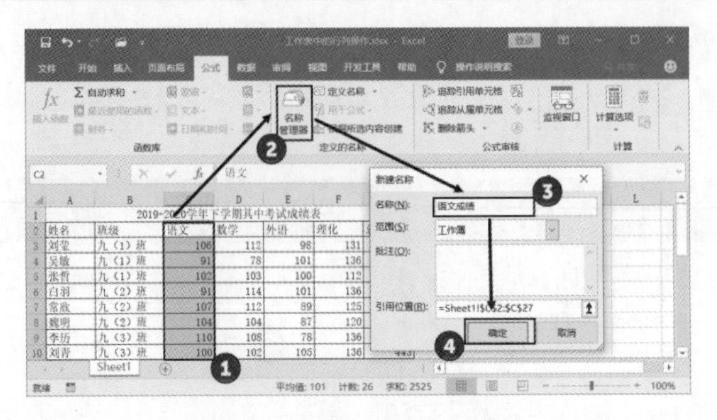

图 3.62　为单元格区域命名

02 在需要选择命名的单元格区域时，可以在名称栏中直接输入单元格区域名称，或是单击名称栏上的下三角按钮，在列表中选择单元格区域名称。此时单元格区域即被选择，如图 3.63 所示。

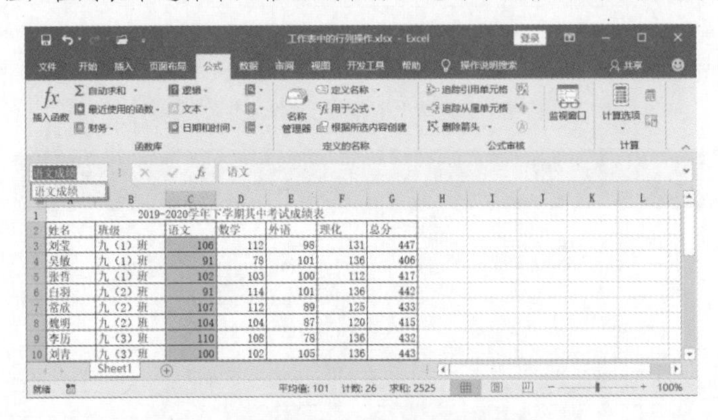

图 3.63　在名称栏中选择单元格区域名称

提　示

为单元格命名还有一个简单的方法——在工作表中选择需要命名的单元格区域，直接在名称栏中输入名称后按 Enter 键。

3.4　工作表的实用技巧

本节介绍工作表的 3 个实用技巧。

3.4.1　设置默认创建工作表的个数

在创建新的空白工作簿时，Excel 2019 默认创建一个工作表 Sheet1。实际上，用户可以根据需要设置 Excel 2019 默认创建工作表的数量。下面介绍具体的设置方法。

01 启动 Excel 2019 并创建一个空白工作簿，打开“文件”窗口，在左侧的列表中选择“选项”选项，如图 3.64 所示。

02 在打开的“Excel 选项”对话框左侧列表中，选择“常规”选项。在右侧的“新建工作簿时”栏的“包含的工作表数”微调框中输入数值，如这里输入 3，如图 3.65 所示。单击“确定”按钮关闭对话框，则再次新建工作簿时 Excel 将在工作簿中自动创建 3 个工作表。

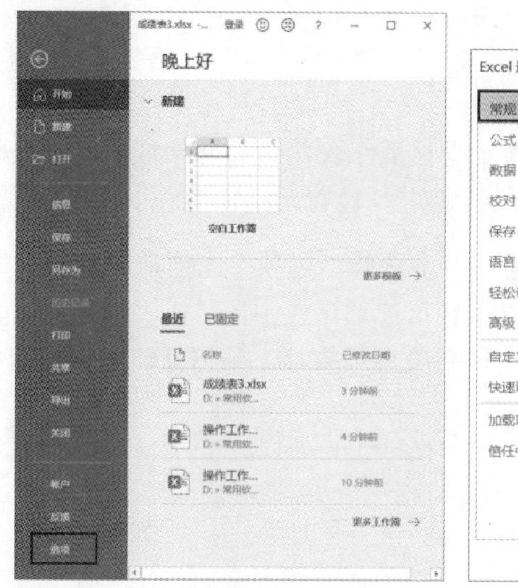

图 3.64　选择“选项”选项

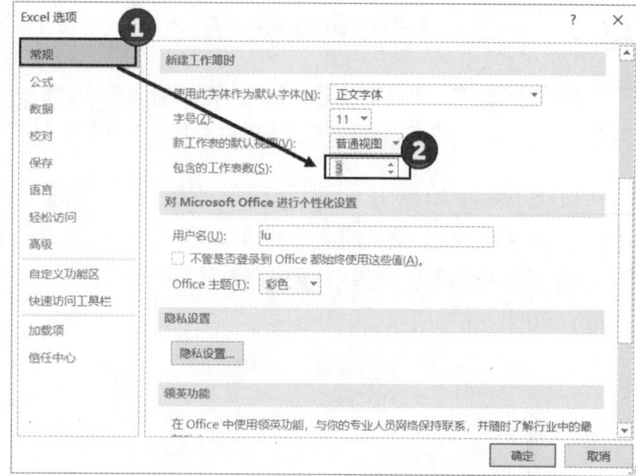

图 3.65　设置“包含的工作表数”

3.4.2　让工作表标签不显示

选择工作表标签，用户能够选择需要查看的工作表。如果希望他人只能查看工作簿的工作表，且无法通过选择工作表标签来查看其他工作表的内容，就可以将工作表标签隐藏起来。下面介绍具体的操作方法。

01 启动 Excel 2019 并打开需要处理的工作簿，在“开始”选项卡中选择“选项”选项，打开“Excel 选项”对话框，在左侧列表中选择“高级”选项，在“此工作簿的显示选项”栏中取消对“显示工作表标签”复选框的勾选。完成设置后，单击“确定”按钮关闭对话框，如图 3.66 所示。

02 此时，工作簿中将不再显示工作表标签，如图 3.67 所示。

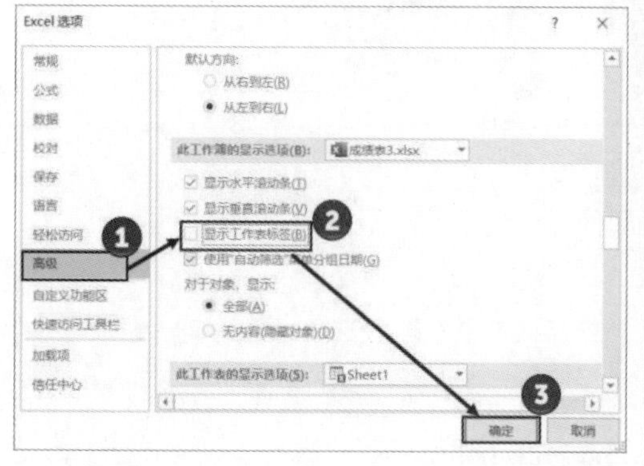

图 3.66　取消对“显示工作表标签”复选框的勾选

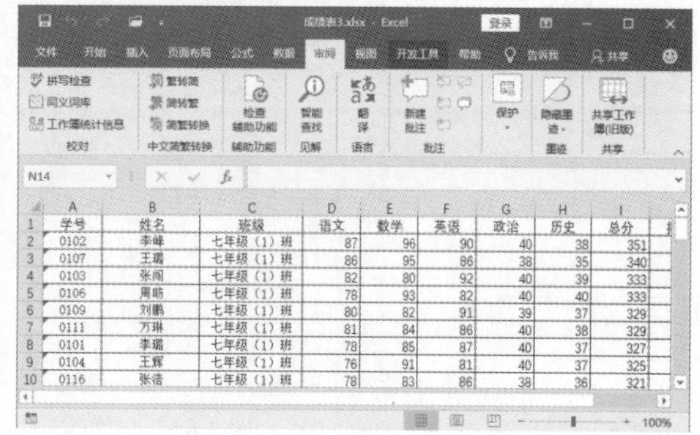

图 3.67　工作簿不再显示工作表标签

提　示

要恢复工作表标签的显示，只需要在“Excel 选项”对话框中再次勾选“显示工作表标签”复选框即可。另外，这里的操作会对当前工作簿中所有的工作表有效。

3.4.3 更改工作表中网格线的颜色

在工作表中，网格线用于区分单元格。默认情况下，工作表是带有网格线的，网格线的颜色为黑色。实际上，用户可以根据需要对网格线的颜色进行设置，下面介绍具体的操作方法。

启动 Excel 2019 并创建工作簿。在“文件”选项卡中选择“选项”选项，在打开的“Excel 选项”对话框中选择“高级”选项，在“此工作表的显示选项”栏中，单击“网格线颜色”按钮上的下三角按钮，在打开的颜色列表中选择颜色。完成后设置后，单击“确定”按钮关闭对话框，如图 3.68 所示。

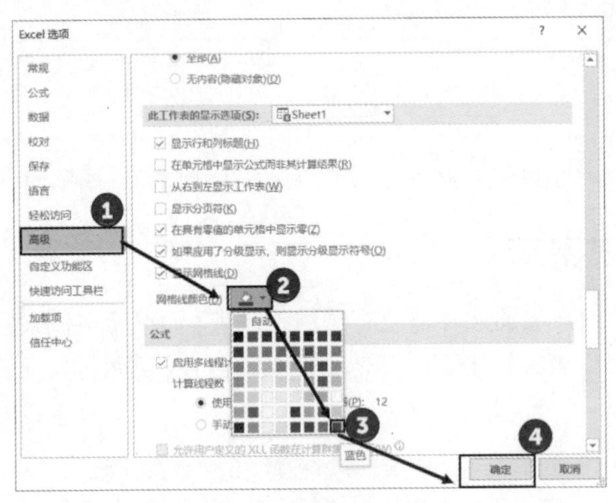

图 3.68　选择网格线颜色

此时，工作表中网格线颜色设置为指定颜色，如图 3.69 所示。

学号	姓名	班级	语文	数学	英语	政治	历史	总分
0102	李峰	七年级（1）班	87	96	90	40	38	351
0107	王璐	七年级（1）班	86	95	86	38	35	340
0103	张闯	七年级（1）班	82	80	92	40	39	333
0106	周昉	七年级（1）班	78	93	82	40	40	333
0109	刘鹏	七年级（1）班	80	82	91	39	37	329
0111	万琳	七年级（1）班	81	84	86	40	38	329
0101	李璐	七年级（1）班	78	85	87	40	37	327
0104	王辉	七年级（1）班	76	91	81	40	37	325
0116	张浩	七年级（1）班	78	83	86	38	36	321

图 3.69　网格线颜色更改为指定颜色

提　示

在“Excel 选项”对话框的“高级”选项的“此工作表的显示选项”栏中，取消对“显示网格线”复选框的勾选，工作表中的网格线将同样被去除。另外，在“页面布局”选项卡的“工作表选项”栏中，取消对“网格线”栏“查看”复选框的勾选，也可以取消网格线的显示。如果在“工作表选项”栏中勾选“网格线”栏中的“打印”复选框，则可以在打印时将网格线打印出来。注意，上述操作均只对当前工作簿有效。

第4章

单元格的数据和格式

单元格就像书桌中的抽屉一样，是数据的基本载体。在对数据进行处理时，首先需要向工作表的单元格输入数据。单元格和数据的格式决定了数据在工作表中的存在形式，设置格式不仅能够使工作表美观大方，而且是创建各种类型表格的需要。同时，通过对数据格式的定义，可以有效地简化输入流程，实现对特定数据的标示，方便对数据的分析。本章将介绍单元格中数据操作和格式设置的有关技巧。

4.1　在工作表中输入数据

在 Excel 工作表中，数据是重要的信息。在 Excel 单元格中，可以输入很多类型的数据，本节将对数据输入的有关操作进行介绍。

4.1.1　输入常规数据

工作表中的单元格是承载数据的最小容器，数据的分析和处理首先需要在单元格中输入数据。工作表中常见的数据包括文本、数值以及日期和时间等。下面对 Excel 中常见的数据输入方式进行介绍。

1. 输入文本

在 Excel 中，文本包括汉字、英文字母以及具有文本性质的数字、空格和符号等。文本数据是 Excel 中经常需要输入的一种数据。

01 在工作表中单击选择需要输入的单元格，直接使用键盘输入需要的文字。也可以在选择单元格后单击编辑栏，将插入点光标放置到编辑栏中，然后输入需要的文本，如图 4.1 所示。

02 如果需要数字型的文本数据，如邮政编码、手机号或身份证号等数据，可以在选择单元格后先输入一个英文的单引号“'”，然后输入数值，如图 4.2 所示。完成输入后按 Enter 键即可。

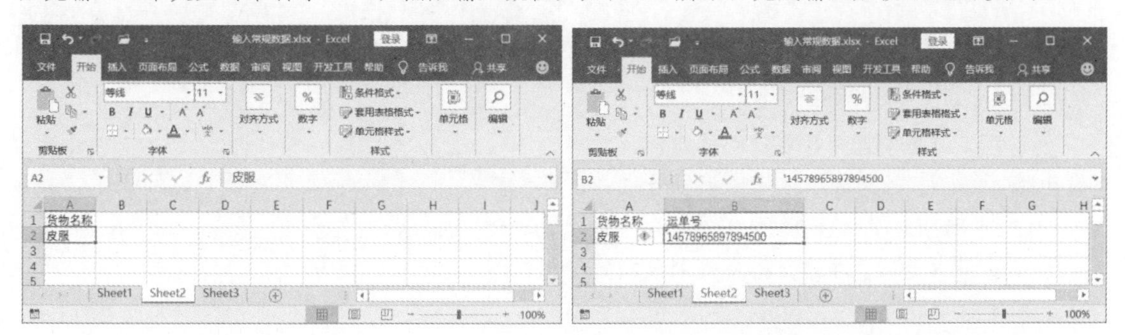

图 4.1　输入文本　　　　　　　　　　图 4.2　输入文本型数字

2．输入数字

数值型数据是 Excel 工作表中最常见的一种数据类型。Excel 最突出的能力就是数据运算、分析和处理，因此工作表中最常见的数据类型就是数值型数据。

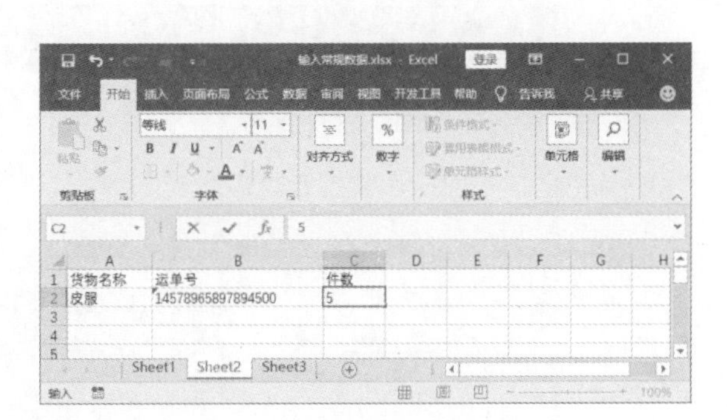

图 4.3　输入数值

01 选择需要输入数字的单元格，使用键盘直接输入数字，完成输入后按 Enter 键，当前单元格将自动下移，输入的数字将自动右对齐，如图 4.3 所示。

02 在输入分数时，如果直接按照常规输入，Excel 会自动将其识别为日期。此时，可以先输入数字 0，添加一个空格后再输入。输入完成后，按 Enter 键即可获得分数形式，如图 4.4 所示。

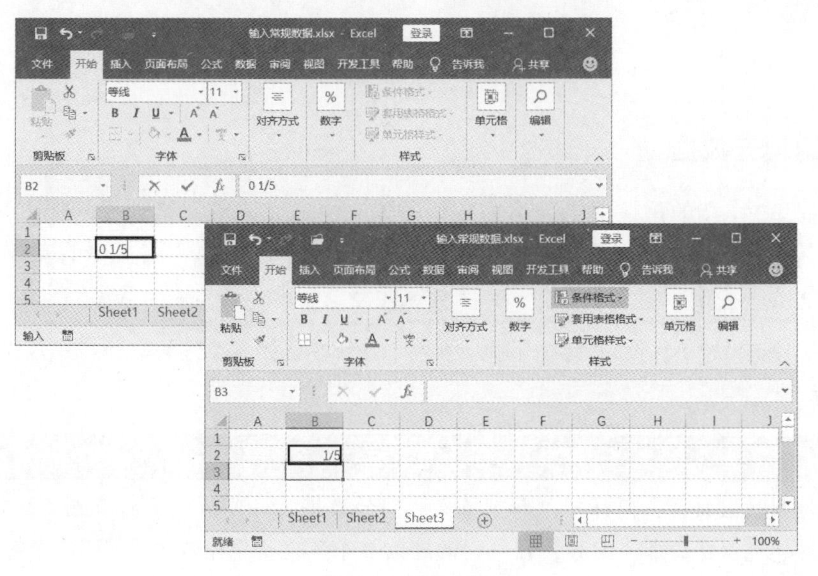

图 4.4　输入分数

3. 输入日期和时间

日期和时间也是工作表中常见的数据类型，下面介绍日期和时间的输入方法。

01 在工作表中选择需要输入的时间单元格，在其中输入时间，时间数值之间使用冒号“：”连接，如图 4.5 所示。

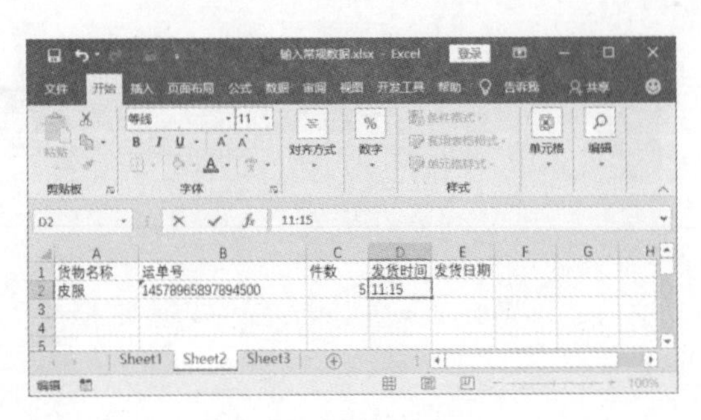

图 4.5　输入时间

02 选择单元格，在单元格中输入日期数字，数字之间使用“-”或“/”连接。完成输入后，按 Enter 键即可获得需要的日期，如图 4.6 所示。

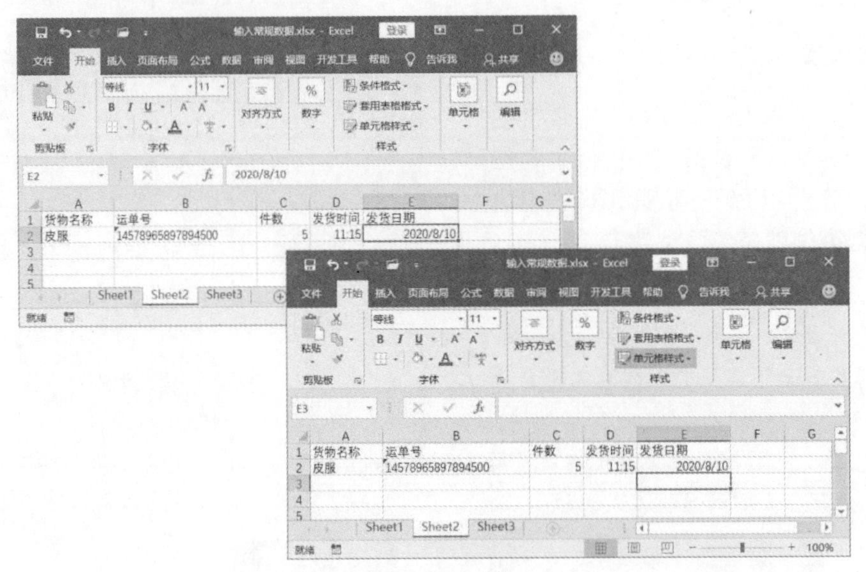

图 4.6　输入日期

4.1.2　快速填充数据

所谓数据填充，指的是使用单元格拖放的方式来快速完成单元格数据的输入。在 Excel 中，数字可以以等值、等差和等比的方式自动填充到单元格中，下面介绍具体的操作方法。

01 启动 Excel 并打开工作表，在单元格中输入数据。将鼠标指针放置到单元格右下角的填充柄上，鼠标光标变成十字形。此时向下拖动鼠标，即可在鼠标拖动过的单元格中填充相同的数据，如图 4.7 所示。

提　示

在填充控制柄上双击，同样可以向下填充相同的数据。另外，这里的填充不光可以是数字，同样也可以是文本。例如，在一列的连续 3 个单元格中输入文字“你”“我”“他”，则在选择这 3 个单元格后向下填充单元格，可以按照“你”“我”“他”的顺序在单元格中重复填充这 3 个字。

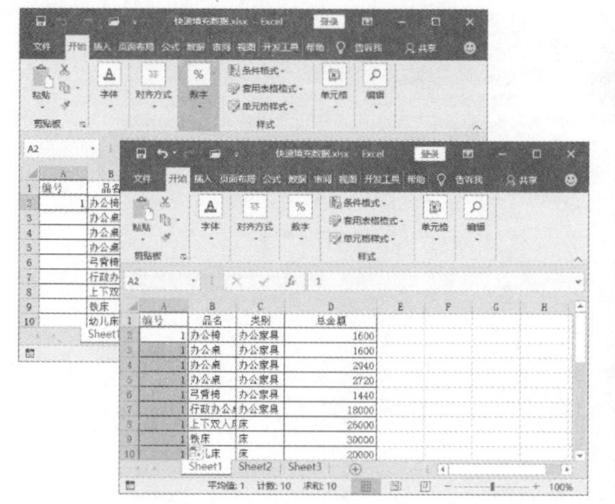

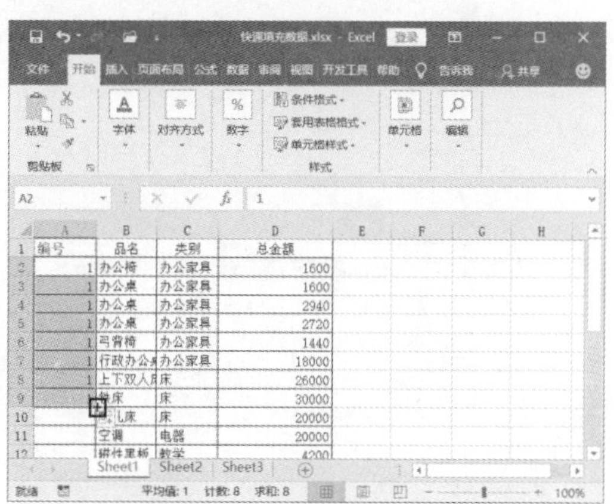

图 4.7　向单元格中填充相同数据

02 在 2 个单元格中分别输入数字，选择这 2 个单元格，同时将鼠标放置到选择区域右下角的填充柄上，向下拖动鼠标，此时 Excel 将按照这 2 个数据的差来进行等差填充，如图 4.8 所示。

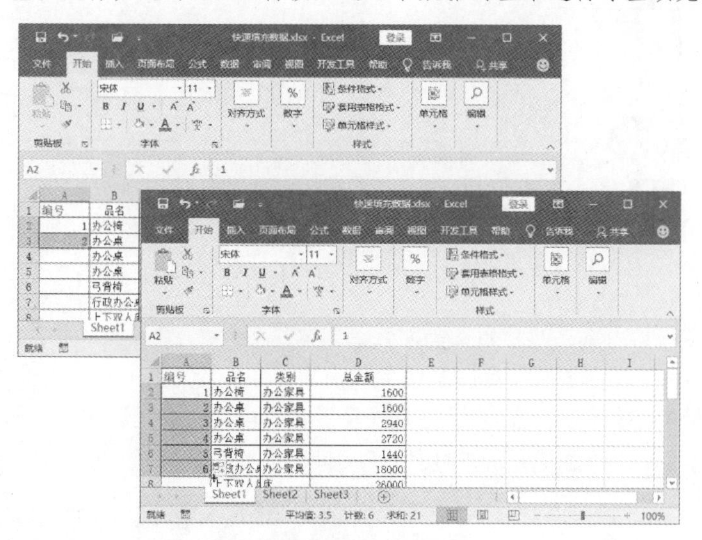

图 4.8　实现等差填充

03 在单元格中输入起始数值，选择需要进行等差填充的单元格区域，在“开始”选项卡的“编辑”组中单击“填充”按钮。在打开的下拉列表中选择“序列”命令，如图 4.9 所示。在打开的“序列”对话框中选择“等差序列”单选按钮，在“步长值”文本框中输入步长，完成设置后，单击“确定”按钮关闭对话框，如图 4.10 所示。选择的单元格中按照设置的步长进行等差序列填充，如图 4.11 所示。

> **提　示**
>
> 在自动填充数字时，可以在数字后面加上文本内容，如“1 年”。在进行自动填充时，其中文本的内容会重复填充，而数字可以进行等差或等比填充。

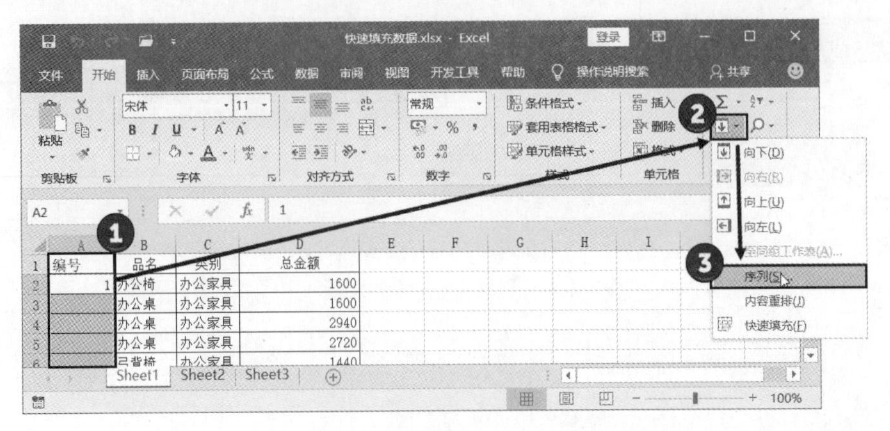

图 4.9　选择“序列”选项

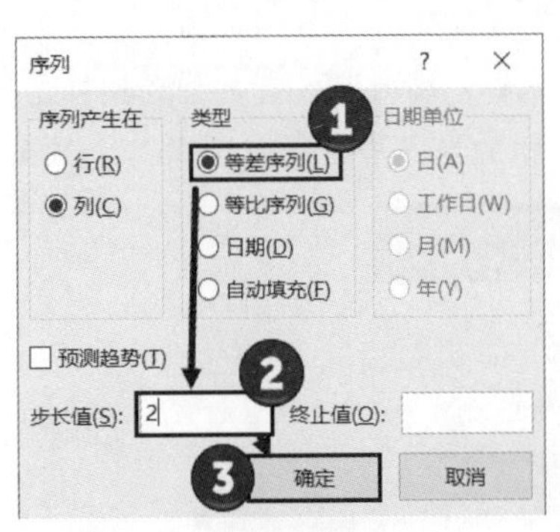

图 4.10　选择“等差序列”

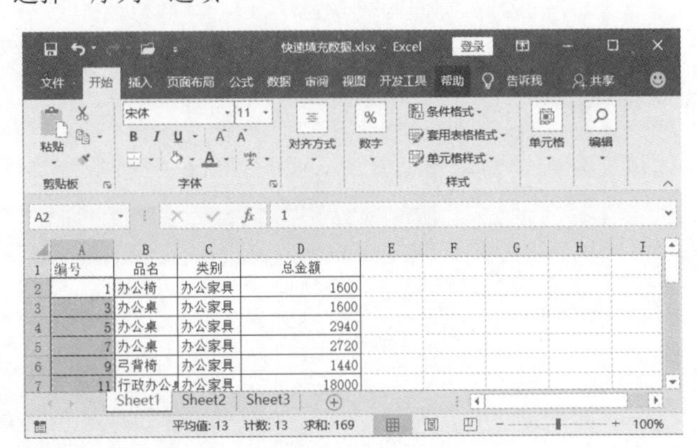

图 4.11　进行等差序列填充

04 在单元格中输入填充的起始值，如这里的数字“1”。选择需要填充数据的单元格区域，按照上面介绍的方法打开“序列”对话框。在对话框的“类型”栏中选择“等比序列”单选按钮，在“步长值”文本框中输入步长值“3”。完成设置后，单击“确定”按钮关闭对话框，如图 4.12 所示。选择单元格区域，按照步长值进行等比序列填充，如图 4.13 所示。

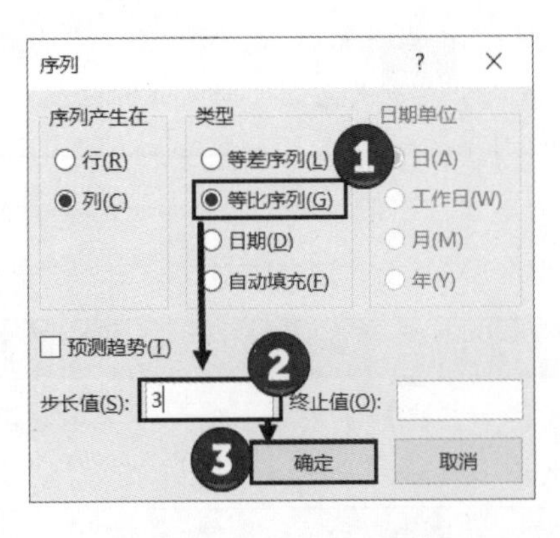

图 4.12　“序列”对话框

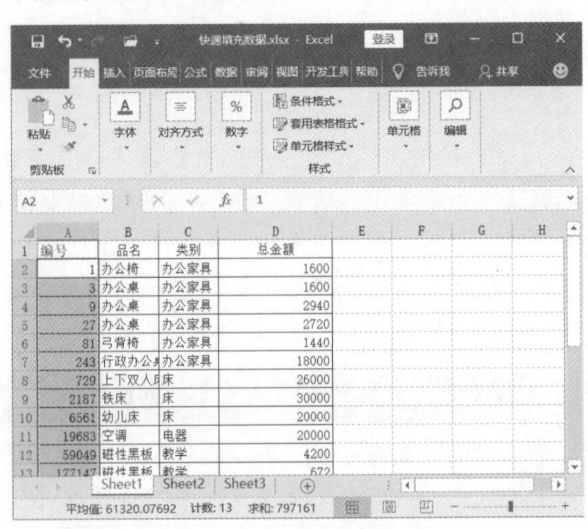

图 4.13　进行等比序列填充

提 示

选择一个数据单元格，在“序列”对话框中设置“步长值”和“终止值”，Excel 将根据设置按照行向右进行填充。

4.2 编辑单元格中的数据

在完成数据的输入后，经常需要对工作表中的数据进行编辑。数据的编辑包括数据的移动、插入和交换行列等，下面对这些操作进行介绍。

4.2.1 移动数据

移动数据是 Excel 工作表中常见的数据操作之一，一般有 2 种操作方法：一种方法是使用鼠标直接拖动，另一种方法是使用“剪切”和“粘贴”命令。

01 在工作表中选择需要移动的数据，将鼠标指针放置到选择区域的任意边框线上，当鼠标指针变为双向箭头后拖动鼠标到新的区域，此时数据将被移动到该区域中，如图 4.14 所示。

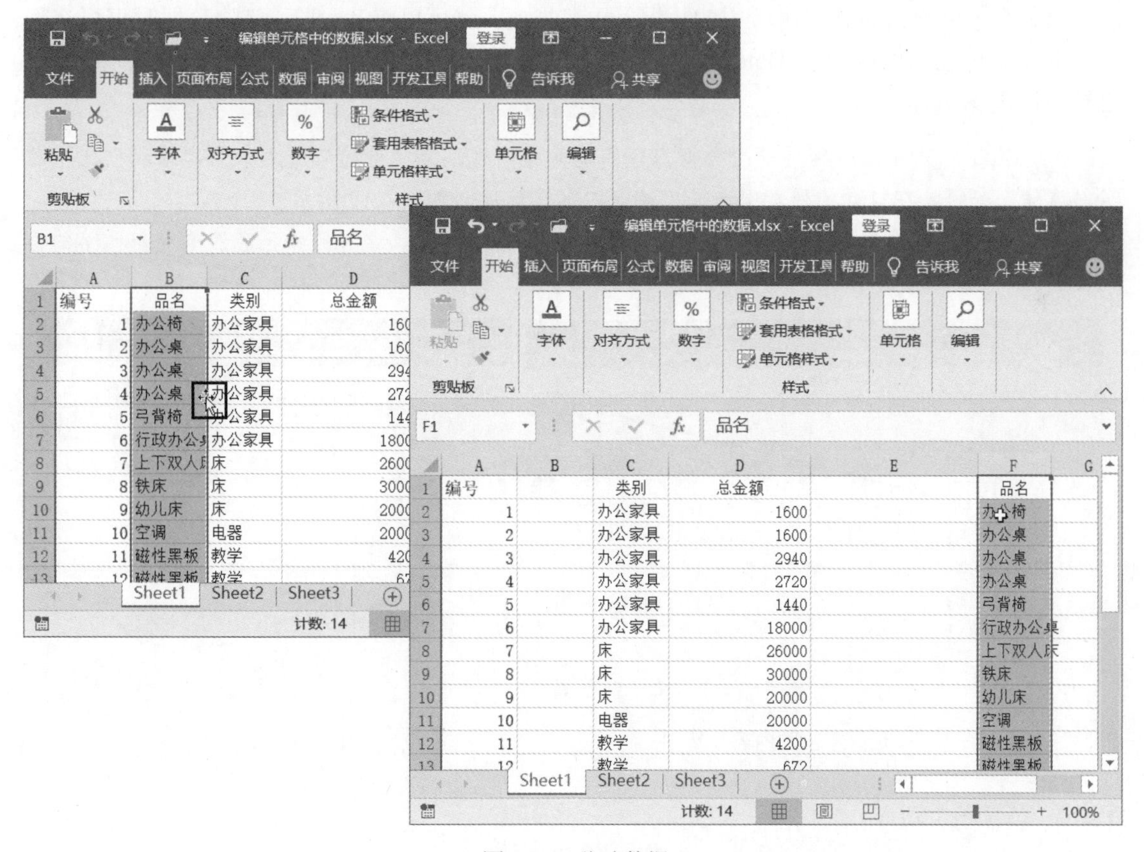

图 4.14 移动数据

02 在工作表中选择需要移动的数据，在“开始”选项卡的“剪贴板”组中单击“剪切”按钮，如图4.15所示。选择放置数据的第1个单元格，单击"粘贴"按钮，数据即被移动到该位置，如图4.16所示。

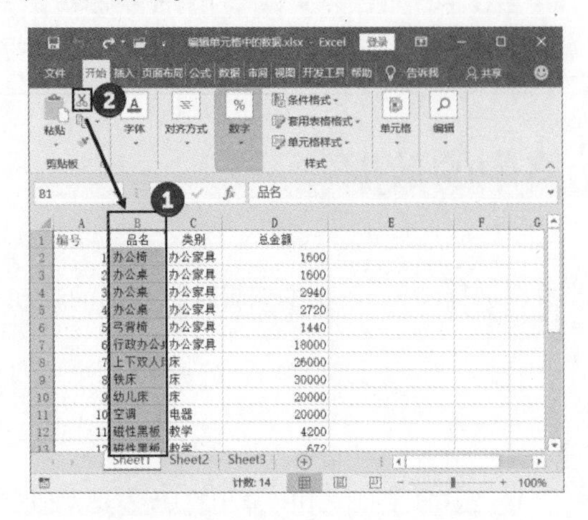

图4.15　选择数据后单击"剪切"按钮

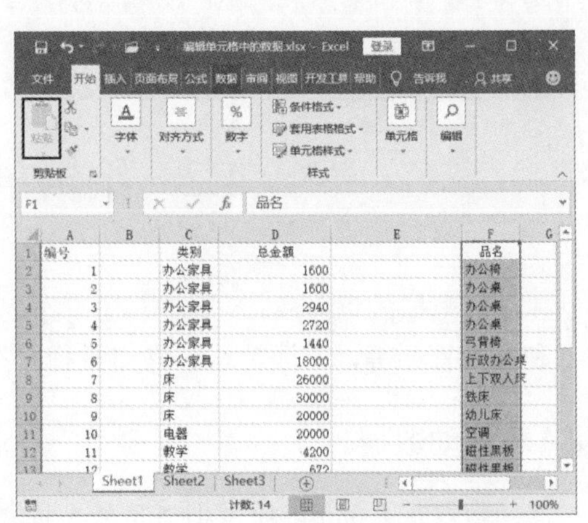

图4.16　粘贴数据到指定位置

4.2.2　清除数据

当某个单元格或单元格区域中的数据不再需要时，就可以将其删除。删除数据时可以在选择单元格或单元格区域后按Delete键来实现。实际上，还可以使用功能区的"清除"命令来进行数据清除操作。

01 在工作表中选择需要清除数据内容的单元格区域，在"开始"选项卡的"编辑"组中单击"清除"按钮，在打开的列表中选择"清除内容"选项，如图4.17所示。

02 此时，选择单元格中的内容将被清除，如图4.18所示。这种操作不会影响对单元格的格式设置。

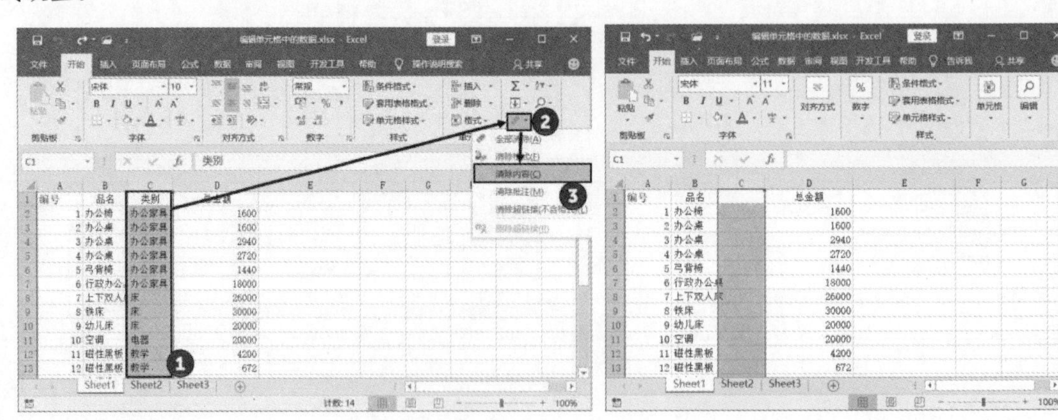

图4.17　选择"清除内容"选项　　　　图4.18　数据被清除

4.2.3　交换行列

在完成数据的输入后，有时需要改变表格的结构，如将表格中的行列互换。如果对数据按照新的行列重新录入，那么工作效率就很低了。对于这种交换行列的操作，可以使用下面的方法来快速实现。

01 选择需要进行操作的数据区域，在“开始”选项卡的“剪贴板”组中单击“复制”按钮，如图 4.19 所示。

02 选择放置数据的第 1 个单元格，在“开始”选项卡的“剪贴板”组中，单击“粘贴”按钮上的下三角按钮，在打开的列表中选择“转置”选项，如图 4.20 所示，数据即会交换行列放置，如图 4.21 所示。

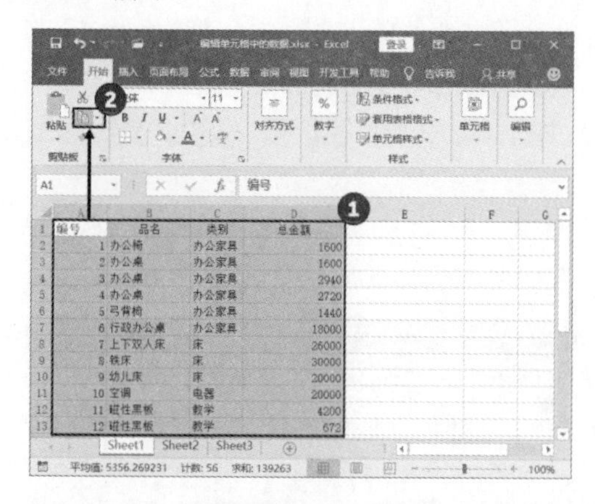

图 4.19　选择数据后单击“复制”按钮

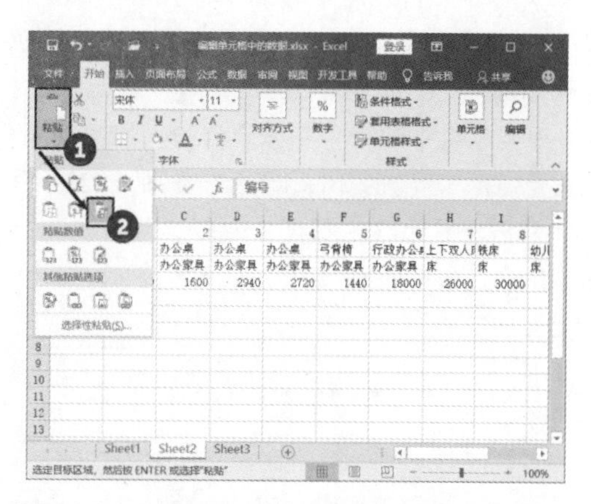

图 4.20　选择“转置”选项

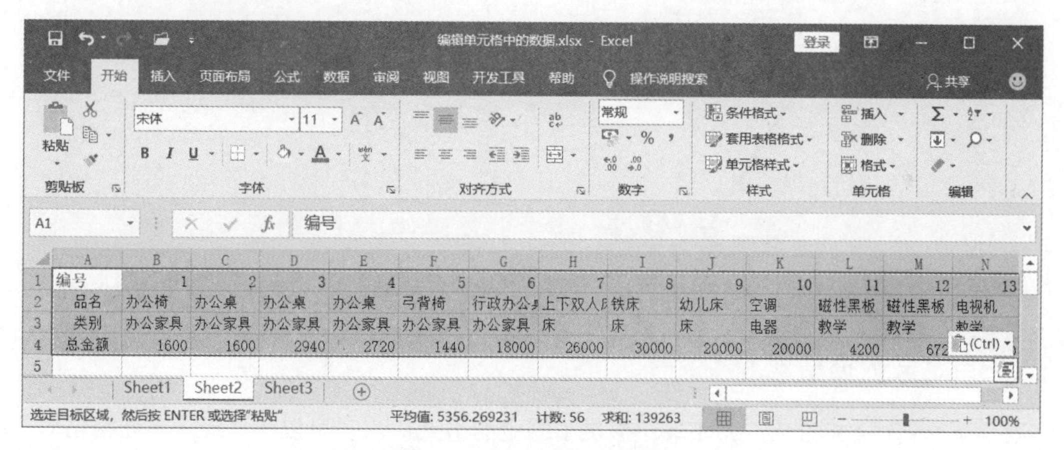

图 4.21　数据交换行列放置

4.3　格式化数据

在向单元格中输入数据时，Excel 会使用默认的格式显示数据。很多时候，用户需要重新对数据的格式进行设置，以使其符合数据表的要求。下面介绍格式化数据的方法和技巧。

4.3.1　设置数据格式

设置单元格中数据的格式并不仅仅是对数字字体、大小和颜色等进行设置，更重要的是设置数据类型，使其符合专业工作簿的要求。Excel 的数据类型包括数值型、文本型、货币型、日期和时间等，数据类型的设置可以通过“设置单元格格式”对话框来实现。下面通过一个实例来介绍设置数据格式的方法。

在制作财务报表时，经常需要使用中文大写数字。一个一个地输入这样的数字十分麻烦，而且容易出错。实际上，通过设置单元格数字的格式，就能够快捷、准确地输入大写中文数字。下面介绍具体的操作方法。

01 启动 Excel 并打开工作表，选择需要输入中文大写数字的单元格后右击，在打开的快捷菜单中选择“设置单元格格式”命令。此时将打开“设置单元格格式”对话框，在“数字”选项卡的“分类”组中选择“特殊”选项，在“类型”列表中选择“中文大写数字”选项。完成设置后，单击“确定”按钮关闭对话框，如图 4.22 所示。

02 在单元格中直接输入阿拉伯数字，按 Enter 键后，Excel 会自动将阿拉伯数字转换为中文大写数字，如图 4.23 所示。

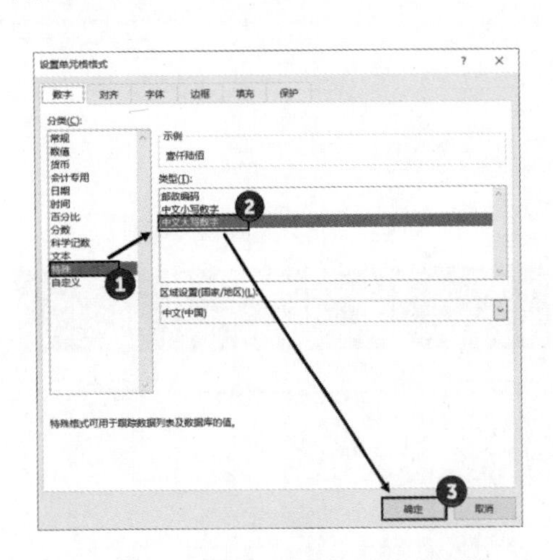

图 4.22 “设置单元格格式”对话框

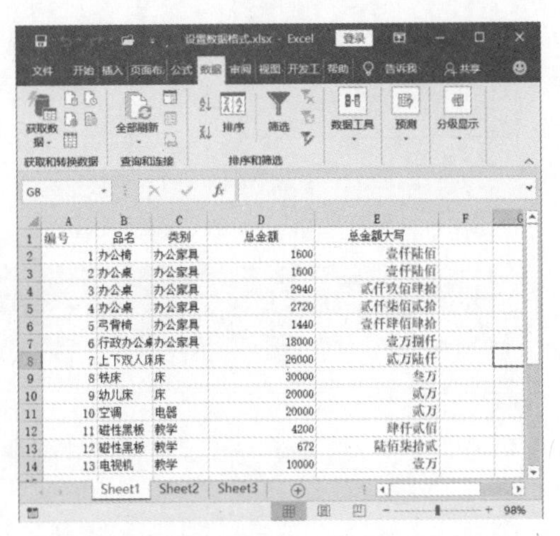

图 4.23 阿拉伯数字被转换为中文大写数字

4.3.2 自定义数据格式

对于单元格中数据的格式，Excel 提供了固定的格式，用户可以在“设置单元格格式”对话框中选择使用。对于特殊的数据格式，Excel 往往没有提供现成的格式供用户选择，此时可以自定义数据格式来获得需要的数据格式。下面通过一个实例来介绍自定义数据格式的操作方法。

01 在工作表中选择数据区域，如图 4.24 所示，右击，在打开的快捷菜单中选择“设置单元格格式”命令，打开“设置单元格格式”对话框，在“数字”选项卡的“分类”列表中选择“自定义”选项，在“类型”文本框中输入“G/通用格式;G/通用格式;"--"”，完成设置后，单击“确定”按钮关闭对话框，如图 4.25 所示。

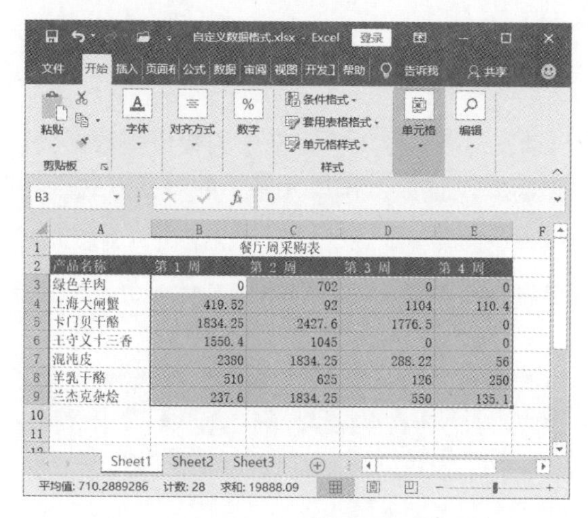

图 4.24　选择数据区域

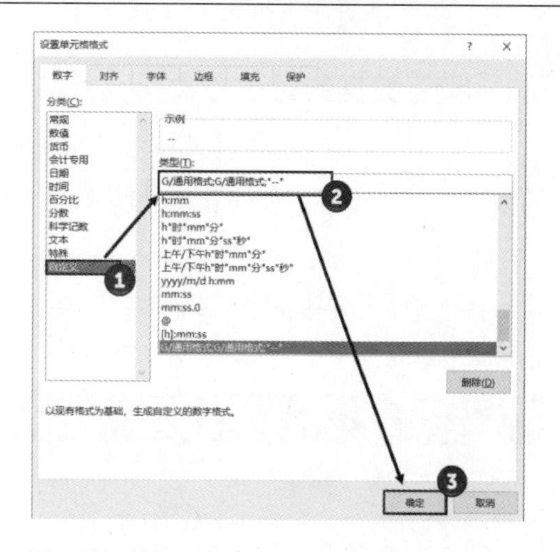

图 4.25　输入“G/通用格式;G/通用格式;"--"”

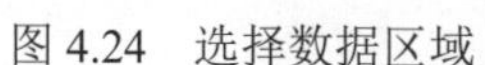

02 此时，选择单元格区域中的 0 值全部转换为 “--” 了，如图 4.26 所示。

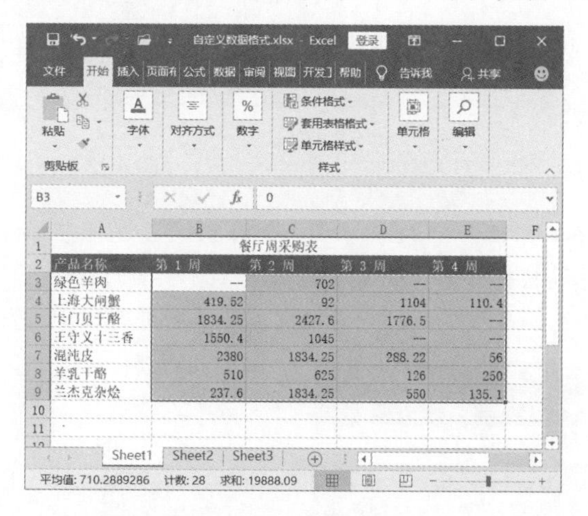

图 4.26　单元格中的 0 值转为“--”

提　示

在“设置单元格格式”对话框中的“类型”文本框中，输入格式代码“#,##0.00;-###0.00,--”，同样能够使所有 0 值单元格显示“--”；如果输入格式代码“0; -0;; @”，会使单元格不显示 0 值；如果要恢复 0 值的显示，只需要在“分类”列表中选择“常规”选项即可。

4.4　设置单元格的外观

一个好的工作表不仅要有丰富翔实的数据，还应该有一个简洁、美观的外观。单元格是数据的存放处，通过对单元格样式进行设置，可以改变表格外观，同时让数据突出而醒目，更有利于分析和查阅。

4.4.1 设置数据的对齐方式

默认情况下，输入单元格中的文本型数据会自动左对齐，输入单元格中的数值型数据会自动右对齐。为了使表格整洁和格式统一，可以根据需要设置数据在单元格中的对齐方式。

01 启动 Excel 并打开工作表，在工作表中选择单元格区。在“开始”选项卡的“对齐方式”组中单击“居中”按钮，使文本在单元格中水平居中对齐，如图 4.27 所示。单击“垂直居中”按钮，使文字在单元格中垂直居中，如图 4.28 所示。

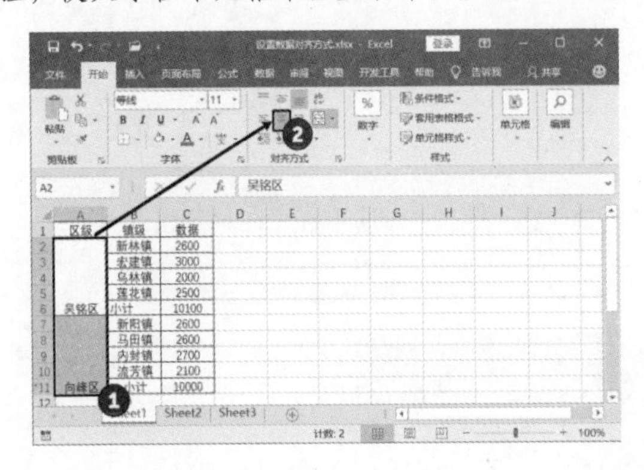

图 4.27 使文字水平居中对齐

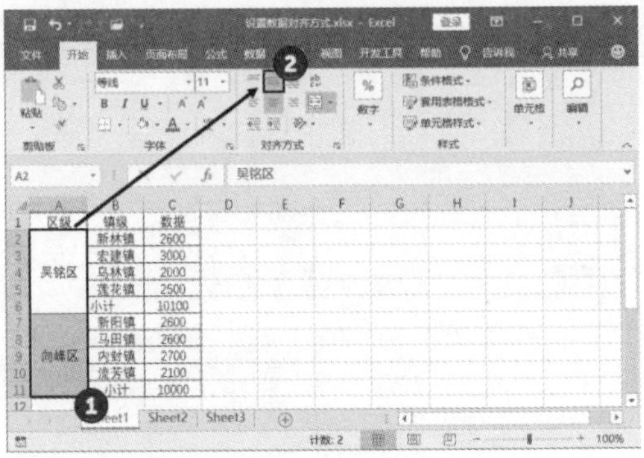

图 4.28 使文字垂直居中对齐

02 在“对齐方式”组中单击“对话框启动器”按钮，弹出设置单元格格式对话框，如图 4.29 所示。

03 单击“对齐”标签将打开“设置单元格格式”对话框的“对齐”选项卡，在该选项卡中，可以对单元格中文字的对齐方式、文字的方向以及旋转角度进行设置，如图 4.30 所示。

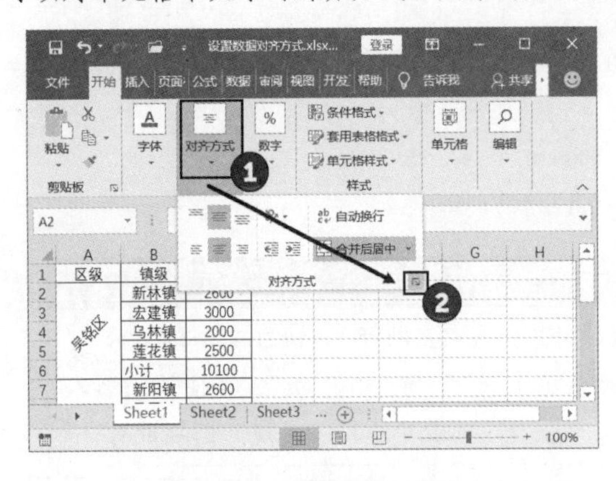

图 4.29 文字逆时针放置

图 4.30 “设置单元格格式”对话框

4.4.2 设置单元格边框

为单元格设置边框和底纹，可以从视觉上对数据进行强调和区分，同时使数据区域具有传统表格的外观。下面介绍为单元格设置边框的操作方法。

01 在工作表中选择需要设置边框的单元格区域，在“开始”选项卡的“字体”组中，单击“边框”按钮上的下三角按钮，在打开的列表中选择“所有框线”选项，如图 4.31 所示。选择区域中所有单元格将会加上边框，如图 4.32 所示。

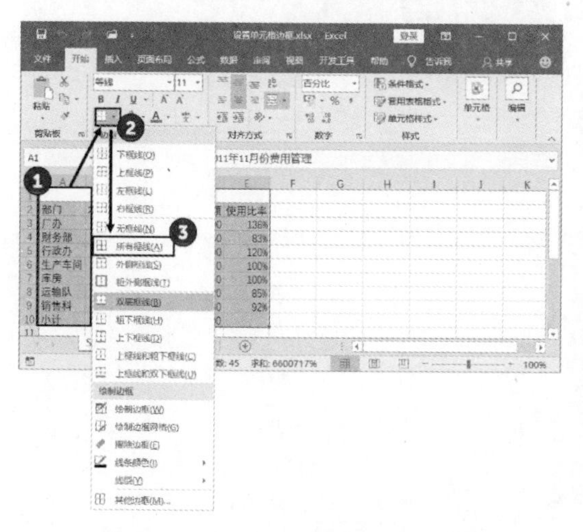

图 4.31　选择“所有框线”选项

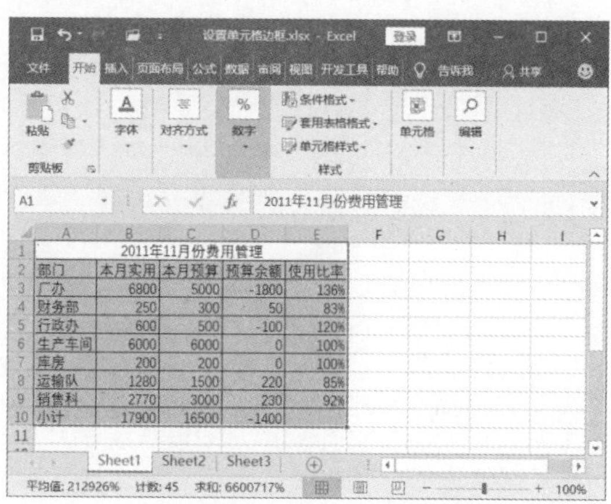

图 4.32　选择单元格被添加边框

02 在“边框”列表中选择“绘制边框”选项，如图 4.33 所示。在一个单元格的边框上单击，会为单元格在单击处加上边框，沿着单元格边框拖动鼠标可以为多个单元格绘制边框，如图 4.34 所示。

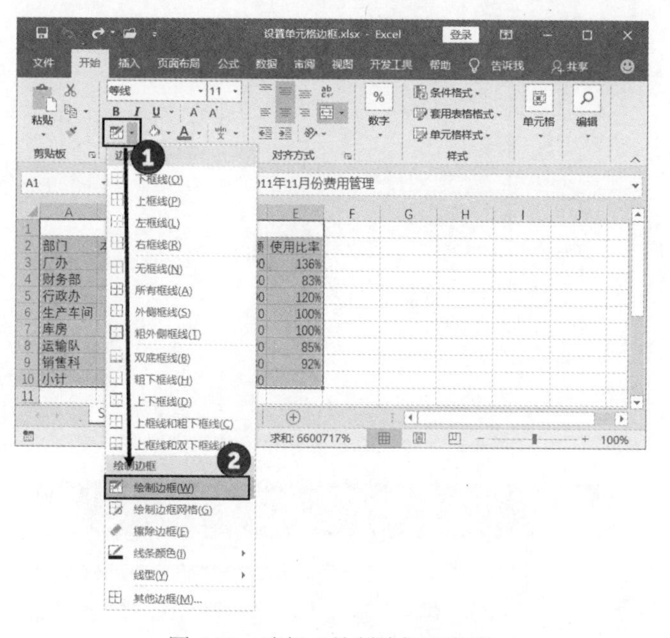

图 4.33　选择“绘制边框”选项

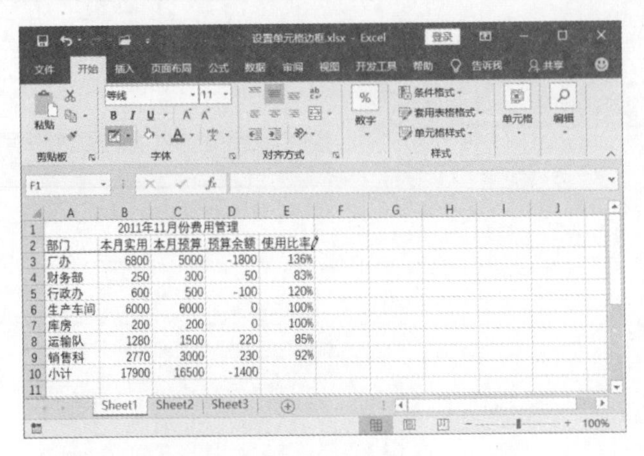

图 4.34　绘制边框

03 在“边框”列表中选择“绘制边框网格”选项，如图 4.35 所示。在工作表中拖动鼠标，可以绘制边框网格，如图 4.36 所示。

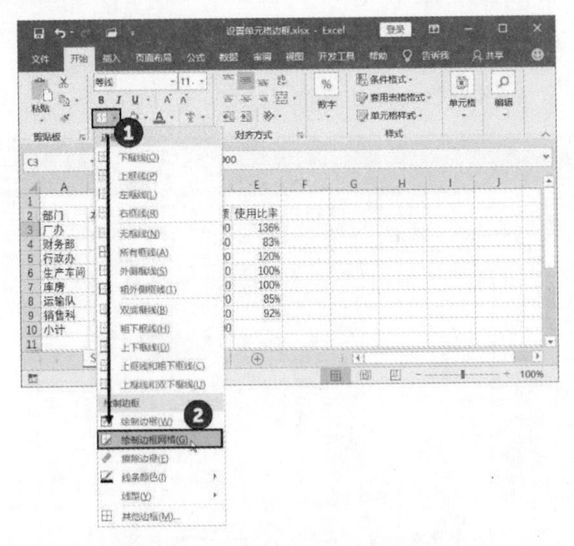

图 4.35　“选择绘制边框网格”选项

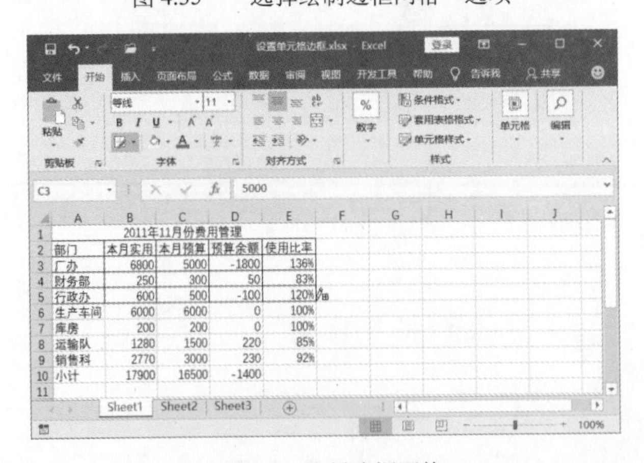

图 4.36　绘制边框网格

04 在“边框”列表中选择“擦除边框”选项，如图 4.37 所示，鼠标指针变为橡皮擦状，在绘制的边框上单击，边框将被删除，如图 4.38 所示。

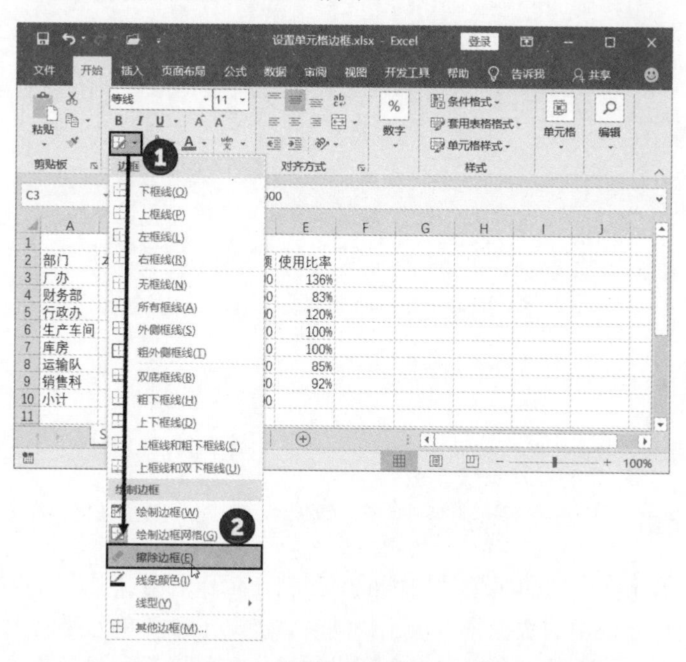

图 4.37　选择“擦除边框”选项

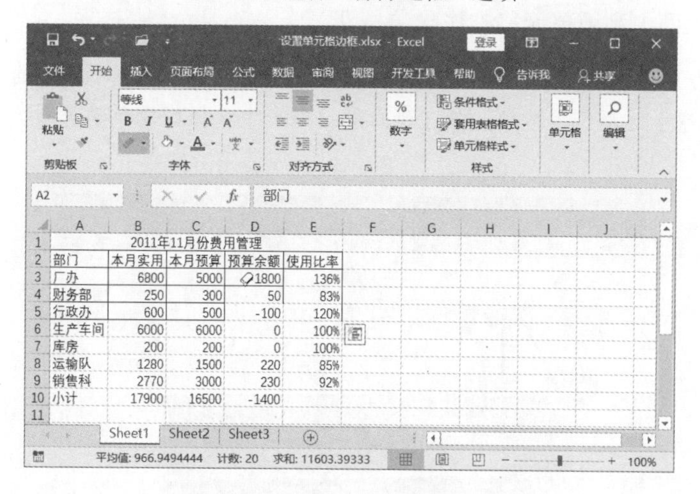

图 4.38　在边框上单击擦除边框

05 在“边框”列表中选择“其他边框”选项，如图 4.39 所示。此时将打开“设置单元格格式”对话框的“边框”选项卡，使用该选项卡可以对边框的样式、颜色以及边框相对于单元格的位置等进行设置，如图 4.40 所示。

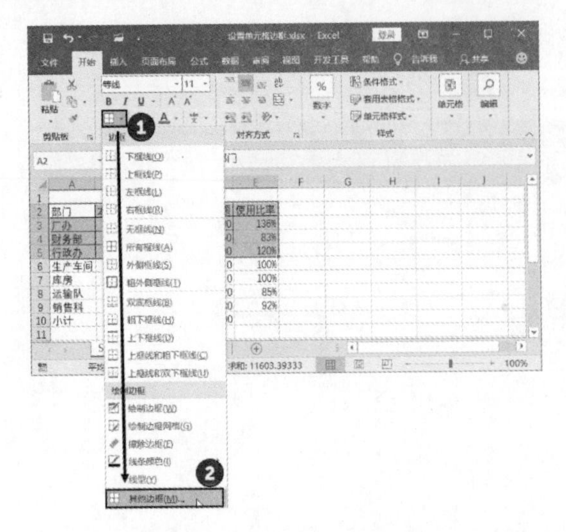
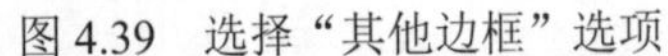

图 4.39 选择“其他边框”选项

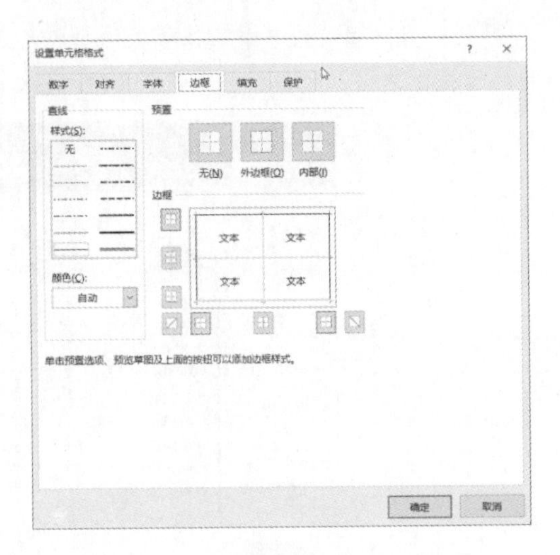

图 4.40 “设置单元格格式”对话框

4.4.3 填充单元格

默认情况下，单元格内部的颜色是白色的。在制作工作表时，用户可以根据需要改变单元格的填充颜色，使单元格中的数据得以突出。同时，借助于改变单元格的填充色，可以美化表格或满足特殊要求。下面通过一个实例来介绍设置单元格填充颜色的操作方法（在工作表中制作一个封面，在封面中利用单元格制作导航按钮）。

01 在工作表中输入需要的文字，选择单元格区域。在“开始”选项卡的“字体”组中，单击“填充颜色”按钮上的下三角按钮，在打开的下拉列表中选择以灰色填充单元格区域，如图 4.41 所示。

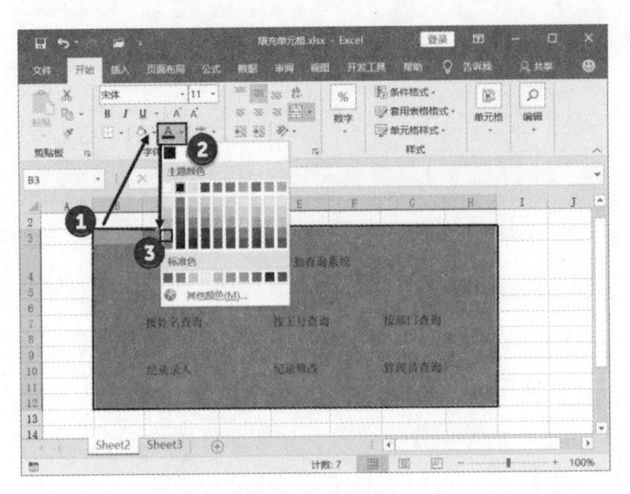

图 4.41 以灰色填充单元格区域

02 按住 Ctrl 键，依次单击将作为按钮的单元格，在“开始”选项卡的“字体”组中，单击“填充颜色”按钮上的下三角按钮，在打开的下拉列表中选用白色填充选择的单元格，如图 4.42 所示。

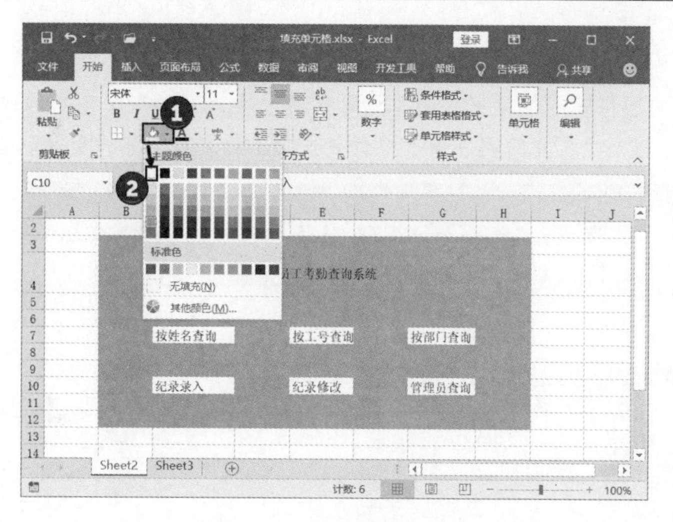

图 4.42　以白色填充单元格

03 右击选择的这些单元格，在打开的快捷菜单中选择“设置单元格格式”命令，打开“设置单元格格式”对话框。在对话框的“边框”选项卡中，首先在“样式”列表中选择边框样式，在“颜色”列表中选择边框的颜色，这里选择黑色，在“边框”栏中单击相应的按钮，将线条应用到单元格的右边和下边。完成设置后，单击“确定”按钮关闭对话框，如图 4.43 所示。此时即可获得需要的单元格立体效果，如图 4.44 所示。

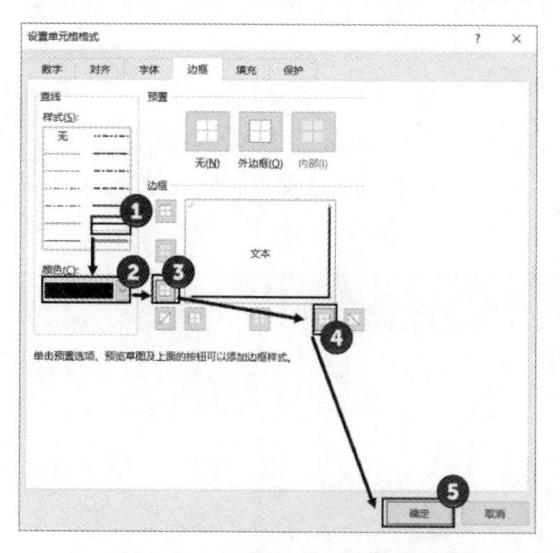

图 4.43　设置右侧和下方的边框

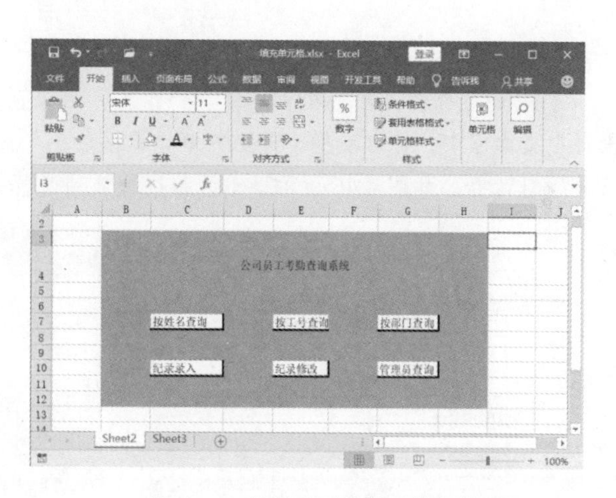

图 4.44　获得需要的单元格立体效果

4.4.4　套用单元格格式

Excel 2019 提供了预设单元格格式供用户使用，用户可以直接选择将其应用于单元格。如果用户对自己设置的某个单元格格式比较满意，可以将其保存下来，以便以后在表格中重复使用。在 Excel 中，用户可以套用预设表格格式或单元格格式应用于表格，以改变单元格的外观。

1．套用表格格式

Excel 提供的自动套用表格格式，可以方便地应用于选择的单元格区域，使用它们能够快速地设置数据区域的格式，而不需要一项一项地设置。

01 在工作表中选择需要设置格式的单元格区域，在“开始”选项卡的“样式”组中，单击“套用表格格式”按钮，在打开的列表中选择样式选项，将其应用于单元格区域，如图 4.45 所示。

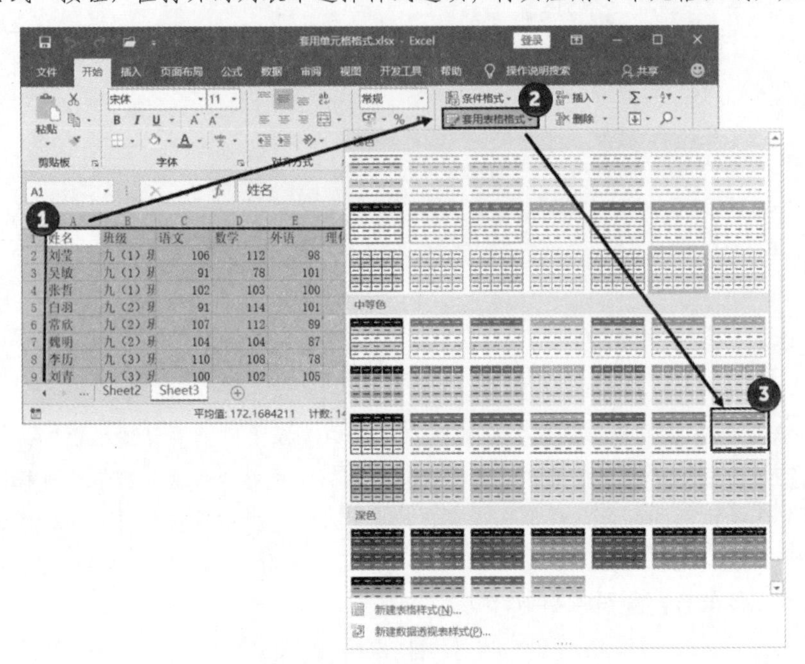

图 4.45　选择格式选项

02 此时将打开“套用表格式”对话框，如果已经选择了单元格区域，对话框的“表数据的来源”文本框中，将自动指定选择的单元格区域。勾选“表包含标题”复选框后，单击“确定”按钮关闭对话框，如图 4.46 所示。单元格区域应用选择的格式，如图 4.47 所示。

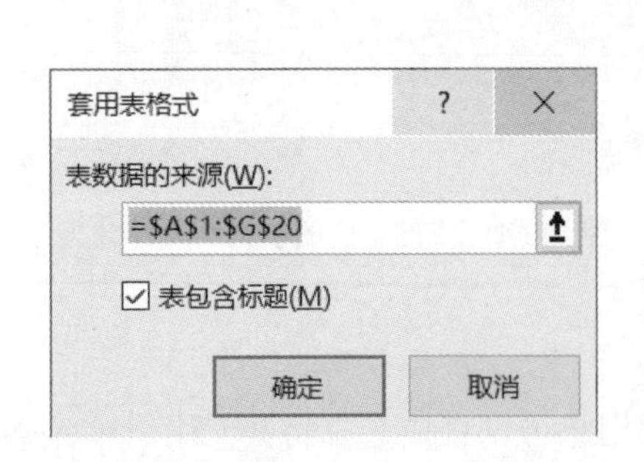

图 4.46　“套用表格式”对话框

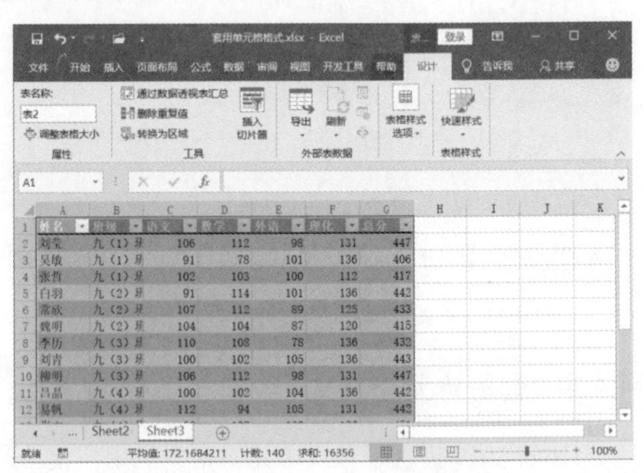

图 4.47　应用选择的格式

2. 套用单元格格式

Excel 提供了单元格预设功能。在工作中，常常会遇到一些格式固定并且需要经常使用的表格，此时用户可以首先根据需要对表格样式进行定义，然后保存这种样式，以后即可作为可以套用的表格格式来使用了，下面介绍具体的设置方法。

01 在工作表中选择需要设置格式的单元格，在“开始”选项卡的“样式”组中单击“单元格样式”按钮，在打开的列表中选择预设样式选项，该样式即可用于指定单元格，如图 4.48 所示。

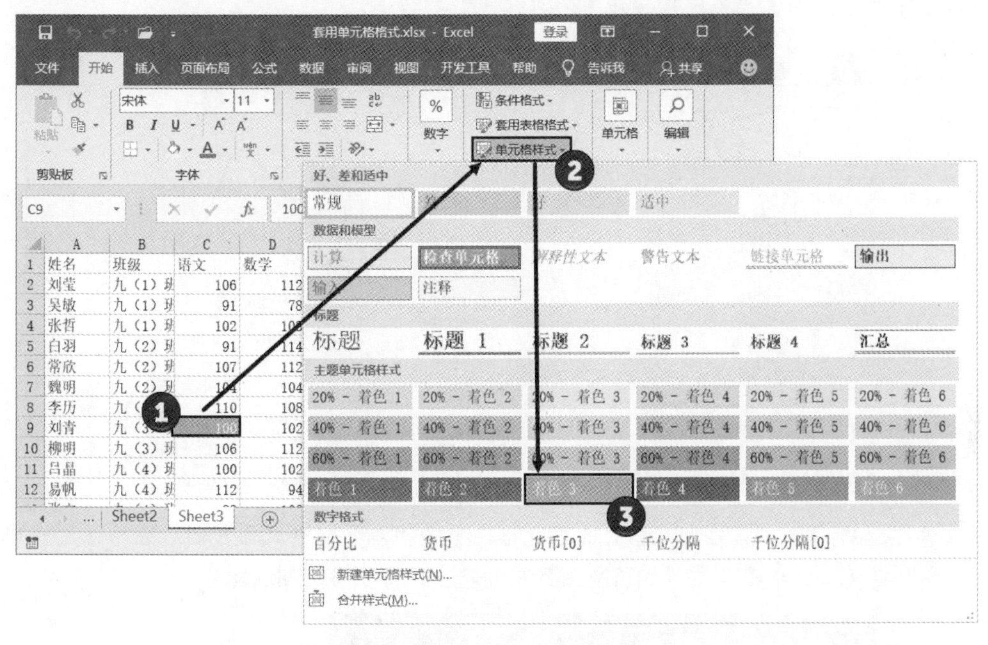

图 4.48　应用单元格样式

02 单击“样式”组中的“单元格样式”按钮，在打开的下拉列表中选择“新建单元格样式”命令，如图 4.49 所示。

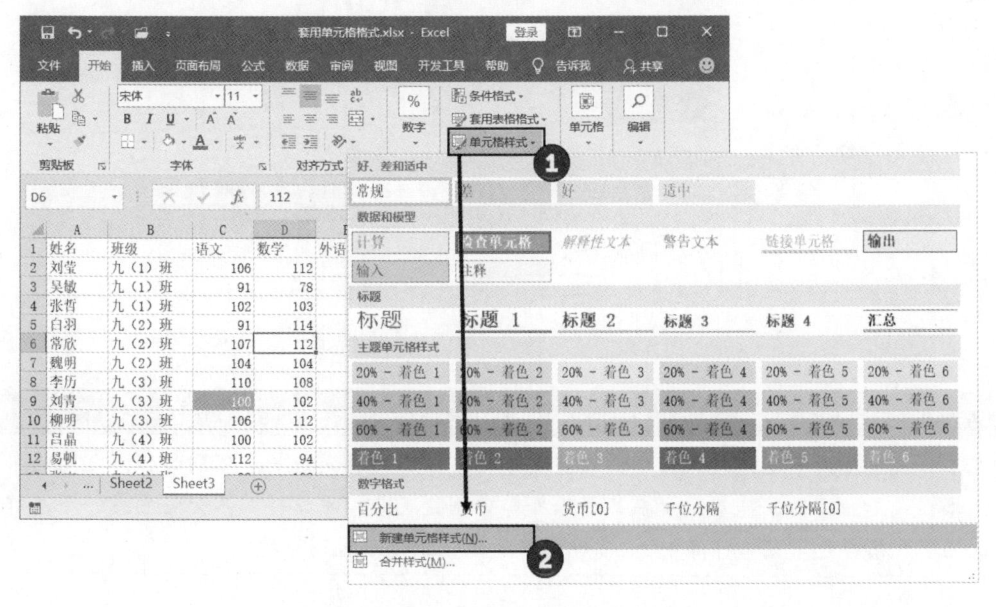

图 4.49　选择“新建单元格样式”命令

03 此时将打开“样式”对话框，在“样式名”文本框中输入样式的名称，在“样式包括”区域中选择包括的样式，单击“格式”按钮，如图4.50所示。

04 此时将打开“设置单元格格式”对话框，使用该对话框可以对单元格中的数字、边框以及填充效果进行设置。例如，这里对边框样式进行设置，完成设置后，单击“确定”按钮关闭对话框，如图4.51所示。单击“确定”按钮关闭“样式”对话框。

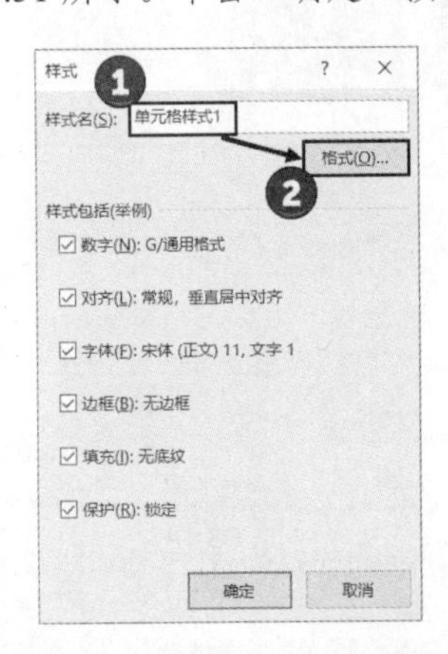

图4.50 “样式”对话框的设置

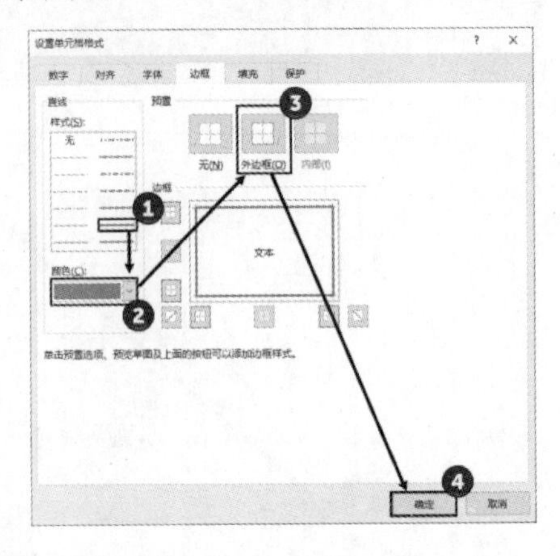

图4.51 “设置单元格格式”对话框

05 在工作表中选择需要设置格式的单元格，单击“单元格样式”按钮，在下拉列表中选择刚才创建的自定义格式选项，该样式将应用到单元格上，如图4.52所示。

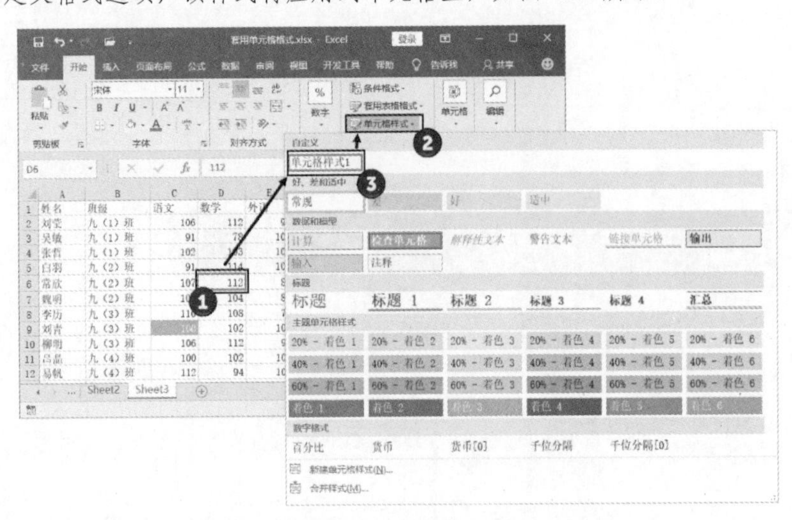

图4.52 应用自定义单元格格式选项

提 示

在工作表中使用单元格样式可以快速实现单元格区域的样式统一。不同工作簿之间的单元格样式是独立的，也就是说在某个工作簿中删除某个单元格样式不会影响另一个工作簿的单元格样式。在工作簿中，“常规”单元格样式是不能删除的。

4.5　单元格的实用技巧

本节介绍 3 个单元格实用技巧。

4.5.1　实现单元格中文本自动换行

默认情况下，当一个单元格中输入的数据超过了单元格的宽度时，超过部分的文字将无法显示出来。实际上，通过设置可以使单元格中的数据根据列宽自动换行。下面介绍具体的设置方法。

01 启动 Excel 并在工作表中输入数据。在工作表中选择需要进行设置的单元格，在“开始”选项卡的“单元格”组中单击“格式”按钮，在打开的下拉列表中选择“设置单元格格式”命令，如图 4.53 所示。

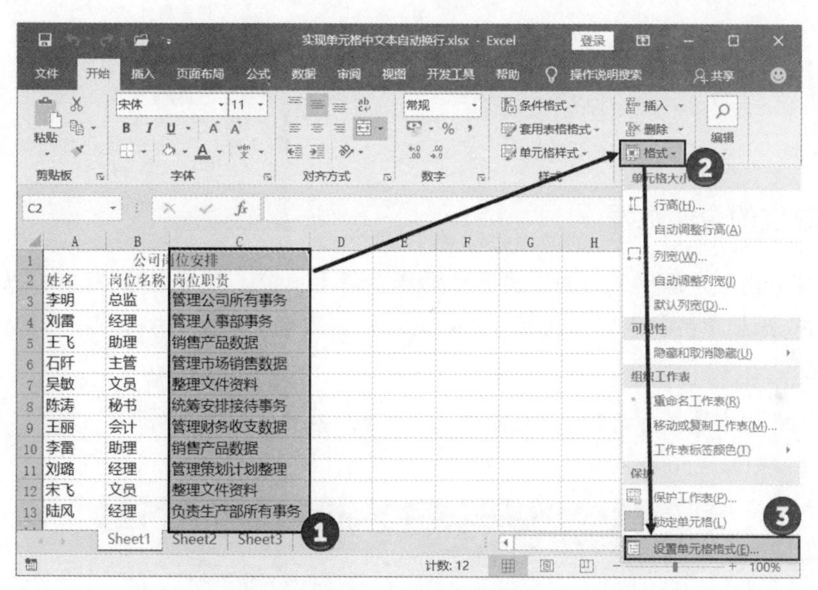

图 4.53　选择“设置单元格格式”命令

02 此时将打开“设置单元格格式”对话框，在对话框的“对齐”选项卡中勾选“自动换行”复选框，如图 4.54 所示。

03 单击“确定”按钮关闭“设置单元格格式”对话框，此时文字可以根据列宽自动换行，如图 4.55 所示。

提　示
如果单元格中输入的内容超过了单元格的宽度，也可以使用手动的方式来进行换行：在需要换行的位置插入插入点光标，按 Alt+Enter 键即可将插入点光标右侧的文字放置到下一行。

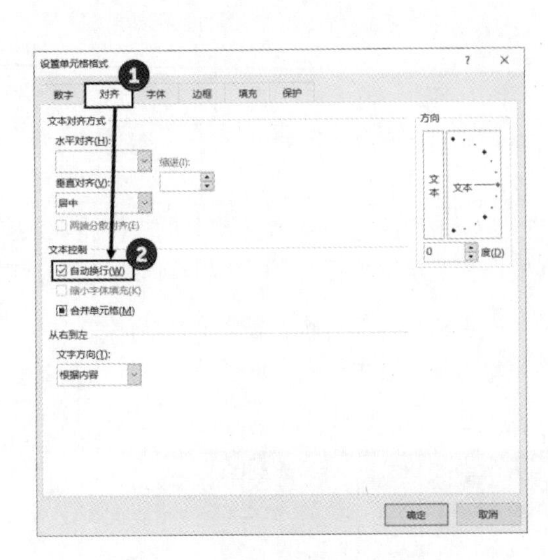

图 4.54　勾选“自动换行”复选框

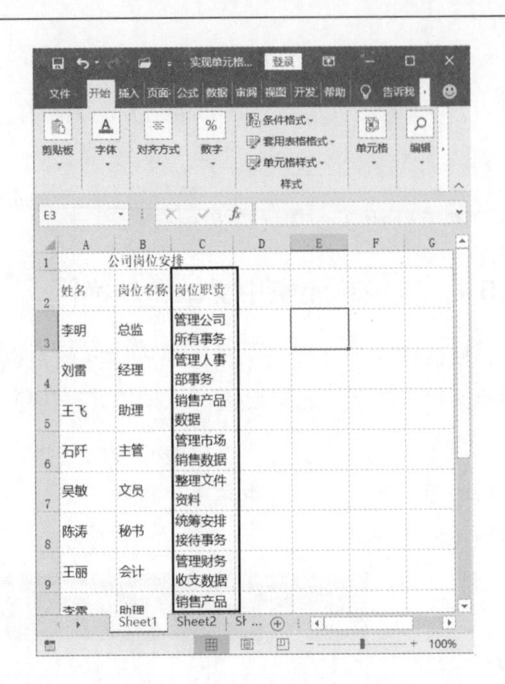

图 4.55　文字根据列宽自动换行

4.5.2　带单位的金额数据

在单元格中输入金额后，有时金额数字后需要带上单位，或是在数字前面添加人民币符号“¥”。为数据添加单位和人民币符号，可以通过设置数据格式让 Excel 自动添加。下面介绍具体的操作方法。

01 在工作表中选择金额数字所在的单元格区域，在“开始”选项卡的“数字”组中单击“数字格式”按钮，如图 4.56 所示。

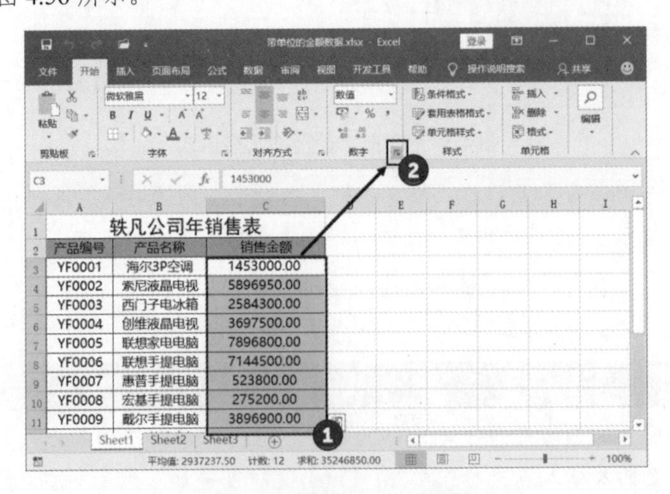

图 4.56　单击“数字格式”按钮

02 此时将打开“设置单元格格式”对话框的“数字”选项卡，在“分类”列表中选择“自定义”选项。在“类型”文本框中输入“¥0! .00”，如图 4.57 所示。

03 单击“确定”按钮关闭“设置单元格格式”对话框，此时金额数据将自动添加人民币符号和单位，如图 4.58 所示。

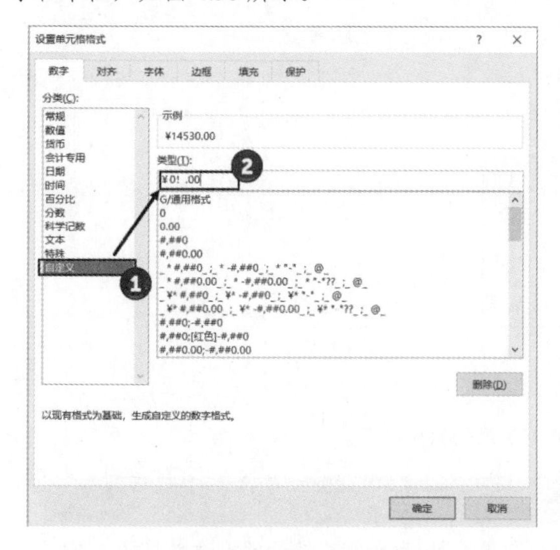

图 4.57　在“类型”文本框中输入“¥0！.00”

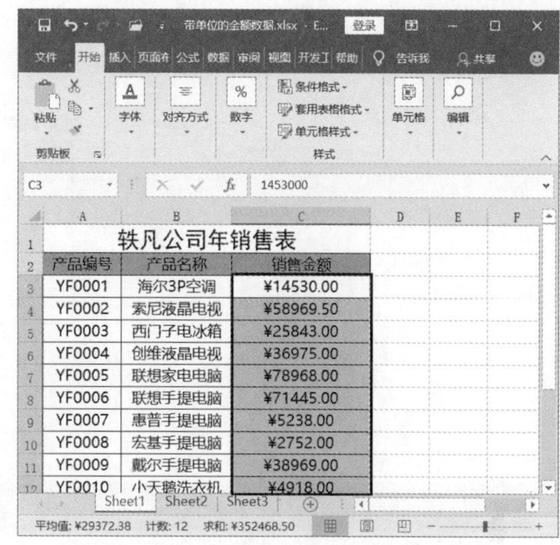

图 4.58　数据自动添加人民币符号和单位

4.5.3　按小数点对齐小数

在数据表中，往往会出现很多小数，为了美观，有时希望这些小数在单元格中能够按小数点对齐。下面介绍具体的操作方法。

01 在工作表中选择需要进行设置的单元格区域，如图 4.59 所示。打开“设置单元格格式”对话框的“数字”选项卡。在“分类”列表中选择“自定义”选项，在“类型”文本框中输入格式代码“???.00?”，如图 4.60 所示。

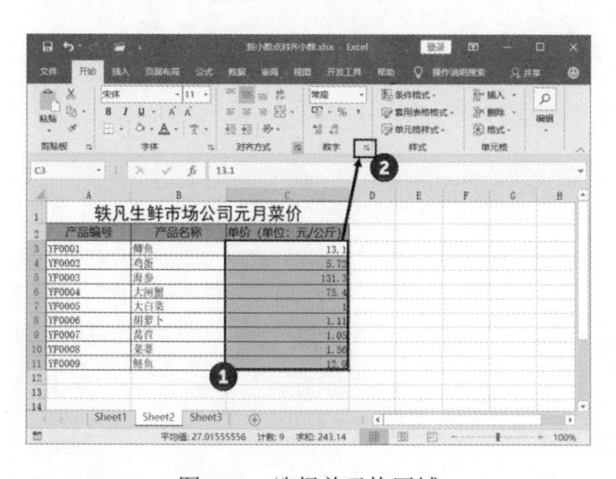

图 4.59　选择单元格区域

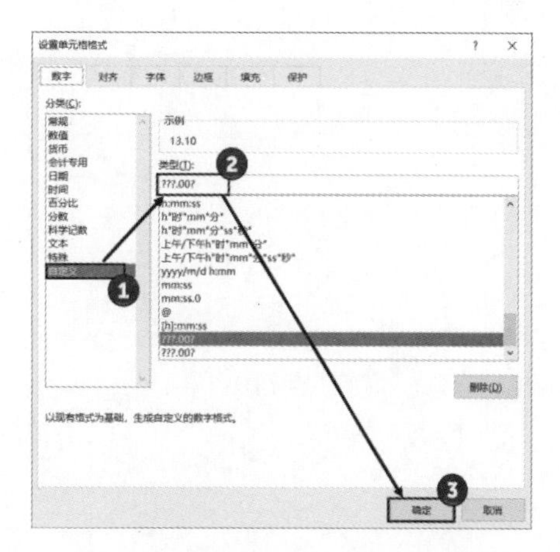

图 4.60　在“类型”文本框中输入格式代码

02 单击“确定”按钮关闭“设置单元格格式”对话框，选择单元格区域中的数据将按小数点对齐，如图 4.61 所示。

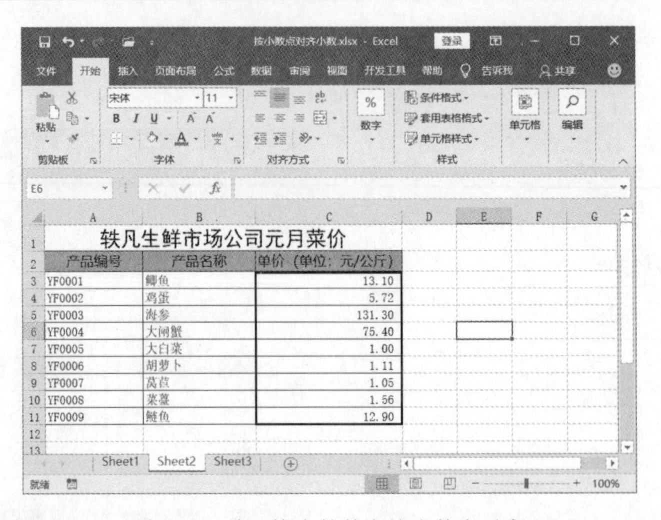

图 4.61　单元格中的数字按小数点对齐

提　示

在 Excel 中，“？”为数字占位符。在小数点和分数线的两边为不显示的无意义零添加空格，以便当按固定宽度右对齐时能够按照小数点或分数线对齐。其中，小数点右侧的“？”个数决定了数字的个数，如果小数点前后数字的位数不够问号的个数，或者小数点后根本就没有数字，则将以空格来补足位数。如果在包含分数的单元格区域中要使分数按照分数线对齐：对于带分数，可以使用格式代码“#??/???”；对于假分数，可以使用格式代码“???/??/”。

第 5 章

数据的高效录入

对于任何与数据经常打交道的职场人来说，数据不仅仅是简单的数字，在当前大数据时代，数据更可能是海量的数字和表格。海量的数据增加了数据录入的难度，尤其是对初学者来说，看到这么多数据通常会头皮发麻：什么时候才能录入完成，如何才能快速定位，如何录入特殊字符？本章将介绍 Excel 工作表中数据录入的相关操作和技巧。

5.1　定位特殊单元格

在工作表中，往往会存在某些具有特殊特征的单元格，如包含公式的单元格。要快速选择这些单元格，可以使用“定位”对话框。同时，使用“定位”对话框也能通过输入单元格地址来快速选择需要的单元格。下面介绍具体的操作方法。

01 在“开始”选项卡的“编辑”组中单击“查找和选择”按钮。在打开的下拉列表中选择“转到”命令，如图 5.1 所示。

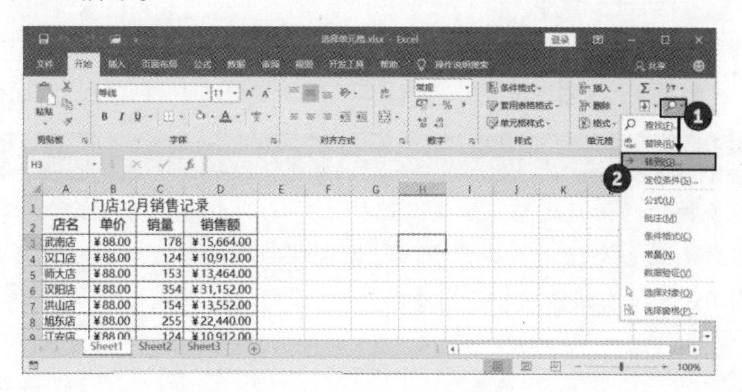

图 5.1　选择“转到”命令

02 在打开的“定位”对话框的“引用位置”文本框中，输入需要选择的单元格地址，单击“确定”按钮，如图 5.2 所示。此时，工作表中将选择指定的单元格，如图 5.3 所示。

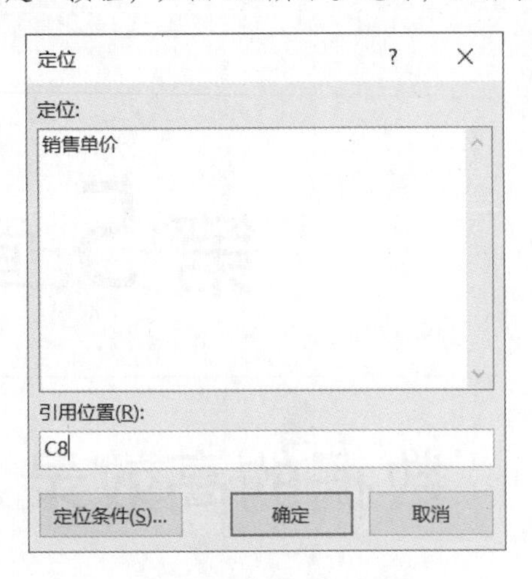

图 5.2 输入单元格地址

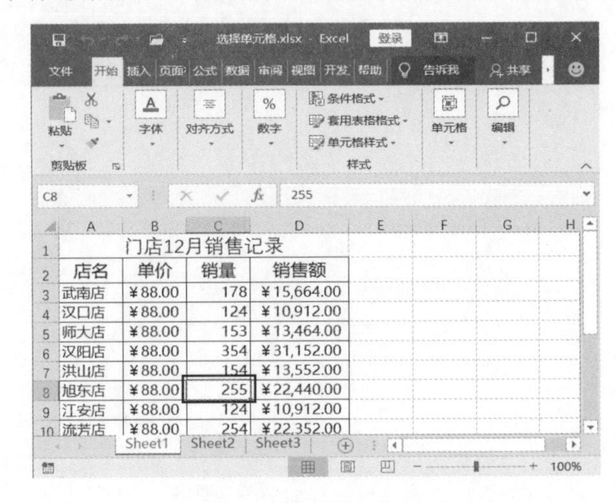

图 5.3 选择指定单元格

03 在“定位”对话框中单击“定位条件”按钮，此时将打开“定位条件”对话框。在该对话框中选择相应的单选按钮，可以选择定位条件，这里选择“公式”单选按钮。此时其下的复选框在默认情况下将全选，完成选择后，单击“确定”按钮关闭对话框，如图 5.4 所示。工作表中应用了公式的单元格将被选择，如图 5.5 所示。

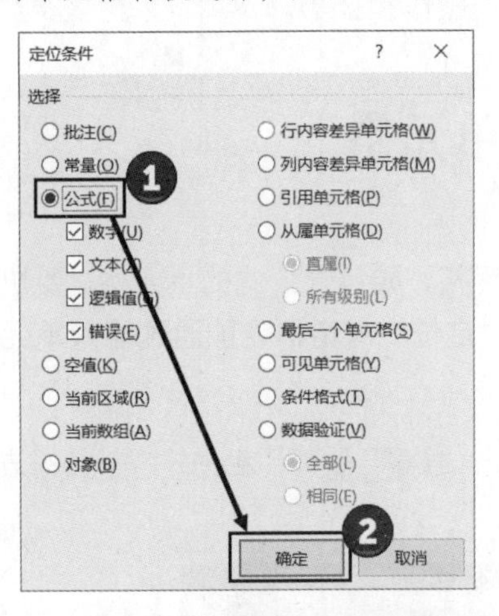

图 5.4 “定位条件”对话框

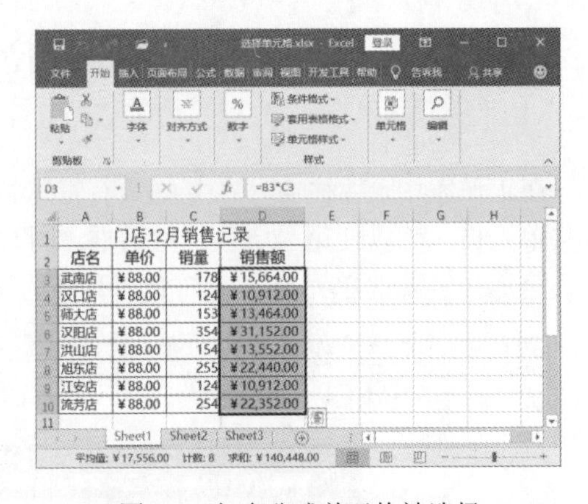

图 5.5 包含公式单元格被选择

注 意

在使用“定位条件”对话框之前，如果只选择了一个单元格，则 Excel 会根据设置的定位条件，在工作表的整个活动区域中查找符合条件的单元格。如果用户选择的是一个单元格区域，则 Excel 将在该区域中进行查找。

5.2　特殊数据的录入

如果只是录入简单的数字或文本，相信读者无师自通，本节将要介绍的是一些特殊数据的录入。

5.2.1　在单元格中输入分数

在输入分数时，一般使用“分子/分母”这种形式输入。如果使用这种方式在单元格中输入分数，Excel 会根据分子和分母数字的不同情况来进行处理。如果分子是 1～30 之间的整数，分母是 1～12 之间的整数，则 Excel 自动将其转换为“月-日”这种格式的日期。如果分子是 1～31 之间的整数，分母是 1～12 之间的整数，则 Excel 会自动将其处理为文本。如果要在单元格中输入分数，根据不同的情况可以使用下面这些方法来进行操作。

01 在单元格中输入带分数，如“$3\frac{2}{3}$”，可以先输入数字“3”，然后输入一个空格，接着输入“2/3”后按 Enter 键即可。此时选定该单元格后，在编辑栏中可以看到该分数的小数值，如图 5.6 所示。

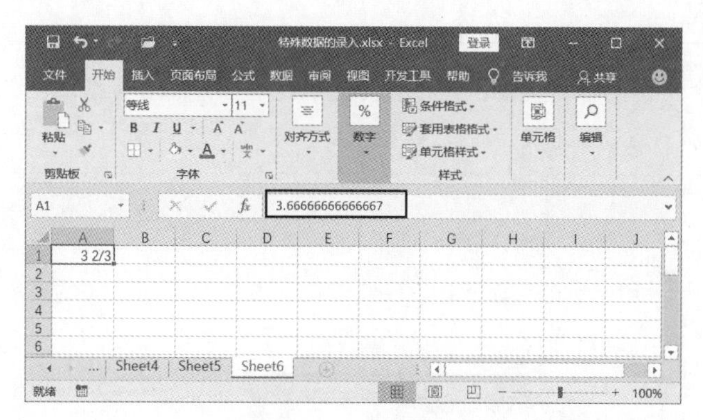

图 5.6　输入带分数

02 如果输入的是假分数，如“7/5”，就先输入数字“0”，然后输入一个空格，接着输入分数“7/5”后按 Enter 键。此时 Excel 会自动将其转换为带分数，如图 5.7 所示。

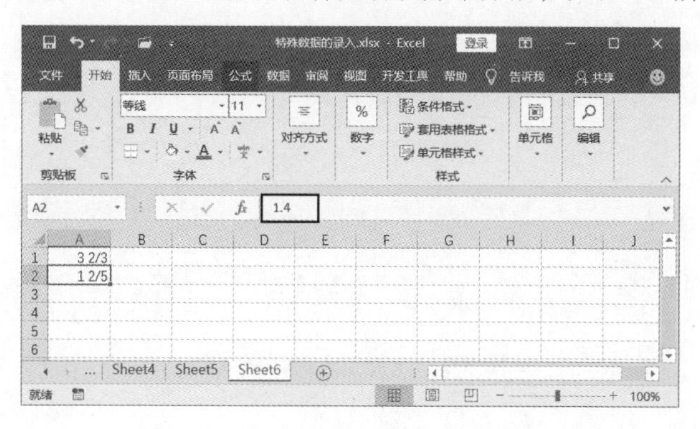

图 5.7　输入假分数转换为带分数

03 如果输入一般的分数，如“2/3”，则先输入数字“0”，然后输入一个空格，接着输入分数“2/3”后按 Enter 键。此时 Excel 会在编辑栏中显示该分数的小数值，单元格中仍然显示分数，如图 5.8 所示。

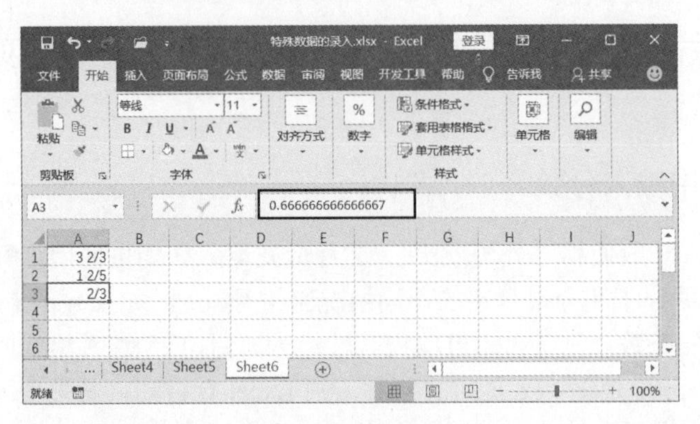

图 5.8　输入分数

提　示

在输入可以约分的分数时，Excel 会自动对其进行约分处理。例如，输入“2/4”，单元格中将显示“1/2”。

04 选择需要输入分数的单元格，打开“设置单元格格式”对话框。在“数字”选项卡的“分类”列表中选择“分数”选项，在右侧的“类型”列表中可以选择输入分数的类型，如图 5.9 所示。

图 5.9　设置输入分数的类型

5.2.2　快速输入小数

对于财务人员来说，经常需要输入大量含有小数点的数字。按照普通的方法输入显得效率不高。利用 Excel 中的小数点自定定位功能，可以让小数点自动定位，大大提高小数输入的速度。

01 打开 Excel 的“文件”窗口，单击左侧列表中的“选项”选项打开“Excel 选项”对话框，在对话框左侧列表中选择“高级”选项。在右侧“编辑选项”栏中勾选“自动插入小数点”复选框，在其下的“小位数”微调框中输入小数点的位数，这里输入 2，如图 5.10 所示。完成设置后，单击“确定”按钮关闭对话框。

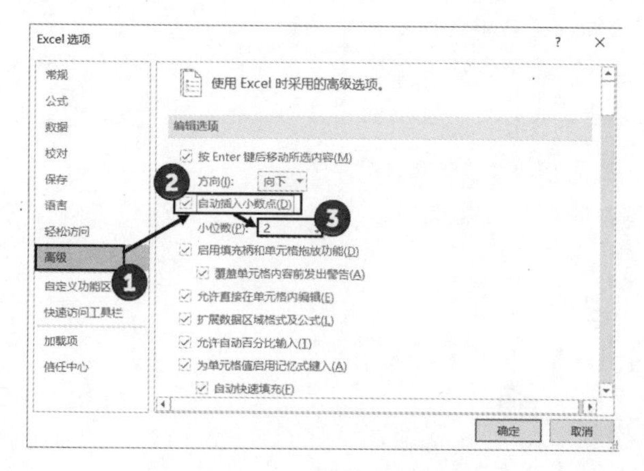

图 5.10　“Excel 选项”对话框

02 在单元格中直接输入数字，完成输入后按 Enter 键，数字会自动按照设置添加小数点，如图 5.11 所示。

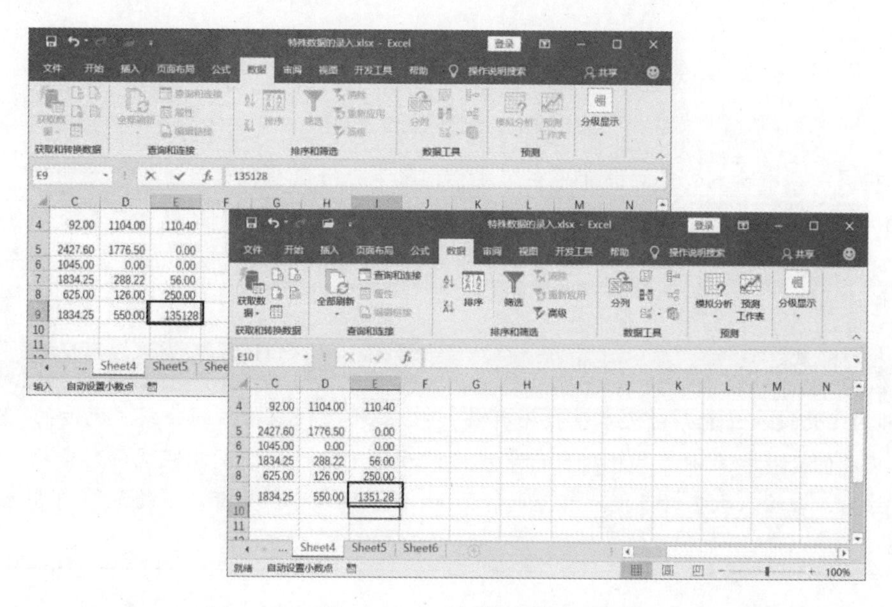

图 5.11　自动添加小数点

提　示

这里进行的设置将对所有的工作簿有效，因此在完成当前表格数据的输入后，如果不再需要输入此种格式的小数，应该在“Excel 选项”对话框中取消对“自动设置小数点”复选框的勾选，将小数点位数设置恢复为默认。

5.2.3 使用“记忆键入”功能

在输入数据时，有时输入的数据中包含着大量的重复性文字。如果希望能够简化这类文字的输入，可以使用 Excel 的“记忆键入”功能。

01 在 Excel 的“文件”窗口中选择左侧的“选项”选项，打开“Excel 选项”对话框，在对话框左侧列表中选择“高级”选项。在右侧的“编辑选项”中勾选“为单元格值启用记忆式键入”复选框，开启记忆键入功能，同时勾选其下的“自动快速填充”复选框，如图 5.12 所示。

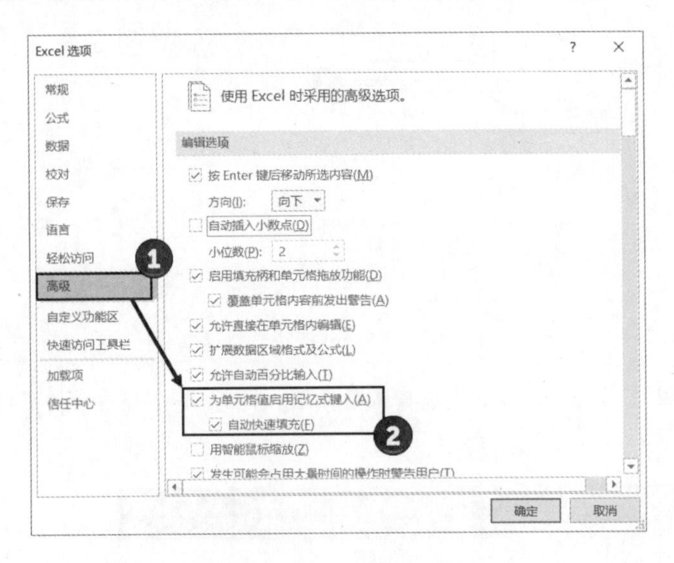

图 5.12　开启记忆键入功能

02 在同一列中输入数据时，如果在单元格中输入部分数据，如这里输入“硕士”两个字，Excel 会自动在前面输入的数据中去寻找以“硕士”开头的数据，找到的数据将会自动显示在当前单元格中，如图 5.13 所示。如果显示的是需要输入的数据，按 Enter 键确认即可。这样将会免除重复输入数据的麻烦，提高输入的效率。

提　示

Excel 的记忆键入功能只对文本型数据有效，对数值型数据或输入的公式是无效的。另外，匹配文本的查找和显示都只针对当前单元格所在列中的数据，不能实现跨列查找。这里还要注意，在输入数据时不能存在空行，否则 Excel 只会在空行以下的范围内进行查找匹配。

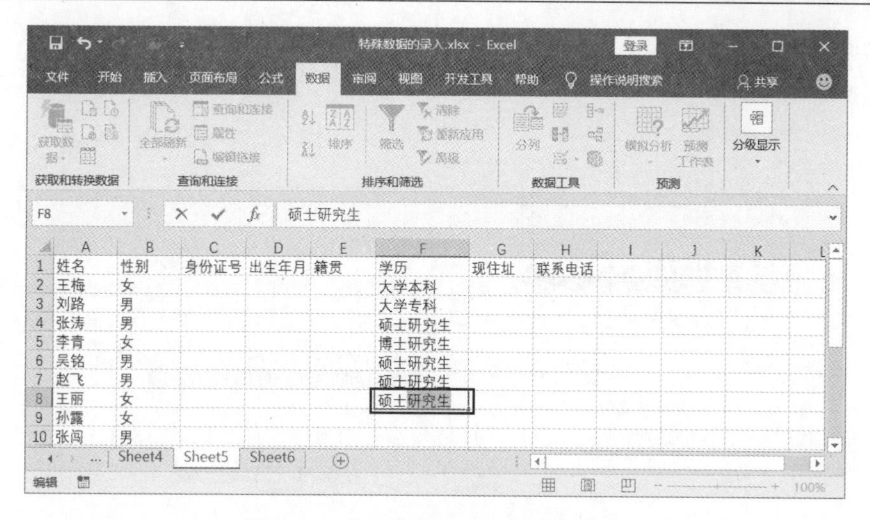

图 5.13　单元格中显示记忆键入结果

5.2.4　特殊字符的输入

在数据表中，经常会遇到一些字符无法使用键盘输入的情况，如圆圈数字和千分号等。下面介绍在 Excel 中输入这些特殊字符的方法。

01 打开“插入”选项卡，在“符号”组中单击“符号”按钮打开“符号”对话框。在对话框“符号”选项卡的“字体”下拉列表中选择“（普通文本）”选项，在“子集”下拉列表中选择“带括号的字母数字”选项。此时对话框的列表中将列出 1～10 的圆圈数字，单击需要的数字，再单击“插入”按钮即可插入到单元格中，如图 5.14 所示。

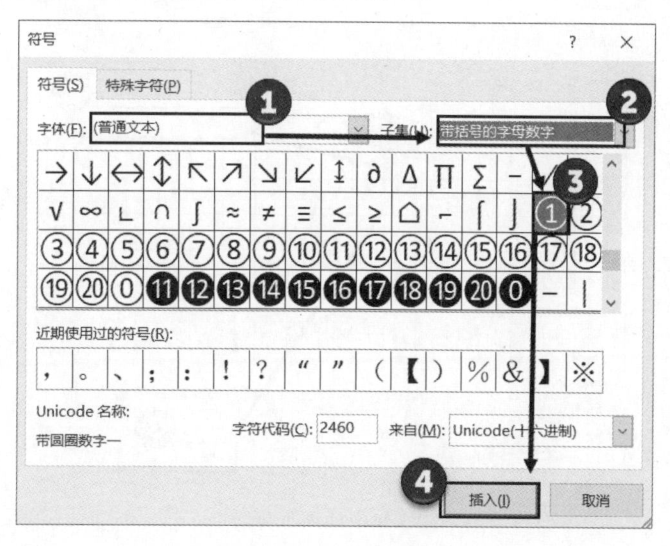

图 5.14　插入圆圈数字

02 插入 11～20 的带圆圈数字的方法。打开“符号”对话框的“符号”选项卡，在“字符代码”文本框中输入“246a”。选择输入的字符后按 Alt+X 键，即可将代码转换为圆圈数字⑪，如图 5.15 所示。使用鼠标选择获得的圆圈数字，按 Ctrl+C 键复制数字，在 Excel 工作表中选择需要输入的单元格后，按 Ctrl+V 键粘贴该圆圈数字即可。

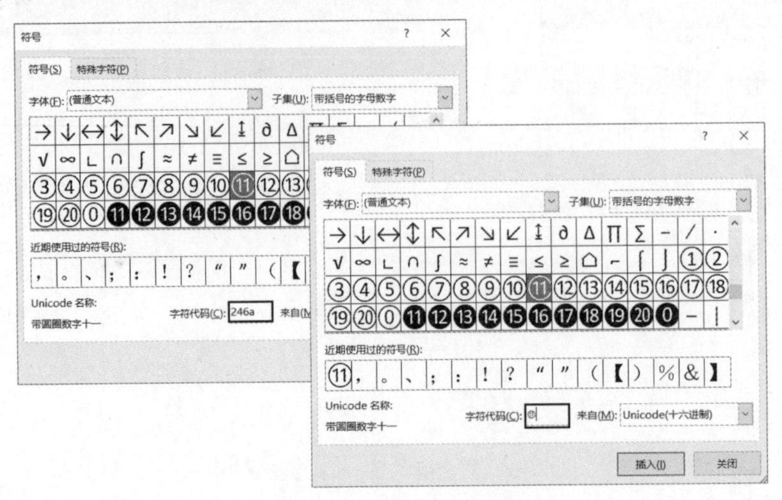

图 5.15　转换为圆圈数字

提　示

在“字符代码”文本框中输入的实际上是圆圈数字的十六进制 Unicode 代码，其中圆圈数字的 11～16 的 Unicode 代码分别是 246A、246B、246C、246D、246E 和 246F，而圆圈数字 17～20 的 Unicode 代码分别是 2470、2471、2472 和 2473。

03 在“符号”对话框的“子集”下拉列表中选择“广义标点”选项。在对话框的列表中选择千分号后单击“插入”按钮，即可在当前单元格中插入千分号，如图 5.16 所示。

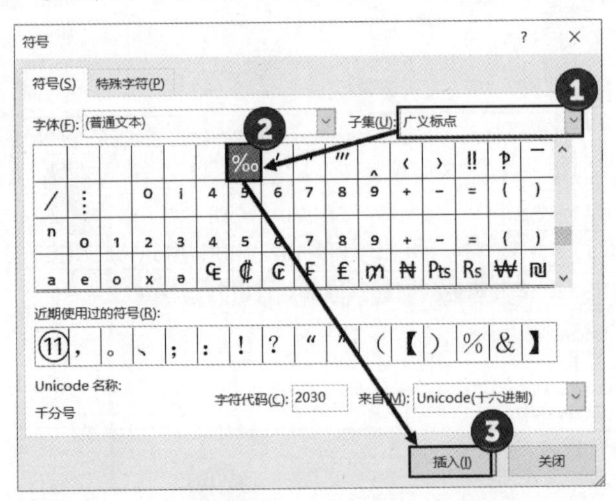

图 5.16　插入千分号

提　示

插入的千分号只能用于显示而无法用于计算。如果将其用于公式中，则 Excel 会给出公式错误的提示。

04 使用快捷键。将插入点光标放置到需要插入千分号的位置，按 Alt 键的同时依次按数字键 137，松开 Alt 键后即可输入千分号，如图 5.17 所示。

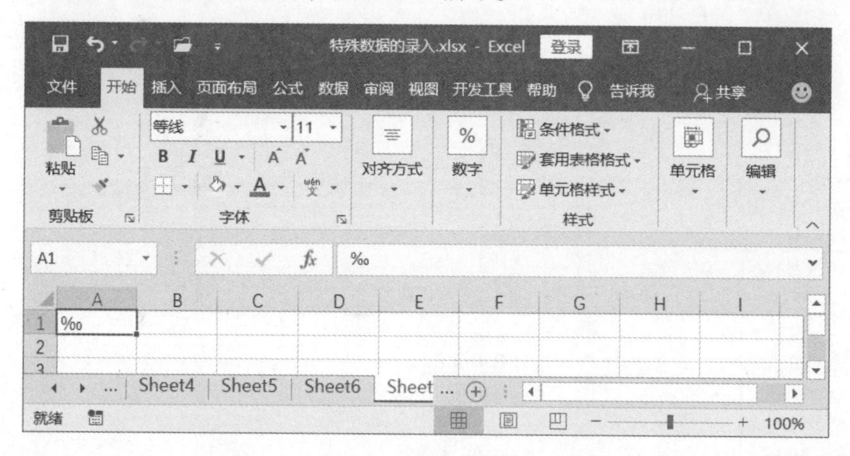

图 5.17　输入千分号

> **提　示**
>
> 使用 Alt 键加数字的方法来输入特殊符号是一种输入的快捷方式，如按 Alt 键的同时输入数字 137 可以输入千分号，按住 Alt 键的同时输入数字 41420 可以输入“√”，按住 Alt 键的同时输入数字 41409 可以输入“×”，按住 Alt 键同时输入数字 178 可以输入平方“^{2}”，按住 Alt 键的同时输入数字 179 可以输入立方“^{3}”。

5.3　数据的复制和填充

在工作表之间复制粘贴数据，这是对相同的数据进行录入的一种快速、有效的方法。同时，对于某些具有确定变化规律的数据，也可以使用填充的方式来进行快速录入。本节将介绍相关的操作技巧。

5.3.1　用剪贴板

对于需要重复输入的数据，使用复制后粘贴的方法是一个省时省力的方法。默认情况下，Excel 只能对同一个复制的数据进行多次粘贴。实际上，应用 Excel 的剪贴板工具，能够实现对不同的数据进行多次重复粘贴。下面介绍具体的操作方法。

01 启动 Excel 并打开需要处理的工作表，在“开始”选项的“剪贴板”组中单击“剪贴板”按钮打开“剪贴板”窗格。在工作表中选择单元格，按 Ctrl+C 键复制单元格数据，数据将按照复制操作的先后依次在“剪贴板”窗格中列出来，如图 5.18 所示。在工作表中选择目标单元格后，单击窗格中的选项，对应的内容将粘贴到该单元格中。

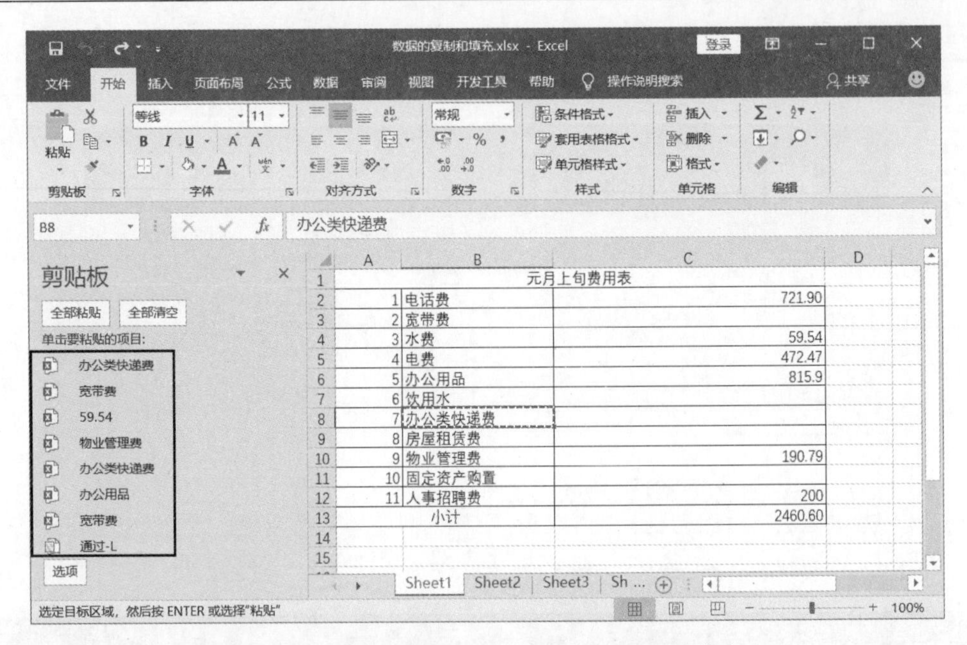

图 5.18　复制的数据依次显示在“剪贴板”窗格中

提　示

“剪贴板”窗格中不仅仅能放置 Excel 中复制的对象，其他 Windows 应用程序中复制的对象（如图片、数字和文字等）也都可以放置到窗格中。这些对象均可以通过复制粘贴的方式插入到 Excel 工作表中。

02 在“剪贴板”窗格中单击“全部粘贴”按钮，窗格中列出的所有项目都将被粘贴，单击“全部清空”按钮，将会清除掉所有放置到“剪贴板”窗格中的对象。单击窗格中某个选项右侧的下三角箭头按钮，在打开的列表中选择“删除”选项，可以删除该选项，如图 5.19 所示。

提　示

Excel 剪贴板最多能够容纳 24 个对象，超过了这个限制时，剪贴板中已有的项目按照复制的时间先后依次，用后来的项目代替。另外，Excel 剪贴板中的内容会一直被保留，直到所有的 Excel 程序退出或将其从剪贴板中删除。

03 在打开“剪贴板”窗格后，单击窗格下方的“选项”按钮，在打开的菜单中选择相应的选项，可以对“剪贴板”进行设置。例如，选择“按 Ctrl+C 两次后显示 Excel 剪贴板”命令（见图 5.20），则在下次操作时只需要按两次 Ctrl+C 键即可打开“剪贴板”窗格。

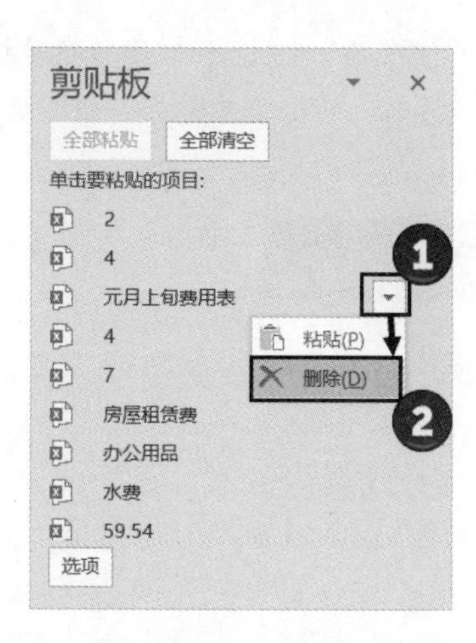

图 5.19　删除“剪贴板”窗格中的某个选项

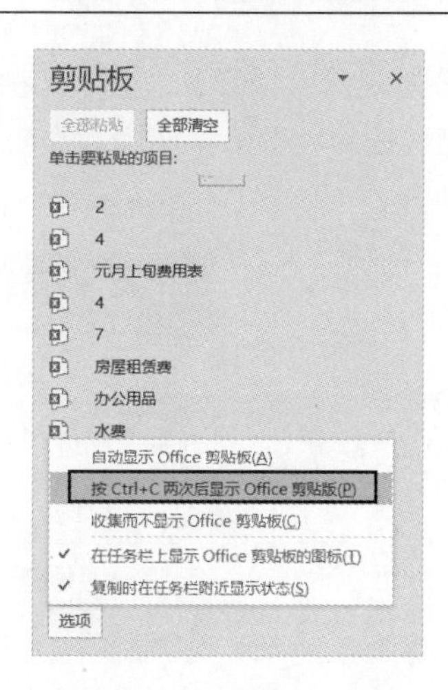

图 5.20　“选项”列表

5.3.2　选择性粘贴的妙用

在对数据进行复制粘贴时，默认情况下是将原数据的数据格式粘贴到指定单元格中。如果原数据是公式计算的结果，粘贴时公式也将一并粘贴过来。实际上，很多时候我们并不需要这样的粘贴操作。针对这样的问题，Excel 具有选择性粘贴的功能，在对数据进行复制粘贴时，用户可以根据需要对粘贴内容和方式进行选择。灵活应用选择性粘贴，能够获得很多意想不到的效果。

01 在工作表中选择需要复制的数据所在单元格区域后，按 Ctrl+C 键对数据进行复制。在工作表中选择粘贴数据的目标单元格，在“开始”选项卡的“剪贴板”组中，单击“粘贴”按钮上的下三角按钮，在打开的列表的“粘贴数值”列表中选择“值”选项，如图 5.21 所示。此时将只会将选择单元格中的数值粘贴到指定的单元格中。

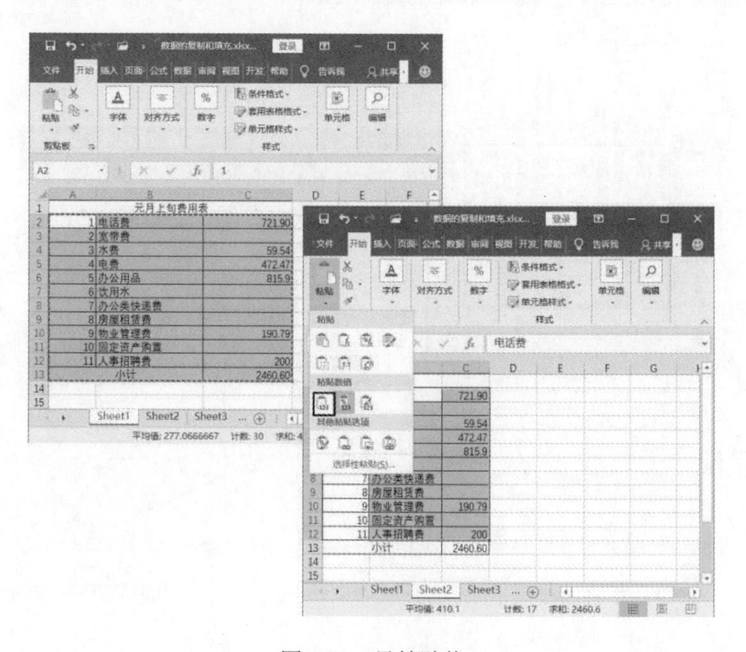

图 5.21　只粘贴值

02 要实现只粘贴数值，也可以在复制数据后打开目标工作表，按 Ctrl+V 键粘贴数据。此时在数据粘贴区域的右下角将出现“粘贴选项”按钮，单击该按钮，在列表中选择“值”选项即可，如图 5.22 所示。

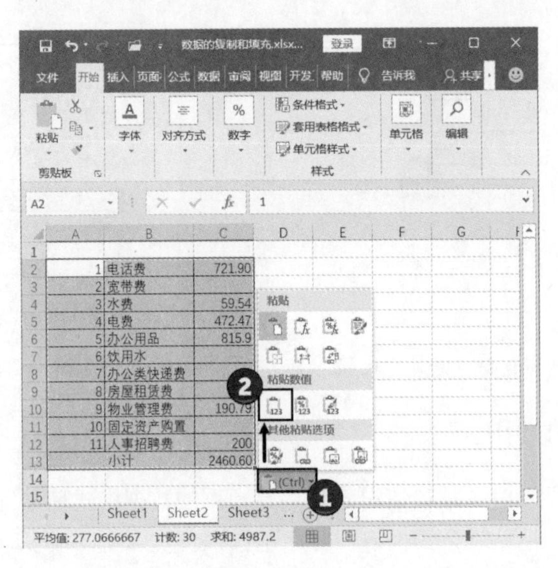

图 5.22 使用“粘贴选项”按钮

03 在工作表中选择数据所在的单元格区域后复制数据，选择数据需要复制到的目标单元格，打开“选择性粘贴”对话框，在对话框中勾选“转置”复选框，单击“确定”按钮关闭对话框，如图 5.23 所示。此时，复制的数据将按行粘贴，如图 5.24 所示。

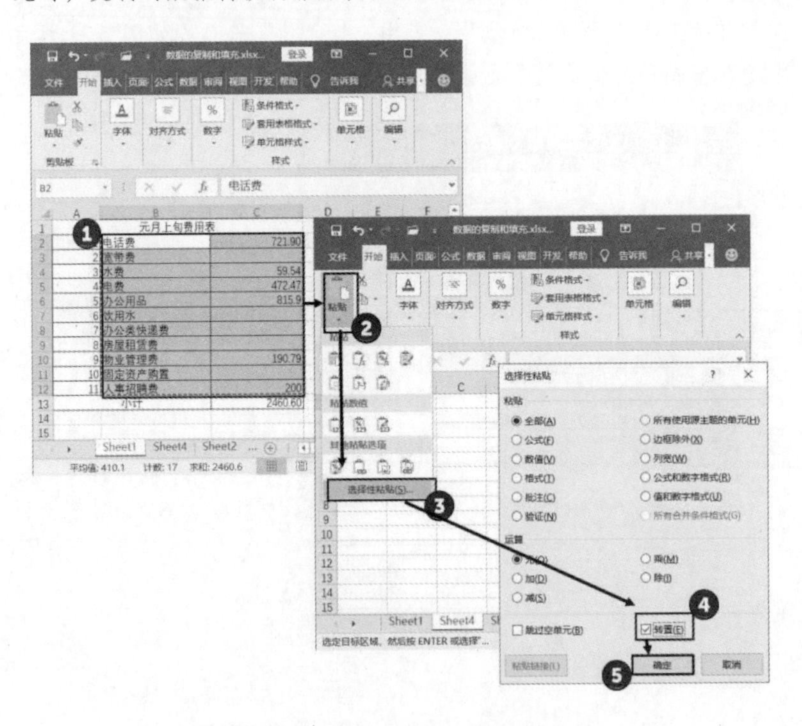

图 5.23 勾选“转置”复选框

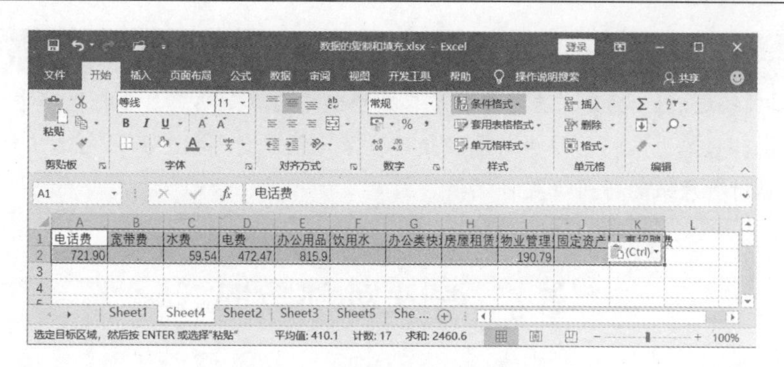

图 5.24　复制的数据将按行粘贴

04 复制数据，选择目标单元格区域后打开“选择性粘贴”对话框。在对话框的“运算”栏中选择“加”单选按钮，单击“确定”按钮关闭“选择性粘贴”对话框，如图 5.25 所示。选择单元格中的数据将变为原有的数据与复制到剪切板中数据的和，如图 5.26 所示。

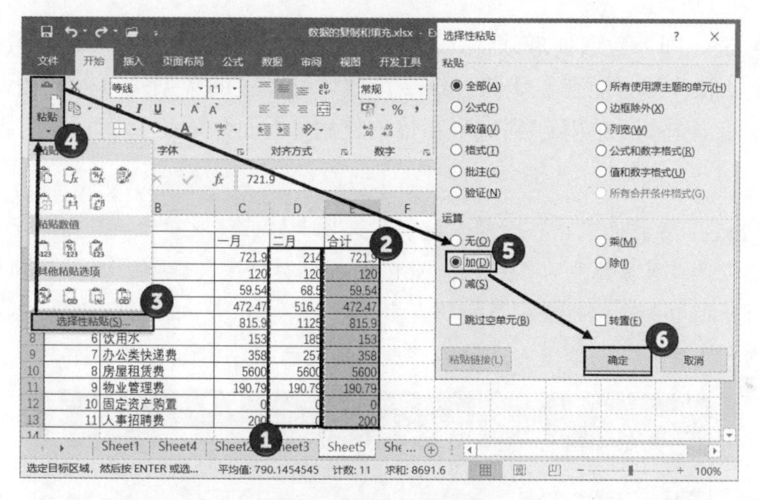

图 5.25　选择“加”选项

图 5.26　原有的数据加上粘贴数据的和

提 示

在进行选择性粘贴时，如果不希望源数据区域中的空白单元格覆盖目标区域中的单元格，可以在“选择性粘贴”对话框中勾选“跳过空单元格”复选框。如果勾选“转置”复选框，在粘贴时，原来的行列位置将互换。

5.4 导入外部数据

手动输入数据是创建 Excel 工作表的一种常见方法，但是对于大批量的数据，这种方式就不现实了。下面将介绍向 Excel 工作表中导入常见外部数据的方法。

5.4.1 导入 Access 数据库数据

Excel 与 Access 同为数据处理软件，但在功能上各有侧重：Access 精于数据管理和分类，Excel 在数据统计和计算方面存在优势。这 2 个软件处理过的数据是可以互相调用的，综合应用这 2 个软件，取长补短，能够起到事半功倍的作用。下面介绍在 Excel 工作表中导入 Access 数据的方法。

01 启动 Excel 并打开工作表，在“数据”选项卡的“获取和转换数据”组中，单击“获取数据”按钮，选择“自数据库”|“从 Microsoft Access 数据库”命令，如图 5.27 所示。在打开的“导入数据”对话框中选取作为数据源的数据库文件，单击“导入”按钮打开“导航器”对话框，选择需要导入的“成绩表”，单击右下角的“加载到”选项，如图 5.28 所示。

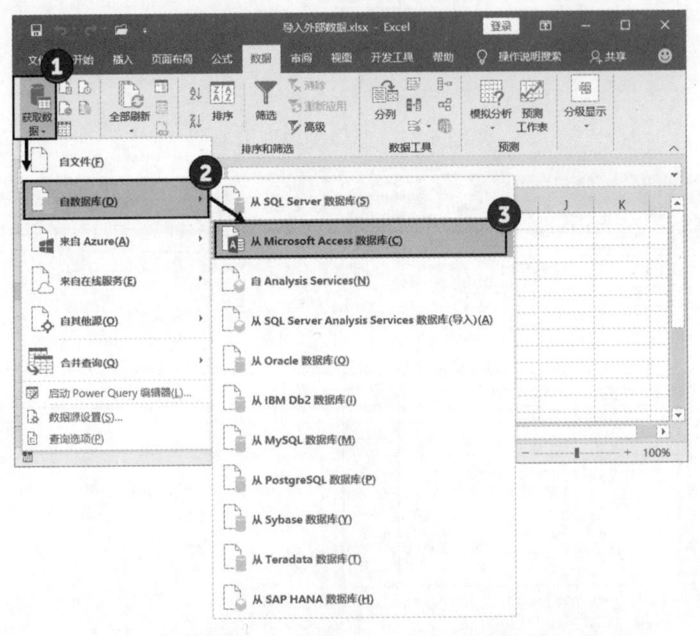

图 5.27 选择“从 Microsoft Access 数据库”命令

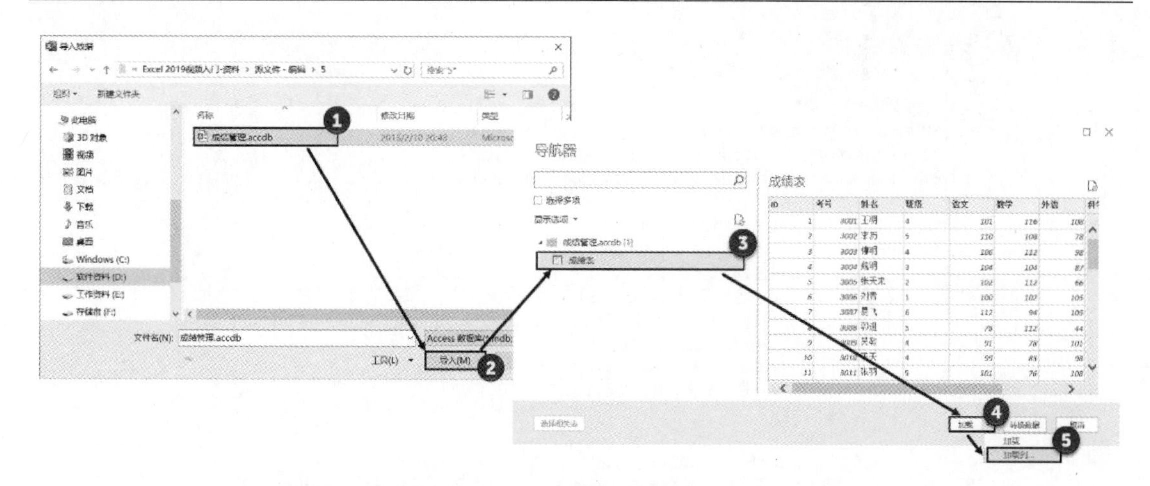

图 5.28 加载数据至 Excel

02 在打开的“导入数据”对话框中选择数据在工作簿中的显示方式，这里选择“表”单选按钮，数据的放置位置选择“新工作表”，如图 5.29 所示。完成设置后，单击“确定”按钮关闭对话框，Excel 根据选择插入新的工作表中，并将数据上传至新的工作表中，如图 5.30 所示。

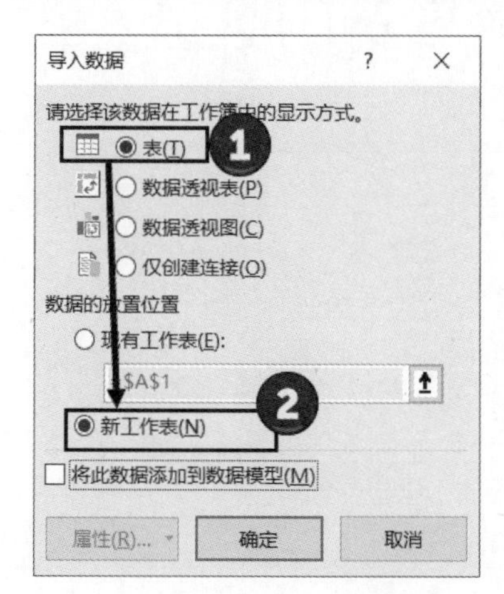

图 5.29 设置“导入数据”

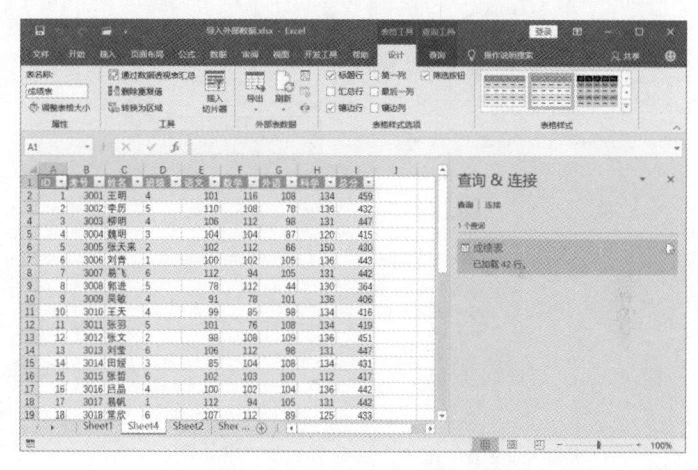

图 5.30 Access 文件数据上传至 Excel

5.4.2 导入 XML 数据

XML 是一种可扩展的标记语言，使用简单的标记来描述数据，进行数据存储。相对于其他数据库而言，XML 并不具备强大的数据分析功能，其主要功能是显示数据。用户可能熟悉另外一种标记语言 HTML。在 XML 中，用户可以自定义自己的标签，而在 HTML 中，用户只能使用标准的标记标签。下面介绍在 Excel 工作表中导入 XML 源数据文件的操作方法。

01 本节使用的 XML 数据文件是一个学生信息表，其结构如图 5.31 所示。启动 Excel 并打开工作表，在“数据”选项卡的“获取和转换数据”组中单击“获取数据”按钮，选择“自文件”|“从 XML”命令，如图 5.32 所示。在打开“导入数据”对话框中选取作为数据源的 XML 文件，单击“导入”按钮打开“导航器”对话框，选择需要导入的“学生信息”，单击右下角的“加载到”

选项，如图 5.33 所示。

```
学生信息.xml - 记事本
文件(F) 编辑(E) 格式(O) 查看(V) 帮助(H)
<?xml version="1.0" encoding="UTF-8" standalone="yes"?>
<学生明细 xmlns:xsi="http://www.w3.org/2001/XMLSchema-instance">
        <学生信息>
                <学号>10001</学号>
                <姓名>陈军</姓名>
                <性别>女</性别>
                <出生年月>1984-07-28</出生年月>
                <身份证号>220542198407282000</身份证号>
                <籍贯>江西九江</籍贯>
                <电话>138032544784</电话>
                <地址>武汉市汉正街</地址>
        </学生信息>
        <学生信息>
                <学号>10002</学号>
第 1 行，第 1 列    100%    Windows (CRLF)    带有 BOM 的 UTF
```

图 5.31　需要导入的 XML 模式文件

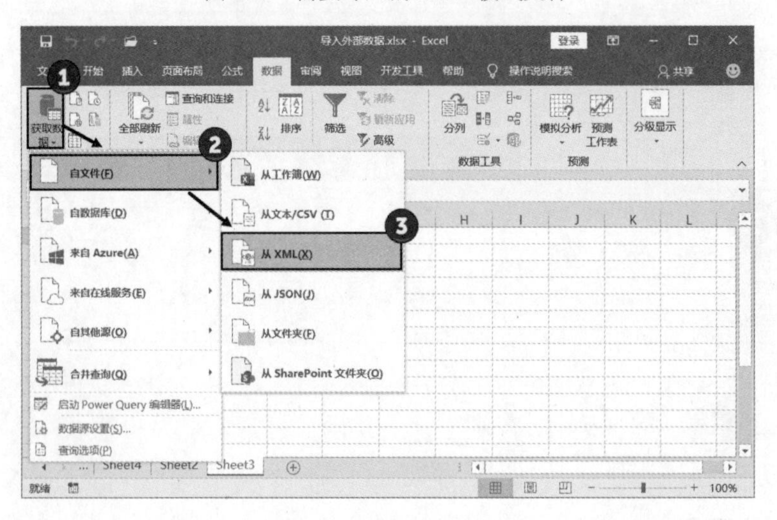

图 5.32　选择 XML 文件

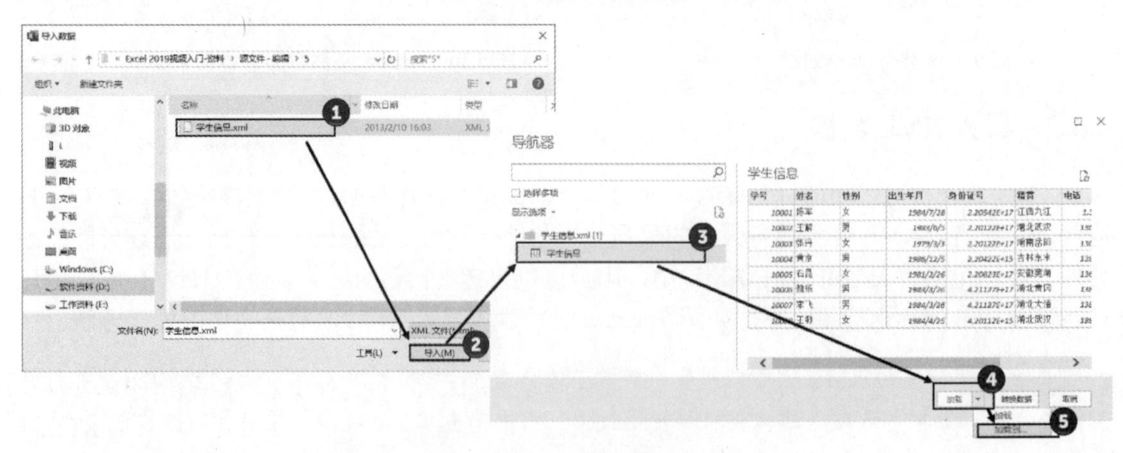

图 5.33　Excel 提示对话框

提　示

默认情况下，Excel 会根据用户导入的 XML 文件自动设置默认的数据架构。同时，用户也可以自行编写相应的 xsd 文件。

02 在打开的“导入数据”对话框中选择数据在工作簿中的显示方式，这里选择“表”单选按钮，数据的放置位置选择“新工作表”，如图 5.34 所示。完成设置后，单击“确定”按钮关闭对话框，Excel 根据选择插入新的工作表中，并将数据上传至新的工作表中，如图 5.35 所示。

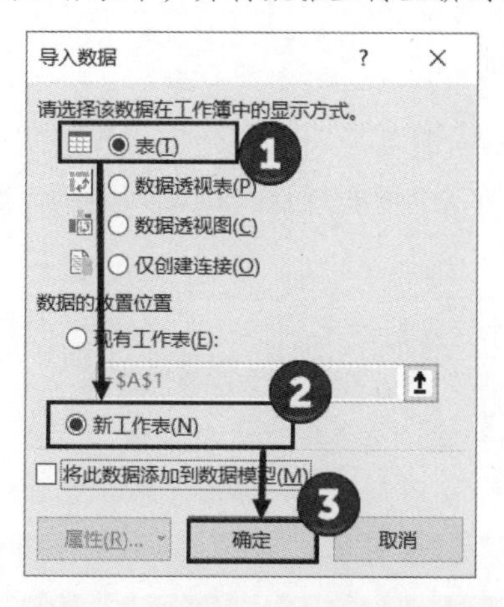

图 5.34　设置导入数据放置的位置

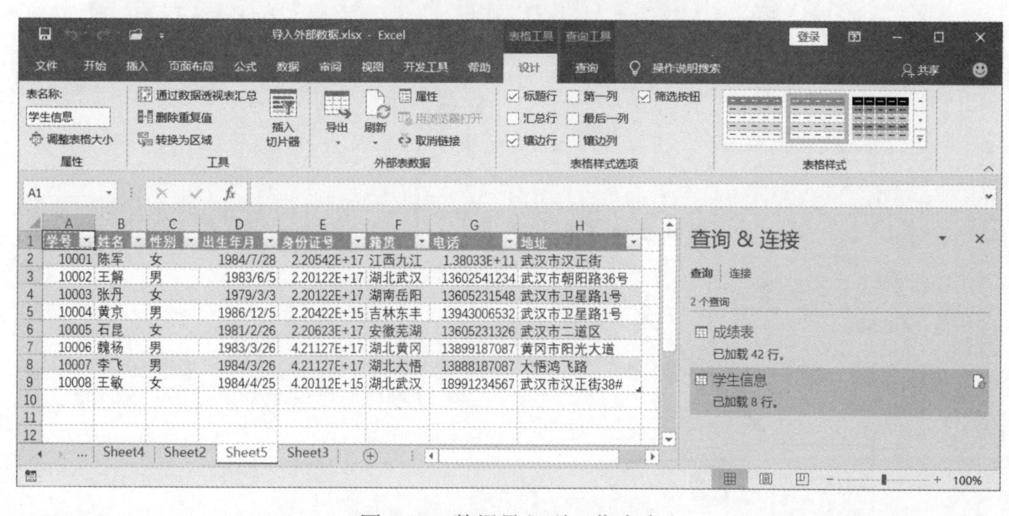

图 5.35　数据导入到工作表中

提　示

在导入 XML 数据时，Excel 可以自动分析 XML 中数据的结构，然后将结构化的数据导入到文件中。在 XML 数据导入到 Excel 工作表时，Excel 会将 XML 数据以数据表的形式导入。

5.5 让数据录入更规范

Excel 提供了一个数据验证功能，用来判断用户输入到单元格中的数据是否有效，以限制输入数据的类型和范围，从而防止用户输入不符合要求的数据。本节将介绍 Excel 数据验证功能的使用技巧。

5.5.1 对数据输入进行限制

在向工作表中输入数据时，有时需要对输入数据进行限制，比如限制输入数据的类型，数据只能是数字而不能是其他字符等。要实现这样的输入限制，就需要用到数据验证功能，下面介绍具体的操作方法。

01 选择需要对数据输入进行限制的单元格，在“数据”选项卡的“数据工具”组中，单击“数据验证”按钮打开“数据验证”对话框，在“设置”选项卡中设置有效性条件，这里在“允许”下拉列表中选择“自定义”选项，在“公式”文本框中输入公式“=ISNUMBER(E3)”，如图 5.36 所示。在“输入信息”选项卡中设置单元格输入提示信息，在“出错警告”选项卡中设置出错提示信息。完成设置后，单击“确定”按钮关闭对话框，如图 5.37 所示。

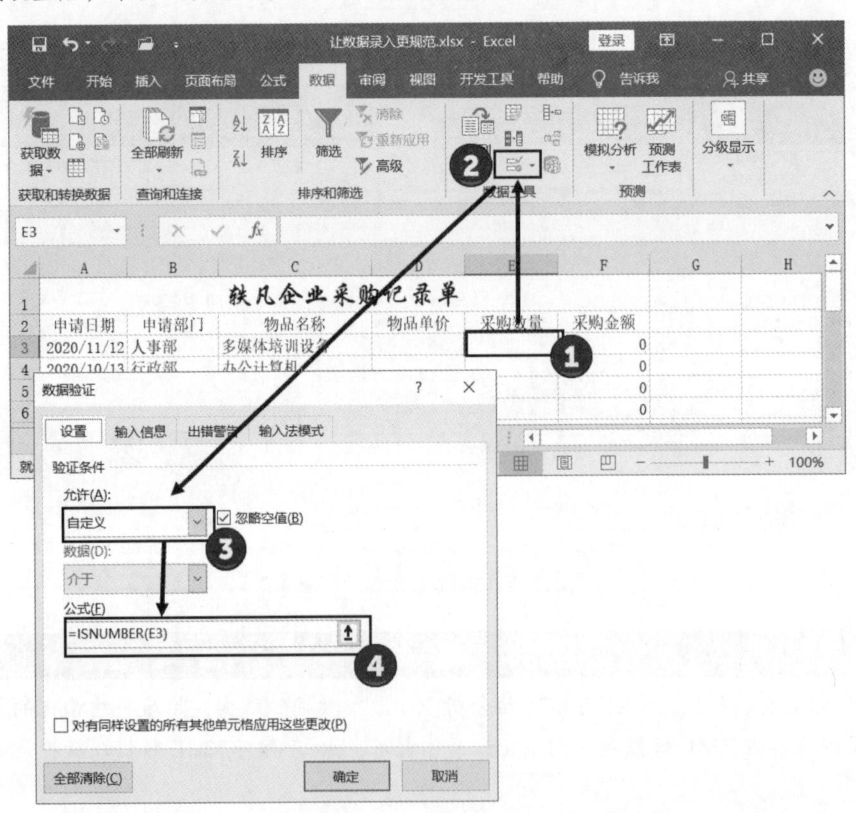

图 5.36 设置允许条件

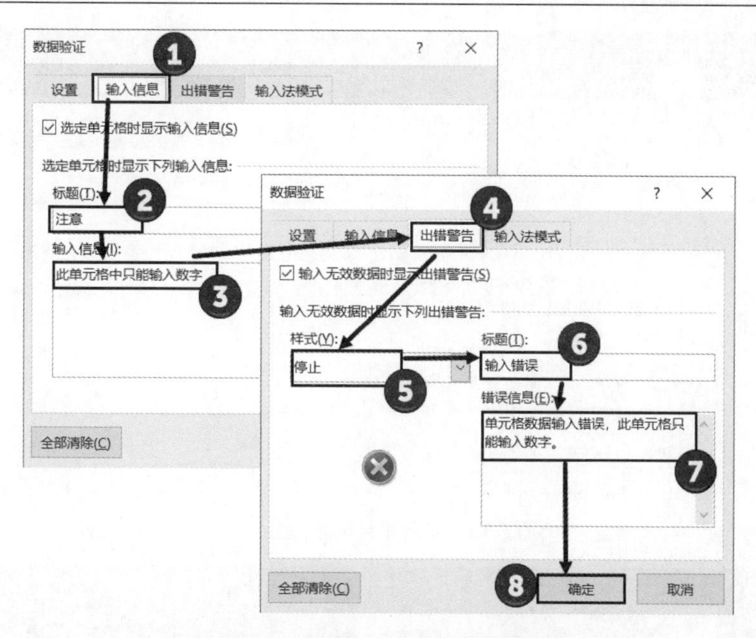

图 5.37　设置输入信息和出错警告

提　示
公式中的 E3 是需要进行输入限制的单元格地址。ISNUMBER()函数用于判断单元格中的数据是否为数字，如果是就返回 True，否则将返回 False。

02 选择设置了数据验证的单元格将获得提示信息，如图 5.38 所示。当输入数据类型与设置不同时，Excel 给出提示，如图 5.39 所示。如果需要对该列的其他单元格的输入进行限制，只需要用鼠标拖动填充柄，将格式复制到其他单元格即可，如图 5.40 所示。

图 5.38　选择单元格的提示信息

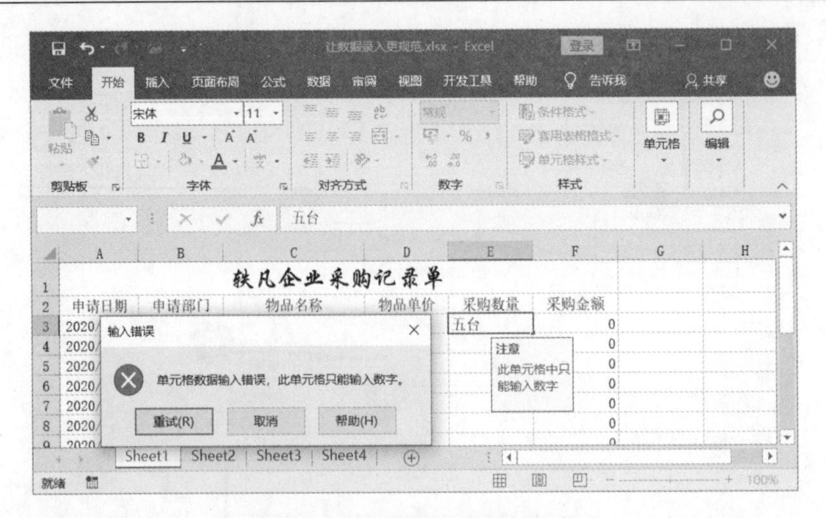

图 5.39　输入错误时的提示信息

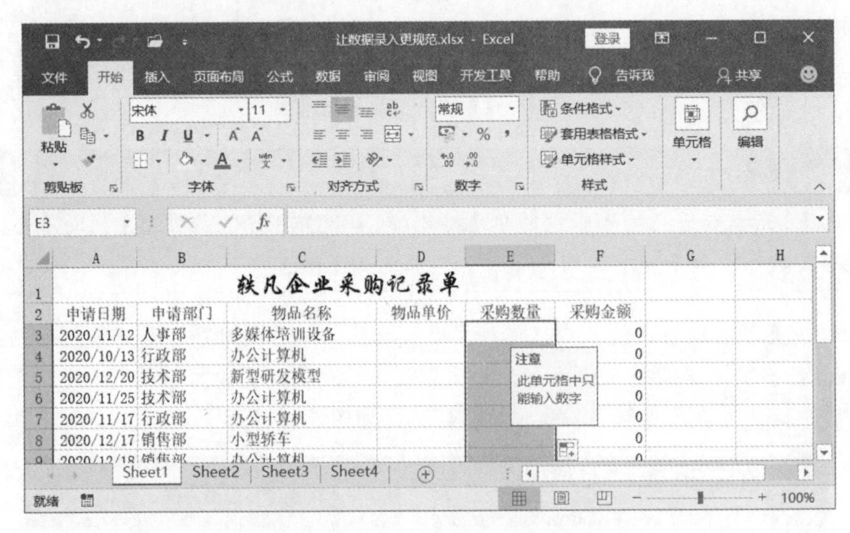

图 5.40　复制对单元格的输入限制

5.5.2　快速输入规定序列中的数据

对于特定的工作表，往往在特定的单元格中只能输入特定的内容。此时，为了保证输入的正确性，需要对单元格中输入的数字进行限制。下面介绍限制单元格中数据的输入，使其只能输入指定序列中数据的方法。

01 启动 Excel 并打开工作表，在工作表的空白单元格区域中输入允许输入的数据序列内容。例如，在 L3:L8 单元格中分别输入数据序列的内容，如图 5.41 所示。

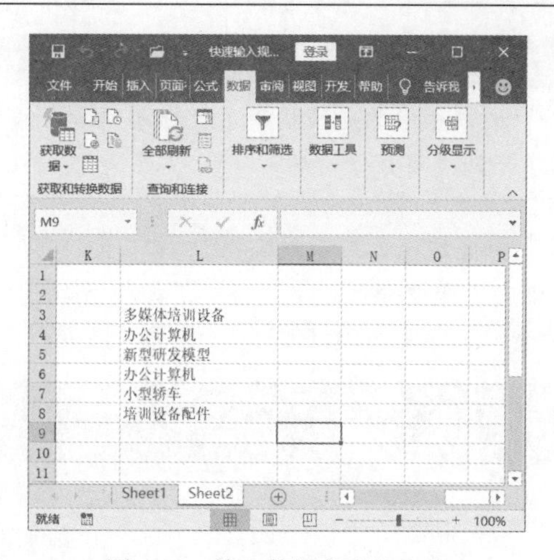

图 5.41　输入数据序列的内容

02 在工作表中选择需要输入数据的单元格区域并打开“数据验证”对话框。在“设置”选项卡的“允许”下拉列表中选择“序列”选项，在“来源”文本框中输入下拉列表中各个选项所在的单元格地址，如图 5.42 所示。在“输入信息”选项卡中设置选择单元格时的提示信息，如图 5.43 所示。在“出错警告”选项卡中设置输入错误时的提示信息，如图 5.44 所示。完成设置后，单击“确定”按钮关闭对话框。

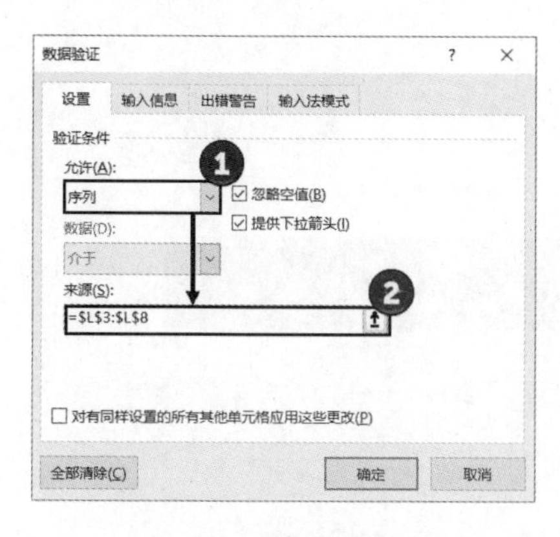

图 5.42　设置数据序列

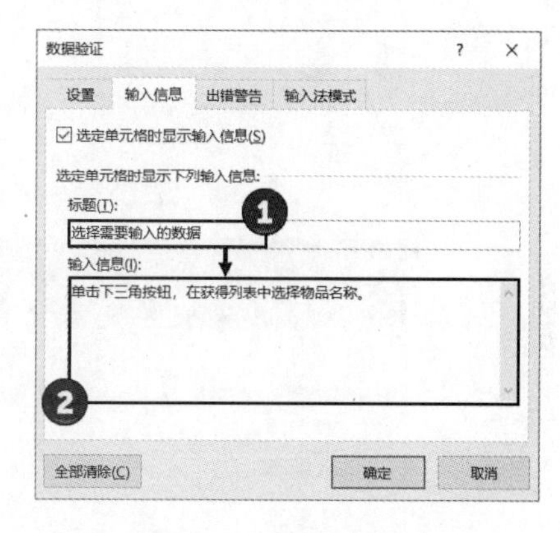

图 5.43　设置输入信息

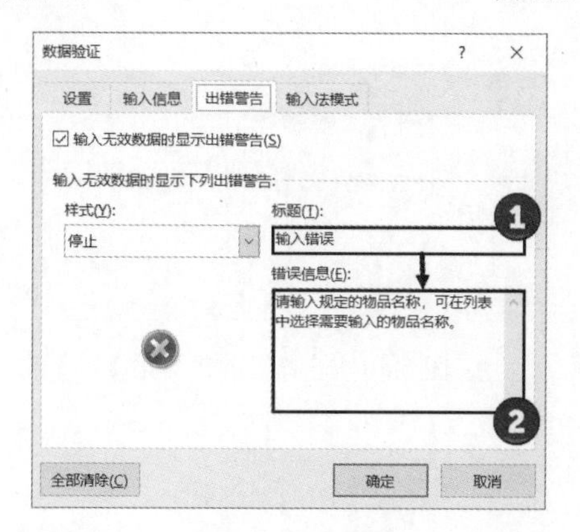

图 5.44　设置输入错误时的提示信息

提　示

“设置”选项卡的“来源”文本框中的地址指明了数据序列所在的单元格区域，该区域中的内容不能删除，否则下拉列表将是空白的。

03 在选择单元格时将获得提示信息，如图 5.45 所示。单击单元格右侧的下三角按钮打开下拉列表，选择列表的选项，该选项即被输入到单元格中，如图 5.46 所示。如果输入的内容非设定序列中的内容，Excel 会给出提示，如图 5.47 所示。

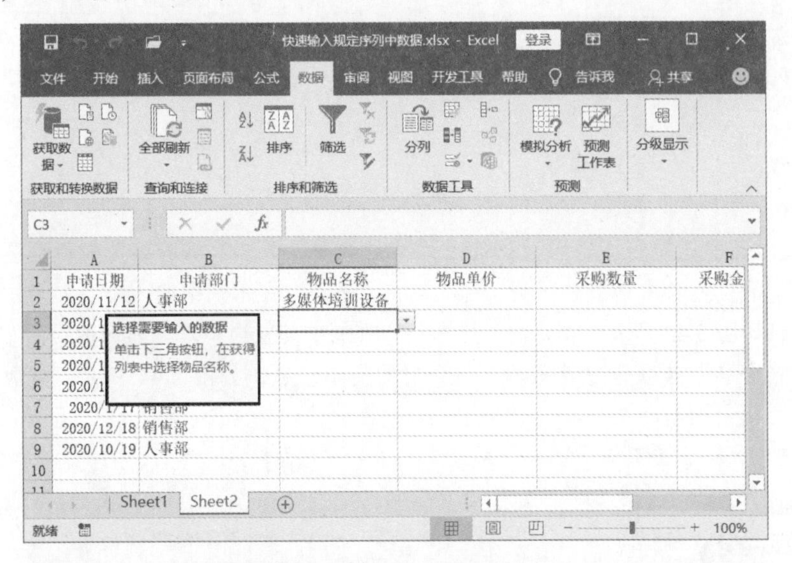

图 5.45　选择单元格获得提示信息

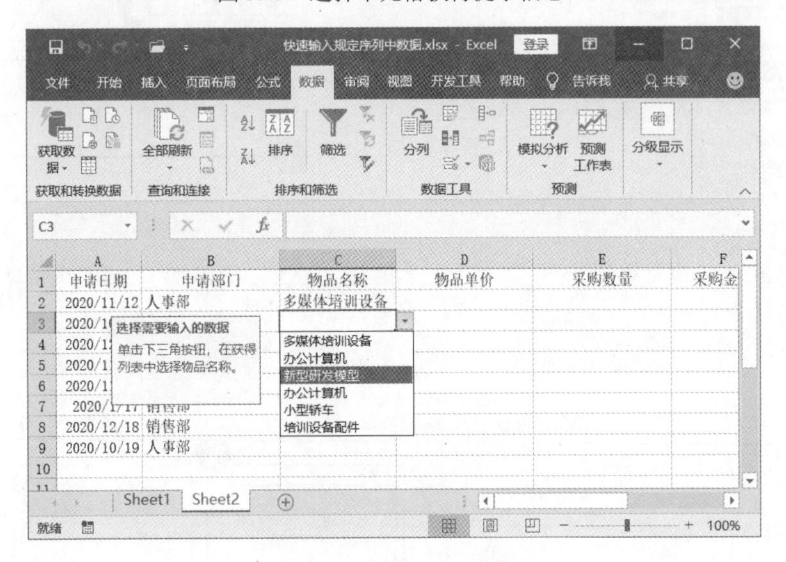

图 5.46　选择输入的内容

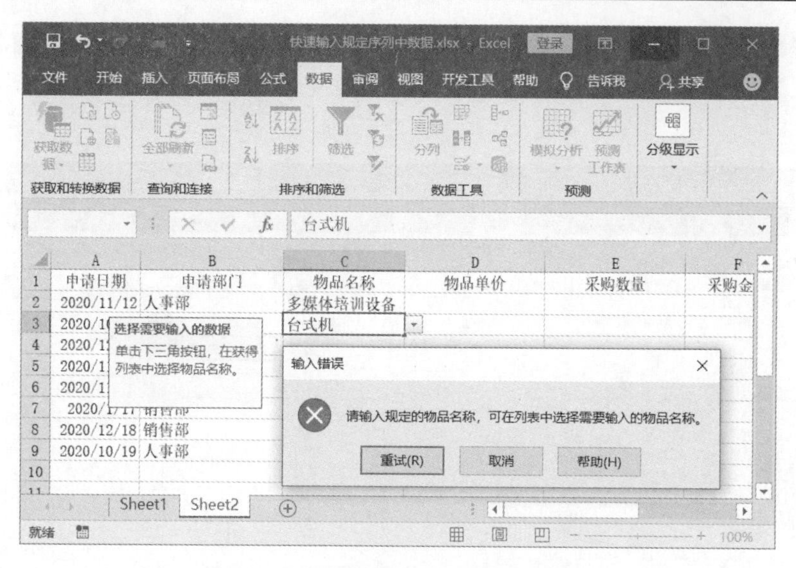

图 5.47　输入非序列中的内容给出提示

5.5.3　快速查找输入错误的数据

在进行大量数据输入时，难免会出现数据输入与实际情况不相符合的情况，比如输入的数据超过了应有的范围。要找出这样的出错数据，如果用人工来进行审核，则会相当麻烦，而且容易遗漏，此时最好的办法就是使用 Excel 的数据验证功能，来对已经输入的数据进行验证，并将错误的数据标示出来。下面介绍具体的操作方法。

01 启动 Excel 并打开工作表，选择需要查询出错数据的单元格区域。打开“数据验证”对话框，在“设置”选项卡中将“允许”设置为“整数”，将“数据”设置为“介于”。在“最小值”文本框中输入允许输入的最小值，在“最大值”文本框中输入允许输入的最大值。完成设置后，单击“确定”按钮关闭对话框，如图 5.48 所示。

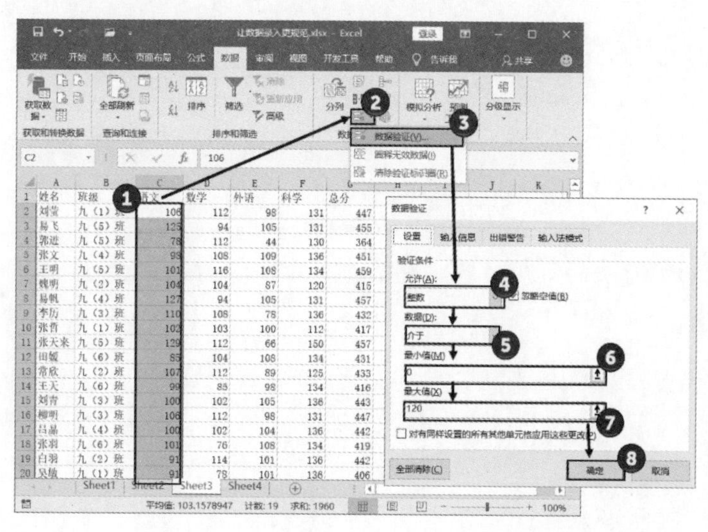

图 5.48　“数据验证”文本框中的设置

02 在“数据”选项卡的“数据工具”组中单击“数据验证”按钮上的下三角按钮，在打开的菜单中选择“圈释无效数据”命令。此时单元格区域中的出错数据都被标示出来了，如图 5.49 所示。

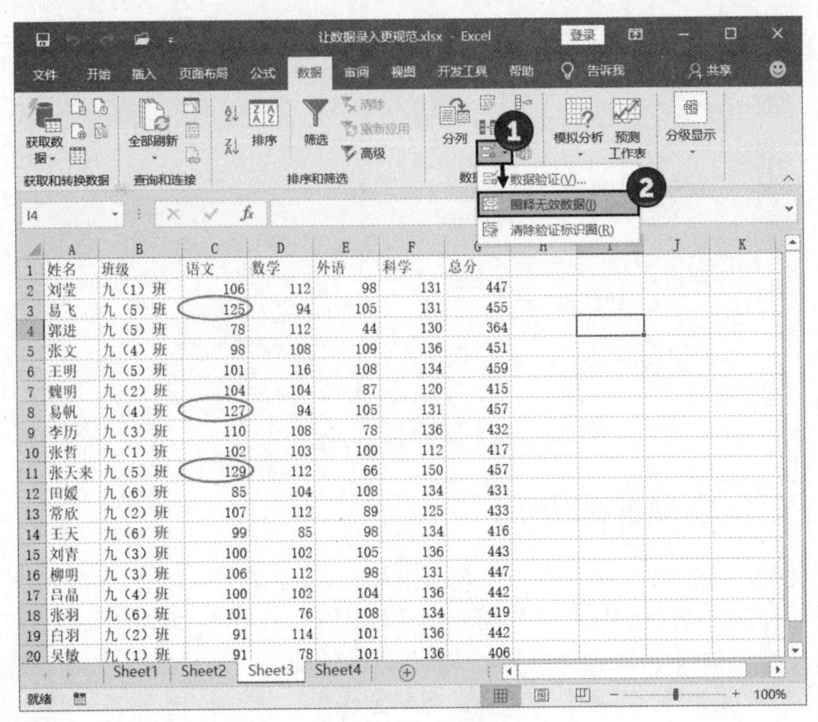

	A	B	C	D	E	F	G
1	姓名	班级	语文	数学	外语	科学	总分
2	刘莹	九（1）班	106	112	98	131	447
3	易飞	九（5）班	125	94	105	131	455
4	郭进	九（5）班	78	112	44	130	364
5	张文	九（4）班	98	108	109	136	451
6	王明	九（5）班	101	116	108	134	459
7	魏明	九（2）班	104	104	87	120	415
8	易帆	九（4）班	127	94	105	131	457
9	李历	九（3）班	110	108	78	136	432
10	张哲	九（1）班	102	103	100	112	417
11	张天来	九（5）班	129	112	66	150	457
12	田媛	九（6）班	85	104	108	134	431
13	常欣	九（2）班	107	112	89	125	433
14	王天	九（6）班	99	85	98	134	416
15	刘青	九（3）班	100	102	105	136	443
16	柳明	九（3）班	106	112	98	131	447
17	吕晶	九（4）班	100	102	104	136	442
18	张羽	九（6）班	101	76	108	134	419
19	白羽	九（2）班	91	114	101	136	442
20	吴敏	九（1）班	91	78	101	136	406

图 5.49　圈释出错数据

第 6 章

公式和函数

Excel 是一款具有强大计算功能的电子表格程序，内置数百个函数，这些函数可以直接在工作表中使用。使用 Excel 函数和公式，用户可以对数据进行汇总求和、实现数据的筛选和查找、对文本进行各种处理、操作工作表中的各类数据以及进行各种复杂计算，从而提高工作效率、准确分析数据。本章将介绍 Excel 中函数和公式的使用方法和技巧。

6.1 使用公式

能够应用公式进行计算，是 Excel 异于普通制表软件的一个特色。公式是 Excel 的一个重要组成部分，是对数据进行分析处理的重要手段。下面介绍使用公式的基本方法。

6.1.1 Excel 的运算符和运算优先级

公式是对工作表中的数据进行计算和操作的等式，其一般以等号“=”开始。通常，一个公式包含的元素是运算符、单元格引用、值或常量、相关参数以及括号等。在公式中，运算符用来阐述运算对象该进行怎样操作的，其对公式中的数据进行特定类型的计算。运算符一般包括算术运算符、比较运算符、连接运算符和引用运算符。

- 算术运算符：算术运算符用于进行基本的算术运算，包括加（+）、减（–）、乘（*）、除（/）、负号（–）、百分号（%）和幂（^）。
- 比较运算符：比较运算符用于比较 2 个数值，其运算结果是逻辑值，即 True 和 False。比较运算符包括等于（=）、大于（>）、小于（<）、大于等于（>=）、小于等于（<=）和不等于（<>）。
- 连接运算符：连接运算符可以加入或者连接一个或多个文本字符串，使它们形成一个字符串。如果使用了连接运算符，单元格中的数据将按照文本型数据进行处理。连接运算符是&。

- 引用运算符：引用运算符用于表示单元格在工作表中位置的坐标集，用于为计算公式指明引用单元格在工作表中所在的位置。引用运算符包括冒号（：）、逗号（,）和空格。

当在公式中使用多个运算符进行计算时，Excel 将按照运算符的优先级进行计算，优先级高的先进行，优先级低的运算后进行。运算符的优先级与算术运算相类似，如表 6.1 所示。

表 6.1　运算优先级

优先级	1	2	3	4	5	6
运算类型	%（百分号）	幂运算（^）	乘(*)或除(/)	加(+)或减(–)	连接符（&）	比较运算符

当公式中包含括号时，和数学运算一样，括号能够改变运算顺序。在计算时，先进行括号内的计算，获得结果后再进行下面的运算。运算中带有括号和不带括号在运算结果上的差异如图 6.1 所示。

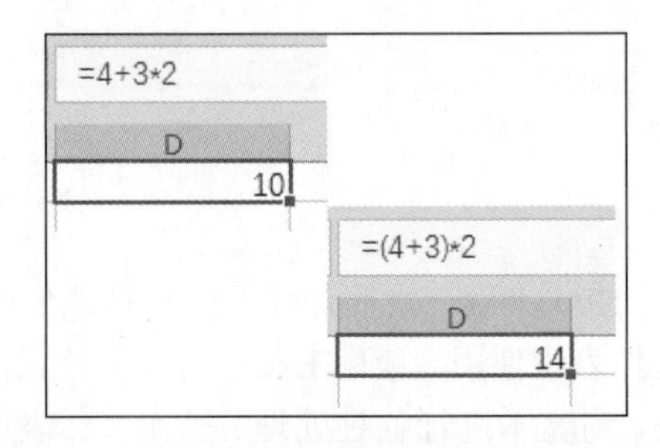

图 6.1　带括号和不带括号计算结果的差异

6.1.2　输入公式

在 Excel 中，可以使用公式对数据进行计算。要获得计算结果，首先需要输入公式，下面介绍具体的操作方法。

01 在工作表中选择需要输入公式的单元格，首先输入等号“=”，接着输入带有对数据所在单元格的引用和运算符的公式，如图 6.2 所示。完成公式输入后，按 Enter 键即可获得需要的计算结果，如图 6.3 所示。

图 6.2　在单元格中输入公式

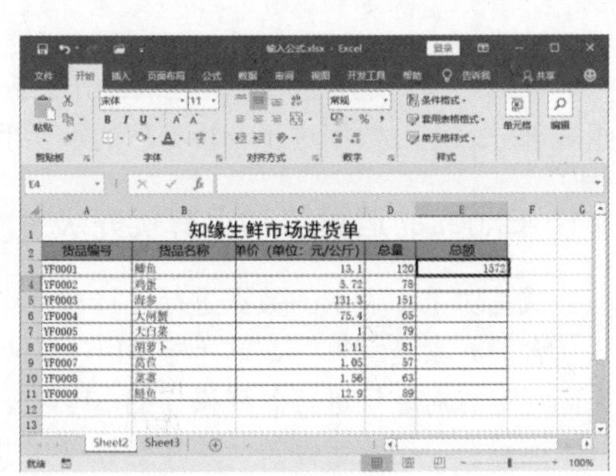

图 6.3　获得计算结果

02 在需要输入公式的单元格中输入等号“=”后直接单击数据所在的单元格，可以获得单元格地址，如图 6.4 所示。这种引用单元格的方式比用键盘输入更方便。

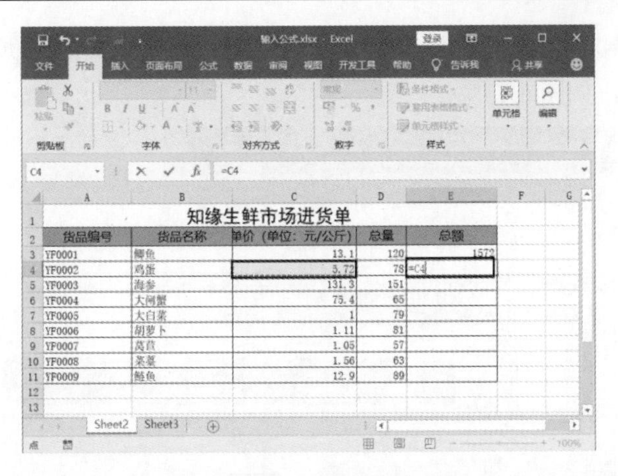

图 6.4　单击单元格获得引用

提　示

在输入公式时，如果不先输入等号“=”，就将无法获得计算结果。在公式中引用了单元格，如果要修改数据，只需要修改指定单元格中的数据就可以了，无须对公式进行更改。选择带有公式的单元格，按 Delete 键，在删除计算结果的同时也将删除单元格中的公式。

6.1.3　单元格的引用方式

单元格地址通常是由该单元格位置所在的行号和列号组合而成的，其指明单元格在工作表中的位置，如 C1、D3 和 A5 等。在 Excel 中，可以利用地址来获得单元格中的数据进行计算。对单元格地址的引用，在 Excel 中有 4 种情况，分别是相对引用、绝对引用、混合引用以及三维引用。

1. 相对引用

在输入公式时，Excel 默认的单元格引用方式是相对引用。相对引用将单元格所在的列号放置在前、单元格所在的行号放置在后，如图 6.5 所示。

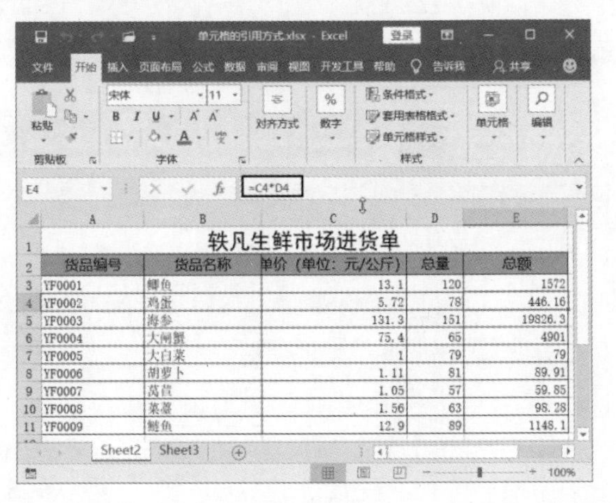

图 6.5　公式中的相对引用

公式中使用相对引用，当向下拖动填充柄填充公式时，公式中的引用单元格地址会随着单元格的变化而变化，如图 6.6 所示。

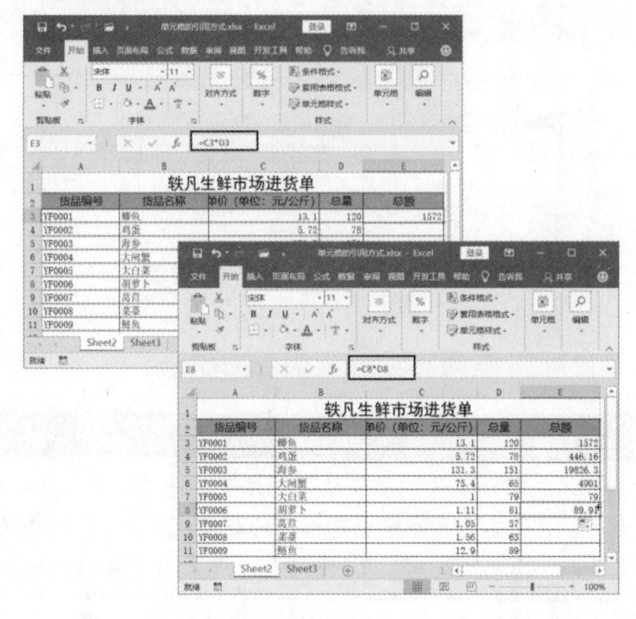

图 6.6　填充公式时单元格地址会发生相应变化

2. 绝对引用

在单元格列或行的标志前加上一个美元符号“$”，如$A$3，这种引用方式即为绝对引用。绝对引用与相对引用的区别在于，绝对引用指定的单元格是固定的。

例如，使用绝对引用时，向下填充公式，公式中引用的单元格地址不会发生任何变化，总是引用指定的单元格，如图 6.7 所示。

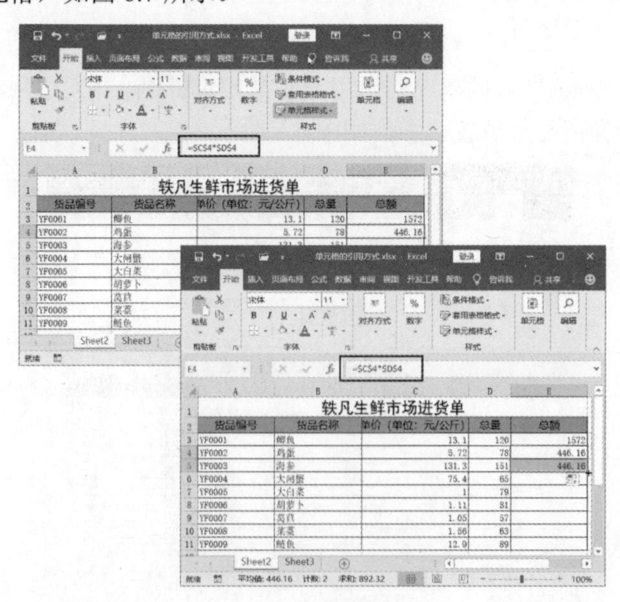

图 6.7　使用绝对引用

3．混合引用

混合引用指的是单元格地址既有绝对引用又有相对引用，如 A$3。对于使用这种引用方式的公式，在进行公式填充时，绝对引用部分不发生改变，而相对引用部分会随着公式的填充而改变，如图 6.8 所示。

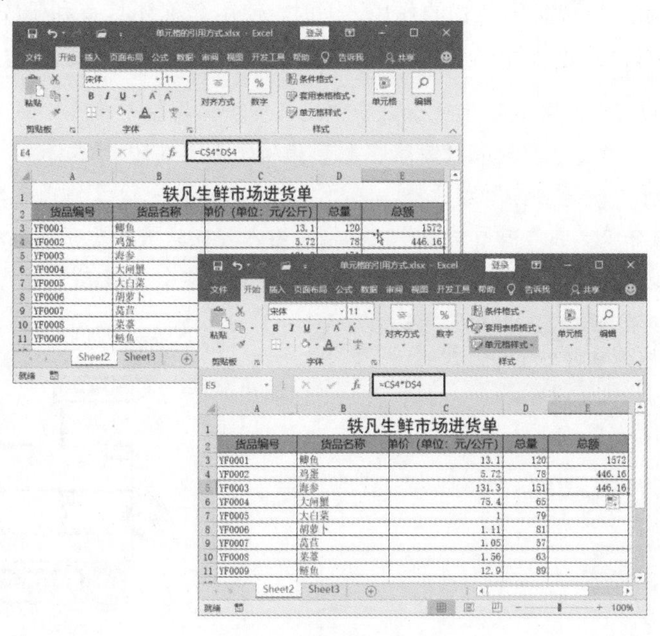

图 6.8　使用混合引用

4．三维引用

三维引用是指引用其他工作表中单元格的数据，三维引用的格式为：工作表名！单元格地址。例如，在下面的实例中，计算 Sheet2 工作表中各个金额数据的总额，使用的就是三维引用方式，如图 6.9 所示。

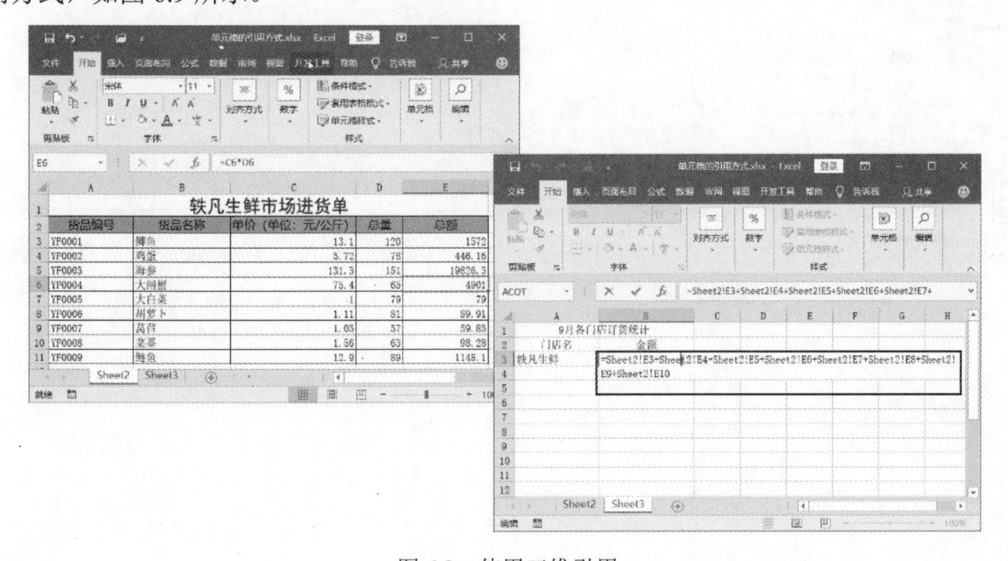

图 6.9　使用三维引用

6.1.4 在公式中使用名称

在工作表中，可以对经常使用的或比较特殊的公式进行命名。名称实际上是一种做了命名的公式，既可以是对单元格的引用，也可以是一个数值常数或数组，还可以是公式。使用名称可以使公式易于理解，起到简化公式的作用。同时，使用名称还具有利于安全和便于表格维护的优势。下面介绍对公式进行命名并使用命名公式来进行计算的方法。

01 在功能区中打开“公式”选项卡，在“定义的名称”组中单击“定义名称”按钮上的下三角按钮。在打开的下拉列表中选择“定义名称”选项，如图6.10所示。

02 此时将打开“新建名称”对话框，在“名称”文本框中输入公式名称，在“备注”文本框中输入公式的备注信息，在“引用位置”文本框中输入公式或函数所在的地址，这里输入求和的单元格地址。完成设置后，单击“确定”按钮关闭对话框，如图6.11所示。

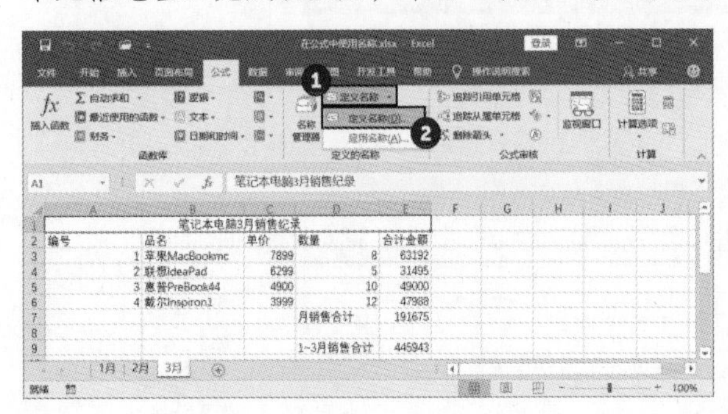

图6.10 选择“定义名称”命令

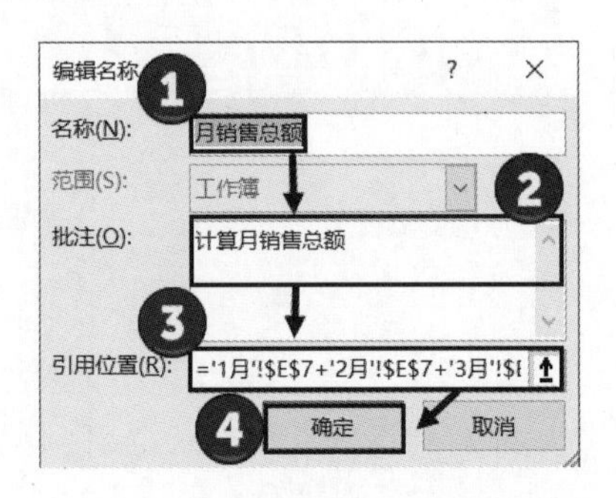

图6.11 “新建名称”对话框

03 在工作表中选择需要使用公式的单元格，在编辑栏中输入“=”后输入公式名称，如图6.12所示。完成输入后按Enter键，公式被引用，单元格中显示公式计算结果，如图6.13所示。

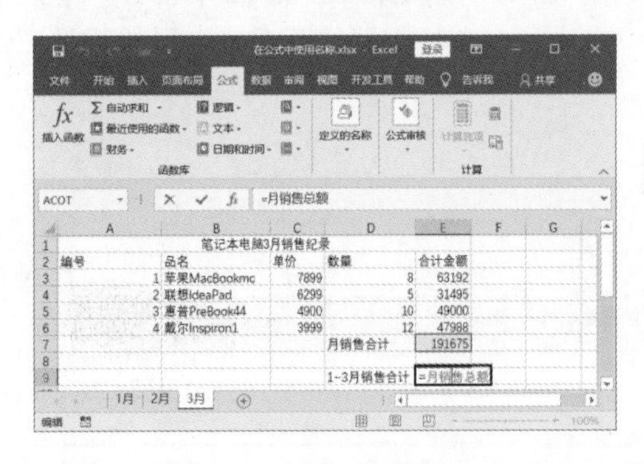

图6.12 输入公式名称

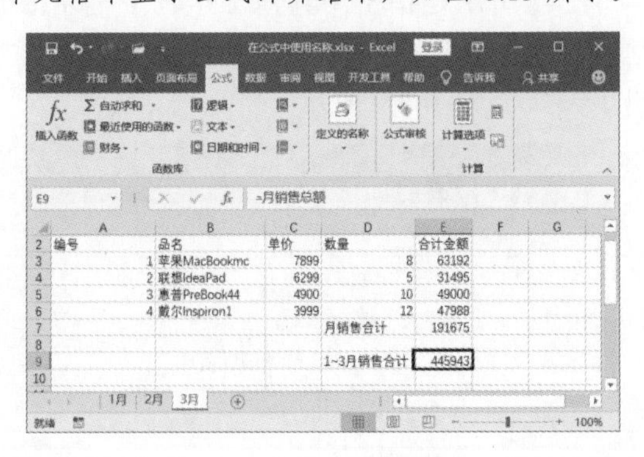

图6.13 获得计算结果

提 示

在使用名称时，名称不得与单元格地址相同，如不能命名为 A1、B2 或 R3C3 等。名称不能包括空格，但可以用下划线，如可以使用“姓_名”。名称不能以数字开头，也不能单独使用数字，如果确实需要以数字开头，则其前面必须添加下划线，比如“_3 行”。名称所使用的字符不能超过 255 个，名称需要简洁并便于记忆，同时要尽量直观反映其代表的含意，避免与其他函数或数据混淆。当名称在引用单元格区域时，应该考虑绝对引用方式和相对引用方式。名称实际上是公式的一种特殊形式，受到和公式一样的限制，如与公式一样其内容长度不能超过 8 192 个字符、内部长度不能超过 16 384 个字节，以及不能超过 64 层嵌套等。Excel 在识别名称时不区分字母大小写，相同的字母无论大小写，Excel 都将自动将其转换为与命名管理器中命名相同的书写方式。

6.2 使用函数

Excel 的函数实际上是一些预定的公式，将其直接引用到工作表中可以进行各种运算。使用函数可以大大地简化公式，同时可以实现很多一般公式无法实现的计算。

6.2.1 使用函数向导

对于一些比较复杂的函数或参数比较多的函数，用户往往不清楚如何输入函数表达式，此时可以通过函数向导来完成函数的输入。函数向导会一步一步地指导用户输入函数，避免在输入过程中发生错误。下面以在成绩表中使用 SUM 函数求和为例，来介绍使用函数向导输入公式的具体操作方法。

01 在工作表中选择需要插入函数的单元格，单击编辑栏左侧的“插入函数”按钮，如图 6.14 所示。

02 此时将打开“插入函数”对话框，在“或选择类别”下拉列表中选择需要使用函数的类别，这里选择“常用函数”选项。在“选择函数”列表中选择需要使用的函数。完成函数选择后，单击“确定”按钮关闭对话框，如图 6.15 所示。

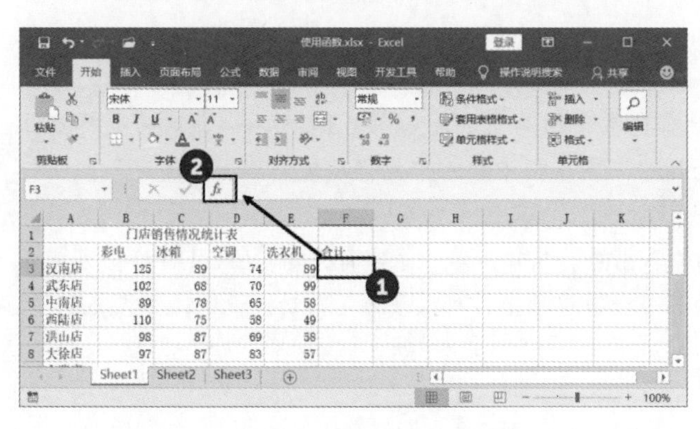

图 6.14 单击“插入函数”按钮

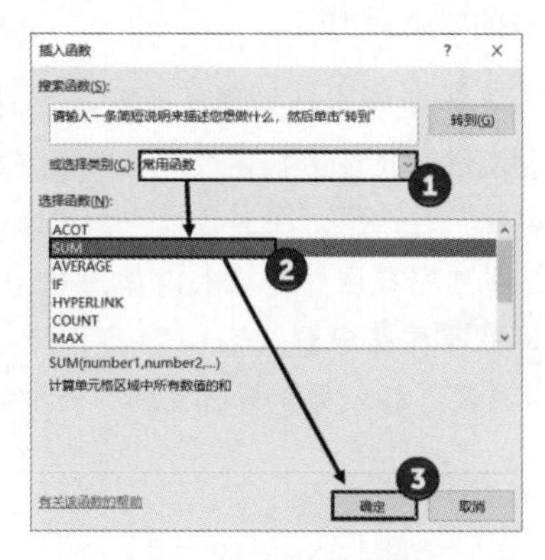

图 6.15 选择需要使用的函数

03 此时将打开“函数参数”对话框，单击“Number1”文本框右侧的“参照”按钮，如图6.16 所示。此时文本框被收缩，在工作表中拖动鼠标选择需要进行计算的单元格，如图 6.17 所示。完成参数设置后再次单击“参照”按钮，返回“函数参数”对话框。

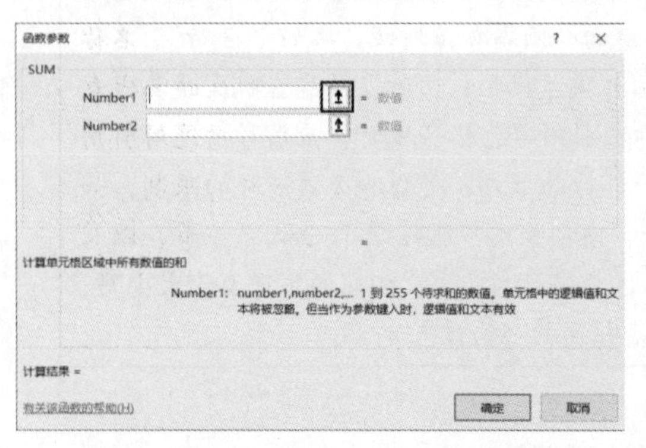

图 6.16 单击“参照”按钮

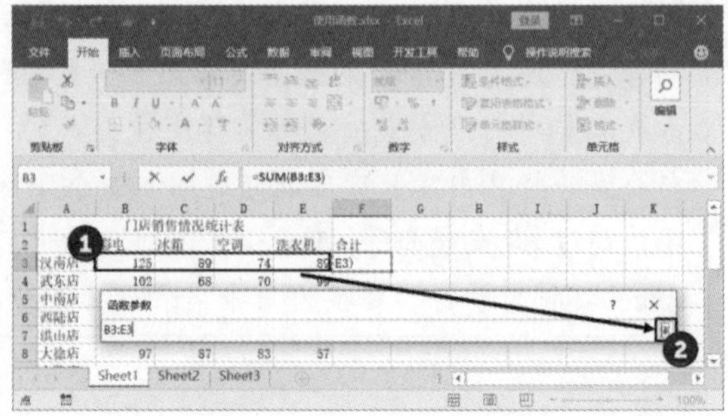

图 6.17 选择单元格

提 示

为了方便操作，在“函数参数”对话框中，Excel 会根据插入函数的位置给出一个默认的参数。如果不需要更改该参数，直接单击“确定”按钮插入函数即可。同时，要修改函数的参数，也可以直接在“Number1”和“Number2”文本框中直接输入参数。

04 完成公式的设置后，单击“确定”按钮关闭“插入函数”对话框，单元格中显示函数的计算结果，如图 6.18 所示。

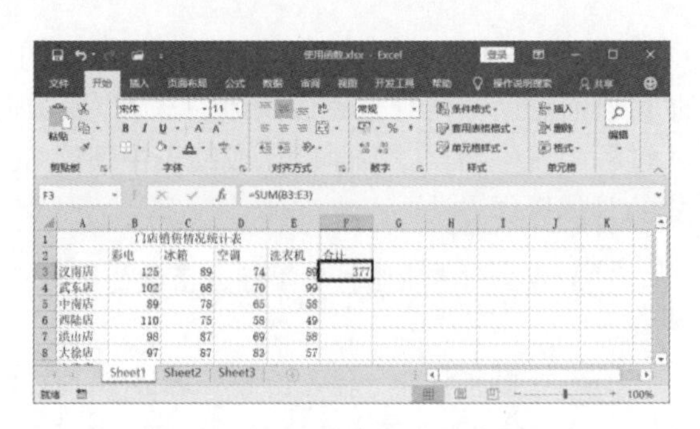

图 6.18 单元格中显示计算结果

6.2.2 手动输入函数

对于熟悉 Excel 函数的用户，可以直接在单元格中手动输入。同时，为了方便不熟悉函数的用户也能手动输入函数，Excel 提供了完备的函数输入提示，根据提示可以方便地完成函数的输入操作。

01 在工作表中选择需要插入函数的单元格，在编辑框中输入“=”，在左侧的函数栏中单击下三角按钮，打开函数列表。在列表中选择需要使用的函数，如图 6.19 所示。此时将同样打开“函数参数”对话框，在对话框中的“Number1”文本框中输入单元格地址。单击“确定”按钮关闭对话框即可完成函数的输入，如图 6.20 所示。

02 在单元格中输入等号“=”，开始输入函数。从输入第一个字符开始，Excel 将给出可能匹配的函数列表，将鼠标光标放置到列表中的某个函数选项上，可以获得函数功能说明，如图 6.21 所示。

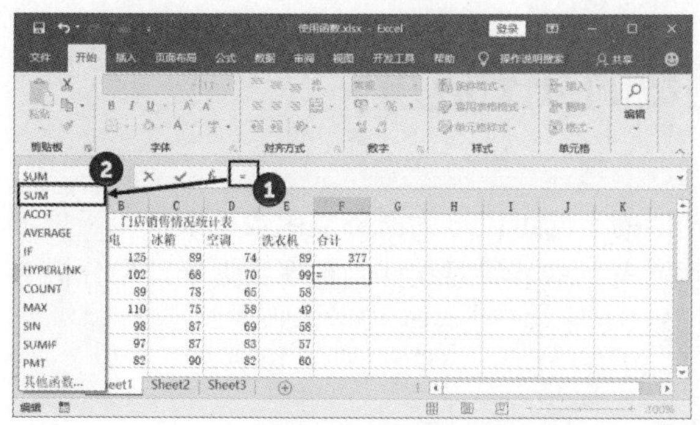

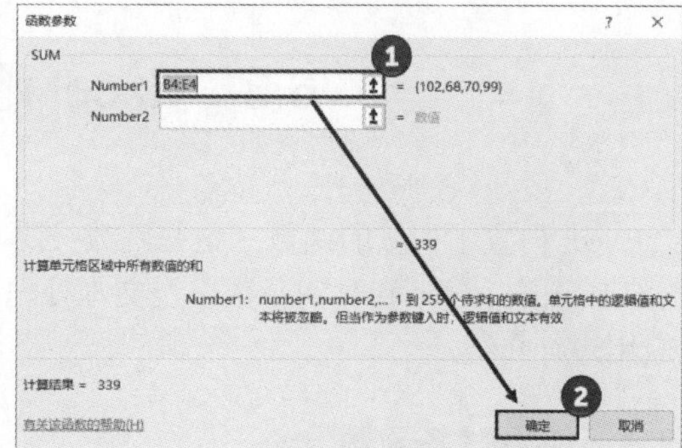

图 6.19 选择函数

图 6.20 对参数进行设置

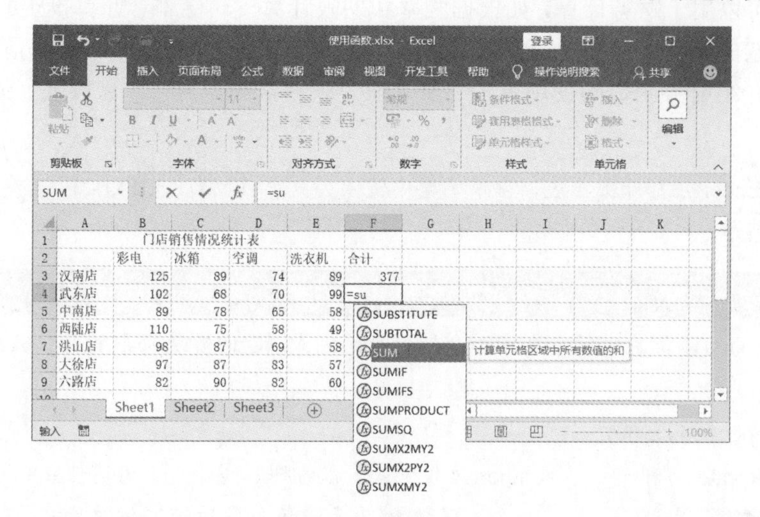

图 6.21 函数提示列表

03 在列表中双击需要使用的函数，函数被插入到单元格中。此时，Excel 将给出该函数的参数提示，当前需要输入的参数加粗显示，如图 6.22 所示。此时，可以根据提示依次输入需要的参数。完成函数及其参数的输入后，按 Enter 键即可获得需要的计算结果。

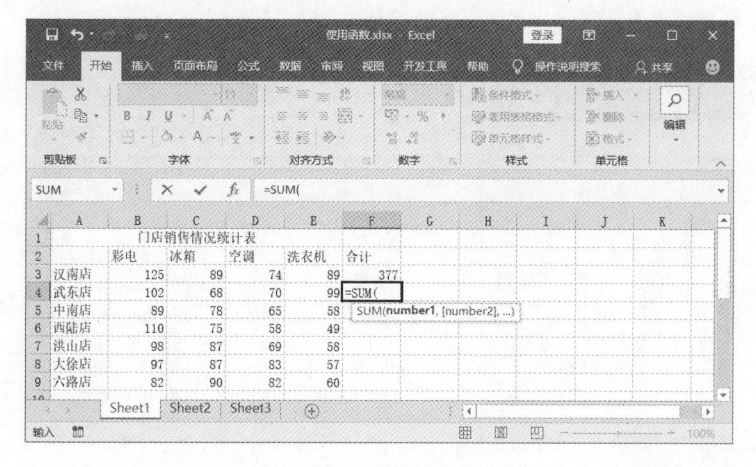

图 6.22 函数参数提示

6.3 Excel 函数的分类应用

Excel 内置了大量的函数，这些函数按照功能的不同可以分为财务类函数、数学和三角函数、逻辑函数、日期和时间函数以及文本处理函数等。本节将对这些函数在数据处理和分析上的应用进行介绍。

6.3.1 使用财务函数

财务函数可以用于财务计算，如根据利率和期限计算支付金额，计算投资的未来值或净现值、债券或股票的价值等。财务函数包括 PMT()函数、PPMT()函数和 IPMT()函数等。下面通过一个实例来介绍财务函数的使用方法（在处理等额贷款业务时，计算贷款金额、本金和利息的方法）。

01 启动 Excel 并打开工作表，在单元格中输入公式“=PMT(B3,B4,B2)”，按 Enter 键显示结果，如图 6.23 所示。

> **提 示**
>
> PMT()函数的功能是基于固定利率和分期付款的方式，返回贷款每期的付款额度。其语法格式如下：
>
> PMT(rate,nper,pv,fv,type)
>
> 其中，参数 rate 为利率；参数 nper 为投资或贷款期限；参数 pv 为现值或一系列未来付款的当前值的累计和，也就是本金；参数 fv 为未来值或最后一次付款后希望得到的现金金额，若省略，则表示最后一笔贷款的未来值为 0；参数 type 为贷款偿还方式，为 0 时表示期末，为 1 时表示期初，其默认值为 0。

02 在工作表的 E3 单元格中输入公式“=PPMT($B$3,D3,$B$4,-$B$2,0)”，计算每期偿还的本金，将公式填充到其下的单元格中，此时获得的计算结果如图 6.24 所示。

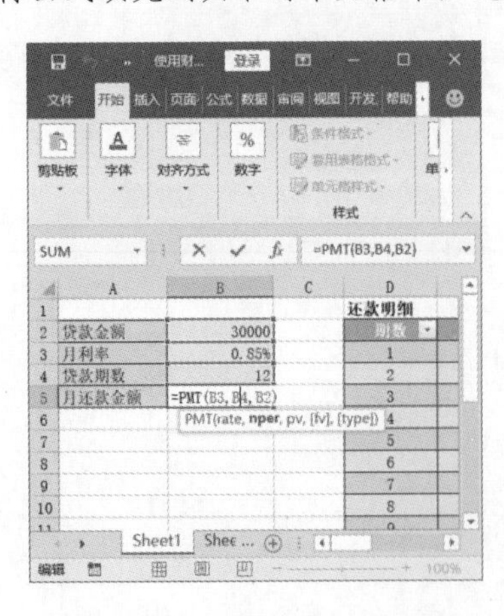

图 6.23 在单元格中输入公式

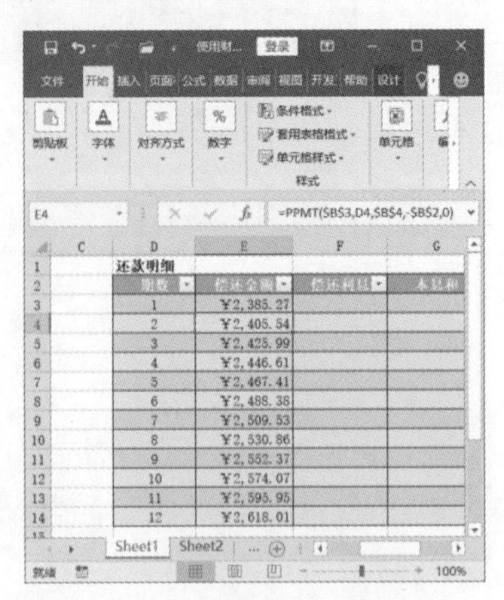

图 6.24 显示各期偿还的本金

提　示

PPMT()函数可以基于固定利率及等额分期付款方式，返回投资在一定期间内的本金偿还额。其语法格式如下所示：

PPMT(rate,per,nper,pv,fv,type)

其中，参数 rate 是每期利率；per 用于计算其本金数额的期数，必须介于 1 与 nper 参数之间；参数 nper 为总投资期，即付款总期数；参数 pv 为现值；参数 fv 为未来值；参数 type 用以指定各期的付款时间是在期首还是期末，0 为期首，1 为期末。

03 在工作表的 F3 单元格中输入公式“=IPMT($B$3, D3,$B$4,-$B$2,0)”，计算每期偿还的利息，将公式填充到其下的单元格，此时获得的计算结果如图 6.25 所示。

期数	偿还金额	偿还利息
1	￥2,385.27	￥255.00
2	￥2,405.54	￥234.73
3	￥2,425.99	￥214.28
4	￥2,446.61	￥193.66
5	￥2,467.41	￥172.86
6	￥2,488.38	￥151.89
7	￥2,509.53	￥130.74
8	￥2,530.86	￥109.41
9	￥2,552.37	￥87.89
10	￥2,574.07	￥66.20
11	￥2,595.95	￥44.32
12	￥2,618.01	￥22.25

图 6.25　显示各期利息值

提　示

IPMT()函数是基于固定利率及等额分期付款方式，返回给定期数内对投资的利息偿还额，其语法格式如下：

IPMT(rate,nper,pv,fv,type)

各个参数的含义与 PMT()函数相同。

04 在 G3 单元格中输入公式“=E3+F3”，计算每期的本息和，向下复制公式得到需要的结果，如图 6.26 所示。

05 在 H3 单元格中输入公式“=$B$2-SUM(E$3:E3)”，计算每期偿还后剩余的贷款余额，向下复制公式后的结果，如图 6.27 所示。

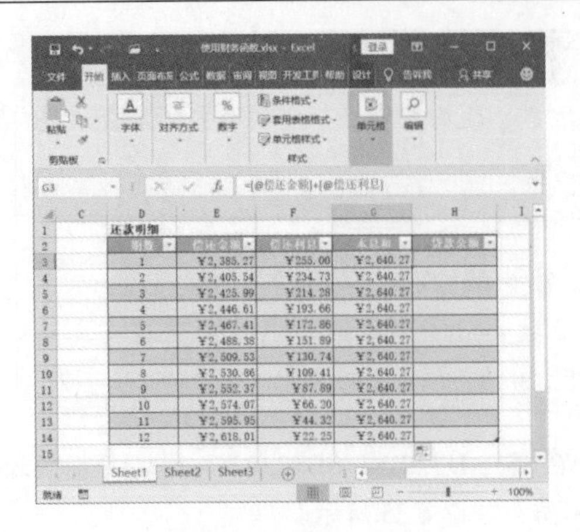

图 6.26　计算本息和

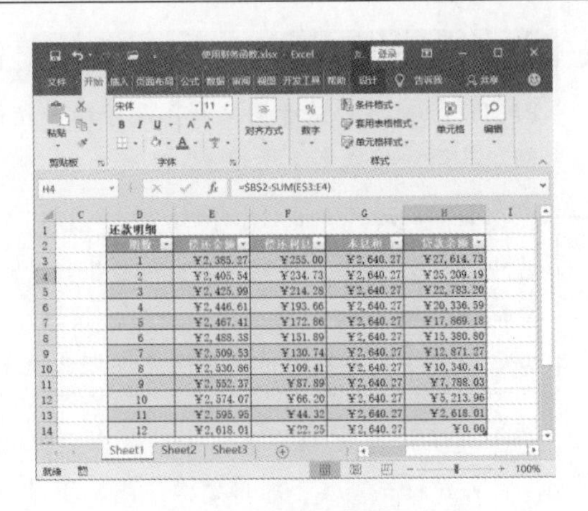

图 6.27　计算剩余的贷款余额

6.3.2　使用数学和三角函数

数学和三角函数主要用来进行数学和三角函数方面的计算，可以解决日常生活和工作中与数学运算有关的问题。常见的数学和三角函数包括RAND()函数、PROUDUCT()函数、ROUND()函数和INT()等。下面通过一个实例来介绍数学和三角函数的使用方法。该实例使用RAND()函数产生随机数，通过对随机数排序来使名单随机排列。

01 启动Excel并打开工作表，选择需要输入公式的单元格，在编辑栏中输入公式“=RAND()”，按Ctrl+Enter键结束输入，此时在单元格中产生随机数，如图6.28所示。

02 在“开始”选项卡的“编辑”组中单击“排序和筛选”按钮，在打开的列表中选择“降序”选项，如图6.29所示。

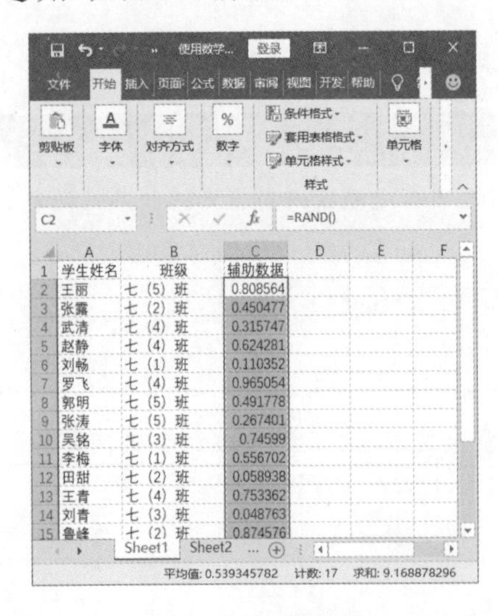

图 6.28　生成随机数

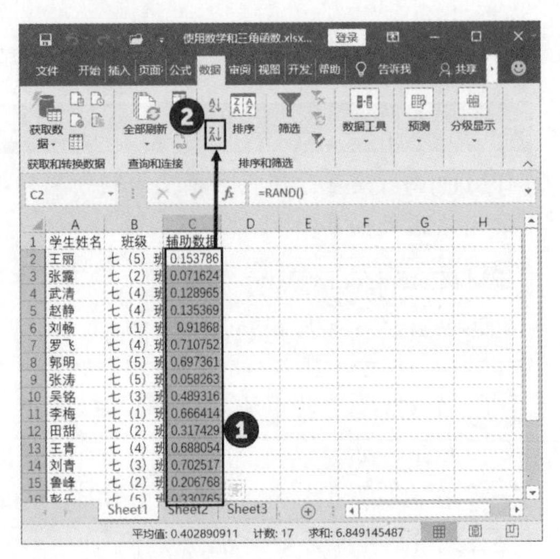

图 6.29　选择“降序”选项

03 在弹出的“排序提醒”对话框中，选择“扩展选定区域”选项后单击“排序”按钮，如图6.30所示。排序后就可以获得随机排列的学生姓名，如图6.31所示。

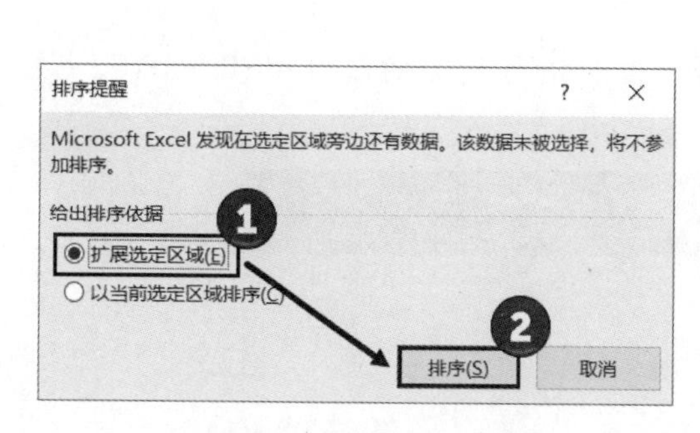

图 6.30　“排序提醒”对话框

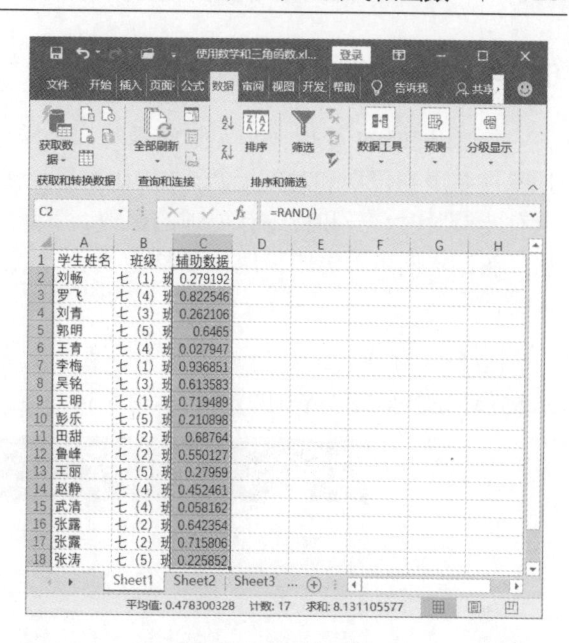

	A	B	C
1	学生姓名	班级	辅助数据
2	刘畅	七（1）班	0.279192
3	罗飞	七（4）班	0.822546
4	刘青	七（3）班	0.262106
5	郭明	七（5）班	0.6465
6	王青	七（4）班	0.027947
7	李梅	七（1）班	0.936851
8	吴铭	七（3）班	0.613583
9	王明	七（1）班	0.719489
10	彭乐	七（5）班	0.210898
11	田甜	七（2）班	0.68764
12	鲁峰	七（2）班	0.550127
13	王丽	七（5）班	0.27959
14	赵静	七（4）班	0.452461
15	武清	七（4）班	0.058162
16	张露	七（2）班	0.642354
17	张霞	七（2）班	0.715806
18	张涛	七（5）班	0.225852

图 6.31　数据随机排列

6.3.3　使用逻辑函数

逻辑函数主要包括逻辑与（AND）、逻辑或（OR）和逻辑非（NOT）以及条件判断（IF）等函数，常用于进行条件匹配和真假值判断后返回结果。下面通过一个实例来介绍逻辑函数的使用，这个实例使用 IF 函数来进行判断，根据学生的分数来评定学生的等级。学生分数低于 72 分为不及格，等级评定为“差”；72～96 分（不包括 96 分）为“中”；96～108 分（不包括 108 分）为“良”；大于等于 108 分为“优”。

01 启动 Excel 并打开工作表，在工作表中选择 C3 单元格，在编辑栏中输入公式“=IF(B3<72,"差",IF(B3<96,"中",IF(B3<108,"良","优")))”，如图 6.32 所示。按 Enter 键结束公式的输入。

02 使用鼠标向下拖动单元格上的填充控制柄向下填充公式，公式填充完成后在单元格中显示计算结果，如图 6.33 所示。

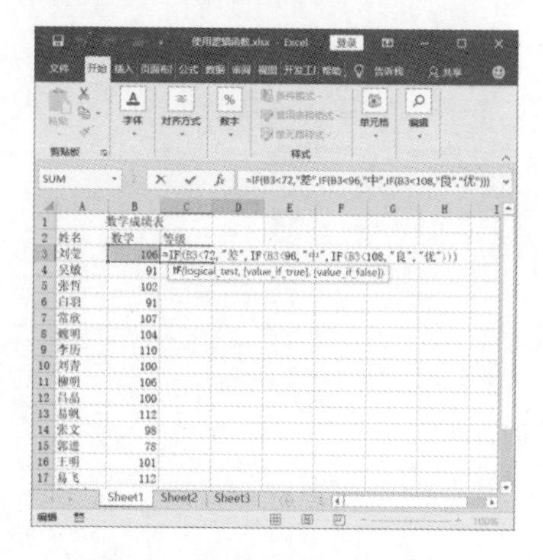

图 6.32　在编辑栏中输入公式

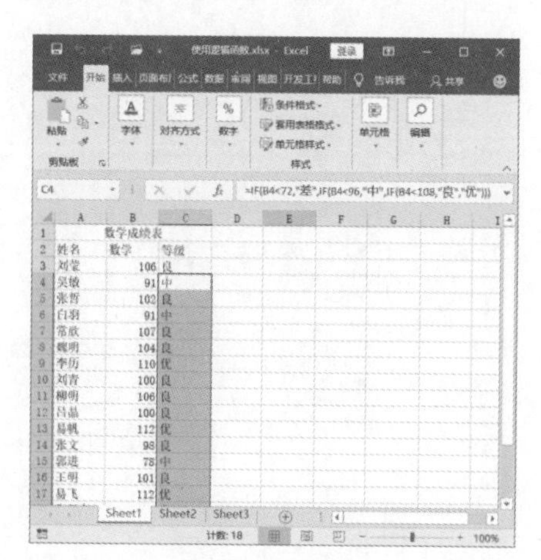

图 6.33　填充公式后显示计算结果

6.3.4 使用日期和时间函数

在使用 Excel 处理一些实际问题时，经常会遇到需要对日期和时间进行处理的情况，此时就需要用到日期和时间函数。Excel 的日期函数包括对年、月、日和星期进行处理的函数，也有能够对时、分和秒进行处理的函数。下面通过一个实例来介绍日期和时间函数的使用方法。在该实例中，男职工退休年龄为 60 岁，女职工退休年龄为 55 岁，函数自动获取职工退休时间。

01 启动 Excel 并打开工作表，在单元格中输入公式“=DATE(YEAR(E2)+IF(C2="男",60,55),MONTH(E2),DAY(E2))”，如图 6.34 所示。

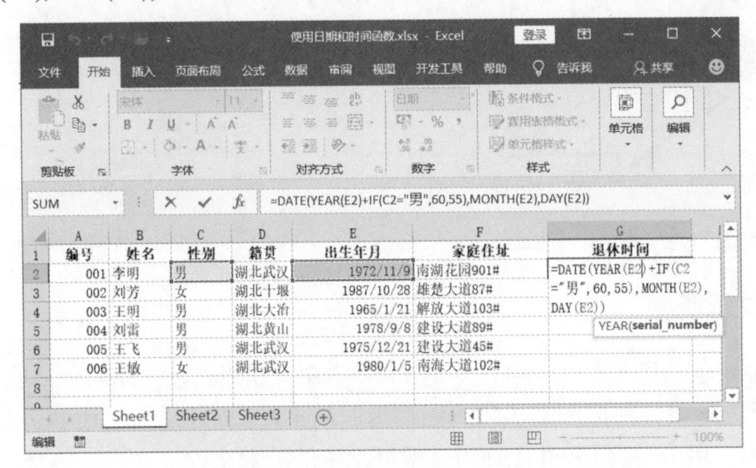

图 6.34 在单元格中输入公式

02 完成公式输入后按 Enter 键在单元格中显示结果，将鼠标放置到单元格右下角，拖动填充控制柄复制公式，获得需要的结果，如图 6.35 所示。

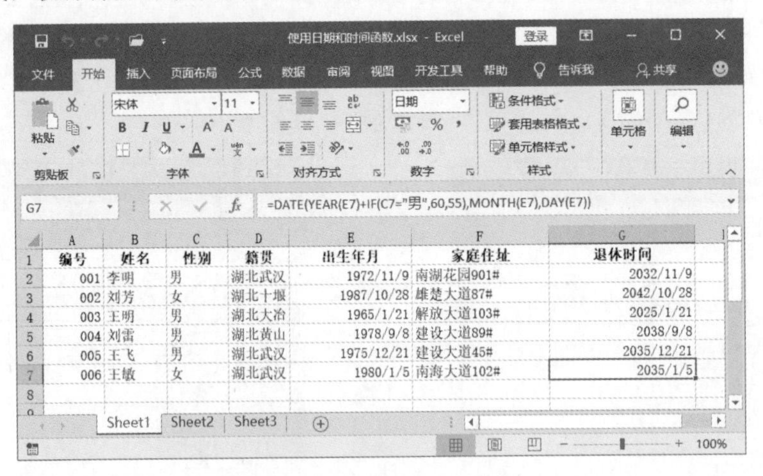

图 6.35 获得需要的结果

6.4　公式的实用技巧

本节介绍公式的 3 个实用技巧。

6.4.1　使 Excel 自动重算

在使用公式对数据进行计算时，有时会遇到修改了引用单元格的数据后公式的计算结果还是保持原值，并没有随之发生改变，这是由于 Excel 并没有对数据进行自动重算。要解决这个问题，可以使用下面 2 种方法来进行操作。

01 启动 Excel 并打开工作表，在“文件”选项卡左侧列表中，选择“选项”选项打开“Excel 选项”对话框。在对话框左侧列表中选择“公式”选项，在右侧的“计算选项”栏中选择“自动重算”单选按钮。完成设置后，单击“确定”按钮关闭对话框，如图 6.36 所示。此时，更改公式引用单元格中的数据，公式的计算结果将随之自动更新。

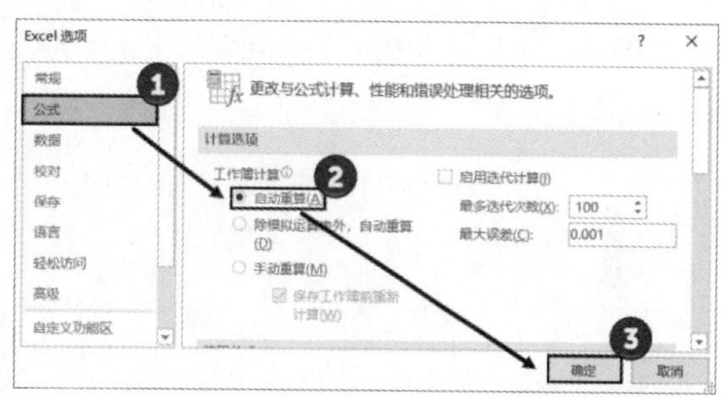

图 6.36　选择“自动重算”单选按钮

02 在“公式”选项卡的“计算”组中单击“计算选项”按钮，在打开的列表中选择“自动”选项，如图 6.37 所示。此时也能够打开 Excel 的自动重算功能。

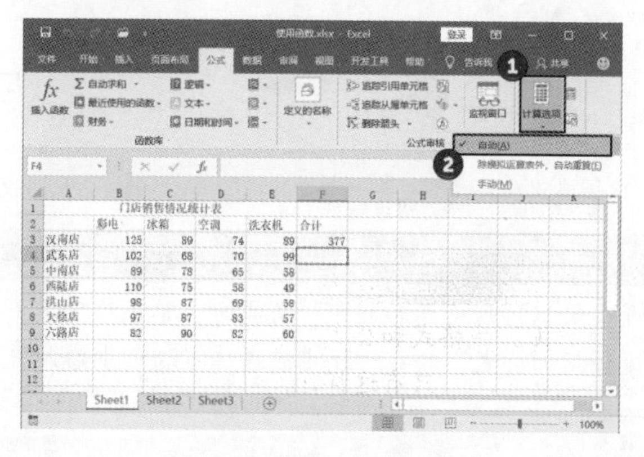

图 6.37　选择“自动”选项

提　示

打开 Excel 的自动重算功能，只有在公式引用的单元格数据发生更改后，Excel 才会自动重新计算公式。同时，在第一次打开工作簿时，默认情况下 Excel 会自动重新计算。如果表格中数据较多且使用了很多公式，在输入和修改数据时，为了避免因公式重算占用大量的 CPU 和内存资源，可以将“计算选项”设置为“手动”。在输入和编辑操作后，按 F9 键对整个工作簿进行计算即可，此时也可以按 Shift+F9 键对活动工作簿进行计算。

6.4.2 在新输入行中自动填充公式

在使用 Excel 时，用户常常会遇到需要向某个工作表中添加数据的情况。例如，在工作表的最后添加一行或多行新数据，这些行的数据往往需要进行与上面行相同的计算，此时可以使用将上面行中的公式复制到该行的方法来为其添加公式。实际上，通过设置可以使 Excel 自动为这些新输入的行填充与上面行相同的公式，下面介绍具体的操作方法。

01 启动 Excel 并打开工作表，打开“Excel 选项”对话框。在对话框左侧列表中选择“高级”选项，在“编辑选项”栏中选中“扩展数据区域格式及公式”复选框。单击“确定”按钮关闭对话框，如图 6.38 所示。

02 在工作表的最后一行添加新的数据，当选择该行的 F9 单元格时，Excel 将上一行的公式扩展到该单元格，如图 6.39 所示。

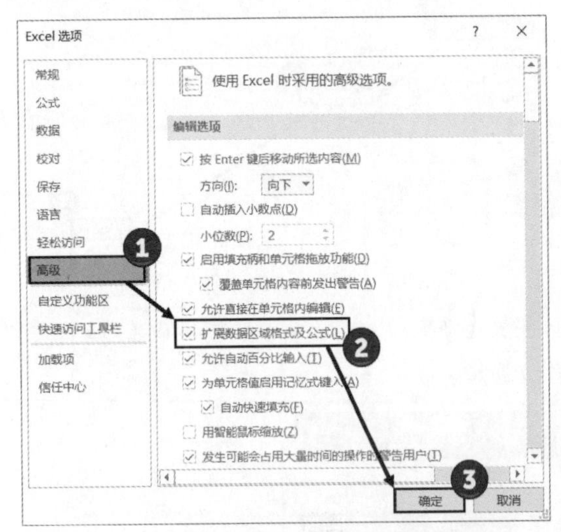

图 6.38 选中“扩展数据区域格式及公式”复选框

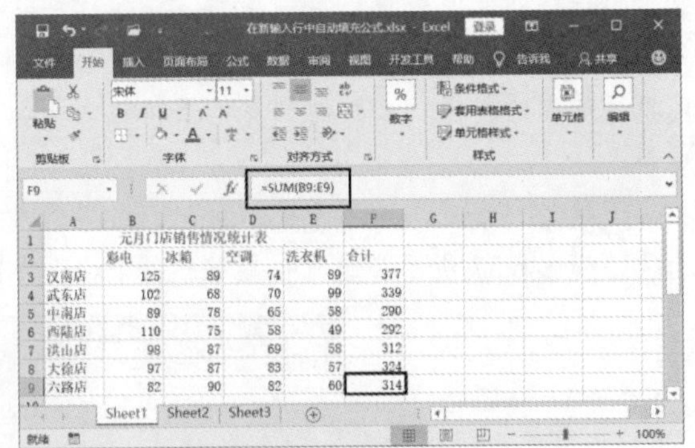

	彩电	冰箱	空调	洗衣机	合计
汉南店	125	89	74	89	377
武东店	102	68	70	99	339
中南店	89	78	65	58	290
西陆店	110	75	58	49	292
洪山店	98	87	69	58	312
大徐店	97	87	83	57	324
六路店	82	90	82	60	314

图 6.39 自动扩展公式

提 示

在 Excel 中使用“扩展数据区域格式和公式”功能时，单元格区域中必须有连续 4 个及以上的单元具有重复使用的公式，只有这样才能在其下的行中输入数据后扩展公式。

6.4.3 使用数组公式

在使用函数进行数据计算时，有时计算的对象是某个计算结果，此时必须使用数组公式来进行处理。使用数组公式可以实现需要分别使用多个公式才能实现的功能，能够有效地简化工作表。使用数组公式可以执行多重计算，计算结果可以是单个结果，也可以是多个结果。下面以按照权重计算学生成绩总评分数为例，来介绍创建计算单个结果的数组公式的方法。

01 启动 Excel 并打开工作表，该工作表用于对学生成绩进行统计。在工作表的单元格中输入学生各科成绩的权，如图 6.40 所示。

02 在编辑栏中输入“=”，使用函数栏插入公式，如图 6.41 所示。在编辑栏中删除函数中的数，输入新的参数。这里各个参数都是单元格计算结果，如图 6.42 所示。

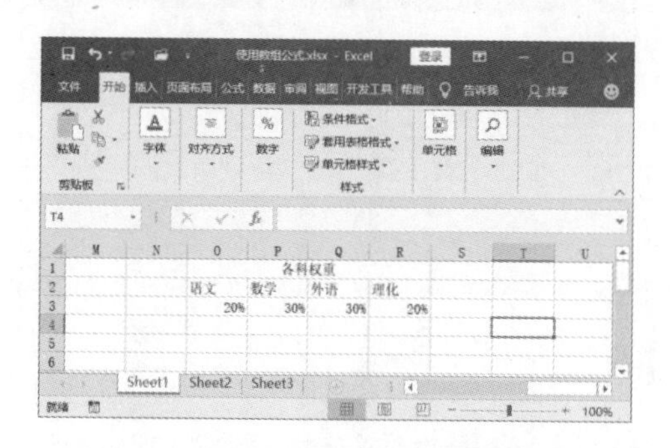

图 6.40　输入成绩各科成绩的权

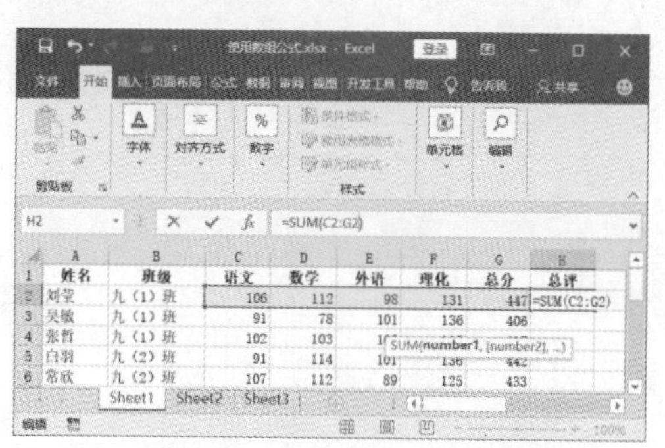

图 6.41　添加公式

03 完成输入后，按 Ctrl+Shift+Enter 键创建数组公式，单元格中显示计算结果，如图 6.43 所示。

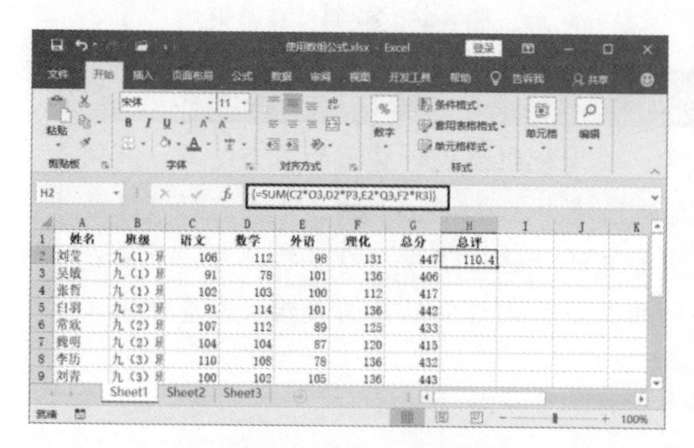

图 6.42　修改公式参数

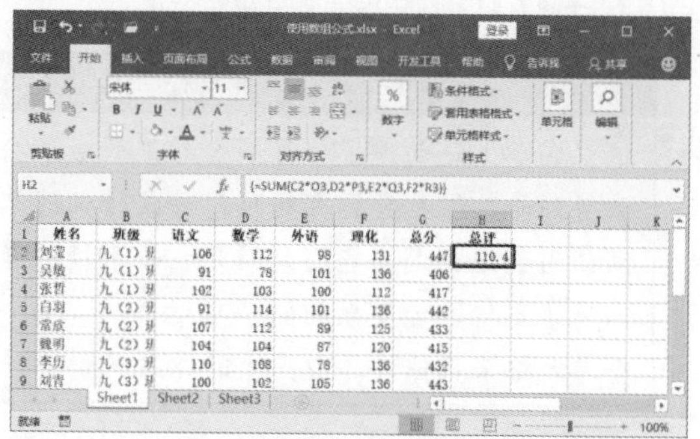

图 6.43　创建数组公式获得单个结果

提　示

在 Excel 中，数组是由一个或多个按照行、列进行排列的元素的集合，数组一般分为 3 种类型。构成数组的每一个元素都是常量，这个数组称为常量数组。如果数组是对单元格区域的引用，则这个数组称为区域数组。如果数组是由公式计算返回的结果在内存中临时构成，并且可以作为一个整体直接嵌入其他公式中继续参与计算，则其称为内存数组。当数组中的元素只在一个方向上排列时，其为一维数组。一维数组根据方向又可分为垂直数组（只有一列的数组）和水平数组（只有一行的数组）。当数组同时包含行和列两个方向时，其称为二维数组。数组的行列代表了其尺寸大小。

04 选择需要输入公式的单元格，在编辑栏中输入公式，如图 6.44 所示，按 Ctrl+Shift+Enter 键创建数组公式。在编辑栏输入的公式会被大括号括起来，获得的计算结果如图 6.45 所示。

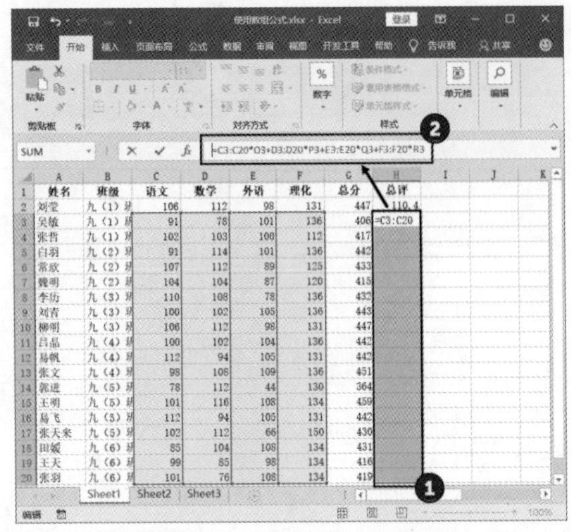

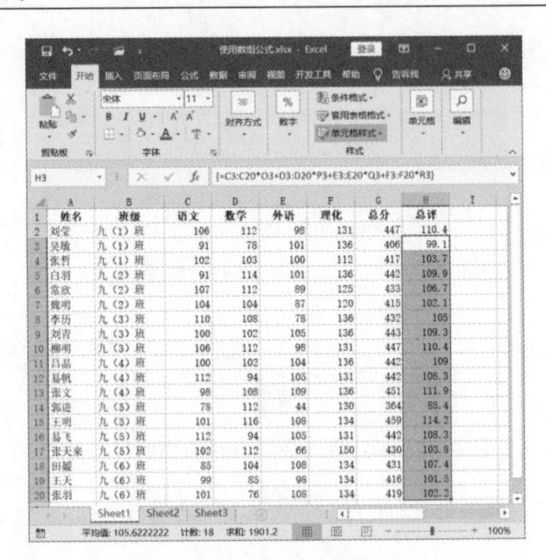

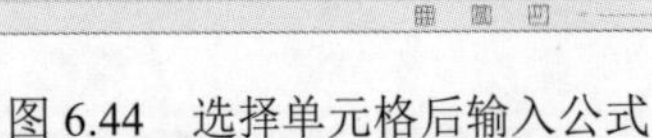

图 6.44 选择单元格后输入公式

图 6.45 获得计算结果

提　示

这里实际上是创建了计算多个结果的数组公式，使用数组公式计算出的多个结果，必须放置到与数组参数具有相同列数或行数的单元格区域中。在 Excel 中，下面两种情况必须使用数组公式才能得到结果：一种情况是当公式的计算过程中含有多项计算，且函数本身不支持非常量数组的多项运算时；另一种情况是公式计算结果为数组，需要使用多个单元格来存储计算所产生的结果时。

第7章

数据图表的应用

图表可以使数据易于理解，直观表现数据之间的相互关系，发现数据的变化趋势。Excel的图表功能十分强大，毫不逊色于任何一个专业的图表制作软件，其可以创建各类专业图表，还可以使用各种工具美化图表，创建符合自己需要的图表类型。本章将对 Excel 数据图表的应用进行介绍。

7.1 图表的基本操作

Excel 是一款功能强大的软件，对图表的很多操作都非常简单，但是这些操作在对图表进行编辑和美化时又是不可或缺的。对图表对象的选择、移动和调整大小等操作在完成图表创建后进行。本节对图表以及相关的基本操作进行介绍。

7.1.1 认识图表

Excel 2019 提供了多达 15 种图表类型供用户选择使用，每一种图表类型具有多种组合和变换，灵活应用满足各种数据分析和显示的需要。

1. Excel 的图表类型

Excel 2019 提供了内置的标准图表供用户选择使用，包括柱形图、折线图、饼图、条形图、面积图、XY（散点图）、股价图、曲面图和雷达图等，每类图表都具有一定的使用环境和创建方法。下面对这些常用图表的特征进行介绍。

- 柱形图：由一系列的垂直柱体组成，通常用来比较两个或多个项目数据的相对大小。柱形图是 Excel 中一类应用广泛的图表类型，其为默认的图表类型，如图 7.1 所示。
- 折线图：可以显示随时间或类别而变化的连续数据，反映时间段内数据的变化趋势。在折线图中，类别数据沿水平轴方向均匀分布，数值数据则沿着垂直轴的方向均匀分布，如图 7.2 所示。

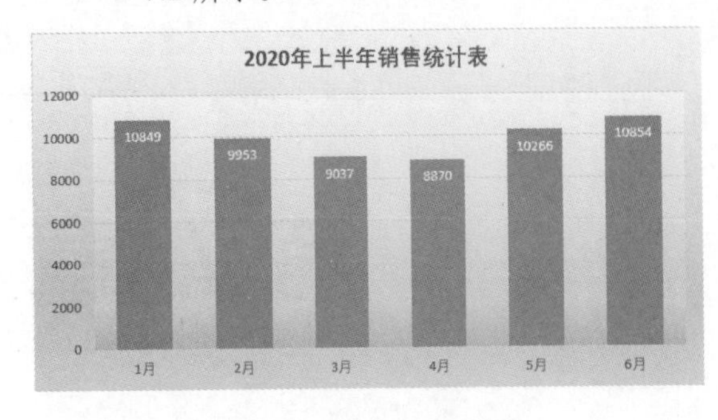

图 7.1 Excel 中的柱形图

图 7.2 Excel 中的折线图

- 饼图：用于显示一个数据系列，常用于显示一个数据系列中各项的大小占各项总和的比例。在饼图中，整个饼图代表总和，每一个数据用一个扇形区域来代表，如图 7.3 所示。在创建饼图时，饼图中展示的数据有一定的限制。例如，只能存在一个需要绘制的数据系列，数据值没有负值并且几乎没有零值，数据的类别数量最好不要超过 7 个。
- 条形图：可以看作是柱形图顺时针旋转 90° 而成。在条形图中，水平轴为数值，垂直轴为类别。条形图能够清晰地显示数据之间的大小比较情况，如图 7.4 所示。

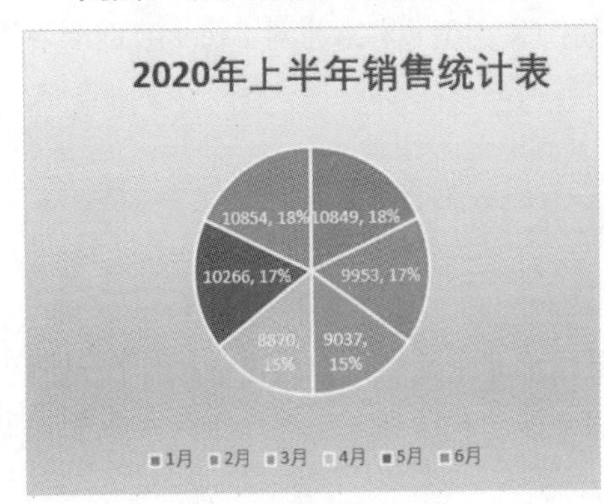

图 7.3 Excel 中的饼图

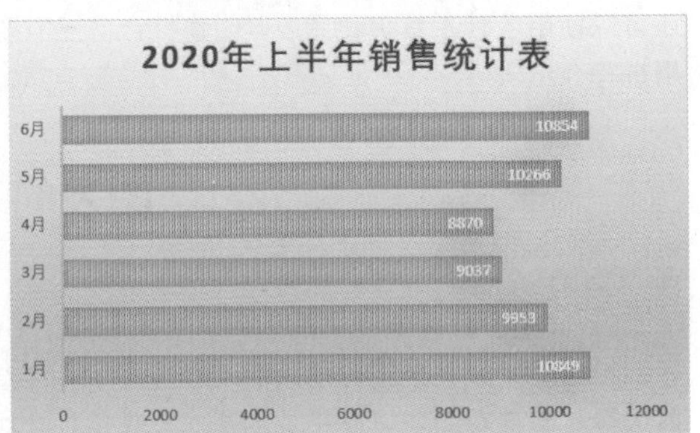

图 7.4 Excel 中的条形图

- 面积图：用于显示数据精确的变化趋势，能够显示一段时间内数据变动的幅度。面积图可呈现单独部分的变化，同时也可以呈现数据的整体变化趋势，如图 7.5 所示。面积图可用于进行盈亏平衡分析、对价格变化范围及趋势进行分析和预测等。
- XY 散点图：可以显示若干数据系列中各个数值之间的关系。散点图具有两个数值轴，沿横轴（X 轴）方向显示一组数值数据，沿纵轴（Y 轴）方向显示另一组数据，这些数据被合并为单一数据，并按照不均匀的间隔或簇来显示，如图 7.6 所示。
- 股价图：一种具有 3 个数据系列的折线图，用来显示一段时间内一种股价的最高价、最低价和收盘价，如图 7.7 所示。股价图多用于金融行业，用来描述商品价格变化和汇率变化等。

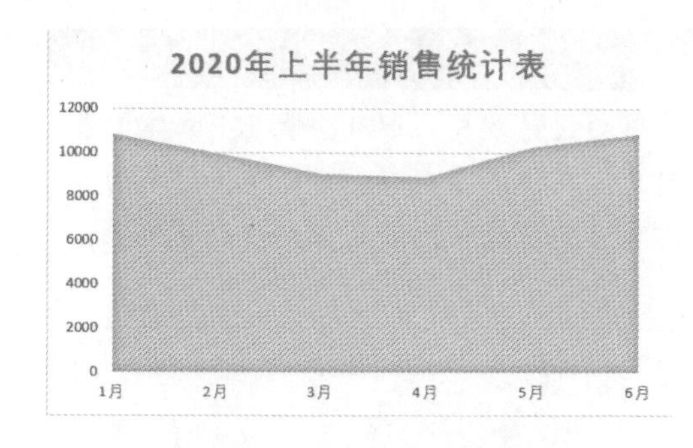

图 7.5　Excel 中的面积图

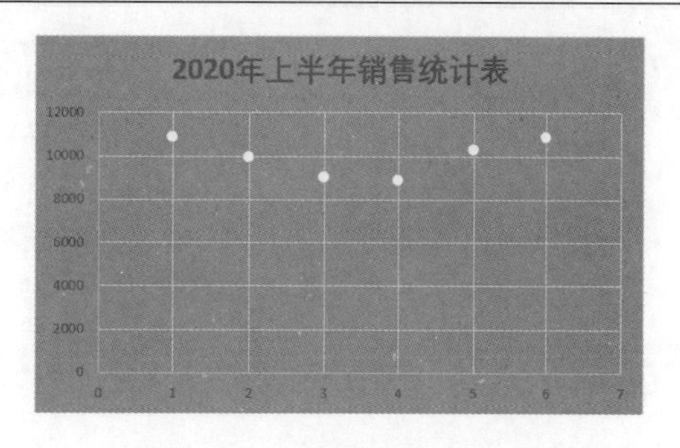

图 7.6　Excel 中的 XY 散点图

- 曲面图：可以利用颜色和图案来表现处于相同数值范围内的区域，使用曲面图可以帮助用户找到两组数据之间的最佳组合，如图 7.8 所示。

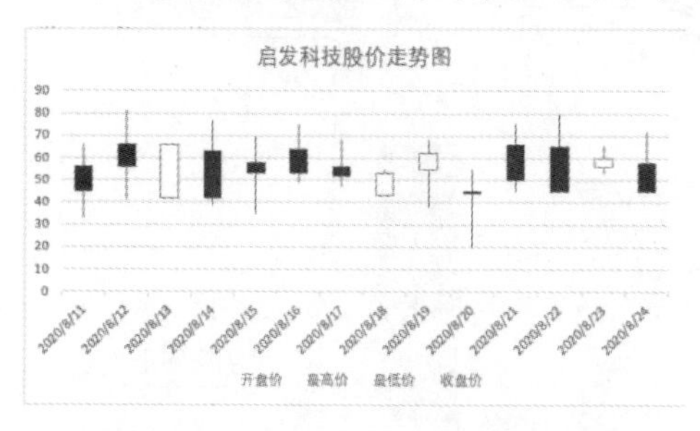

图 7.7　Excel 中的股价图

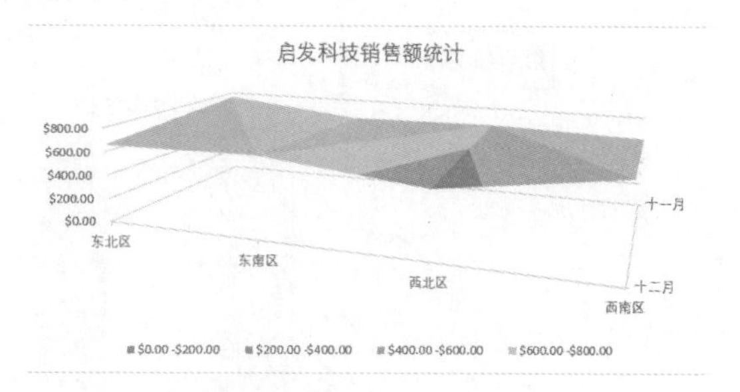

图 7.8　Excel 中的曲面图

- 雷达图：雷达图的形状类似于雷达，工作表中的数据从图的中心位置向外延伸，延伸的多少体现数据的大小，如图 7.9 所示。

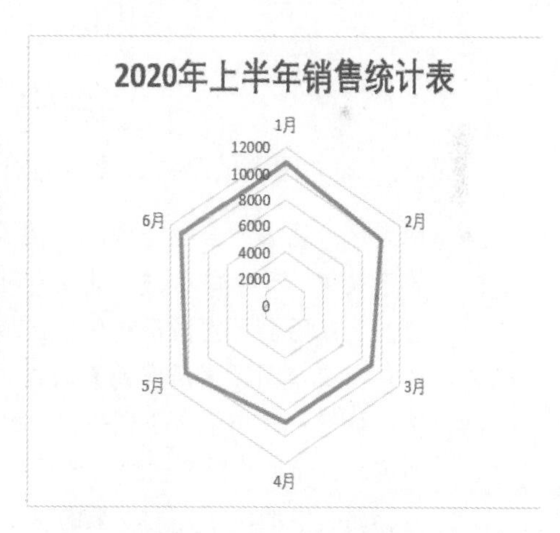

图 7.9　Excel 中的雷达图

Excel 的图表分为平面图表和立体图表，除了股价图和雷达图之外，其他的 Excel 图表类型均提供了立体图表供用户选择使用。例如，Excel 2019 的条形图和饼图中的三维簇状柱形图和三维饼图均属于立体图表，如图 7.10 所示。

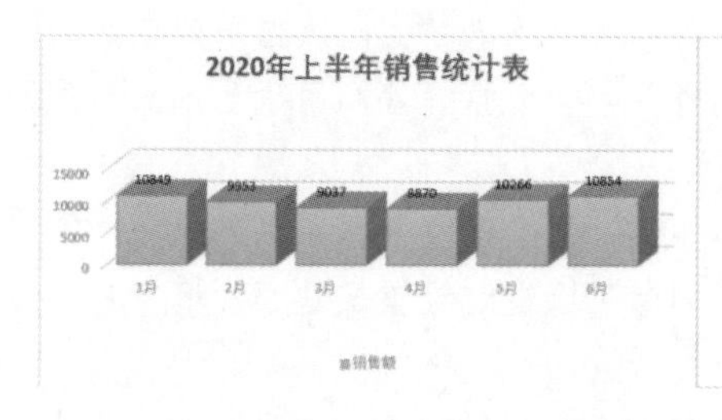

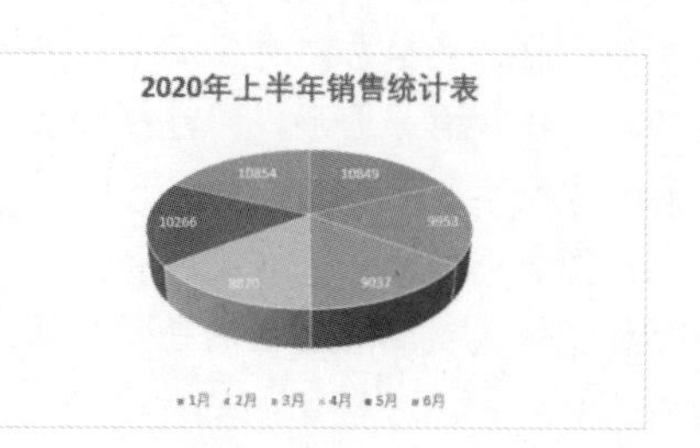

图 7.10　三维簇状柱形图和三维饼图

提 示

相对于平面图表，使用立体图表能够获得更为美观的视觉效果，但有些情况下立体图表显示不够简练，会出现表达不够清晰的情况。因此，在使用图表时，无论是使用平面图表还是立体图表，都要考虑需要展示的数据的实际情况，兼顾图表的实用性和美观性，以不影响图表的信息表达为首要原则。

2. Excel 的图表构成元素

一个 Excel 图表包含大量图表元素，其基本元素为 8 个，分别是图表区、绘图区、图表标题、图例、横坐标轴、纵坐标轴、网格线和数据系列，如图 7.11 所示。

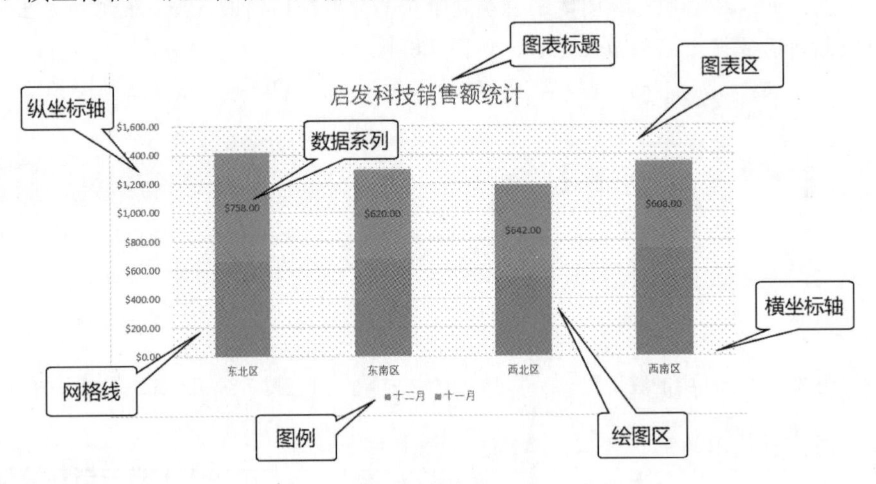

图 7.11　Excel 图表的基本元素

下面对 Excel 图表的基本元素进行介绍。

- 图表区：图表的全部范围，容纳了 Excel 图表的所有元素。对图表区的格式进行修改，包含于其中的元素的格式也将会一起被修改。
- 绘图区：图表区内图形绘制的区域，其是以坐标轴为边的长方形区域。对绘图区格式的修改将改变绘图区内所有元素的样式。
- 图表标题：一个显示于图表区中的文本框，用于标示图表的主题思想和意义。在创建 Excel 图表时，如果在数据区域中选择了标题行，标题行文字将作为图表标题，用户可以根据需要对标题文字的字体、文本框的填充样式和对齐方式等进行设置。
- 数据系列：一个 Excel 图表的主题是由数据点构成的，每一个数据点对应图表中一个单元格中的数据，数据系列对应工作表中一行或者一列的数据。数据系列在绘图区中表现为彩色的点、线和面等图形，同时数据系列可以包含数据标签，用于显示数据系列的值、系列名称和类别名称等信息。
- 图例：图表中的一个带有文字和图案的矩形，用于标示数据系列的颜色和图案。图例可以被鼠标拖曳放置到绘图区的任意位置，同时可以通过设置其边框、填充和字体等来改变其样式。
- 坐标轴：根据位置不同可以分为横坐标轴和纵坐标轴两类。横坐标轴也称为分类轴，对于大多数图表来说，其位于图表的底部，数据系列沿着该轴的方向按类别展开，如按时间、季节、区域和部门等。默认情况下，纵坐标轴位于绘图区的左侧，用于标示数据系列的数值，因此其也称为数值轴。

- 网格线：分为水平穿过绘图区的横网格线和垂直穿过绘图区的纵网格线。在图表中，网格线可以标示出数据系列中的数据点处于哪个数值范围内，即指明数据点是大于还是小于某个数值。图表中的网格线不宜过于醒目，一般使用浅色的虚线，以避免其对图表中主要信息的显示产生干扰。

7.1.2　创建图表

在 Excel 中，图表是基于工作表中的数据生成的，在创建图表前首先需要准备好创建图表的数据。当需要创建图表的数据是工作表中整个数据区域中的数据时，创建图表的操作将会十分简单，下面介绍创建图表的方法。

01 在工作表的数据区域中单击任意一个单元格，打开“插入”选项卡，在“图表”组中单击图表按钮，如“插入散点图（X、Y）或气泡图”按钮，在打开的列表中选择需要创建的图表类型，如“带平滑线和数据标记的散点图”选项，Excel 将按照数据区域中的数据创建指定的图表，如图 7.12 所示。

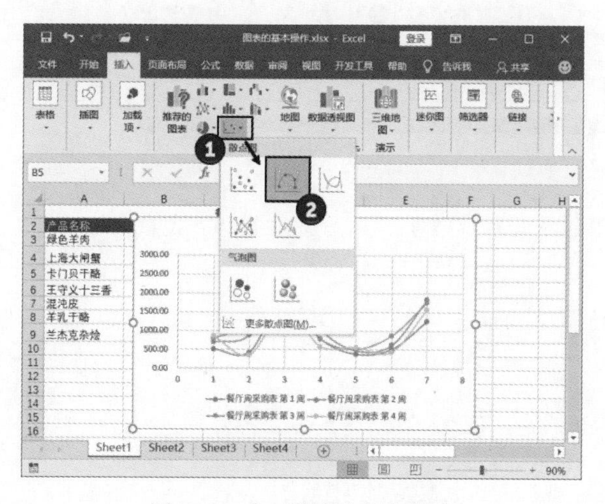

图 7.12　在工作表中插入图片

02 在工作表中选择数据区域中的任意一个单元格，打开“插入”选项卡，在“图表”组中单击“查看所有图表”按钮。此时将打开“插入图表”对话框，在对话框中打开“所有图表”选项卡，在左侧列表（列出了所有可用的图表类型）中，选择需要使用的图表类型，再在右侧选择需要使用的图表子类型，完成选择后，单击“确定”按钮关闭对话框，如图 7.13 所示。图表将会插入工作表中，如图 7.14 所示。

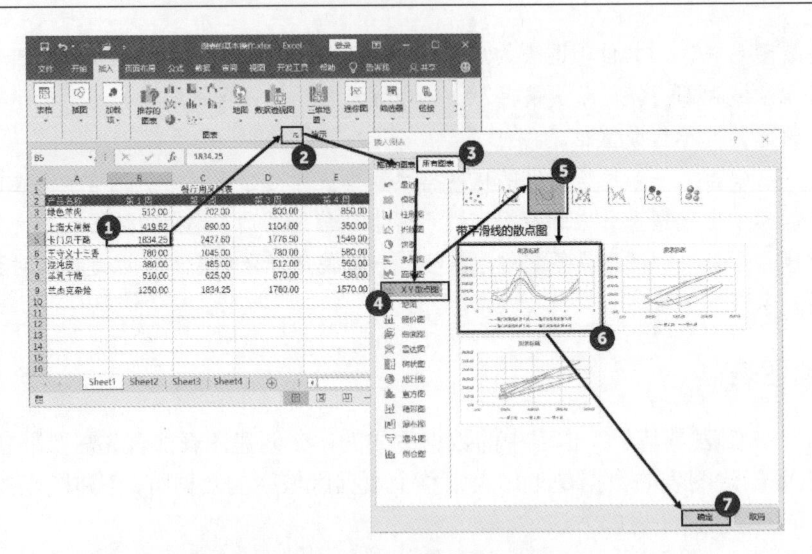

图 7.13　选择需要使用的图表

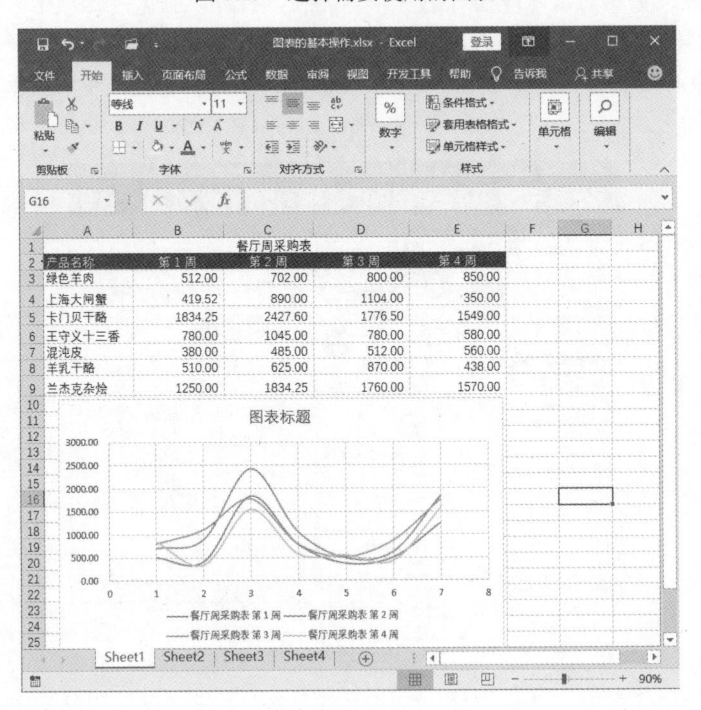

图 7.14　将图表插入工作表中

7.1.3　更改图表类型

在创建图表时需要选择创建图表的类型，如果图表类型不符合要求，还可以更改。要更改创建完成的图表类型，可以使用下面的步骤来执行操作。

01 选择工作表中创建的图表，在图表“设计”选项卡的“类型”组中，单击“更改图表类型”按钮，如图 7.15 所示。

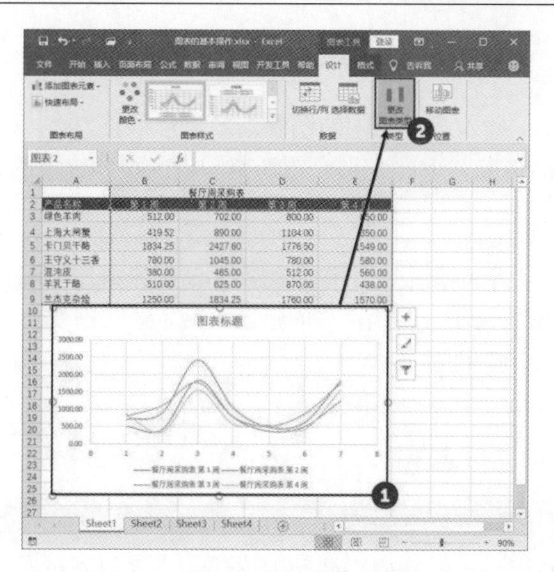

图 7.15　单击“更改图表类型”按钮

02 此时将打开“更改图表类型”对话框，打开对话框中的“所有图表”选项卡，选择需要使用的图表，完成设置后，单击“确定”按钮关闭对话框，如图 7.16 所示。图表更改为所选择的类型，如图 7.17 所示。

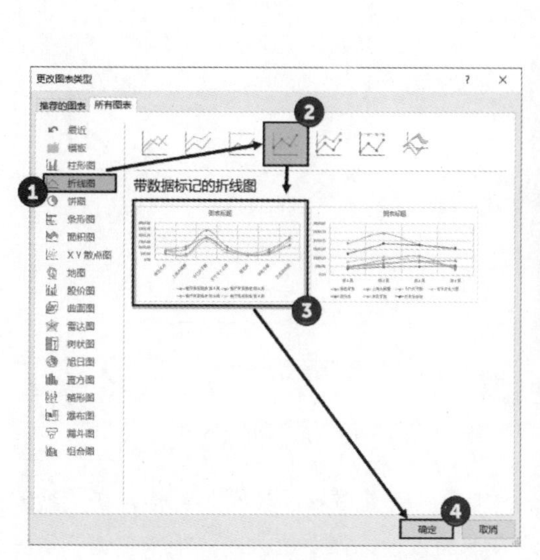

图 7.16　选择图表类型

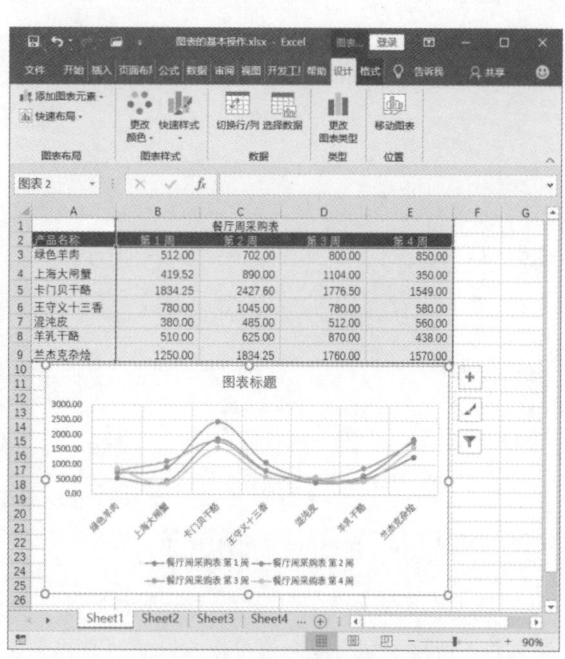

图 7.17　更改图表类型

提　示

右击图表，在快捷菜单中选择“更改图表类型”命令，同样可以打开“更改图表类型”对话框。

7.1.4 调整图表

在完成图表的创建后，插入工作表中的图表需要进行调整，使其能够与工作表中的数据相配合，更好地展示数据的情况。下面分别介绍调整图表大小和位置的方法。

1．调整图表的大小

在工作表中，图表的大小应该根据工作表的实际情况来确定，既有利于对图表的显示，又不至于影响对工作表数据的操作。因此，在创建图表后，经常需要对图表的大小进行调整。调整图表的大小一般可以使用下面的 3 种方法。

01 在工作表中选择图表，将鼠标指针放置到图表边框的控制柄上，按住鼠标左键移动鼠标即可调整图表的大小，如图 7.18 所示。

提　示
将鼠标指针放到图表边框四个角的控制柄上，当指针变为斜向的双向箭头时，按住 Shift 键拖动鼠标，可以等比例缩放图表。

02 如果需要精确调整图表的大小，可以在选择图表后打开“格式”选项卡，在“大小”组的“形状高度”和“形状宽度”微调框中输入数值，如图 7.19 所示。

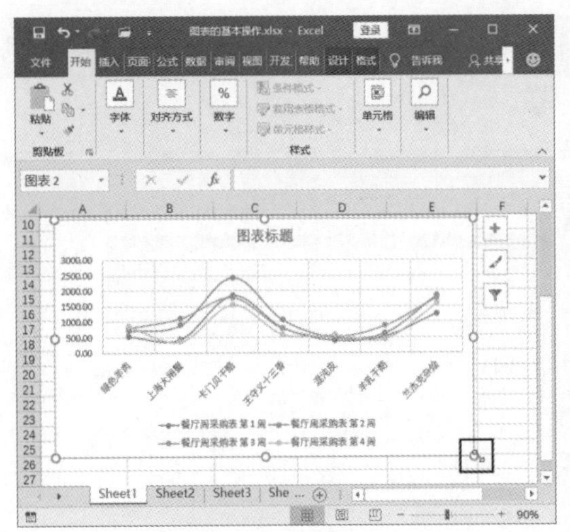

图 7.18　拖动控制柄调整图表大小

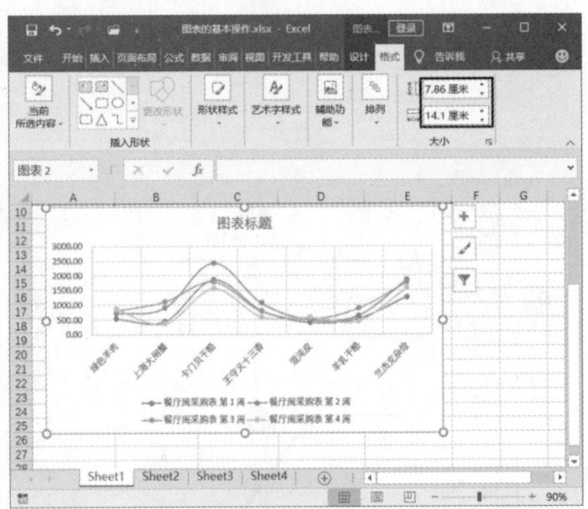

图 7.19　精确设置图表大小

03 在“大小”组中单击“大小和属性”按钮，打开“设置图表区格式”窗格，在“缩放高度”和“缩放宽度”微调框中输入数值，可以使图表按照输入的比例改变大小。如果勾选“锁定纵横比”复选框，则只需要在窗格的微调框中输入高度值或宽度值中的一个值，Excel 将按照图表当前的高度和宽度比自动设置另一个值的大小，如图 7.20 所示。

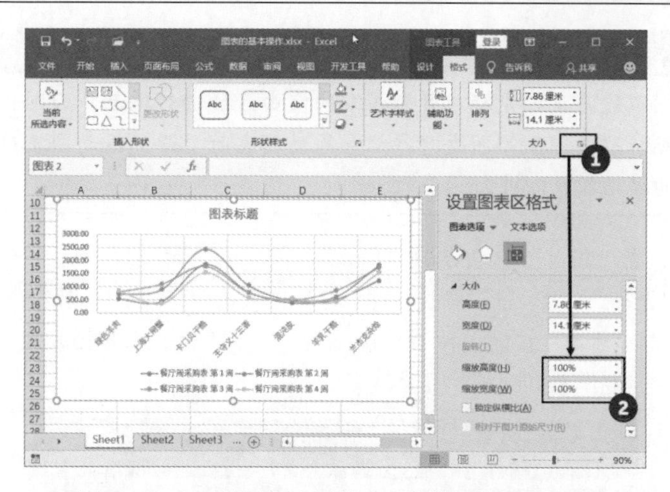

图 7.20　在“设置图表区格式”窗格调整图表大小

提　示

如果在同一张工作表中插入了多张大小不一的图表，那么可能会影响工作表的整体外观。此时，可以按住 Ctrl 键或 Shift 键单击图表同时选择它们，在“格式”选项卡的“大小”组的“形状高度”和“形状宽度”微调框中输入数值，按 Enter 键确认输入即可将选择的图表大小调整为统一大小。

2. 调整图表的位置

创建图表后，图表在工作表中的位置往往不符合要求，此时需要对图表进行移动。移动图表分为两种情况：一种情况是在当前工作表中移动，另一种情况是跨工作表移动。

01 在同一个工作表中移动图表十分简单，可以在选择图表后，使用鼠标将其拖放到任意位置；还可以按住鼠标右键移动图表，释放右键后将获得一个选项菜单，选择相应的选项可以决定当前的操作是移动图表还是复制图表，如图 7.21 所示。

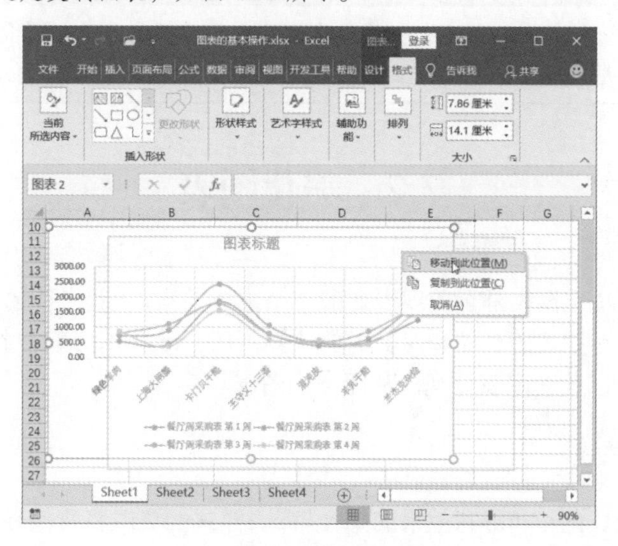

图 7.21　选择移动还是复制图表

提　示

在拖移图表时，不能将鼠标光标放置到图表的空白区域进行拖动，否则移动的将可能是绘图区、坐标轴标题或图例等图表对象。在拖动图表时要避免拖动图表对象，只需要留意鼠标指针旁的提示信息即可。

02 选择图表，在“设计”选项卡的“位置”组中单击“移动图表”按钮打开“移动图表”对话框。在对话框中选择“对象位于”单选按钮，在该选项的列表中选择图表移动到的目标工作表，如图 7.22 所示。单击“确定”按钮关闭“移动图表”对话框后，选择图表即会移动到指定的工作表中，同时图表在目标工作表中的相对位置不变。

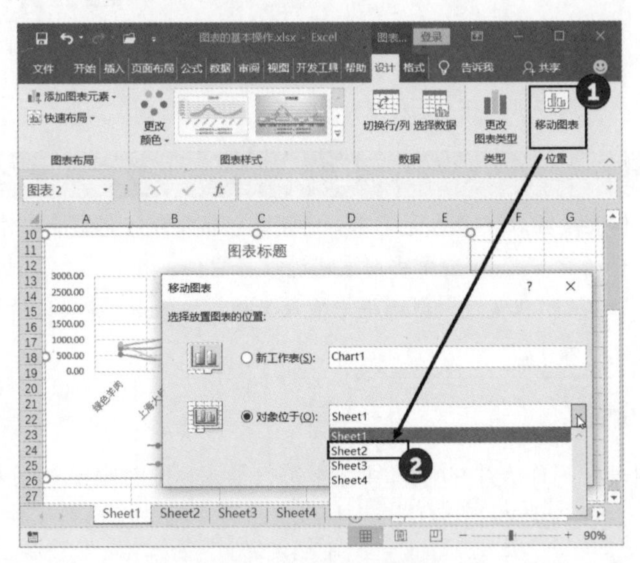

图 7.22　跨工作表移动图表

提　示

将图表移动到另一个工作表中还有一种更简单的方法，那就是选择需要移动的图表，按 Ctrl+X 键剪切图表，然后打开目标工作表，按 Ctrl+V 键粘贴该工作表。

7.2　美化图表

图表外观样式是决定图表是否美观专业的一个重要因素，千篇一律的图表会让人产生审美疲劳，也会影响人们对图表的理解和对数据的认知。在 Excel 中，通过对图表样式、图表布局和文字样式的设置可以改变图表外观，从而美化图表。

7.2.1　设置图表样式

图表的样式是图表色彩和形状效果的集合，图表样式的更改将直接导致整个图表外观的变化。设置图表的样式要考虑图表本身的特点，不能为数据的呈现带来干扰。要做到这一点，最快捷的方式就是使用 Excel 提供的预设图表样式、颜色方案和预设形状样式，使用它们可以快速改变图表的外观样式。

01 在工作表中选择图表，打开“设计”选项卡，在“图表样式”组中单击“其他”按钮，在打开的列表中选择样式选项，该内置样式即可应用于图表，如图 7.23 所示。

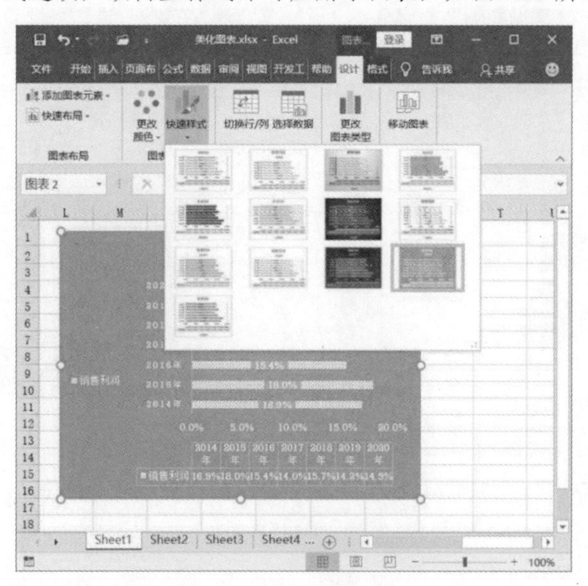

图 7.23　应用内置样式

02 为了方便用户快速使用内置图表样式，Excel 2019 为图表提供了一个“图表样式”按钮。在选择图表时，单击图表右侧的“图表样式”按钮，在打开“样式”列表中选择样式选项，该图表样式即可应用到图表，如图 7.24 所示。完成样式选择后，再次单击“图表样式”按钮将关闭列表。

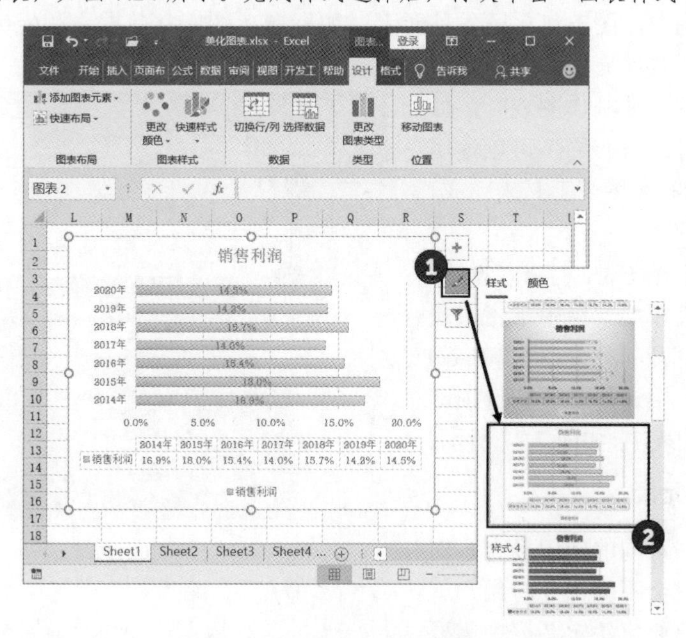

图 7.24　选择需要使用的图表样式

03 选择工作表中的图表，打开“设计”选项卡，在“图表样式”组中单击“更改颜色”按钮，在打开的列表中选择相应的选项即可将其应用到图表，如图 7.25 所示。

04 选择图表后打开“格式”选项卡，在“形状样式”组中单击“其他”按钮，在打开的列表中选择需要使用的预设形状样式，应用于图表区，如图 7.26 所示。

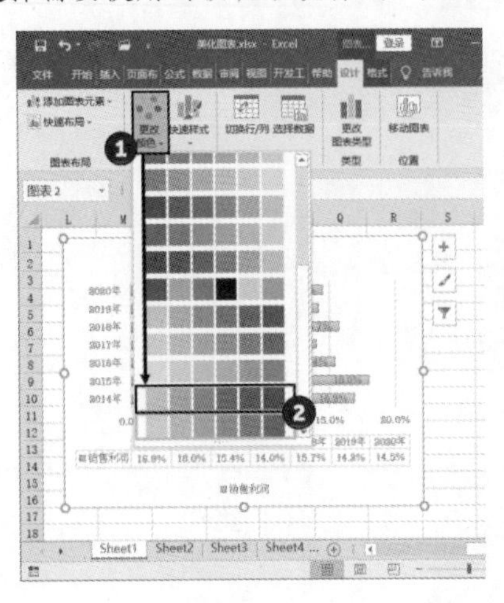

图 7.25　对图表应用内置颜色

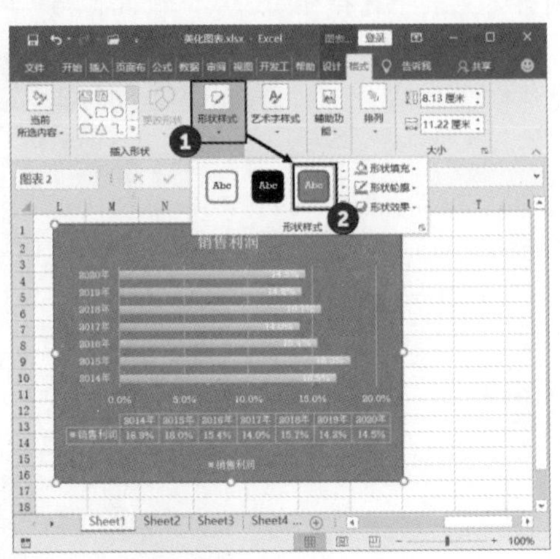

图 7.26　应用内置形状样式

7.2.2　设置图表布局

图表的布局指的是图表中各个元素在图表中的排布方式。设置图表的布局有两个方面的基本内容：一个是图表中应该显示哪些元素，另一个是如何安排图表中的显示元素。

1. 自动布局图表

在图表的构图中，图表包含了各种元素，如标题、图例、数据表和坐标轴等。在制作图表时，要充分发挥这些元素的作用，合理图表布局是关键。在制作图表时，如果需要对图表进行统一布局，可以使用 Excel 2019 的自动布局图表工具来完成，具体操作方法如下：

在工作表中选择图表，打开“设计”选项卡，在“图表布局”组中单击“快速布局”按钮，在打开的列表（列出 Excel 的内置图表布局）中选择相应的选项即可将布局应用到图表中，如图 7.27 所示。

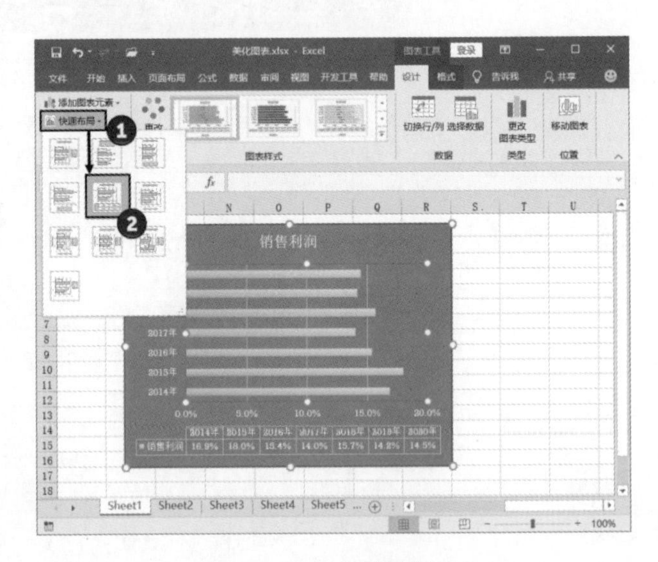

图 7.27　应用内置图表布局

2. 添加图表元素

不同的图表，不同的应用场合，对图表中元素的需求会不同，此时用户就需要根据自己的需要来决定图表中需要显示的元素。向图表中添加元素，可以使用下面的两种方法来进行操作。

01 选择图表，在“设计”选项卡的“图表布局”组中单击“添加图表元素”按钮。在打开的列表中列出了图表应该包含的所有元素，选择某个选项将打开下级列表，在下级列表中选择相应的选项将决定该元素是否在图表中显示，同时决定元素在图表中的显示方式。例如，这里选择“数据标签”选项列表中的“居中”选项，此时图表中将居中显示数据标签，如图 7.28 所示。

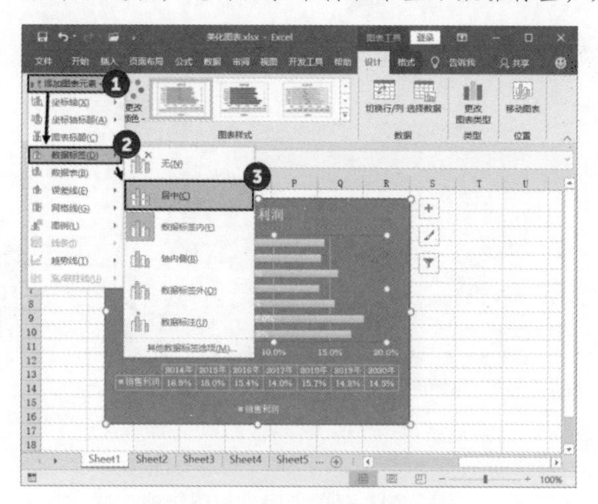

图 7.28　居中显示数据标签

如果需要取消某个图表元素的显示，当该图表元素的选项列表中包含“无”选项时，直接选择该选项即可。例如，在图 7.28 中，选择“数据标签”下级列表中的“无”选项，将取消数据标签的显示。如果在选项列表中没有“无”选项，则只需要取消对某个项目的选择，即可取消该元素的显示。例如，在“添加图表元素”列表中选择“网格线”选项，单击列表中的“主轴主要垂直网格线”选项取消对其的选择，图表中将不再显示水平网格线，如图 7.29 所示。

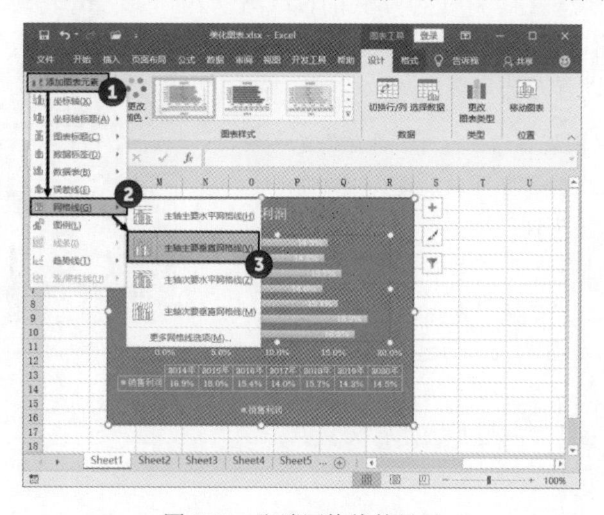

图 7.29　取消网格线的显示

02 对于 Excel 2019 来说，选择图表后，图表框右侧会显示“图表元素”按钮，单击该按钮将打开“图表元素”列表，在列表中勾选需要显示的图表元素选项前的复选框，该图表元素将显示。

如果需要对该图表元素的显示样式进行设置，可以在选择相应的选项后单击其后出现的三角按钮，在打开的下级列表中选择相应的选项进行设置。例如，在图表中添加图例项，可以按照图 7.30 所示的方式进行操作。

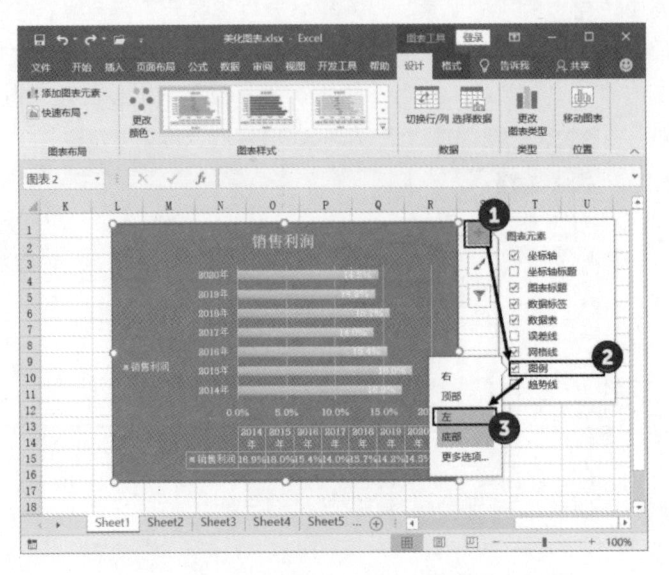

图 7.30　在图表中添加图例项

7.2.3　设置图表文字格式

在 Excel 图表中，文字是其中一个重要的元素。图表标题、图例和坐标轴标签以及数据系列标签等都包含有文字，设置这些文字的格式能够美化图表和突出相关信息。图表中文字格式的设置方法基本相同，下面以对图表标题文字进行设置为例来介绍具体的设置方法。

01 在图表中选择图表标题，打开“开始”选项卡，使用“字体”组中的命令可以设置文字的字体、大小和颜色等，如图 7.31 所示。

02 在“字体”组中单击“字体设置”按钮打开“字体”对话框，在“字体”选项卡中可以对文字的样式进行设置，如图 7.32 所示。在“字体”对话框的“字符间距”选项卡中将“间距”设置为“加宽”，增加“度量值”可以增加文字在文本框中的间距，如图 7.33 所示。

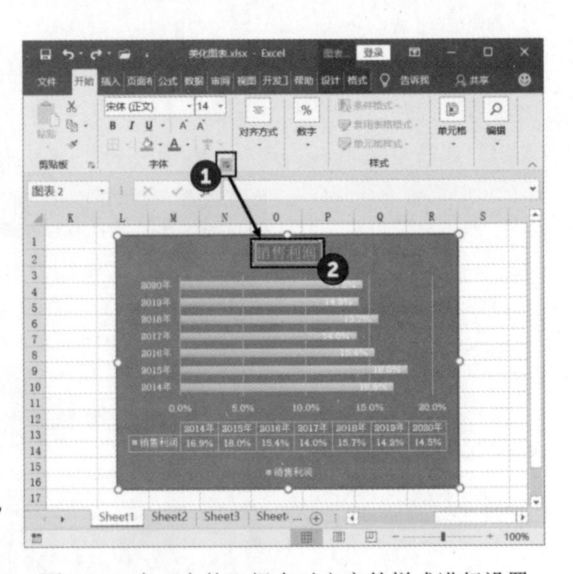

图 7.31　在“字体”组中对文字的样式进行设置

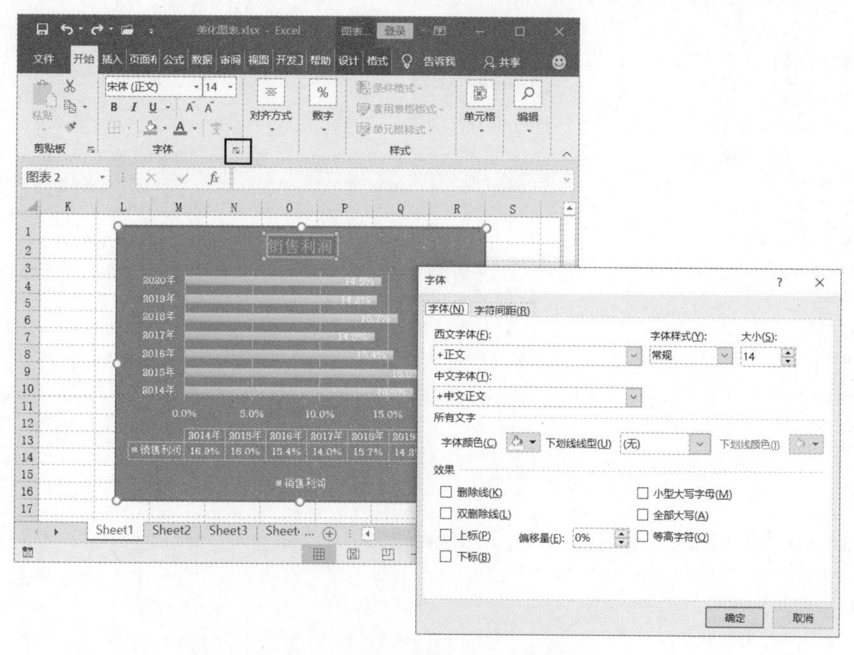

图 7.32 打开“字体”对话框

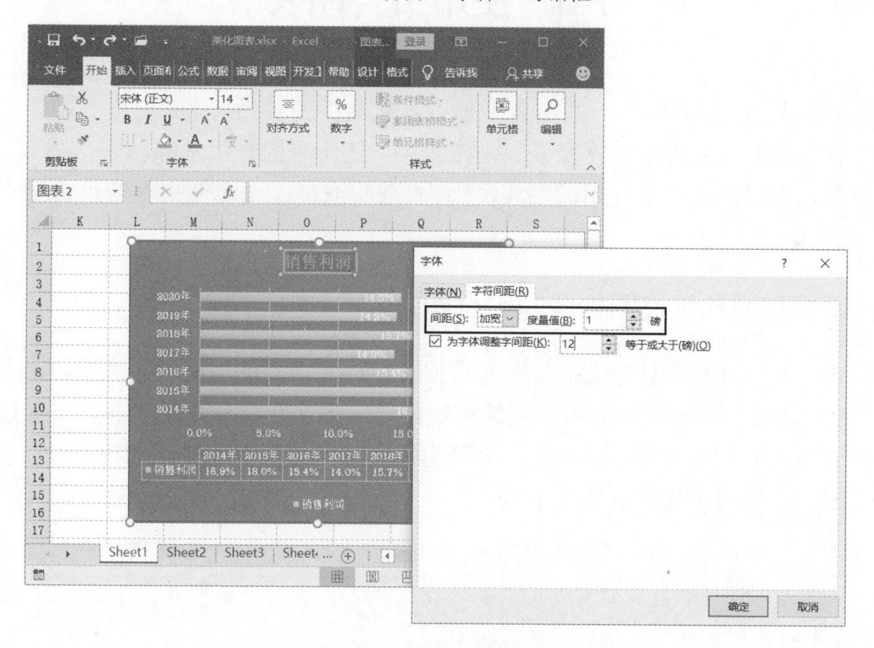

图 7.33 增加字符间距

03 右击标题文本框，选择快捷菜单中的“设置图表标题格式”命令打开“设置图标区格式”窗格。在窗格中选择“文本选项”选项后，单击“文本填充与轮廓”按钮，在打开的选项卡中可以分别设置文本的填充方式和文本边框样式，如图 7.34 所示。单击“文字效果”按钮，在打开的选项卡中可以对文字效果进行设置，这里可以为文字添加阴影、映像等效果，也可以添加三维立体效果，如图 7.35 所示。单击“文本框”按钮，可以对文字在文本框的对齐方式进行设置，如图 7.36 所示。

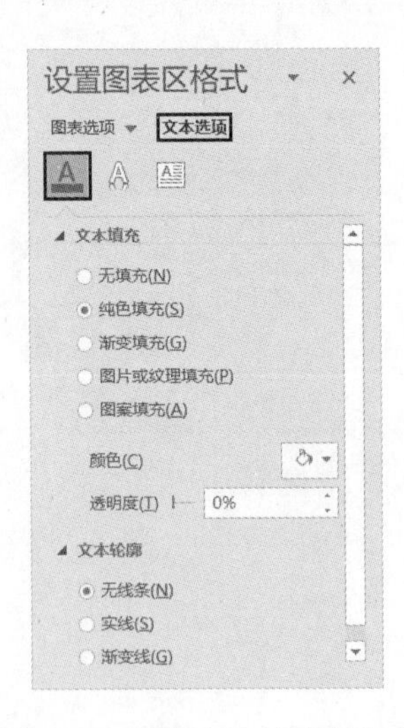

图 7.34　设置文本的填充方式和边框

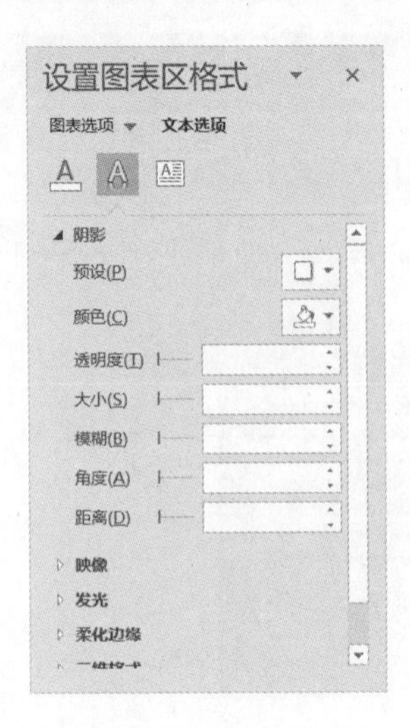

图 7.35　设置文字

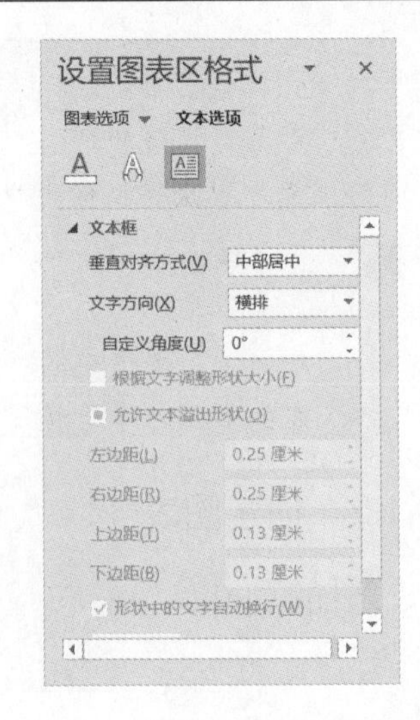

图 7.36　设置文字在文本框中的对齐方式

7.3　使用组合图表

在实际工作中，很多时候单一的图表不足以表达数据的关系，此时可以尝试使用组合图表的方式，将多个逻辑相关的图表放置于一张图表中，让所有的数据都能够表达出来。同时，灵活应用组合图表可以创建很多实用的图表类型。本节将通过 3 个实例来介绍组合图表的应用技巧。

7.3.1　创建面积图和折线图构成的组合图表

很多时候，单一图表类型无法完美表现数据，这时就需要使用组合图表了。通过图表的组合，借助于某些图表与众不同的特征，能够实现用单一图表无法实现的效果。下面通过一个实例来介绍组合图表的创建方法，这个实例使用的是面积图和折线图构成的组合图，利用折线图为面积图添加一个强调变化趋势的轮廓线。

01 在工作表中首先创建一个面积图并添加图表标题。选择创建面积图的数据，按 Ctrl+C 键复制。选择图表，按 Ctrl+V 键粘贴复制的数据，在图表中添加一个新的数据系列，如图 7.37 所示。此时，在图表中新数据系列将遮盖原有的数据系列。

02 右击图表中新增的数据系列，选择快捷菜单中的“更改系列图表类型”命令打开“更改图表类型”对话框。在对话框左侧列表中选择“组合图”选项，将新增数据系列的图表类型更改为折线图，完成设置后，单击“确定”按钮关闭对话框，如图 7.38 所示。

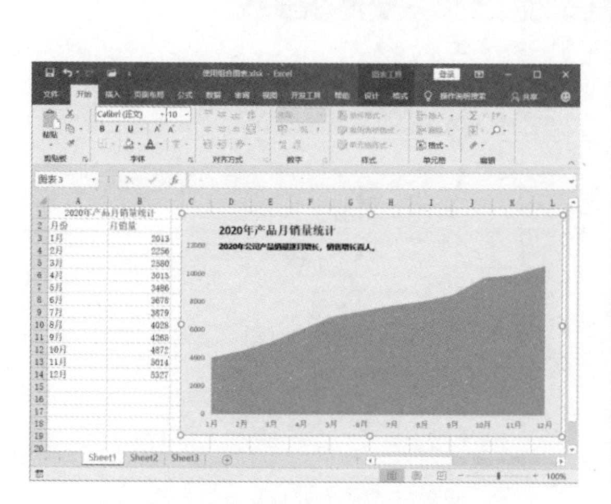

图 7.37　在图表中添加新数据系列

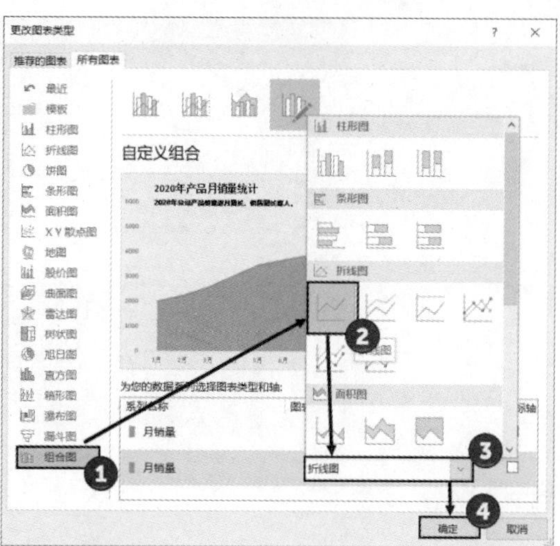

图 7.38　将图表类型更改为折线图

03 在图表中右击折线图，在打开的快捷菜单中选择“设置数据系列格式”命令打开“设置数据系列格式”窗格，设置线条的颜色和宽度，如图 7.39 所示。为折线图添加数据标签，同时使数据标签靠上显示，如图 7.40 所示。至此，本实例的图表制作完成。

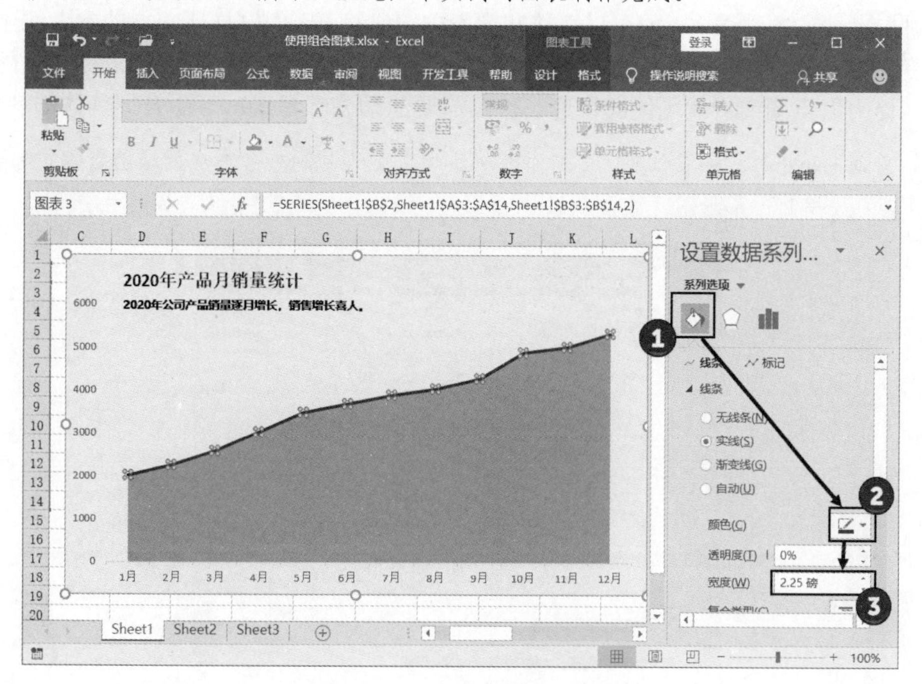

图 7.39　设置线条颜色和宽度

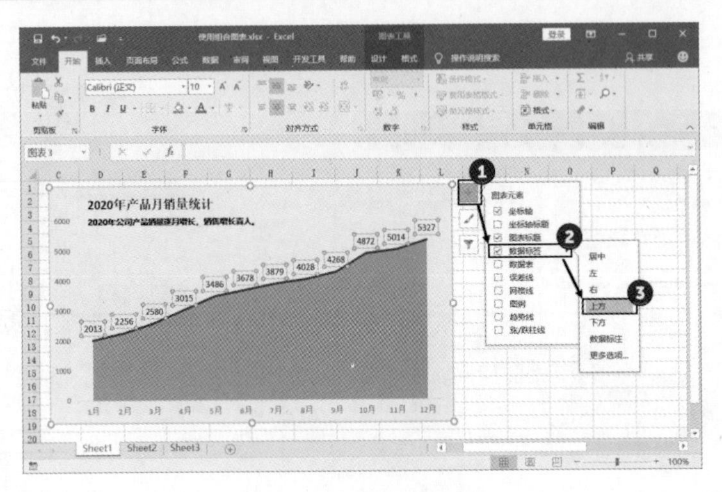

图 7.40　添加数据标签

7.3.2　在图表中添加垂直参考线

在使用图表进行数据分析时，经常需要了解数据与某些预设值之间的关系，此时需要在图表中使用参考线。根据应用环节的不同，这些参考线可以是水平直线、垂直直线甚至是曲线。制作这种参考线的方法很多，如可以直接在图表中绘制直线，但这样所获得的参考线不能随着数据的变化自动改变，需要手动调整直线的位置。在 Excel 2019 中，利用 Excel 提供的组合图表功能，使用散点图或折线图能够快速制作出需要的动态参考线。下面介绍具体的制作方法。

01 启动 Excel 并打开工作表，在工作表中添加用于绘制垂直参考线的辅助数据。使用 A1:B6 单元格区域的数据制作条形图，如图 7.41 所示。

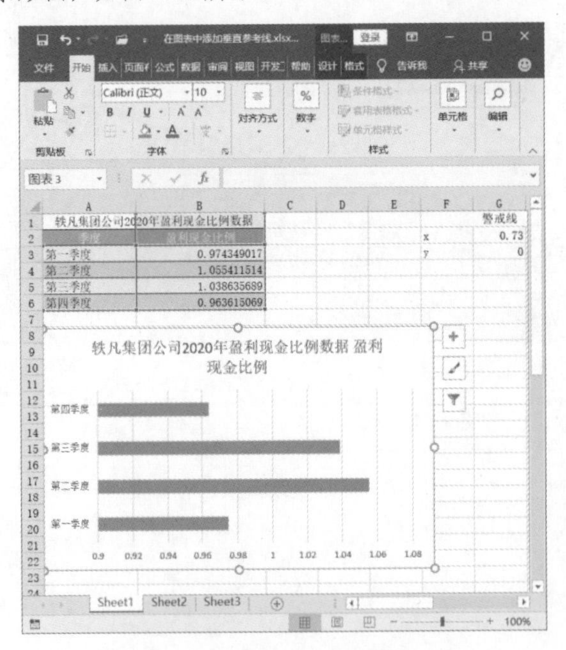

图 7.41　添加辅助数据并添加条形图

02 右击创建的条形图，选择快捷菜单中的“选择数据”命令打开“选择数据源”对话框，在对话框的“图例项（系列）”列表中单击“添加”按钮，如图 7.42 所示。此时将打开“编辑数据系列”对话框，在对话框的“系列值”文本框中删除已有的文字，在工作表中选择作为系列值的单元格区域，该单元格区域地址将置入文本框中，如图 7.43 所示。分别单击“确定”按钮关闭“编辑数据系列”对话框和“选择数据源”对话框。

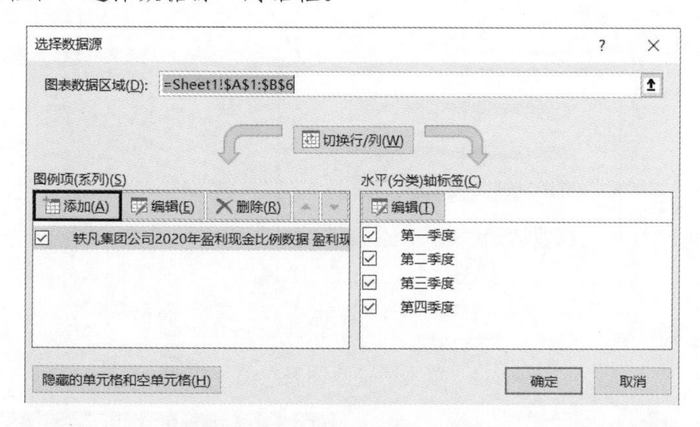

图 7.42　单击“添加”按钮

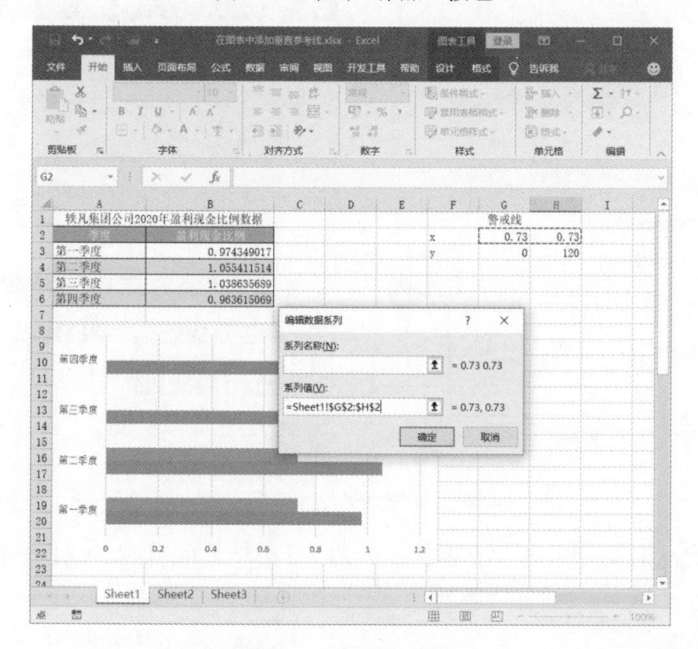

图 7.43　添加数据系列

03 此时图表中将增加一个数据系列，选择该数据系列后在“设计”选项卡的“类型”组中单击“更改图表类型”按钮，如图 7.44 所示。此时将打开“更改图表类型”对话框，在对话框左侧列表中选择“组合”选项，在“为您的数据系列选择图表类型和轴”列表中列出了该图表中存在的 2 个数据系列。打开“系列 2”图表类型列表，选择使用“带直线和数据标记的散点图”，如图 7.45 所示。该数据系列的图表类型将更改为散点图，在对话框中可以预览到图表类型更改后的效果。完成设置后，单击“确定”按钮关闭对话框，图表中出现一条水平线段，如图 7.46 所示。

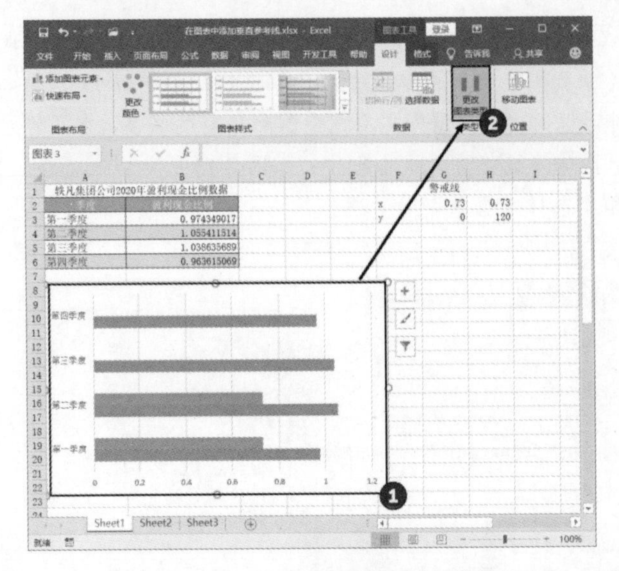

图 7.44　单击“更改图表类型”按钮

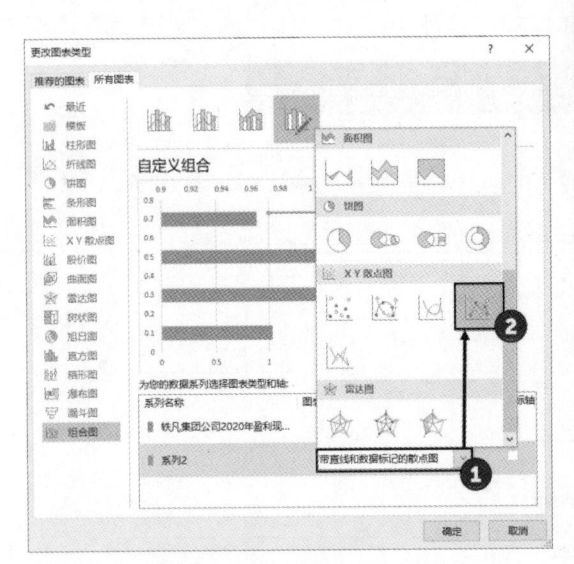

图 7.45　选择“带直线和数据标记的散点图”

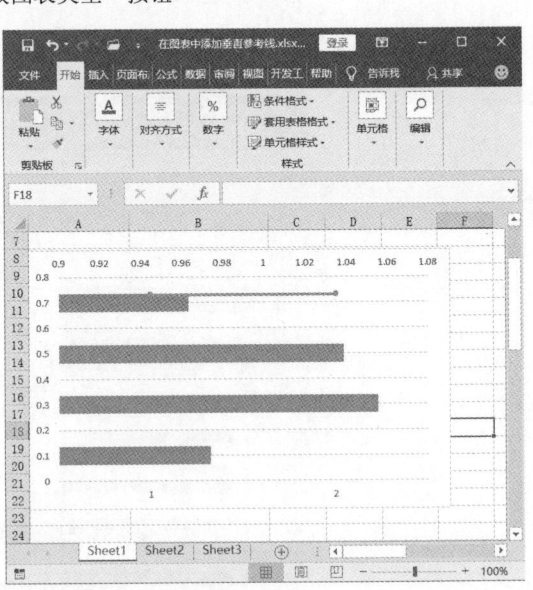

图 7.46　图表中出现一条水平线段

04 再次打开“选择数据源”对话框，在“图例项（系列）”列表中选择“系列 2”选项，单击“编辑”按钮，如图 7.47 所示。在打开的“编辑数据系列”对话框中设置“X 轴系列值”和“Y 轴系列值”参数，如图 7.48 所示。完成设置后，分别单击“确定”按钮关闭两个对话框，图表中水平线变为垂直线，如图 7.49 所示。

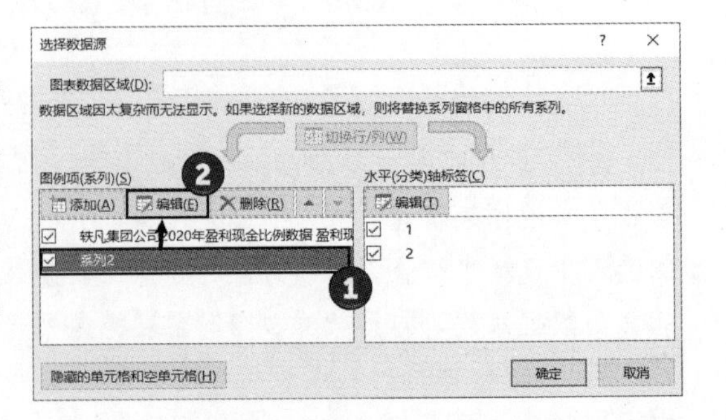

图 7.47　单击“编辑”按钮

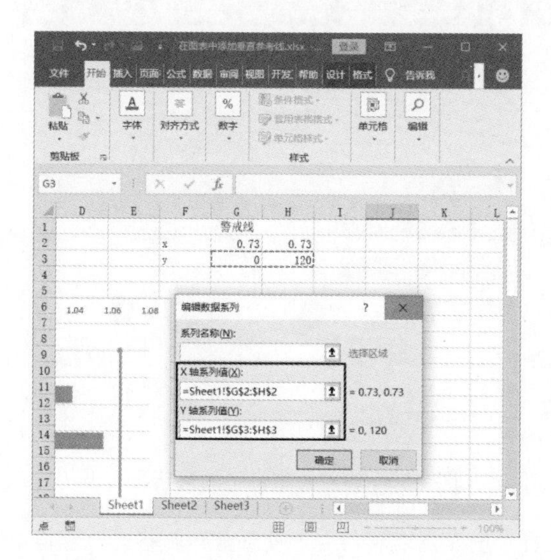

图 7.48　设置“X 轴系列值”和“Y 轴系列值”

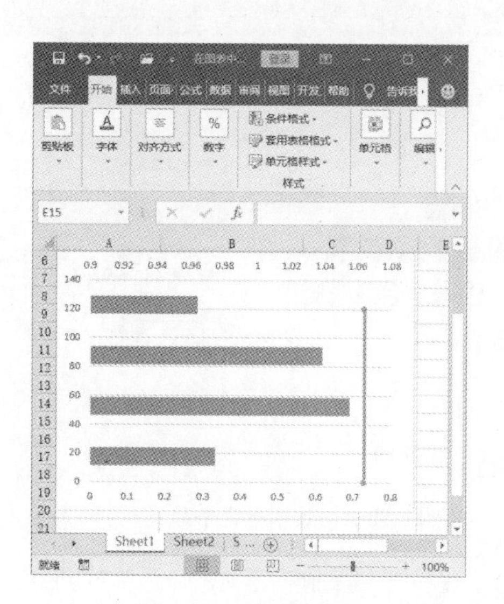

图 7.49　水平线变为垂直线

05 双击图表右侧的次要垂直坐标轴，在“设置坐标轴格式”窗格的“坐标轴选项”设置栏中将“最大值”设置为 120，如图 7.50 所示。在图表中选择条形图，在“设置数据系列格式”窗格中设置“间隙宽度”的值以改变图形的宽度，如图 7.51 所示。

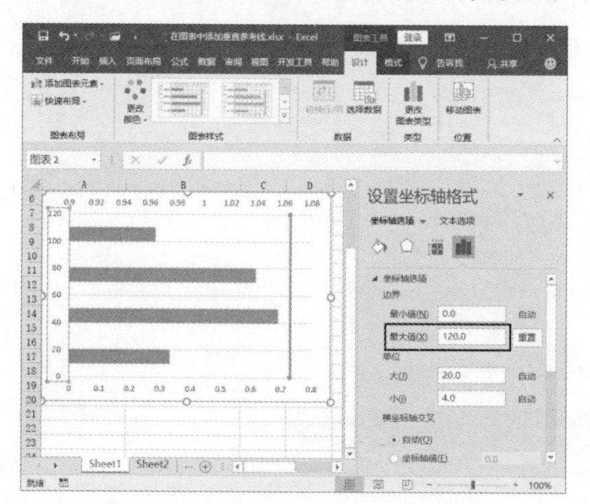

图 7.50　设置次要纵坐标轴的“最大值”

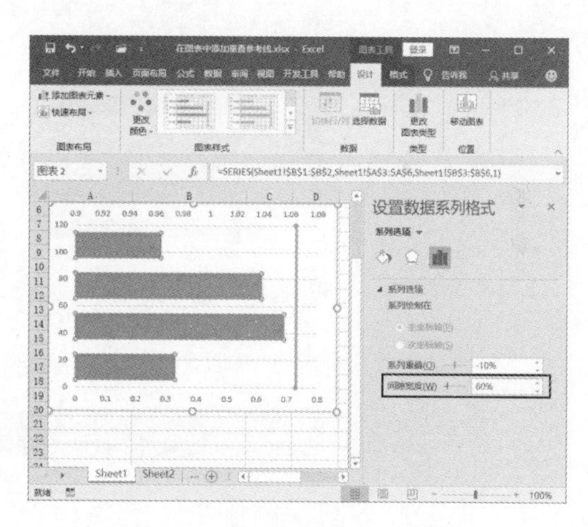

图 7.51　设置“间隙宽度”的值

06 在图表中选择垂直线上方的数据点，在“设置数据点格式”窗格中单击“填充线条”按钮，选择“标记”选项。在“标记选项”设置栏中选中“无”单选按钮，使该数据标记不显示，如图 7.52 所示。选择位于下方的数据标记，将其形状设置为三角形，大小设置为 5，如图 7.53 所示。

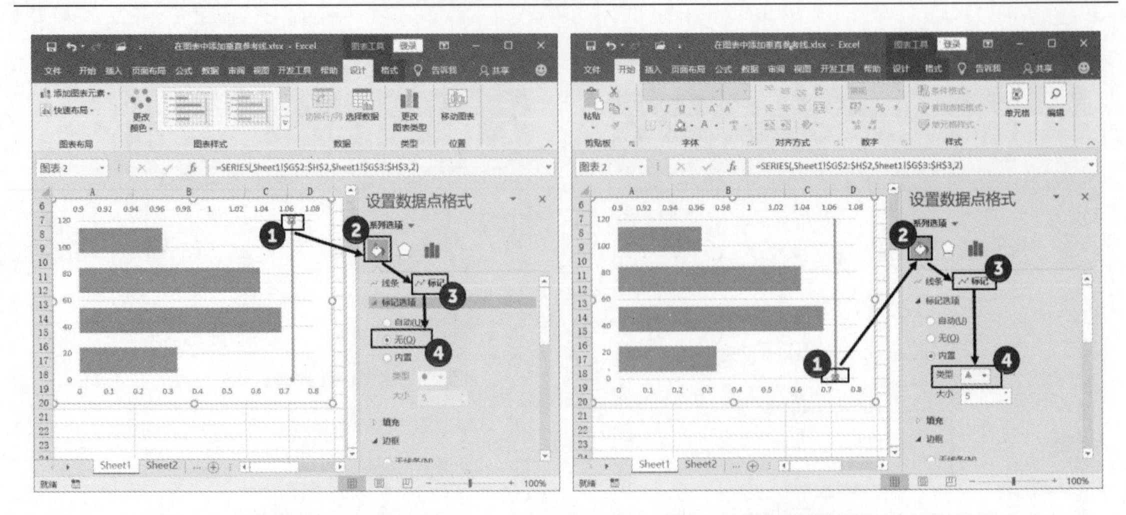

图 7.52　使数据标记不显示　　　　图 7.53　设置数据标记的形状和大小

07 使部分坐标轴不可见，如图 7.54 所示。双击右侧类别名称，在“设置坐标轴格式”窗格中单击“标签位置”按钮，选择“低”选项，将类别名称放到左侧，如图 7.55 所示。

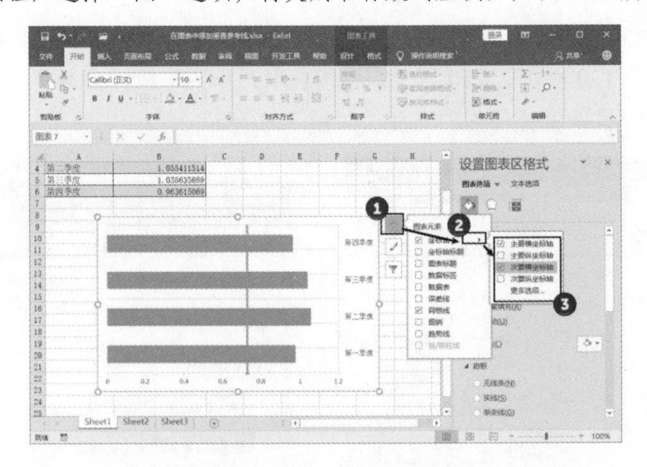

图 7.54　使部分坐标轴不可见

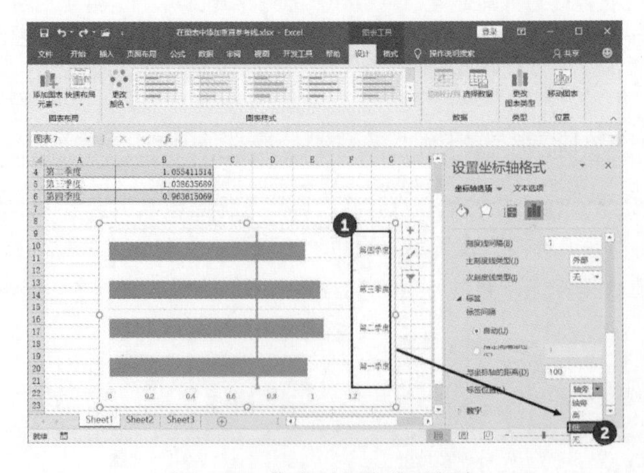

图 7.55　将类别名称放到左边

08 在图表中选择坐标轴和网格线后按 Delete 键将其删除，为垂直线添加数据标签，添加图表标题文字和注释文字，设置图表背景填充色和边框样式。图表制作完成后的效果如图 7.56 所示。

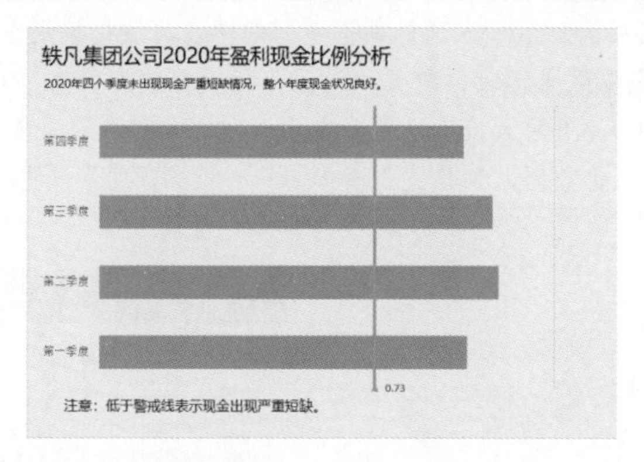

图 7.56　图表制作完成后的效果

7.3.3　制作柏拉图

1897 年意大利经济学家柏拉发现了一个规律，也就是 80%的社会财富掌握在 20%的人手中，这个法则称为柏拉法则或二八法则。所谓的柏拉图就是利用这个柏拉法则来对数据进行分析的一种图表，图表反映柏拉法则，表现出“关键的少数和次要的多数”，常用于对原因进行分析。在柏拉图中，数据根据发生的次数由高到低排列成柱形，使用折线来表示数据的累积频率。借助于柏拉图，能够从数据中找到造成问题的关键少数。

由上面的介绍可以看出，柏拉图实际上是一个由柱形和折线构成的组合图表，在 Excel 中能够很容易地制作出这种图表，下面介绍具体的制作方法。

01 启动 Excel 并打开工作表，在工作表中选择 A2:B7 和 D2:D7 单元格区域，在工作表中创建柱形图，如图 7.57 所示。在“格式”选项卡“当前所选内容”组中单击“图表元素”列表框上的下三角按钮，在列表中选择“系列‘累积占比’”选项选择“累积占比”数据系列，如图 7.58 所示。

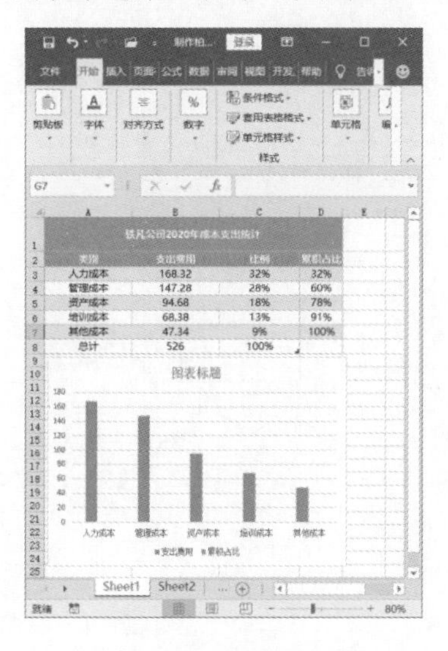

图 7.57　创建柱形图

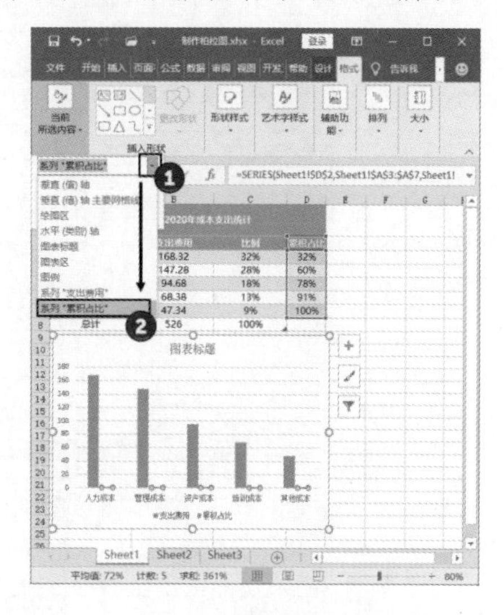

图 7.58　选择数据系列

02 在“设计”选项卡的“类型”组中单击“更改图表类型”按钮，打开“更改图表类型”对话框，将“累积占比”数据系列的图表类型更改为“带平滑线和数据标记的散点图”，如图 7.59 所示。单击“确定”按钮关闭对话框，选择数据系列的图表类型将被更改。

03 在图表中双击主要纵坐标轴，打开“设置坐标轴格式”窗格，在“坐标轴选项”设置栏中，将“最小值”设置为 0，“最大值”设置为支出费用的总和，这里输入 526，如图 7.60 所示。在图表中选择柱形，在“设置数据系列格式”窗格中将“间隙宽度”设置为 0，使柱形紧贴在一起，如图 7.61 所示。

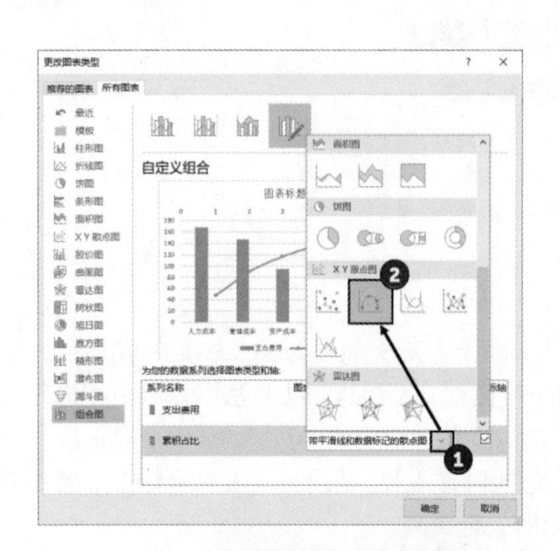

图 7.59 更改数据系列的图表类型

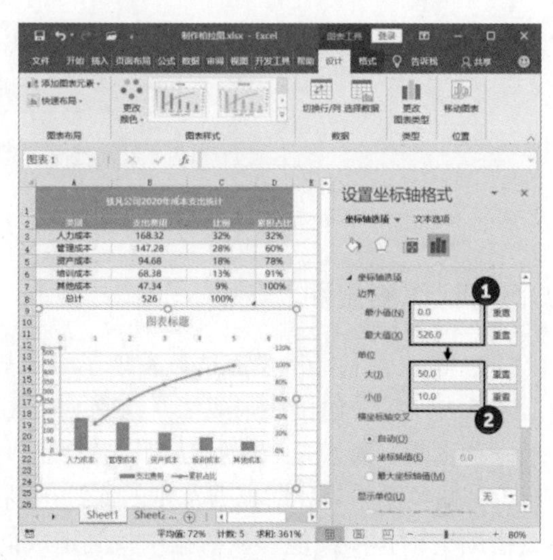

图 7.60 设置主要纵坐标轴的“最小值”和“最大值”

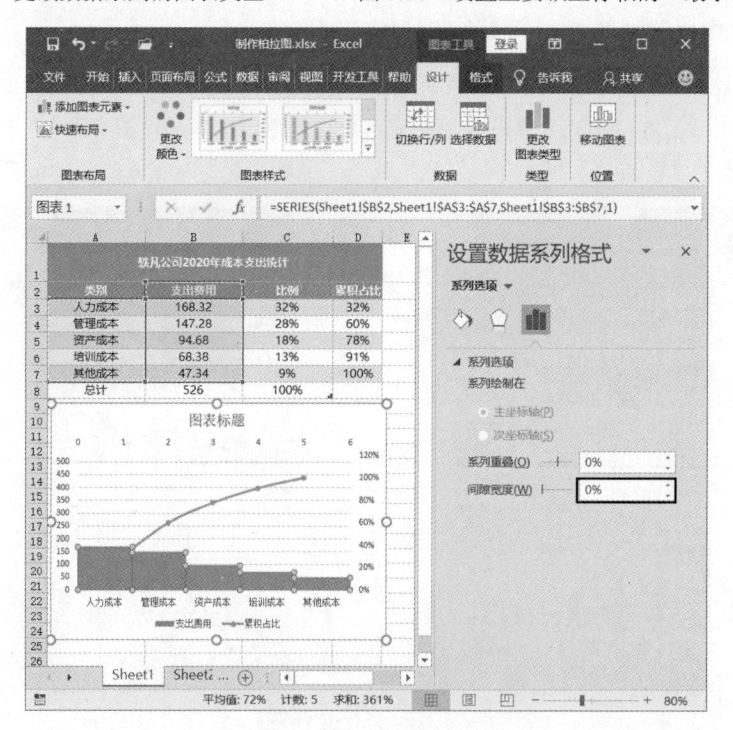

图 7.61 使柱形紧贴在一起

04 柏拉图一般需要折线的左端起点位于柱形的右上角，右侧端点位于纵坐标轴上的 100％处，下面对坐标轴进行调整来实现这种效果。选择次要纵坐标轴，在“设置坐标轴格式”窗格的“坐标轴选项”设置栏中，将“最大值”设置为 1，并设置坐标轴刻度单位，如图 7.62 所示。选择次要横坐标轴，将坐标轴的最大值设置为数据的项目个数，这里将其设置为 5，如图 7.63 所示。完成设置后，删除次要横坐标轴。

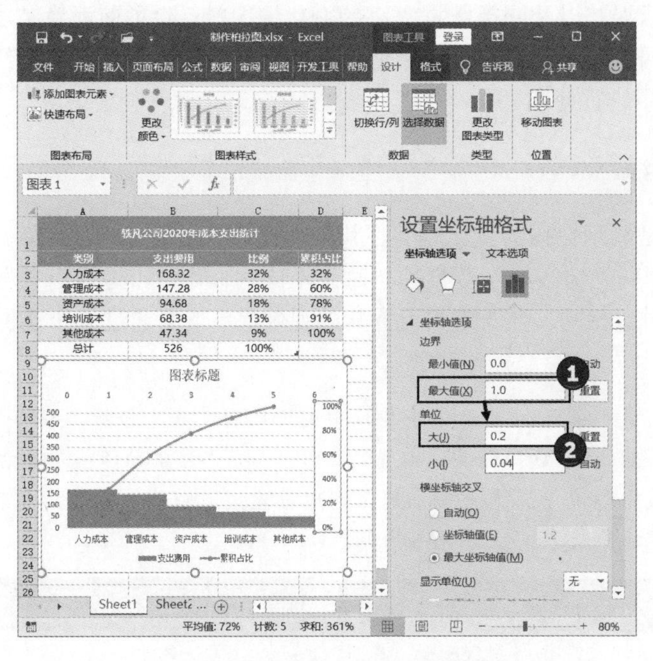

图 7.62　设置“最大值”和刻度单位

05 对图表进行美化，这里包括设置折线图填充色和边框色，设置折线图的线条宽度、颜色和数据标记的样式、设置坐标轴的样式、添加数据标签并设置文字样式、设置图表的背景颜色和边框以及为图表添加注释说明，具体的操作过程这里不再赘述。本例制作完成后的效果如图 7.64 所示。

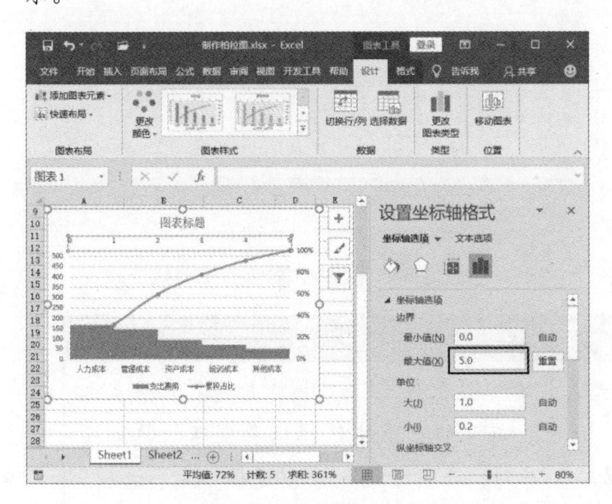

图 7.63　设置次要横坐标轴的“最大值”

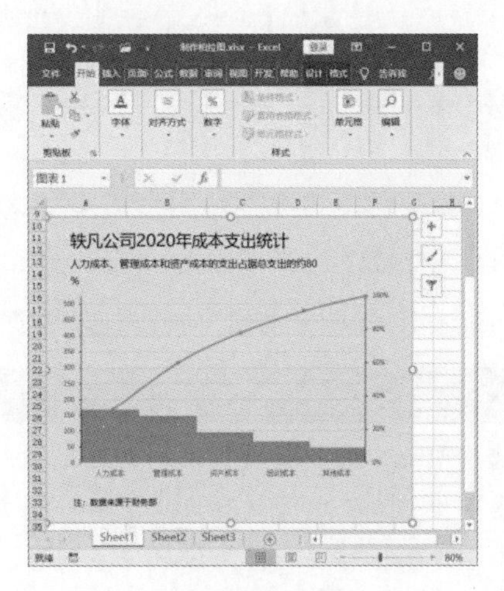

图 7.64　本例制作完成后的效果

7.4 图表中的线

图表中的线不仅可以帮助读者更好地理解数据，还可以用来实现某些特定的功能，如预测数据变化趋势、展示误差以及同类数据大小的变化情况等。除了前面章节中介绍的网格线、垂直线和高低点连线外，Excel 图表中的线还包括趋势线、误差线和涨/跌柱线，本节将对这些线在数据分析中的应用进行介绍。

7.4.1 使用趋势线

趋势线的作用是显示数据的变化趋势，其分为线性、指数、对数、幂、多项式和移动平均 6 种类型。不同类型的趋势线显示数据趋势时有不同的作用，不过也有其固有的格式。趋势线与 Excel 中的图形对象相同，可以随意设置其外观效果。下面通过一个实例来介绍趋势线的使用方法。

01 在工作表中选择图表，单击图表边框上的“图表元素”按钮，在打开的列表中选择“趋势线”选项，在打开的列表中选择趋势线类型，此时将打开“添加趋势线”对话框，在对话框的“添加基于系列的趋势线”列表中选择数据系列。完成设置后，单击“确定”按钮关闭对话框，如图 7.65 所示。图表中添加的趋势线如图 7.66 所示。

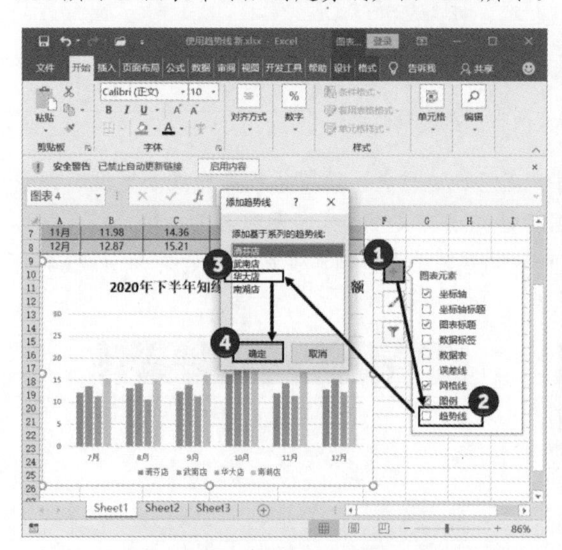

图 7.65　打开“添加趋势线”对话框选择数据系列

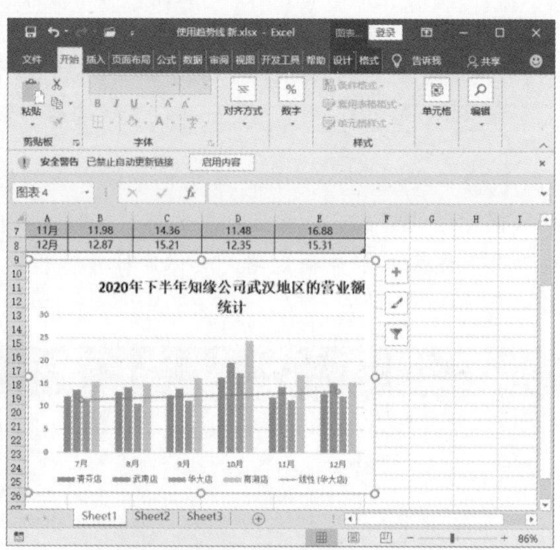

图 7.66　图表中添加的趋势线

提　示
选择图表中的一个数据系列，在“设计”选项卡的“图表布局”组中单击“添加图表元素”按钮，在打开的列表中选择“趋势线”选项，在下级列表中选择需要创建的趋势线类型选项，可以直接为该数据系列添加趋势线。另外，在打开的列表中选择“无”选项，将删除图表中的趋势线；在图表中选择趋势线后按 Delete 键也可以将其删除。

02 右击趋势线，选择快捷菜单中的“设置趋势线格式”命令打开“设置趋势线格式”窗格，在“线条”设置栏中可以对趋势线的颜色、线宽和线条样式等进行设置。例如，这里在“宽度”微调框中输入数值设置趋势线线宽，在“短划线类型”列表中选择相应的选项设置趋势线线条样式，如图 7.67 所示。

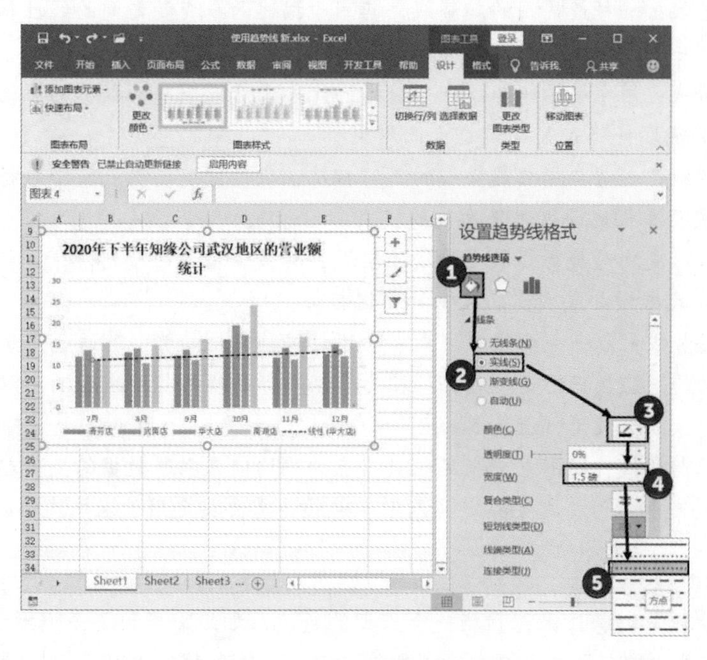

图 7.67 对趋势线样式进行设置

03 在“设置趋势线格式”窗格中单击“趋势线选项”按钮，在窗格的“趋势线选项”设置栏中选择相应的单选按钮，可以更改当前趋势线的类型。例如，选中“多项式”单选按钮将趋势线改为多项式趋势线，设置“阶数”值指定多项式的阶数，如图 7.68 所示。

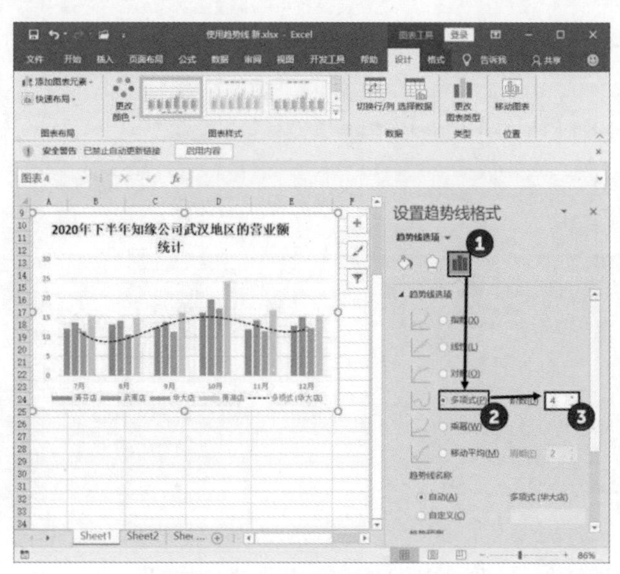

图 7.68 更改趋势线类型

提 示

Excel 提供了 6 种不同趋势线用于预测数据系列的未来值，这些趋势线的类型可以在“设置趋势线格式”窗格的“趋势线选项”栏中进行设置。其中：

- 线性趋势线：一种最常用的趋势线，其用于描述两个变量之间的线性相关性或一个变量随另一个变量的变化而出现的变化趋势。
- 指数趋势线：用于展示一组以一个递增的比率上涨或下降的数据的变化趋势，其 Y 值的增加速度将随着 X 值的增大而增大。
- 对数趋势线：趋势与指数趋势线的正好相反，数值快速增长或减小后将逐渐趋于平缓，主要用于描述遵循对数曲线的数据。
- 幂趋势线：变化趋势与指数趋势线的接近，其数值增量由慢到快，主要用于描述一组以固定比率增加或减少的数据的变化趋势。
- 多项式趋势线：以一条曲线的形式来描述数据的变化趋势，其适合用于描述按有序模式波动的一组数据的变化趋势。在为数据添加多项式趋势线时，可以同时指定多项式的阶数，阶数的取值范围为 2～6。
- 移动平均趋势线：以图表中指定的数据点的平均值来描述数据的变化趋势。在添加移动平均趋势线时，需要指定其周期，也就是需要指定用于求平均值的数据点的数量。

04 默认情况下，趋势线只能预测一个周期的数值，如果需要预测多个周期的数值，就可以在“趋势预测”栏的“向前”文本框中输入数值。例如，输入数字“2”，则趋势线将预测 2 个周期数据的变化情况，如图 7.69 所示。

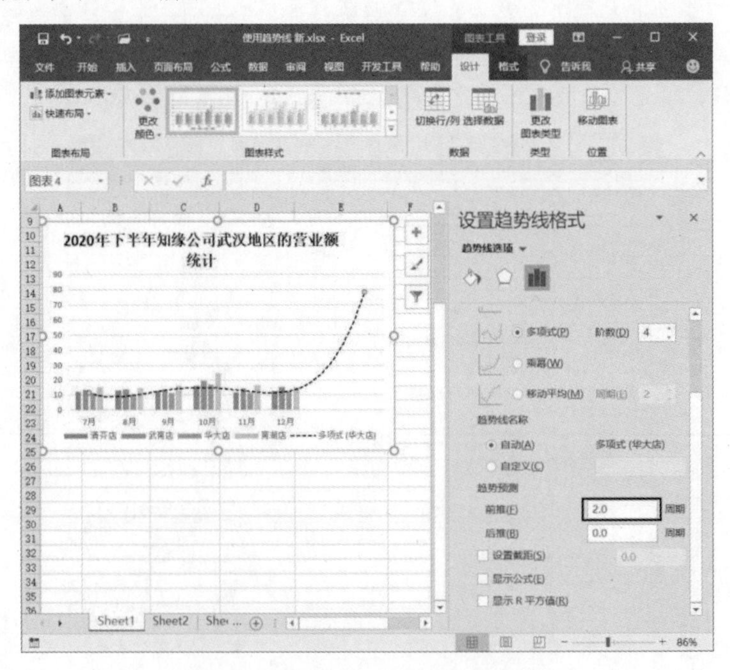

图 7.69　预测 2 个周期的变化趋势

05 通过趋势线来预测未来值往往需要查看趋势线与坐标轴的交叉点所在的位置。此时可以在“趋势线选项”中勾选“设置截距”复选框，在其后的文本框中输入数字“1”，如图 7.70 所示。

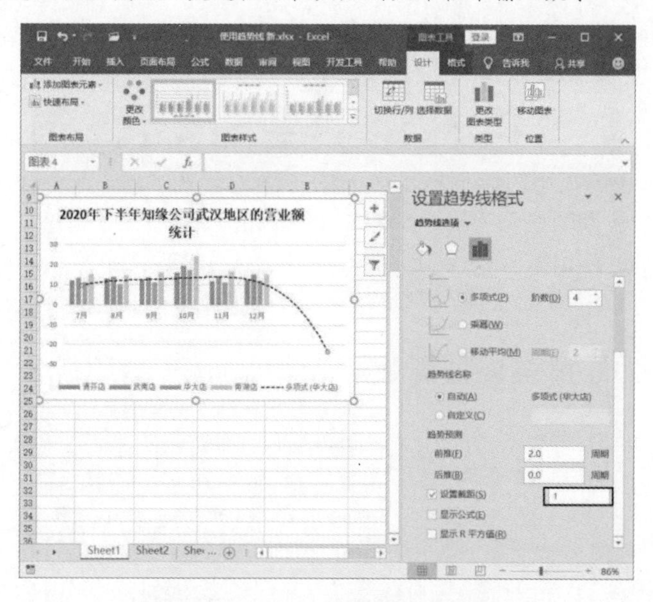

图 7.70　勾选“设置截距”复选框

提　示

“设置截距”复选框只对指数趋势线、线性趋势线和多项式趋势线可用。

06 对于趋势线来说，公式可以帮助用户了解和计算趋势线的走向和位置。在“趋势线选项”中勾选“显示公式”复选框，可以在趋势线旁显示其公式，如图 7.71 所示。

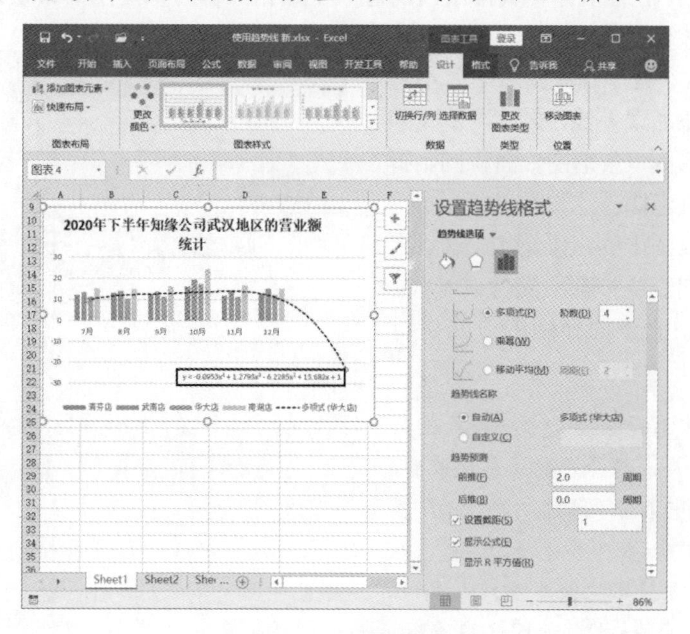

图 7.71　显示趋势线公式

07 对于趋势线来说，R 平方值也称为决定系数，是一个介于 0～1 的数值，表示趋势线的估计值与对应的实际值之间的拟合程度。在图表中显示趋势线的 R 平方值可以让用户方更好地了解趋势线的类型是否符合该系列的数据。在“趋势线选项”中勾选“显示 R 平方值”复选框，在趋势线上将显示该值，如图 7.72 所示。

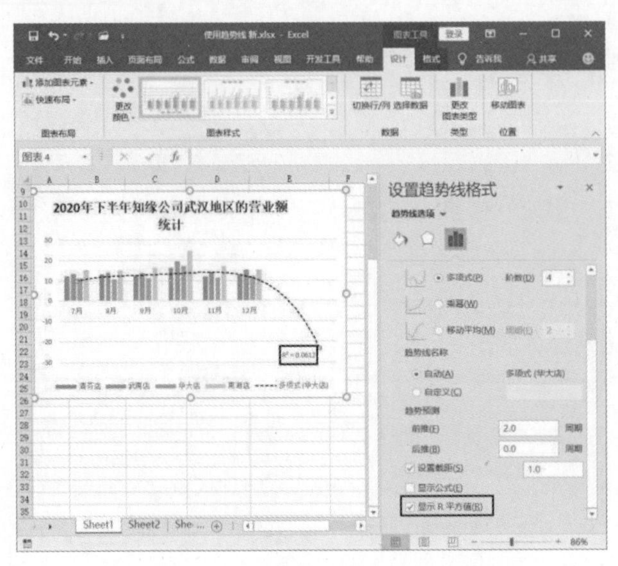

图 7.72　在趋势线上显示 R 平方值

7.4.2　使用误差线

在进行数据统计时，误差线主要用于统计数据中潜在的误差值或显示与每一个数据点相关的不确定性的范围。在图表中，数据系列的每一个数据点都可以显示一条误差线，表示数据点的当前值可能是该数据范围中的任意一个。

与趋势线一样，在 Excel 图表中，不是所有的图表都能添加误差线，支持误差线的图表类别包括柱形图、条形图、面积图、折线图、散点图和气泡图。这里要注意的是，除了气泡图和散点图中的三维图表之外，上述图表中的三维图表类型都不支持误差线。

误差线可以按照下面介绍的方法进行添加和设置。

01 在图表中选择需要添加误差线的数据系列，选中图表后，打开“设计”选项卡，在“图表布局”组中单击“添加图表元素”按钮，在打开的列表中选择“误差线”选项，在下级列表中选择需要使用的误差线选项，选择的数据系列即添加了误差线，如图 7.73 所示。

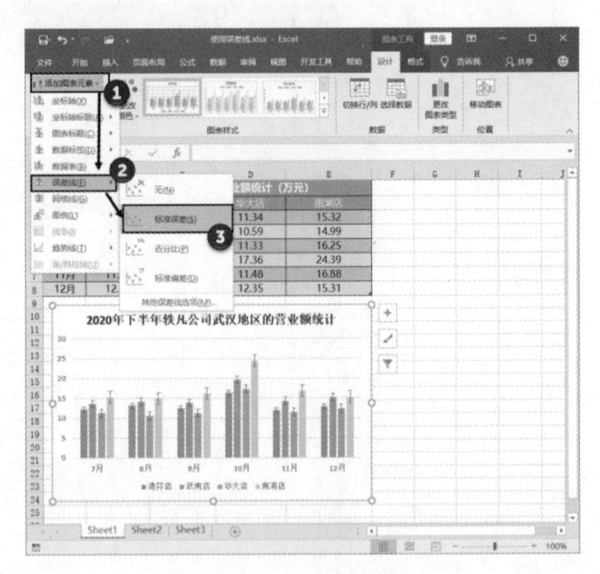

图 7.73　添加误差线

02 添加误差线后，双击误差线将打开“设置误差线格式”窗格，使用该窗格可以对误差线进行设置，如图 7.74 所示。

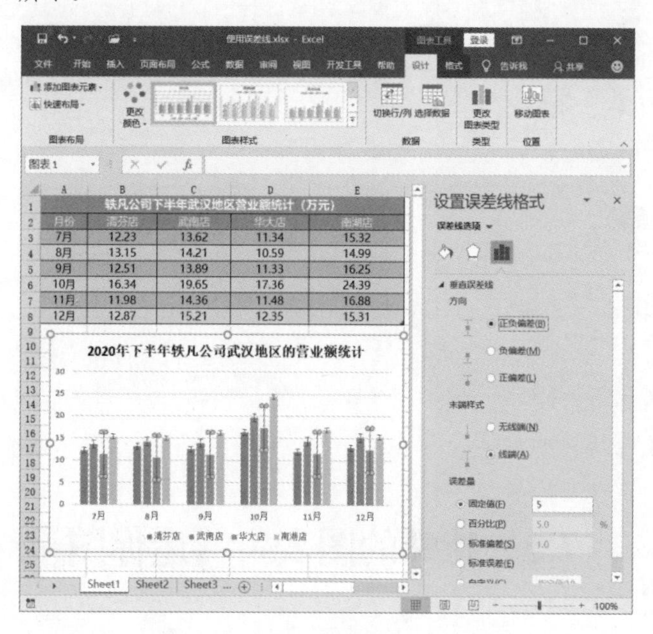

图 7.74　“设置误差线格式”窗格

7.4.3　使用涨/跌柱线

涨/跌柱线用于描述两个或两个以上数据系列相同数据点上数值大小的变化情况，其仅在折线图和股价图中使用。涨/跌柱线用长方形连接图表中第一个和最后一个数据系列的每一个数据点。如果第一个数据系列的数据点小于最后一个数据系列对应的数据点，则显示为涨柱线，此时长方形会使用浅色填充；如果第一个数据系列的数据点大于最后一个数据系列的数据线，则显示为跌柱线，此时长方形会以深色填充。要在图表中使用涨/跌柱线，图表中至少要有两个数据系列。

01 选择图表，在“设计”选项卡的“图表布局”组中单击“添加图表元素”按钮。在打开的列表中选择“涨/跌柱线”选项，在下级列表中选择“涨/跌柱线”选项，图表中即可添加涨/跌柱线，如图 7.75 所示。

02 双击添加的涨/跌柱线打开“设置涨柱线格式”窗格，使用该窗格可以对柱线进行设置，比如设置填充颜色，如图 7.76 所示。

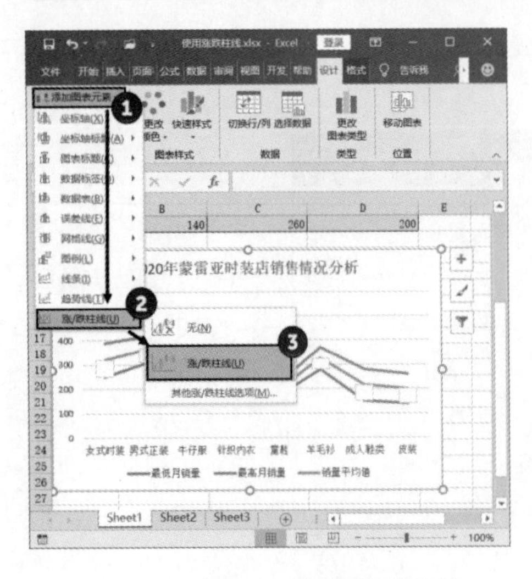

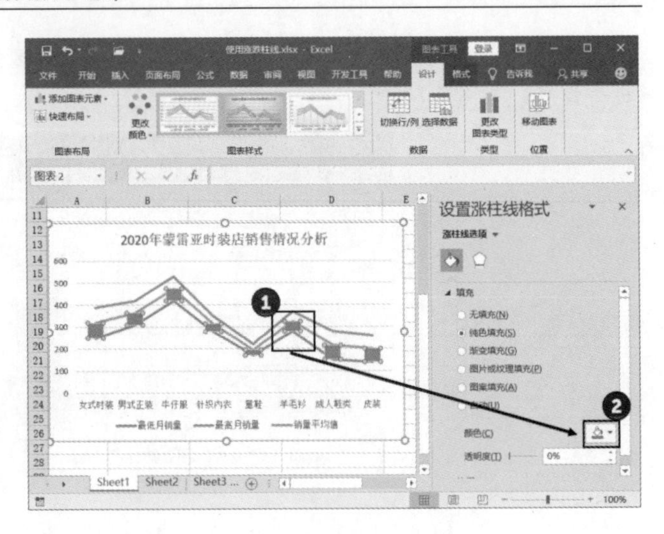

图 7.75　添加涨/跌柱线　　　　图 7.76　设置填充颜色

7.5　特殊的图表——迷你图

迷你图是一项很实用的功能，它以单个单元格作为绘图区域，在单元格中绘制各种图表，简单快捷地图形化工作表中的数据。在 Excel 中有 3 种迷你图可以使用，分别是折线迷你图、柱形迷你图和盈亏迷你图。本节将对在工作表中使用迷你图的技巧进行介绍。

7.5.1　创建迷你图

在工作表中，如果需要用较小的空间来直观展示数据大小的情况，可以选择在图表中使用迷你图。在工作表中创建迷你图后能够马上看出数据的变化情况，以利于数据的对比。迷你图的创建比较简单，下面介绍具体的创建方法。

01 在工作表中选择需要创建迷你图的数据区域，打开“插入”选项卡，在“迷你图”组中选择相应的迷你图选项，比如选择“折线”选项，如图 7.77 所示。

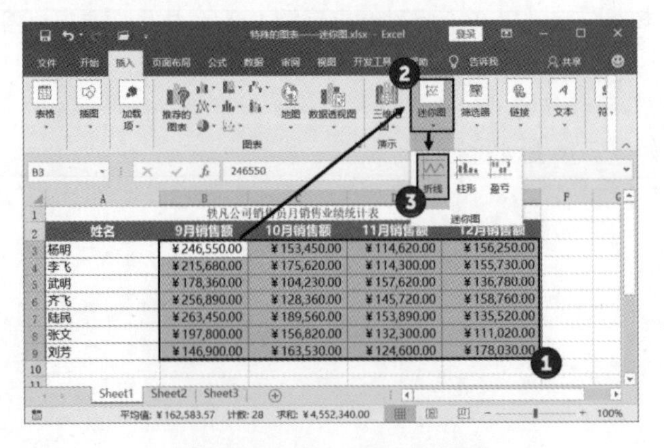

图 7.77　单击“折线”选项

提　示

在 Excel 中，折线迷你图与前面章节介绍的折线图的作用相同，用来分析数据的变化趋势；柱形迷你图主要用来展示所选区域数据的大小；盈亏迷你图用来表达所选区域中数据的盈亏情况，或用于分辨数据的正负情况。

02 此时将打开“创建迷你图”对话框，在“数据范围”文本框中插入了上一步选择的单元格区域。将插入点光标放置到“位置范围”文本框中，在工作表中拖动鼠标框选作为放置迷你图的单元格，如图 7.78 所示。完成设置后，单击“确定”按钮关闭对话框，在指定单元格区域中放置迷你图，如图 7.79 所示。

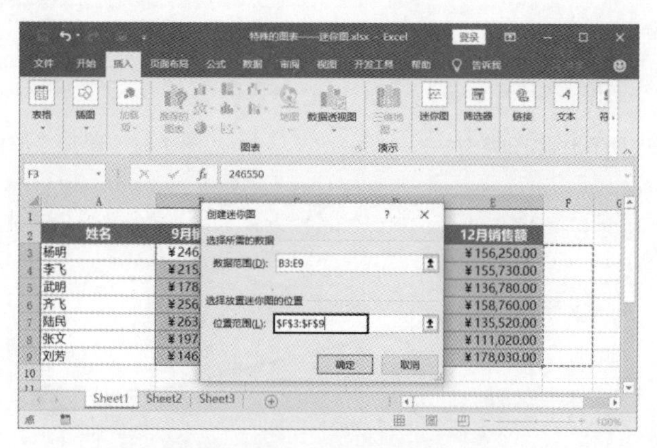

图 7.78　设置放置迷你图的单元格

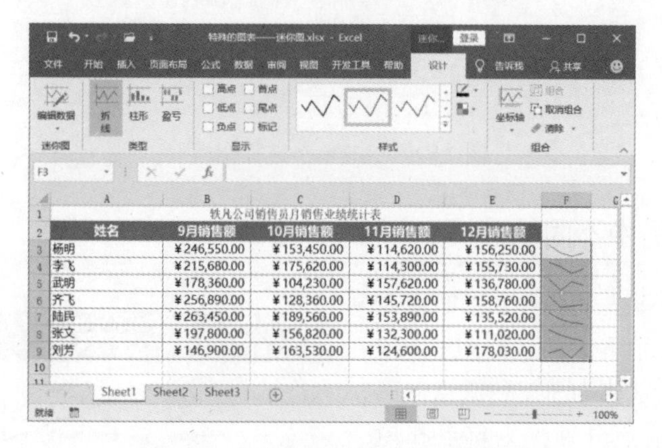

图 7.79　在指定单元格中放置迷你图

7.5.2　更改迷你图类型

在完成迷你图制作后，有时需要更改迷你图类型。更改迷你图类型分为两种情况：一种情况是更改所有迷你图类型，另一种情况是只更改某个单元格中的迷你图类型。下面介绍这两种情况的操作方法。

01 在工作表中选择任意一个迷你图，打开“设计”选项卡。在“类型”组中单击迷你图按钮，所有迷你图将更改为该类型，如图 7.80 所示。

02 选择需要更改类型的单个迷你图，打开“设计”选项卡，在“组合”组中单击“取消组合”按钮取消所有迷你图的组合，如图 7.81 所示。在“类型”组中单击相应的按钮即可更改迷你图的类型，比如更改为折线图，如图 7.82 所示。

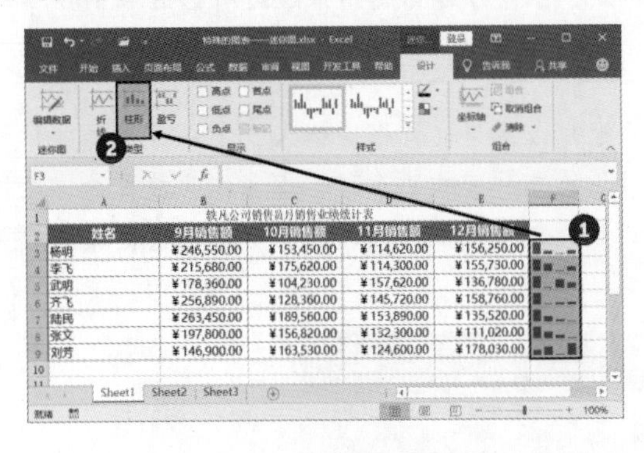

图 7.80 更改所有迷你图类型

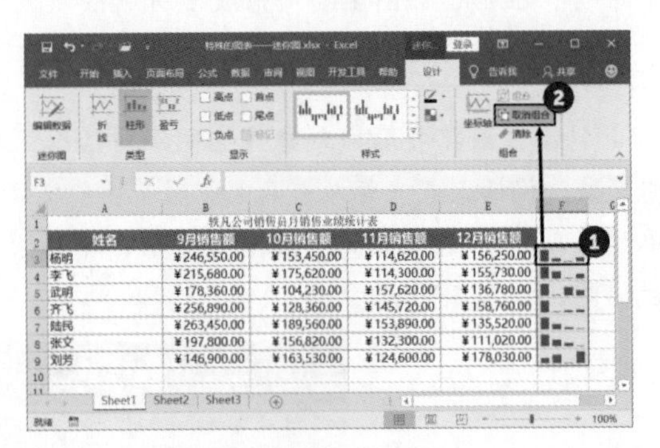

图 7.81 单击“取消组合”按钮

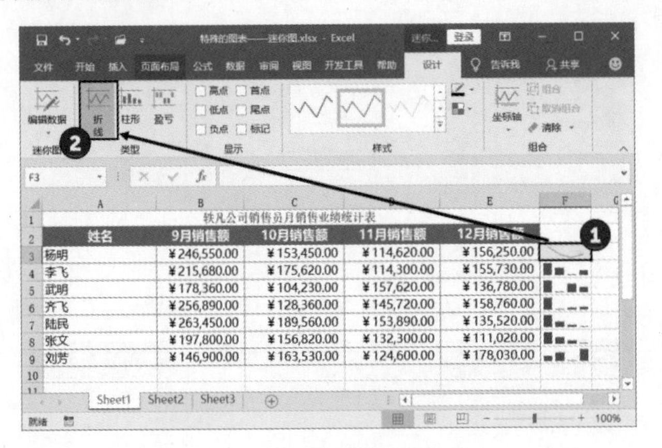

图 7.82 更改单个迷你图类型

7.5.3 显示迷你图中不同的点

一组数据会存在某些特殊值，比如最大值、最小值和第一个值等。在迷你图中，最大值点和最小值点分别称为高点和低点，第一个值点和第二个值点分别称为首点和尾点，负数值点称为负点。在 Excel 的迷你图中，上述这些点都是可以用颜色标记出来的。

01 要标注这些特殊值点很简单，在选择了迷你图后打开“设计”选项卡，在“显示”组中勾选相应的复选框即可。例如，勾选“高点”和“低点”复选框，迷你图中将标记出最大值和最小值点，如图 7.83 所示。

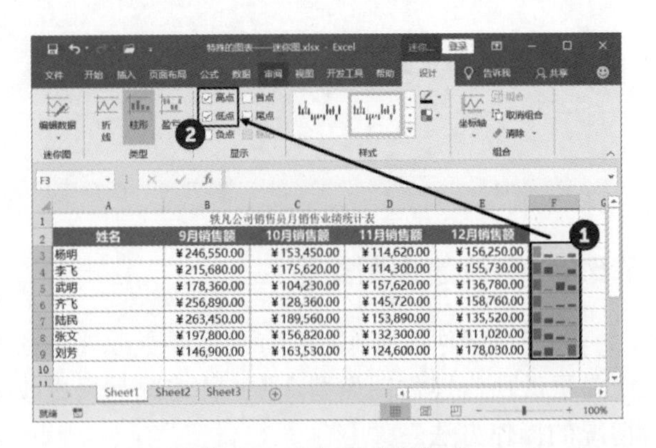

图 7.83 标记高点和低点

02 标记点的颜色是可以设置的。在“样式”组中单击“标记颜色”按钮，在打开的列表中选择相应的标记选项设置颜色，比如设置高点的颜色，如图 7.84 所示。

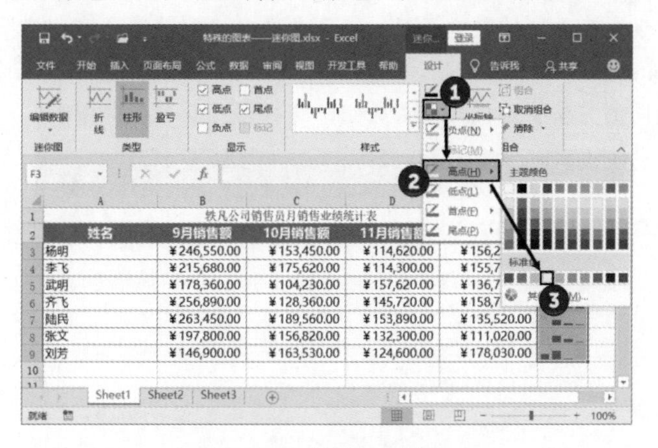

图 7.84　设置高点颜色

7.6　图表的实用技巧

本节介绍图表的 3 个实用技巧。

7.6.1　制作静态图表

Excel 创建的图表将会随着数据源数据的变化而发生改变，如果需要的图表为不可变的静态图表，可以使用下面的两种方法来进行操作。

01 选择工作表中的图表，按 Ctrl+C 键复制图表。选择工作表中任一个单元格，打开“开始”选项卡，在“剪贴板”组中单击“粘贴”按钮上的下三角按钮，在打开的列表中选择“图片”选项，如图 7.85 所示。图表被转换为图片粘贴到工作表中，这样就可以得到静态图表。

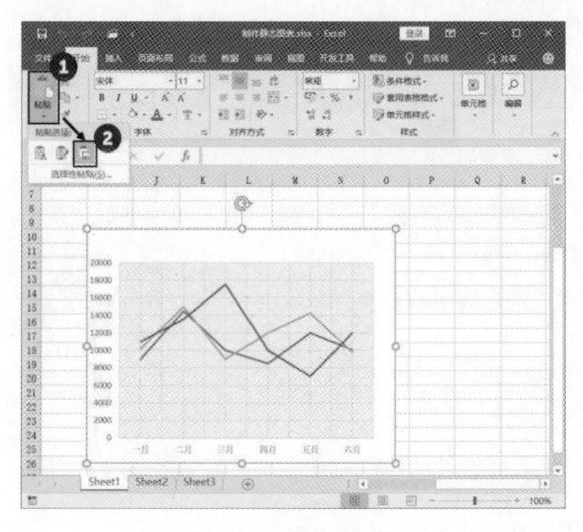

图 7.85　粘贴为图片

02 在图表中选择某个数据系列。在编辑栏中将可以看到公式“＝SERIERS(…)”，该公式指明了数据系列与工作表中相关联的数据区域，工作表中对应的数据区域也被框出来。按 F9 键将公式转变为数组，按 Enter 键完成设置。此时数据源中对数据的框选消失，如图 7.86 所示。选择其他的数据系列，使用相同的方法将公式转换为数组，这样即可获得静态图表。

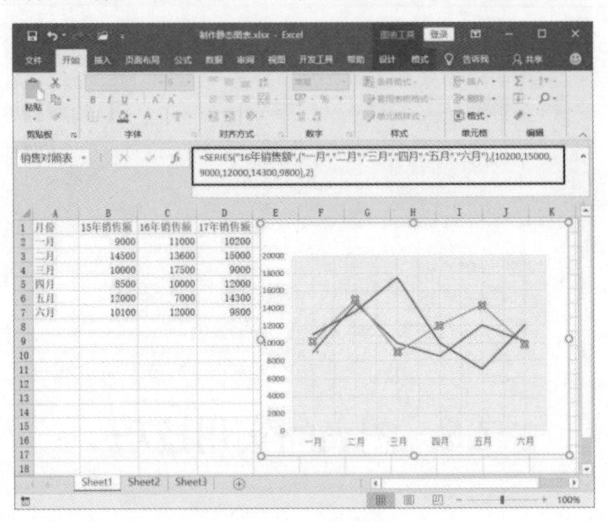

图 7.86　将公式转换为数组

7.6.2　让坐标轴不显示“0”刻度值

在默认情况下，图表中坐标轴上将会显示“0”刻度值，如果不需要显示这个“0”刻度值，可以使用下面的方法来进行设置。

01 启动 Excel 并打开工作表，双击图表中纵坐标轴打开“设置坐标轴格式”窗格。在窗格中单击“坐标轴选项”按钮，打开“数字”设置栏。在“类别”列表中选择“数字”选项，在“格式代码”文本框中输入格式代码“#,##0;-#,##0;”，即在原格式代码后添加一个分号“；”，单击“添加”按钮将其添加到“类型”列表中，如图 7.87 所示。

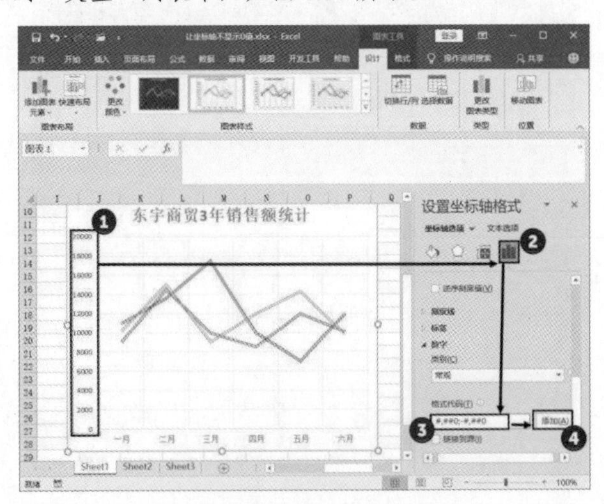

图 7.87　设置格式代码

02 添加格式代码后，选择的纵坐标轴上不再显示“0”刻度值，如图 7.88 所示。

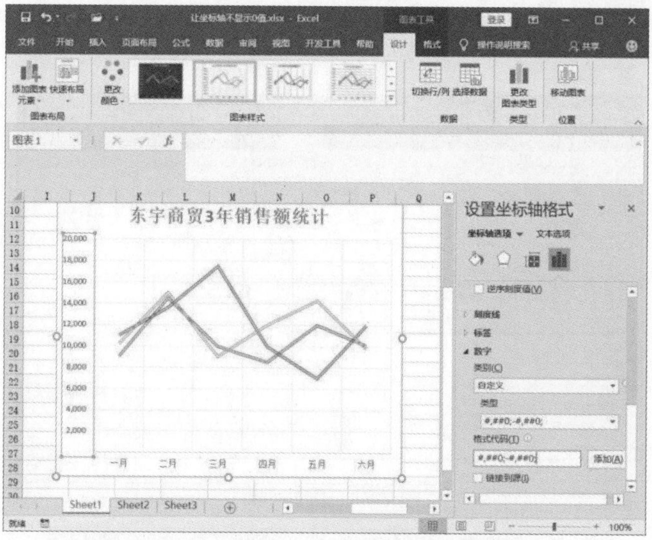

图 7.88　纵坐标轴上不再显示“0”刻度值

7.6.3　使用视图管理器控制图表中显示的数据

Excel 的视图管理器能够对图表进行控制。如果使用视图管理器管理工作表中不同的单元格区域，就可以在图表中显示某个视图的单元格区域数据，其他的数据将会隐藏，这样就可以获得可控制的动态图表效果。下面介绍具体的操作方法。

01 在“视图”选项卡的“工作簿视图”组中，单击“自定义视图”按钮打开“视图管理器”对话框，在对话框中单击“添加”按钮，如图 7.89 所示。此时将打开“添加视图”对话框，在“名称”文本框中输入视图名称后，单击“确定”按钮关闭对话框，如图 7.90 所示。

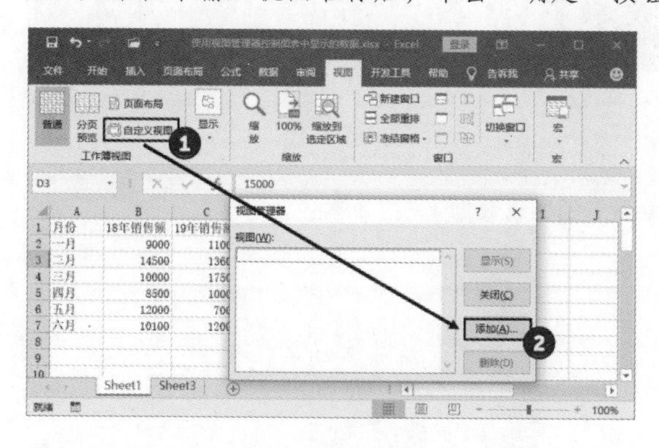

图 7.89　打开“视图管理器”对话框

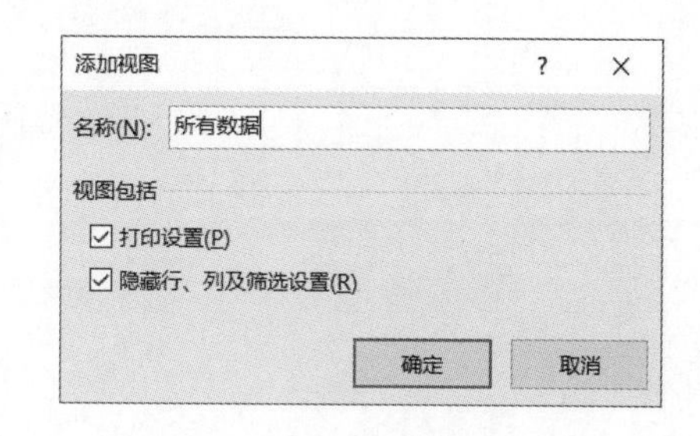

图 7.90　“添加视图”对话框

02 在工作表中选择第 4~7 行，右击，在快捷菜单中选择“隐藏”命令隐藏这些行，只让一月和二月的数据显示出来。再次打开“视图管理器”对话框进行添加视图的操作。例如，在“添加视图”对话框中将视图的名称定义为“一月和二月数据”，如图 7.91 所示。使用相同的方法，在隐藏连续两个月的行后定义视图。

03 当需要查看不同的图表数据时，只需要在“视图”选项卡中单击“自定义视图”按钮打开“视图管理器”对话框，在“视图”列表中选择对应的视图后单击“显示”按钮即可，如图 7.92 所示。

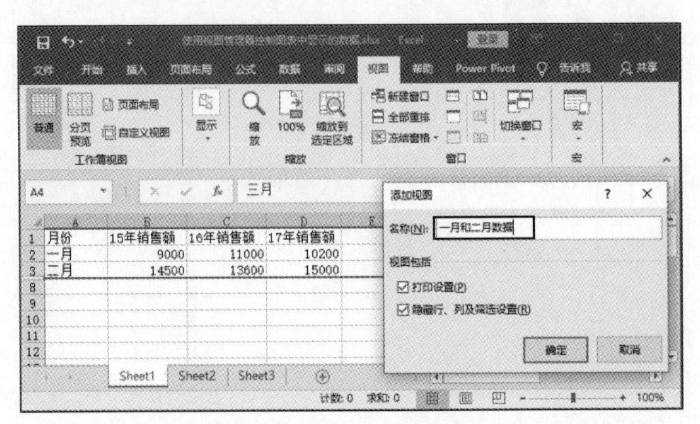

图 7.91　添加视图

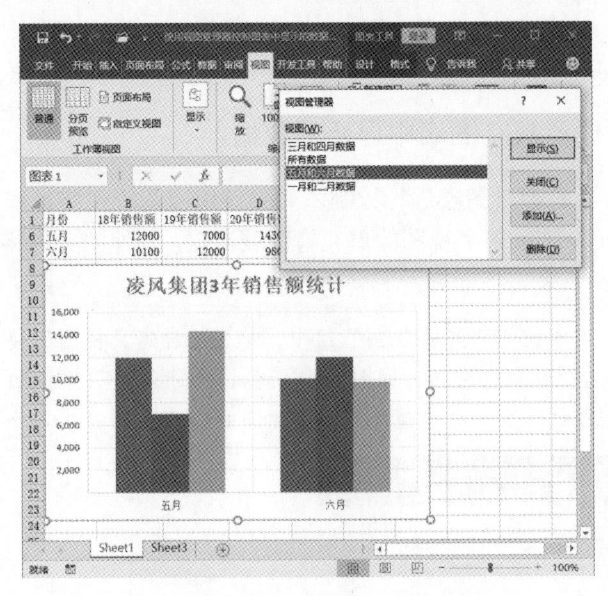

图 7.92　选择需要显示的图表数据

第 8 章

分析和处理数据

8.1 数据排序

数据排序是数据分析中的一种常见操作，Excel 提供了排序功能，能够按文本、数据、日期和时间等对数据进行升序或降序排序。下面从单列排序、多列排序和自定义排序这 3 个方面来介绍对数据进行排序的方法。

8.1.1 单列和多列排序

在 Excel 中对数据进行排序，分为单列排序和多列排序这两种方式。所谓的单列排序，指的是只针对单元格所在的列中的数据进行排序，其他列的数据的排列顺序不随着发生改变。多列排序则是在对某一列数据进行排序时，其他列中对应数据的排列顺序也会随着改变。下面分别介绍单列排序和多列排序的实现方式。

01 在工作表中选择作为排序依据的列，在“开始”选项卡的“编辑”组中单击“排序和筛选”按钮。在打开的列表中选择“升序”或“降序”选项，如图 8.1 所示。工作表中的数据按照该列数据的升序或降序排列。

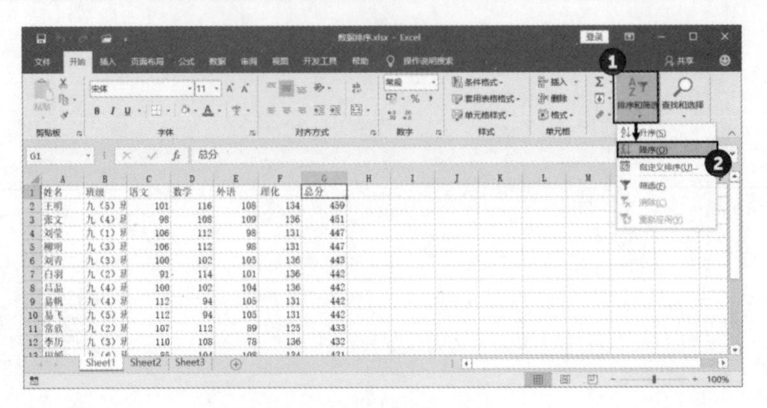

图 8.1　对数据进行排序

02 如果选择作为排序依据的数据所在的列，在按照上面的方法进行排序时，Excel 将打开“排序提醒”对话框，如图 8.2 所示。如果选择“扩展选定区域”选项，则工作表中的数据都将按照选定列数据的排列顺序重新进行排列。如果选择“以当前选定区域排序”选项，Excel 将只对当前选定区域的数据进行排序，其他数据的排列顺序不会随着改变。

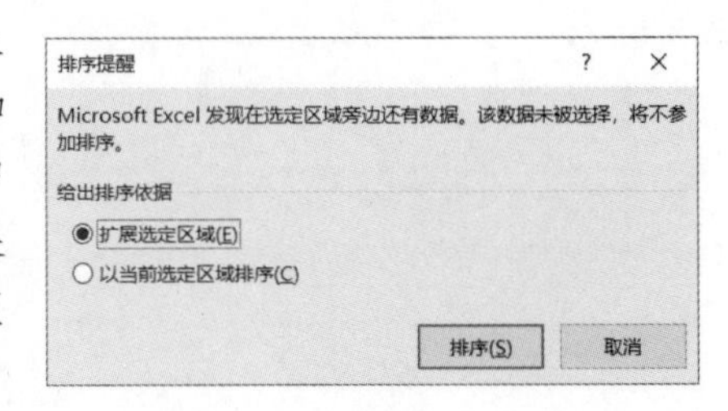

图 8.2　“排序提醒”对话框

8.1.2　自定义排序序列

在进行数据的排序操作时，Excel 默认的排序方式可能无法满足要求，此时可以通过自定义排序序列来对数据进行排序。下面介绍具体的操作方法。

01 在工作表中任意选取一个单元格。在“开始”选项卡的“编辑”组中单击“排序和筛选”按钮，在打开的下拉列表中选择“自定义排序”选项，如图 8.3 所示。

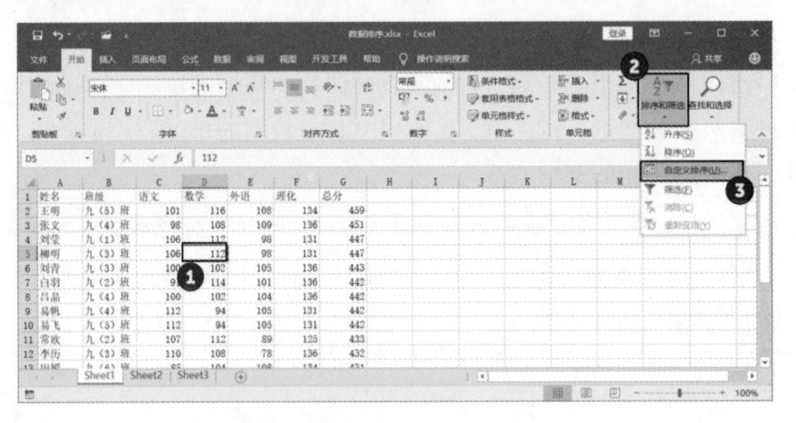

图 8.3　选择“自定义排序”选项

02 此时将打开“排序”对话框，在“次序”下拉列表中选择“自定义序列”选项。此时将打开“自定义序列”对话框，在“自定义序列”列表中选择“新序列”选项，在右侧的“输入序列”文本框中输入自定义序列，完成输入后，单击“添加”按钮将其添加到自定义列表中，如图 8.4 所示。

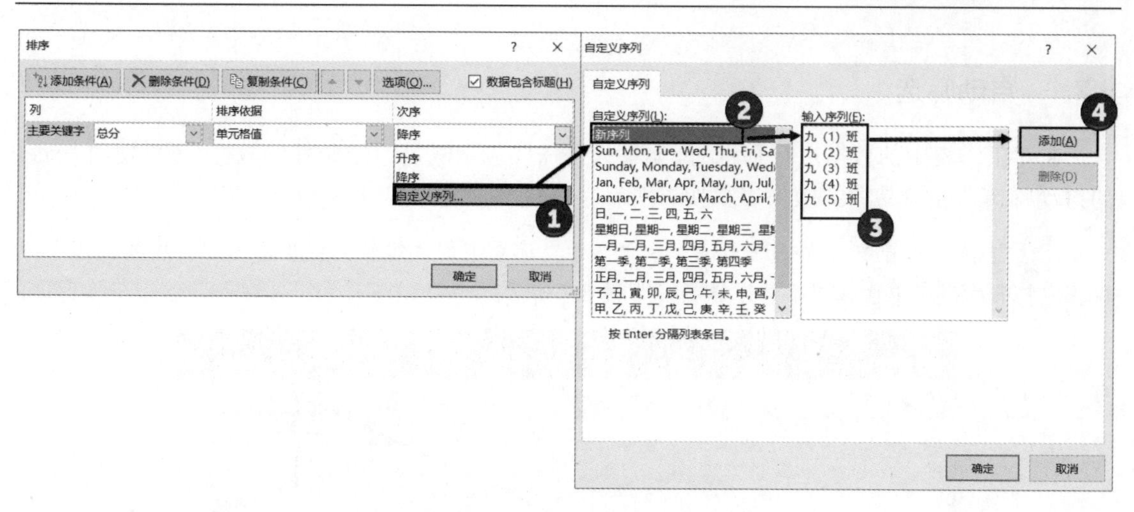

图 8.4　将序列添加到“自定义序列”列表中

03 单击“确定”按钮关闭“自定义序列”对话框，自定义序列将显示在“次序”列表中。将“主要关键字”设置为“班级”。完成设置后，单击“确定”按钮关闭对话框，如图 8.5 所示。工作表中的数据按照设置进行排序，如图 8.6 所示。

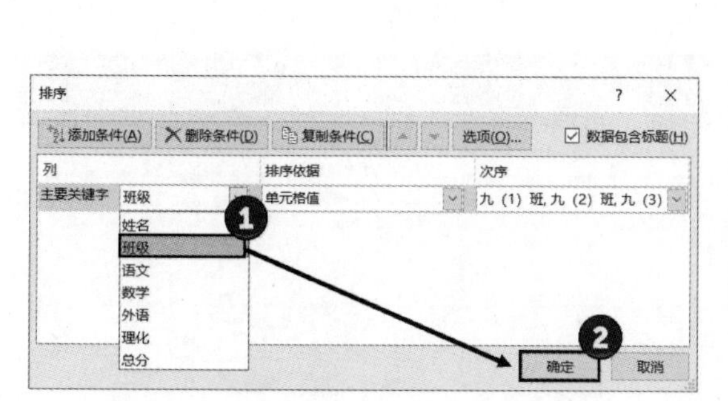

图 8.5　将“主要关键字”设置为“班级”

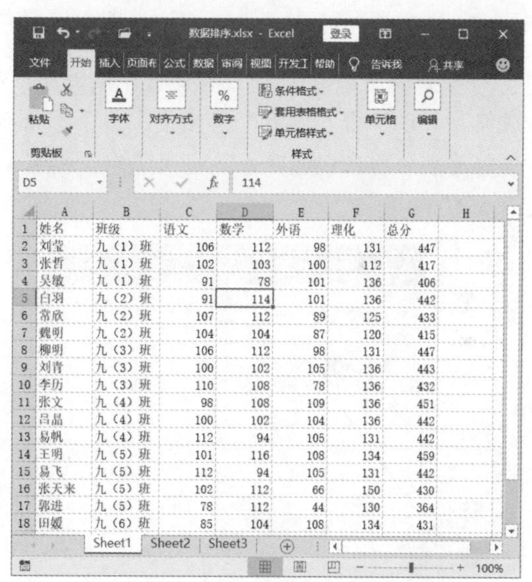

姓名	班级	语文	数学	外语	理化	总分
刘莹	九（1）班	106	112	98	131	447
张哲	九（1）班	102	103	100	112	417
吴敏	九（1）班	91	78	101	136	406
白羽	九（2）班	91	114	101	136	442
常欣	九（2）班	107	112	89	125	433
魏明	九（2）班	104	104	87	120	415
柳明	九（3）班	106	112	98	131	447
刘青	九（3）班	100	102	105	136	443
李历	九（3）班	110	108	78	136	432
张文	九（4）班	98	108	109	136	451
吕晶	九（4）班	100	102	104	136	442
易帆	九（4）班	112	94	105	131	442
王明	九（5）班	101	116	108	134	459
易飞	九（5）班	112	94	105	131	442
张天来	九（5）班	102	112	66	150	430
郭进	九（5）班	78	112	44	130	364
田媛	九（6）班	85	104	108	134	431

图 8.6　数据按照设置排序

8.2　数据筛选

数据筛选可以查找和使用表格中的数据，从这些数据中选出满足条件的数据使其显示出来，而其他不符合条件的数据则会隐藏。数据筛选功能是数据分析中常用的一个功能，下面对其在工作表中的应用进行介绍。

8.2.1 自动筛选

在对工作表中的数据进行筛选时，如果只是需要显示满足给定条件的数据，可以使用 Excel 的自动筛选功能，具体的操作步骤如下所示。

01 选择工作表中任一个单元格，在“开始”选项卡的“编辑”组中单击“排序和筛选”按钮。在打开的列表中选择“筛选”选项，如图 8.7 所示。

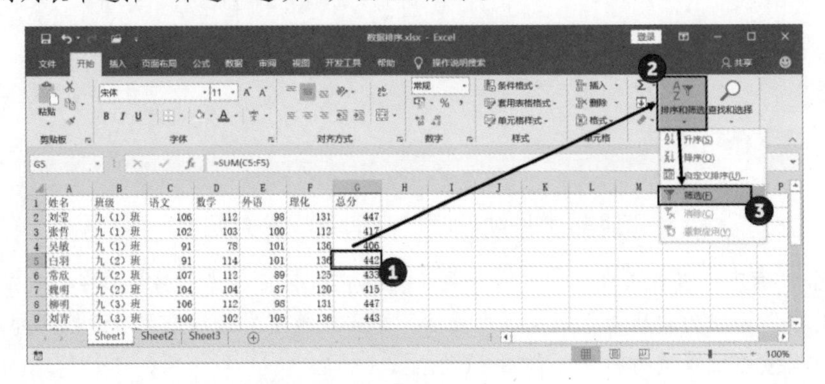

图 8.7 选择“筛选”选项

02 在表头的每个单元格右侧都将出现一个下三角按钮，例如这里需要筛选出某个班级的学生成绩，可以单击“班级”单元格上的下三角按钮，在打开的列表中取消“全选”复选框的勾选，勾选需要显示的班级选项。单击“确定”按钮，如图 8.8 所示。选择班级学生的成绩数据被筛选出来，如图 8.9 所示。

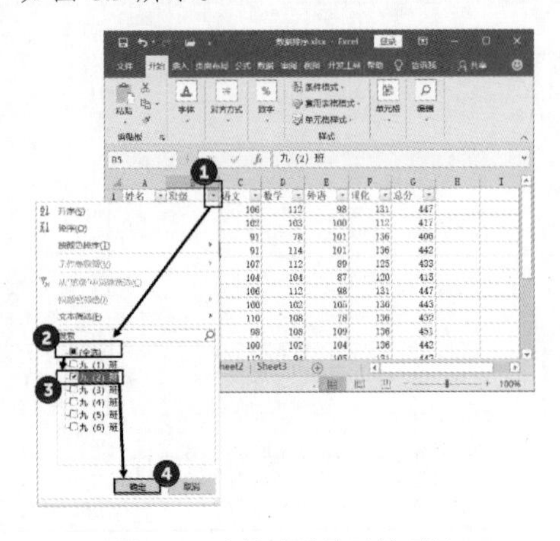

图 8.8 选择需要显示的项目

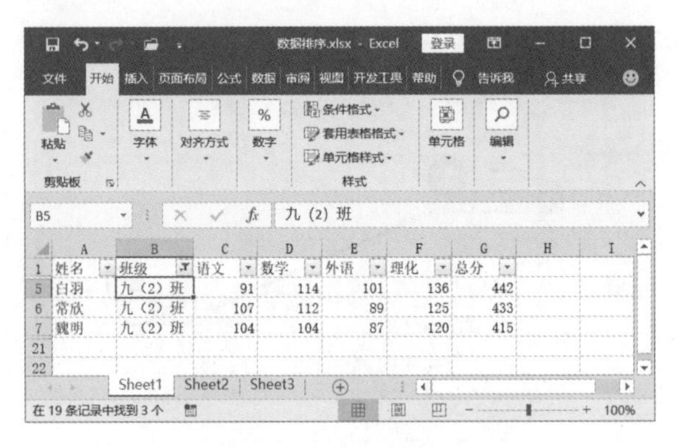

图 8.9 显示筛选结果

8.2.2 自定义筛选

在对数据进行筛选时，很多时候需要设置多个条件来进行筛选，此时可以通过“自定义自动筛选条件”对话框来自定义筛选条件，从而获得精确的筛选结果。下面以从学生成绩表中筛选出总分最大的 5 个学生为例来介绍自定义筛选的方法。

01 在工作表中单击“总分”单元格上的下三角按钮，在打开的列表中选择“数字筛选”选项。在下拉列表中选择“前 10 项”选项，如图 8.10 所示。

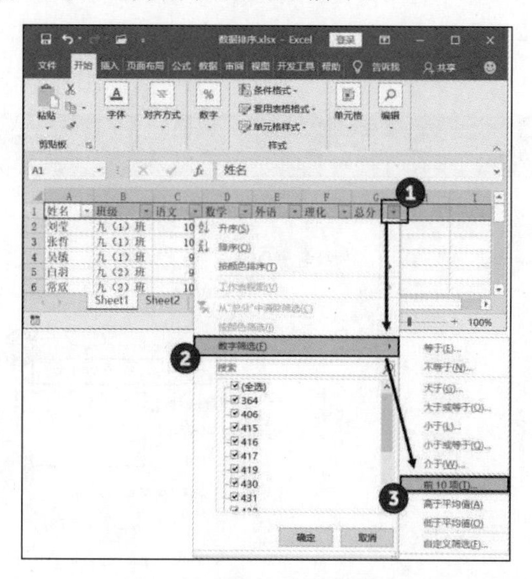

图 8.10 选择“前 10 项”选项

02 此时将打开“自动筛选前 10 个”对话框，在对话框中间的微调框中输入数值 5，单击“确定”按钮关闭对话框，如图 8.11 所示。工作表中总分最大的 5 个被筛选出来，如图 8.12 所示。

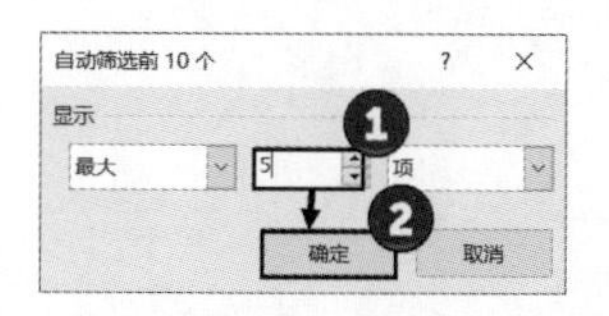

图 8.11 “自动筛选前 10 个”对话框

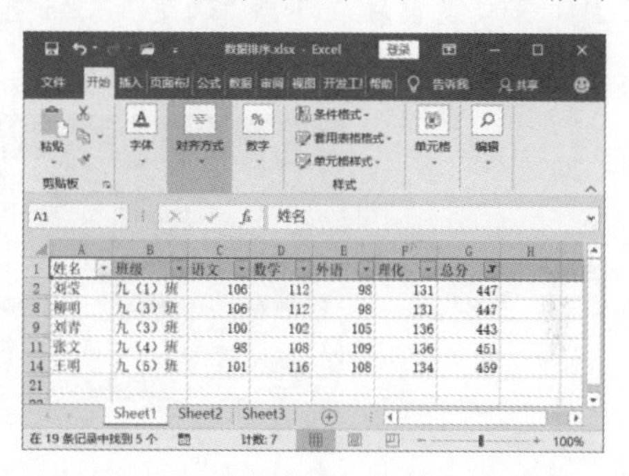

图 8.12 筛选出总分最大的前 5 个

8.2.3 高级筛选

相对于自动筛选和自定义筛选，如果需要按照复制条件对数据进行筛选，这就是高级筛选了。高级筛选要求在工作表中的一个区域中存放筛选条件，Excel 将根据这些条件来进行筛选。

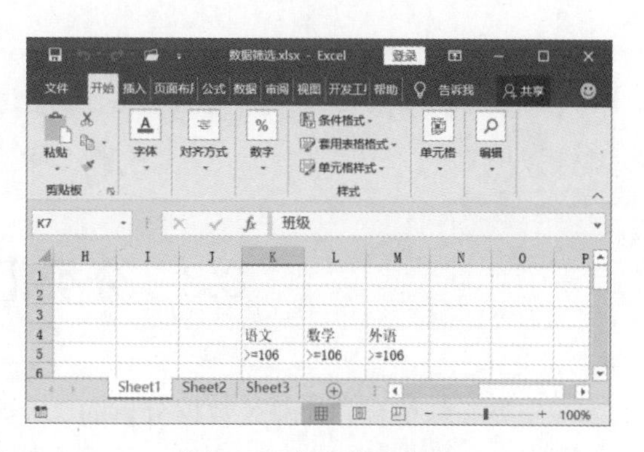

图 8.13 输入筛选条件

01 在当前工作表的空白单元格中输入筛选条件，如图 8.13 所示。

02 打开“数据”选项卡，在“排序和筛选”组中单击“高级”按钮打开“高级筛选”对话框。在对话框中首先选择筛选结果的放置方式，这里选择“将筛选结果复制到其他位置”选项，使筛选结果放置到指定的单元格区域中。在“条件区域”文本框中输入条件所在的单元格区域，在“复制到”文本框中输入放置筛选结果的单元格区域地址，如图 8.14 所示。

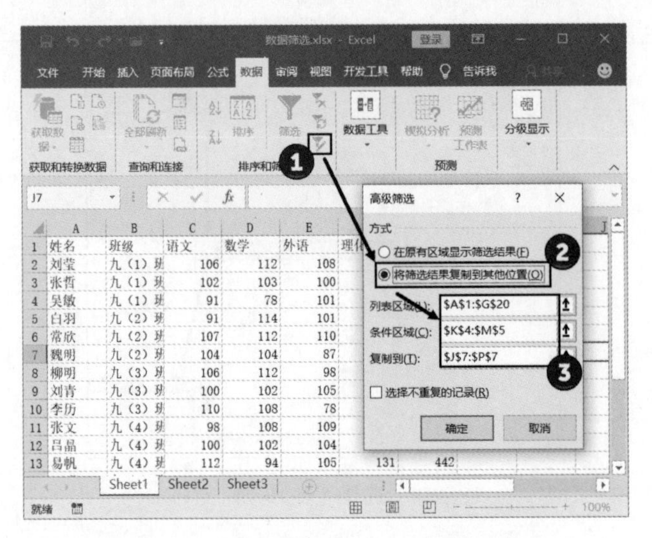

图 8.14 “高级筛选条件”对话框中的设置

03 完成设置后，单击“确定”按钮关闭对话框，符合条件的数据放置到指定的单元格区域中，如图 8.15 所示。

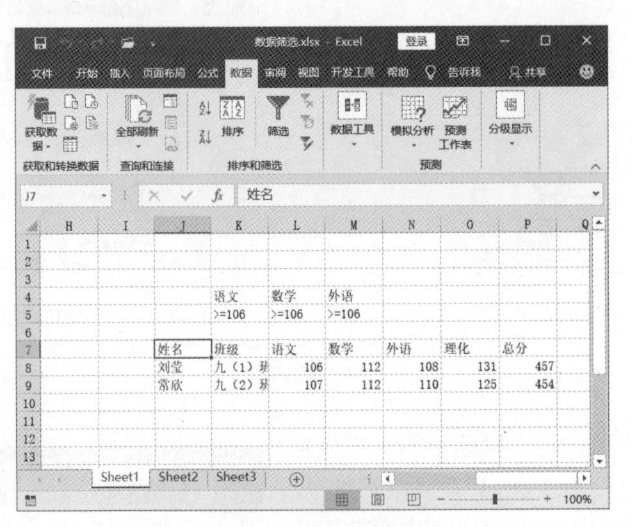

图 8.15 获得筛选结果

8.3 分类汇总和合并计算

分类汇总和合并计算是数据分析的 2 个重要方式，使用它们能够方便地满足专业数据分析的要求，使数据的特性变得明晰。下面介绍分类汇总和合并计算的知识。

8.3.1　分类汇总

分类汇总是利用汇总函数对同一类别中的数据进行计算以得到统计结果。在进行分类汇总后，工作表中将可以分节显示汇总的结果。在 Excel 中，用户能够根据字段名来创建数据组并进行分类汇总。下面介绍在工作表中插入分类汇总的方法。

01 打开需要创建分类汇总的工作表，选择工作表中的某列数据，比如“申请部门”所在的列。在“数据”选项卡的“排序和筛选”组中单击“降序”按钮。此时 Excel 2019 会给出“排序提醒”对话框让用户选择排序依据，这里直接单击“排序”按钮关闭对话框即可实现排序，如图 8.16 所示。

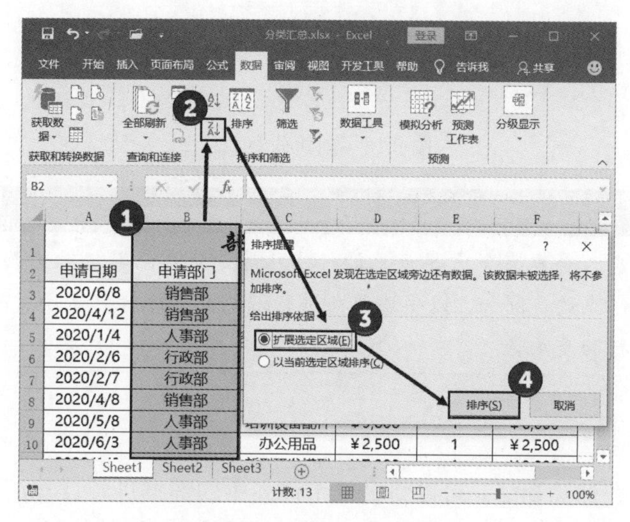

图 8.16　对数据进行排序

02 在工作表中选择任意一个单元格，在功能区的“数据”选项卡的“分级显示”组中单击“分类汇总”按钮。此时将打开“分类汇总”对话框，在对话框的“分类字段”下拉列表中选择“申请部门”选项，表示按照申请部门进行分类汇总。在“汇总方式”下拉列表中选择“求和”选项，将汇总方式设置为求和。在“选定汇总项”列表中勾选“采购金额”复选框，将采购金额数据作为汇总对象。完成设置后，单击“确定”按钮，如图 8.17 所示。在工作表中创建分类汇总，如图 8.18 所示。

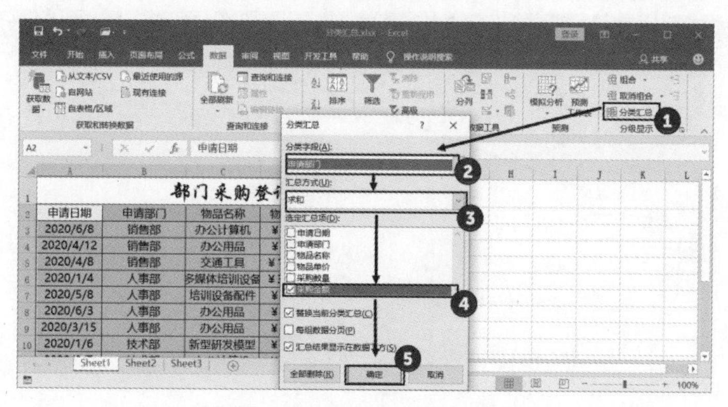

图 8.17　“分类汇总”对话框

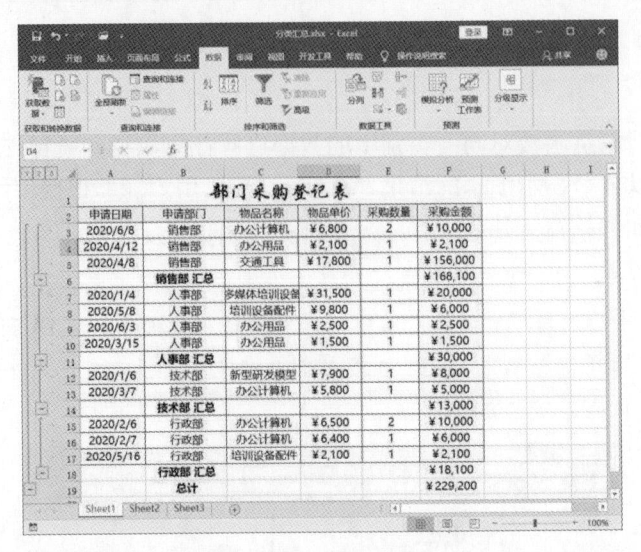

部门采购登记表					
申请日期	申请部门	物品名称	物品单价	采购数量	采购金额
2020/6/8	销售部	办公计算机	¥6,800	2	¥10,000
2020/4/12	销售部	办公用品	¥2,100	1	¥2,100
2020/4/8	销售部	交通工具	¥17,800	1	¥156,000
	销售部 汇总				¥168,100
2020/1/4	人事部	多媒体培训设备	¥31,500	1	¥20,000
2020/5/8	人事部	培训设备配件	¥9,800	1	¥6,000
2020/6/3	人事部	办公用品	¥2,500	1	¥2,500
2020/3/15	人事部	办公用品	¥1,500	1	¥1,500
	人事部 汇总				¥30,000
2020/1/6	技术部	新型研发模型	¥7,900	1	¥8,000
2020/3/7	技术部	办公计算机	¥5,800	1	¥5,000
	技术部 汇总				¥13,000
2020/2/6	行政部	办公计算机	¥6,500	2	¥10,000
2020/2/7	行政部	办公计算机	¥6,400	1	¥6,000
2020/5/16	行政部	培训设备配件	¥2,100	1	¥2,100
	行政部 汇总				¥18,100
	总计				¥229,200

图 8.18　创建分类汇总

提　示

在添加分类汇总后，会在最下方显示总计行。总计是从明细数据派生而来的，而不是从分类汇总的值中得来的。例如，以平均值来进行汇总，总计行会显示所有明细的平均值，而不是分类汇总行的平均值。

8.3.2　合并计算

利用Excel的合并计算功能，可以将多个工作表中的数据进行计算汇总。在进行合并计算时，计算结果所在的工作表称为“目标工作表”，接受合并数据区域称为“源区域”。下面介绍合并计算的操作过程。

01 启动Excel并打开工作表，该工作簿中包含4个工作表，前3个工作表是各个分店周销售情况统计表，现在需要在“本月合计”工作表中对数据进行合计。首先打开“本月合计”工作表，选择其中的B3单元格。在“数据”选项卡的“数据工具”组中单击“合并计算”按钮，打开“合并计算”对话框，如图8.19所示。

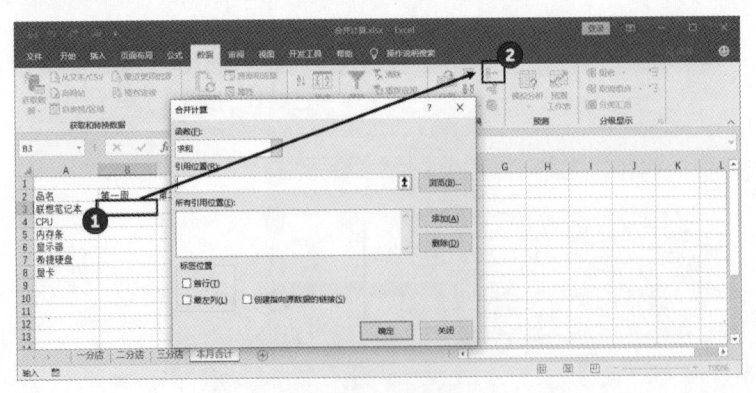

图 8.19　打开“合并计算”对话框

02 在“合并计算”对话框中将“函数”设置为“求和”，在“引用位置”文本框中输入一分店数据区域的单元格地址，单击“添加”按钮将其添加到“所有引用位置”列表中，如图 8.20 所示。

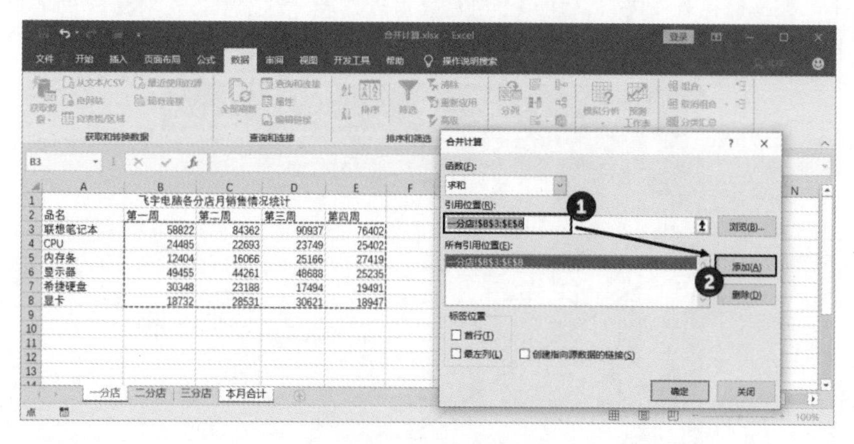

图 8.20　添加引用位置

03 依次将其他 2 个分店的数据区域地址添加到“所有引用位置”列表中，完成后单击“确定”按钮关闭对话框，如图 8.21 所示。此时将获得需要的统计结果，如图 8.22 所示。

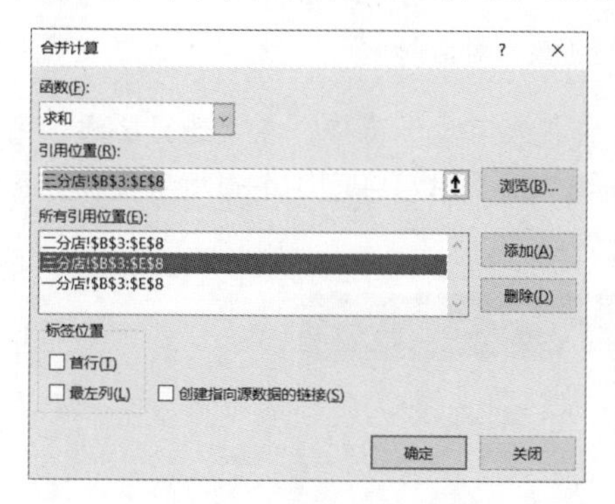

图 8.21　添加所有引用位置

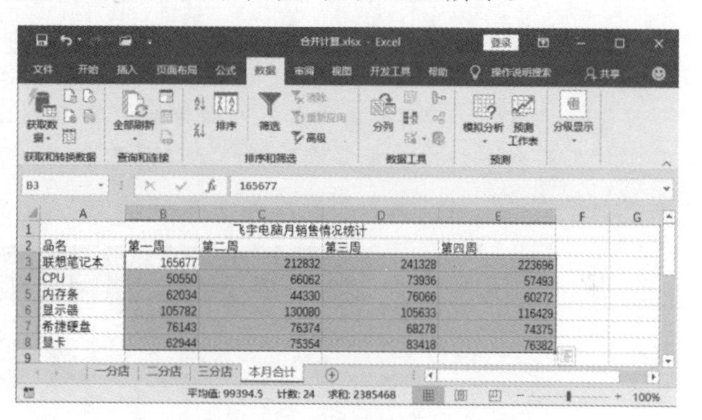

图 8.22　获得需要的统计结果

8.4　数据透视表和数据透视图

使用数据透视表可以全面对数据清单进行重新组织以统计数据。数据透视表是一种对大量数据进行快速汇总和建立交叉列表的交互式表格，其可以转换行和列以显示源数据的不同汇总结果，还可以显示不同页面以实现对数据的筛选，同时可以根据用户的需要显示数据区域中的明细数据。数据透视图是数据透视表的另一种表现形式。

8.4.1　创建数据透视表

数据透视表是一种交叉制表的交互式 Excel 报表，用来创建数据透视表的源数据区域可以是工作表中的数据清单，也可以是导入的外部数据。下面将介绍使用工作表中的数据来创建数据透视的操作方法。

01 启动 Excel 并打开工作表，在工作表中选择任意一个单元格。在“插入”选项卡的“表格”组中单击“数据透视表”按钮，打开“创建数据透视表”对话框，在对话框中单击“确定”按钮关闭对话框，如图 8.23 所示。

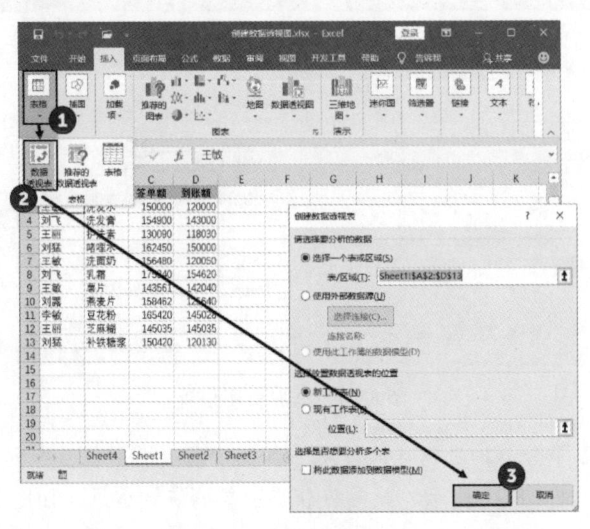

图 8.23　打开“创建数据透视表”对话框

02 此时在 Excel 程序窗口的右侧将打开“数据透视表字段”窗格，在“选择要添加到报表的字段”列表中勾选“业务员”“产品名称”和“到账额”复选框，将这 3 个选项用鼠标分别拖放到“行”“列”和“值”列表，如图 8.24 所示。

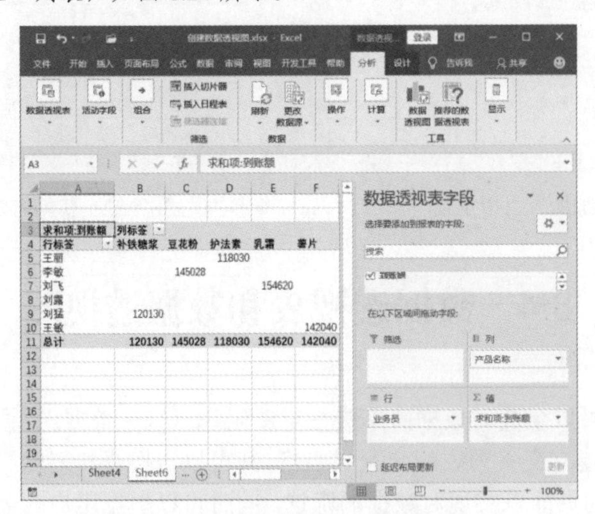

图 8.24　选择相应的选项并放置到列表中

03 单击“行标签”旁的下三角按钮，在打开的列表中取消对“全选”复选框的勾选，勾选“刘飞”选项后单击“确定”按钮，如图 8.25 所示。此时可以筛选出该业务员的销售数据，如图 8.26 所示。

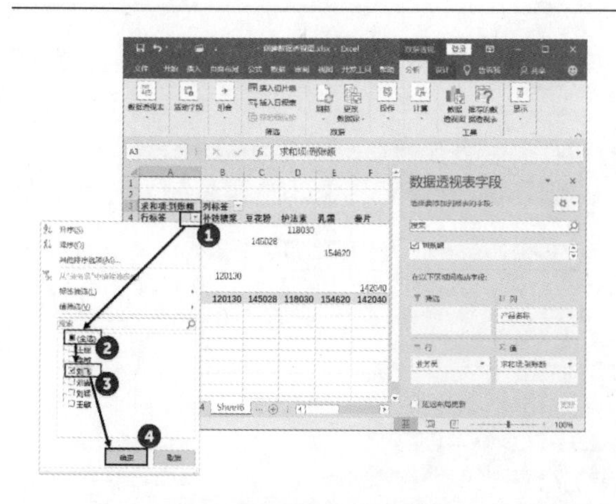

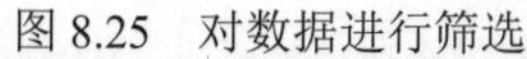

图 8.25　对数据进行筛选

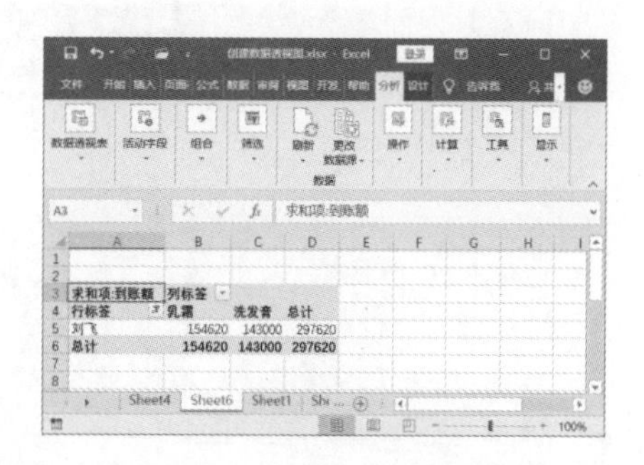

图 8.26　获得筛选结果

提　示

数据透视表包括 4 个区域，数值区域用于显示汇总数值数据，行标签区域用于将字段显示为报表侧面的行，列标签区域用于将字段显示为报表顶部的列。报表筛选区域用于基于报表筛选中的选定项来筛选整个报表。在创建数据透视表时，需要在“数据透视表字段列表”窗格中将字段添加到这些区域的列表中。

8.4.2　编辑数据透视表

在完成数据透视表的创建后，用户可以对数据透视表进行一系列的编辑操作，如选择和移动数据透视表、重命名数据透视表和更改数据透视表的数据源等操作。

1. 移动数据透视表

对于创建完成的数据透视表，有时需要将数据透视表移动到其他位置。移动数据透视表可以使用下面的步骤来进行操作。

01 打开创建的数据透视表，在“分析”选项卡的“操作”组中单击“移动数据透视表”按钮打开“移动数据透视表”对话框，在对话框中选择放置数据透视表的位置。如果选择“现有工作表”选项，则需要在“位置”文本框中输入位置地址，如图 8.27 所示。

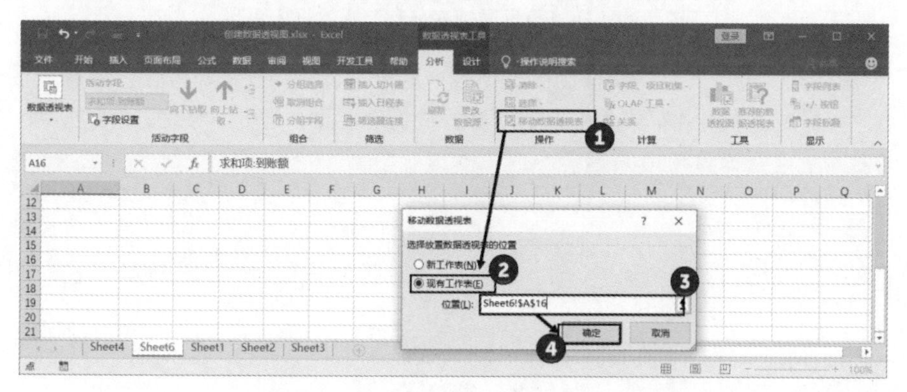

图 8.27　打开“移动数据透视表”对话框

02 完成设置后，单击“确定”按钮关闭“移动数据透视表”对话框，数据透视表被移动到指定的位置，如图 8.28 所示。

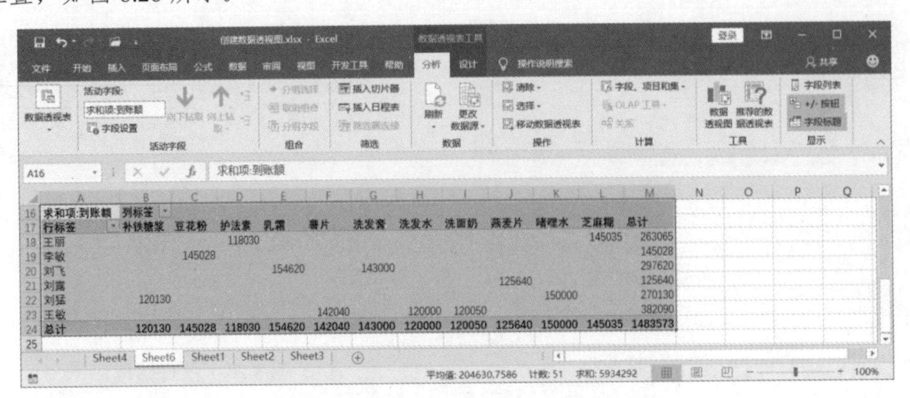

图 8.28 数据透视表被移动到指定的位置

2．重命名数据透视表

在 Excel 中创建的数据透视表默认的名称是“数据透视表 1”“数据透视表 2”和“数据透视表 3”等，实际上用户可以根据需要对数据透视表重新命名，使其便于识别。

01 打开数据透视表，在“分析”选项卡的“数据透视表”组中的“数据透视表名称”文本框中输入数据透视表名称。按 Enter 键确认输入，即可对数据透视表更名，如图 8.29 所示。

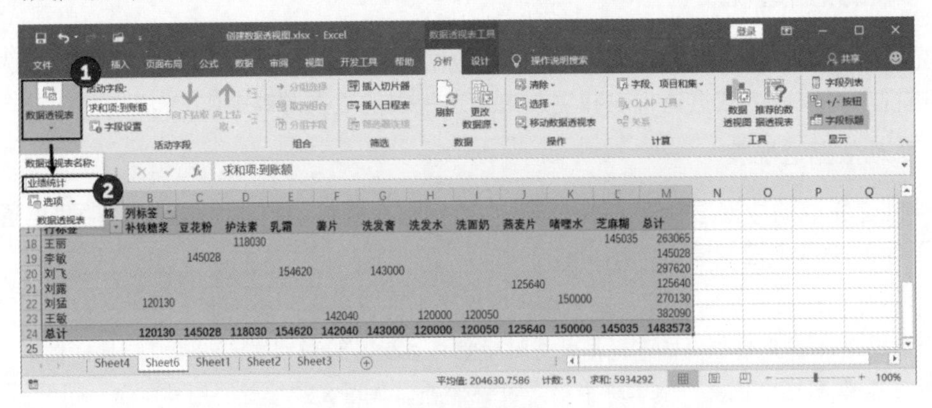

图 8.29 在“数据透视表名称”文本框中更名

02 在“分析”选项卡的“数据透视表”组中单击“选项”按钮，打开“数据透视表选项”对话框，在“数据透视表名称”文本框中输入数据透视表名称，单击“确定”按钮关闭对话框，即可对数据透视表更名，如图 8.30 所示。

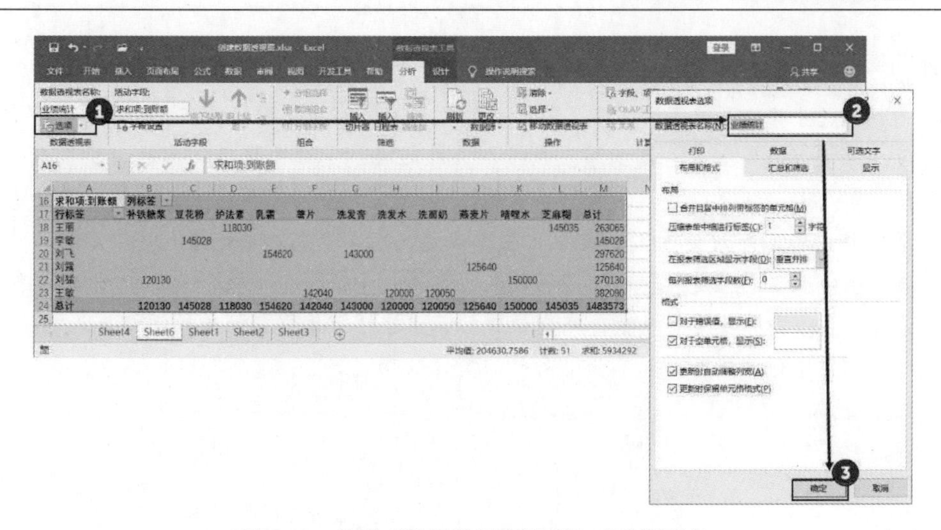

求和项:到账额	列标签											
行标签	补铁糖浆	豆花粉	护法素	乳霜	薯片	洗发膏	洗发水	洗面奶	燕麦片	啫喱水	芝麻糊	总计
王丽			118030								145035	263065
李敏		145028										145028
刘飞				154620		143000						297620
刘露									125640			125640
刘猛	120130									150000		270130
王敏					142040		120000	120050				382090
总计	120130	145028	118030	154620	142040	143000	120000	120050	125640	150000	145035	1483573

图 8.30　使用“数据透视表选项”对话框更名

3. 更改数据源

在数据透视表数据源区域中添加了数据后，如果需要将这些数据添加到数据透视表中，可以通过更改数据源来实现。

01 选择数据透视表中任意一个单元格，在“分析”选项卡的“数据”组中单击“更改数据源”按钮，如图 8.31 所示。

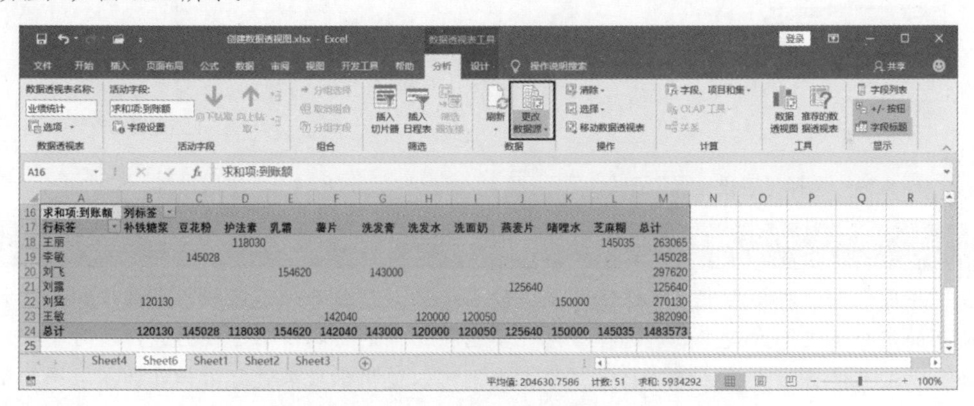

求和项:到账额	列标签											
行标签	补铁糖浆	豆花粉	护法素	乳霜	薯片	洗发膏	洗发水	洗面奶	燕麦片	啫喱水	芝麻糊	总计
王丽			118030								145035	263065
李敏		145028										145028
刘飞				154620		143000						297620
刘露									125640			125640
刘猛	120130									150000		270130
王敏					142040		120000	120050				382090
总计	120130	145028	118030	154620	142040	143000	120000	120050	125640	150000	145035	1483573

图 8.31　单击“更改数据源”按钮

02 此时将打开“更改数据透视表数据源”对话框，在“表/区域”文本框中输入数据源所在的单元格区域。单击“确定”按钮关闭对话框，如图 8.32 所示。这样，新数据就会添加到数据透视表中。

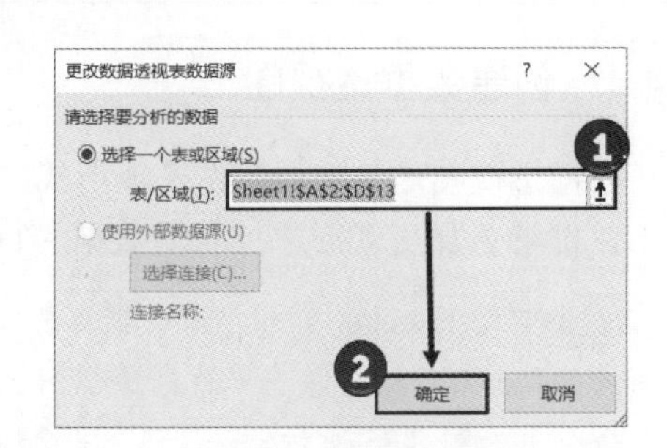

图 8.32　“更改数据透视表数据源”对话框

8.4.3　设置数据透视表中数据的汇总方式

创建数据透视表时，默认情况下将值生成一种分类汇总，但是在很多时候需要对数据进行多个计算汇总，以从不同的角度对数据进行分析。此时需要对值字段进行多种方式的计算，下面介绍具体的操作方法。

01 启动 Excel 并打开数据透视表，打开“数据透视表字段”窗格，在“行”列表中单击“业务员”选项，单击“行”列表右侧的下三角按钮，在打开的菜单中选择“字段设置”命令，如图 8.33 所示。

02 此时将打开“字段设置”对话框，在“自定义名称”文本框中输入字段名称，在“分类汇总和筛选”栏中选择“自定义”单选按钮。在“选择一个或多个函数”列表中按 Ctrl 键单击相应的选项，选择多个需要使用的函数，完成设置后，单击“确定”按钮关闭对话框，如图 8.34 所示。在数据透视表中可以按照业务员获得需要的统计数据。

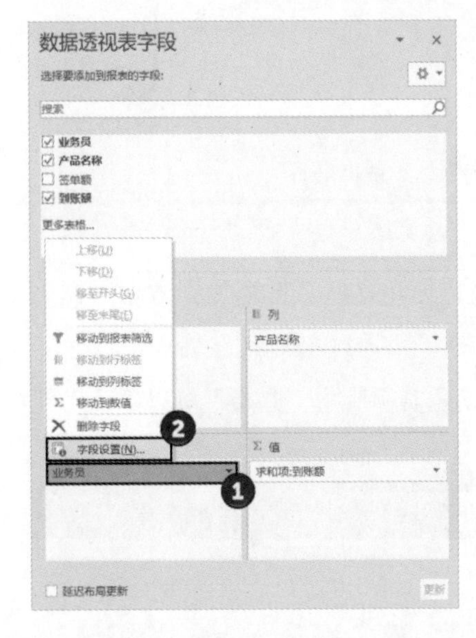

图 8.33　选择“字段设置”命令

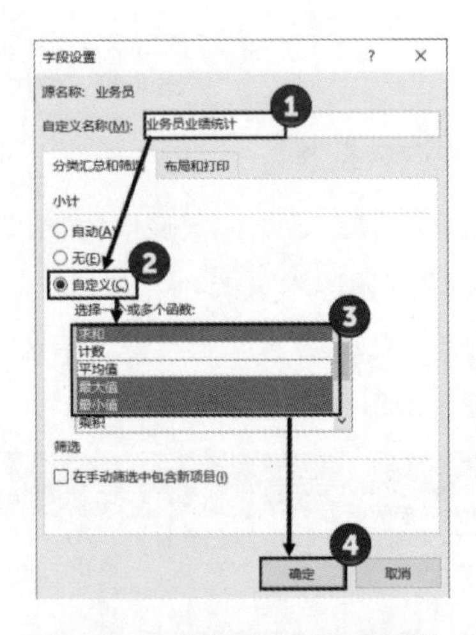

图 8.34　“字段设置”对话框

提　示

在“字段设置”对话框中，默认情况下“分类汇总”栏会选择“自动”单选按钮，此时使用的是分类汇总方式。如果选择“无”单选按钮，则将取消创建数据透视表时的默认的分类汇总统计方式。选择“自定义”方式则可以使用函数来进行诸如计数、求平均值或求最大值等 11 种汇总方式。

8.4.4 创建数据透视图

数据透视图是另一种数据表现形式，与数据透视表的不同之处在于其可以选择表现数据的图形，能够更加直观形象地表现数据的特性。

01 启动 Excel 并打开作为数据源的工作表，选择数据区域中的任意一个单元格。在“插入”选项卡的“图表”组中单击“数据透视图”按钮上的下三角按钮，在打开的菜单中选择“数据透视图”命令，如图 8.35 所示。

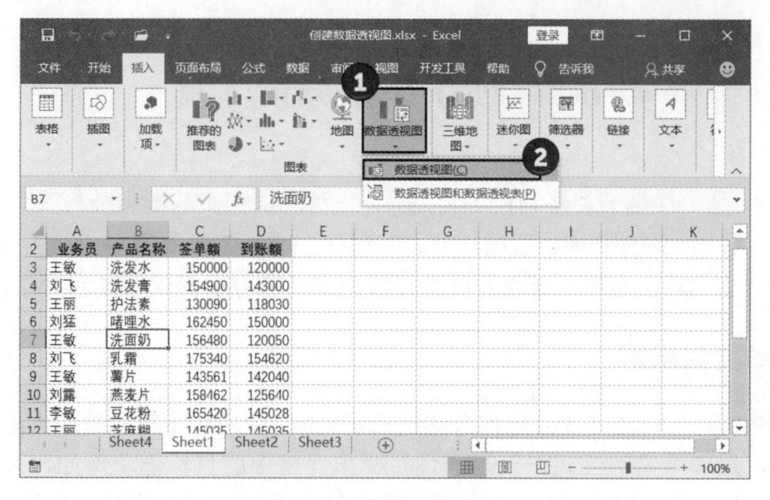

图 8.35　选择“数据透视图”命令

02 此时将打开“创建数据透视图”对话框，在“表/区域”文本框中使用默认单元格区域，即当前工作表的数据区域；在“选择放置数据透视图的位置”项中选择“新工作表”单选按钮，单击“确定”按钮关闭对话框，如图 8.36 所示。

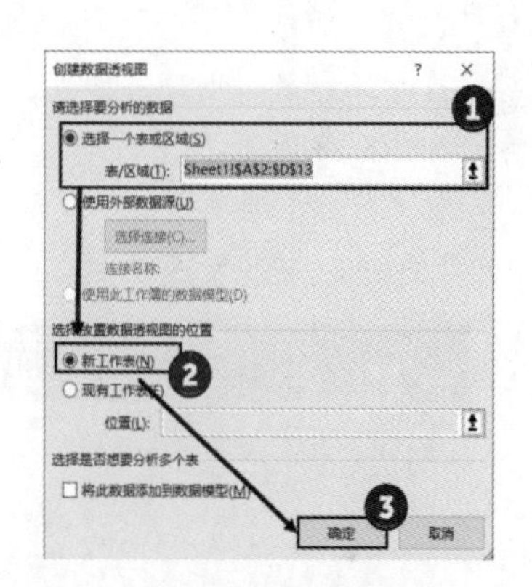

图 8.36　“创建数据透视图”对话框

03 在出现的“数据透视图字段”窗格中，在“选择要添加到报表的字段”列表中勾选相应的复选框，选择需要添加的字段，同时在窗格下的区域中拖动字段设置数据透视图的布局，此时即可在工作表中创建需要的数据透视图，如图 8.37 所示。

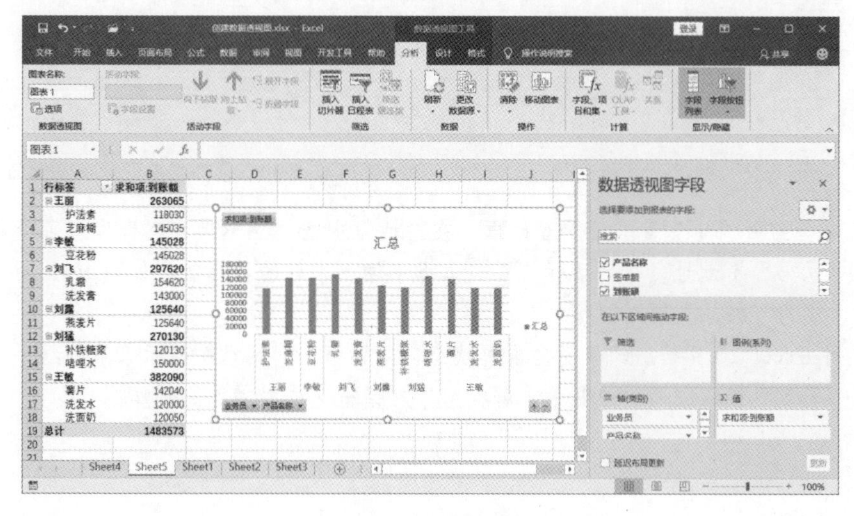

图 8.37　创建数据透视图

8.5 使用数据分析工具

Excel 不仅仅是一种电子表格制作工具，还是一种功能强大的数据分析工具。Excel 向用户提供了多种分析数据、制作报表、数据运算、工程规划和财政预算等多方面的分析工具，用户可以直接使用这些工具，为各类专业人员进行数据统计和分析提供了便利。

8.5.1 使用单变量求解

使用单变量求解就是通过计算求得公式中特定的解。使用单变量求解能够通过调整可变单元格中的数据，按照给定的公式来获得满足目标单元格中的目标值。例如，公司固定预算为 80000 元，培训费等项目费用是固定值，要满足预算总额则差旅费最大能为多少。下面使用单变量求解来解决这个问题。

01 打开工作簿，创建工作表，在工作表中输入数据，同时在 B10 单元格中输入公式计算费用总和，如图 8.38 所示。

02 在“数据”选项卡的“预测”组中单击“模拟分析”按钮，在打开的下拉列表中选择“单变量求解”命令，如图 8.39 所示。

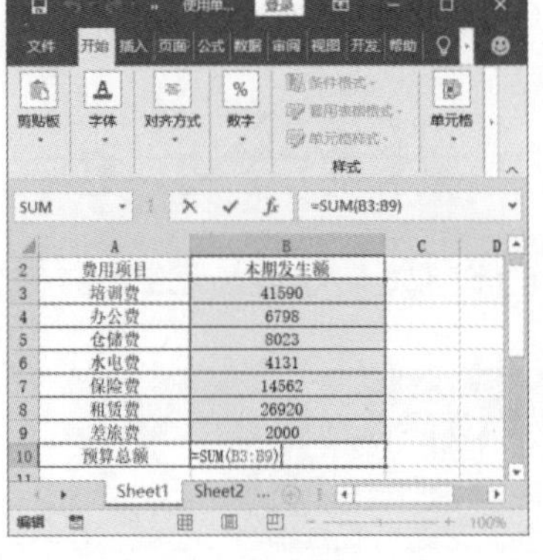
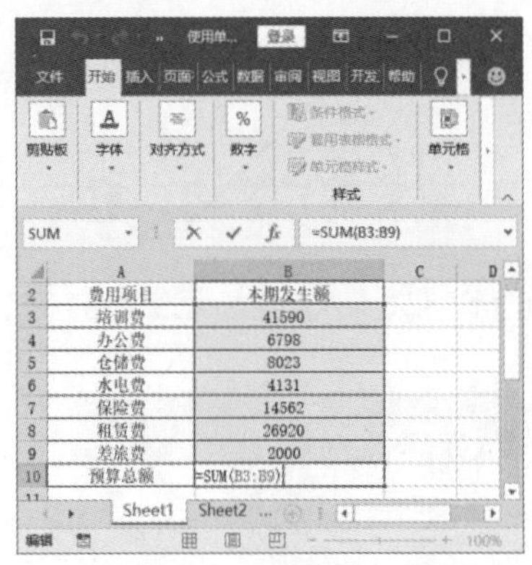

图 8.38 创建工作表

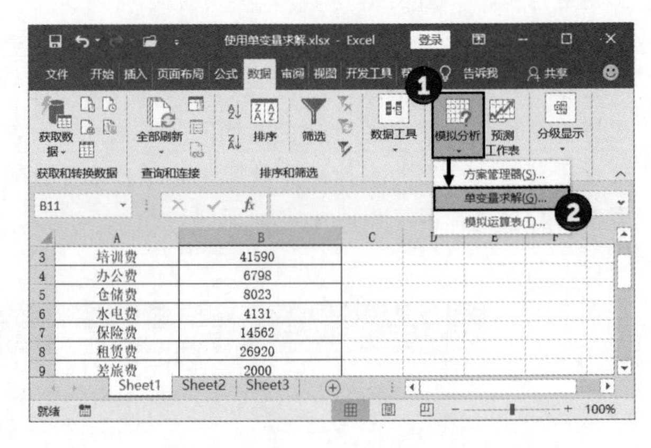

图 8.39 选择“单变量求解”命令

03 此时将打开“单变量求解”对话框，在对话框中的“目标单元格”和“可变单元格”文本框中输入单元格引用地址，在“目标值”文本框中输入求解的目标值，如图 8.40 所示。完成设置后，单击“确定”按钮关闭对话框。

04 此时 Excel 2019 给出“单变量求解状态”对话框，对话框中显示求解的结果，如图 8.41 所示。单击“确定”按钮关闭“单变量求解状态”对话框完成本实例的制作。

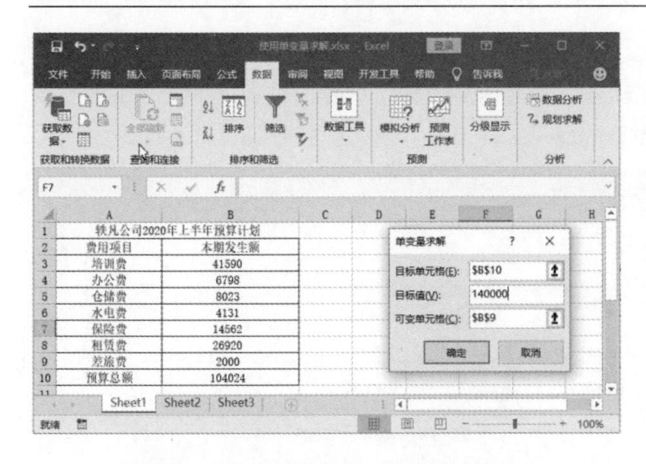

图 8.40 “单变量求解”对话框的设置

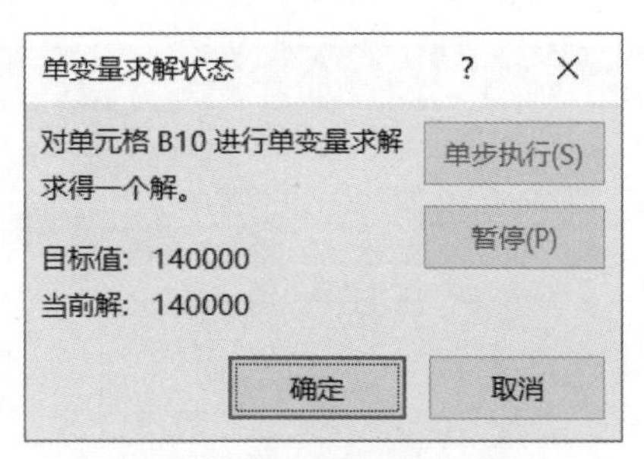

图 8.41 显示求解结果

8.5.2 使用模拟运算表

模拟运算表是进行预测分析的一种工具，可以显示工作表中一个或多个数据变量的变化对计算结果的影响，求得某一过程中可能发生的数值变化，同时将这一变化列在表中以便于比较。运算表根据需要观察数据变量多少的不同，可以分为单变量数据表和多变量数据表这两种形式。下面以创建多变量数据表为例来介绍在工作表中使用模拟运算表的方法，本例数据表用于预测不同销售金额和不同的提成比率所对应的提成金额，创建的是一个有 2 个变量的模拟运算表。

01 创建一个新的工作表，在工作表中输入数据。在工作表的 B9 单元格中输入提成额的计算公式“=$B$2*$B$3”，如图 8.42 所示。

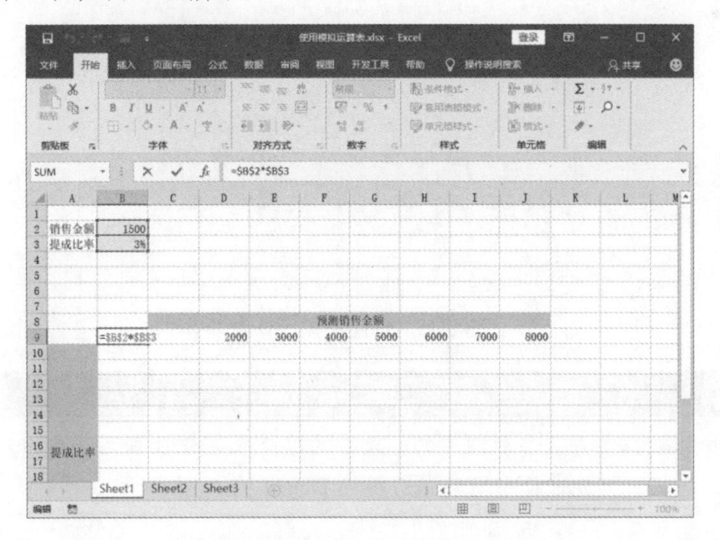

图 8.42 创建工作表并输入公式

02 在 B10:B23 单元格区域中输入提成比率。选择创建运算表的单元格区域，在“数据”选项卡的“预测”组中单击“模拟分析”按钮，在下拉列表中选择“模拟运算表”命令，如图 8.43 所示。

03 此时将打开“模拟运算表”对话框，在对话框的“输入引用行的单元格”文本框中输入销售金额值所在单元格地址“$B$2”，在“输入引用列的单元格”中输入提成比率值所在单元格的地址“$B$3”，如图 8.44 所示。完成单元格的引用后，单击“确定”按钮关闭对话框。

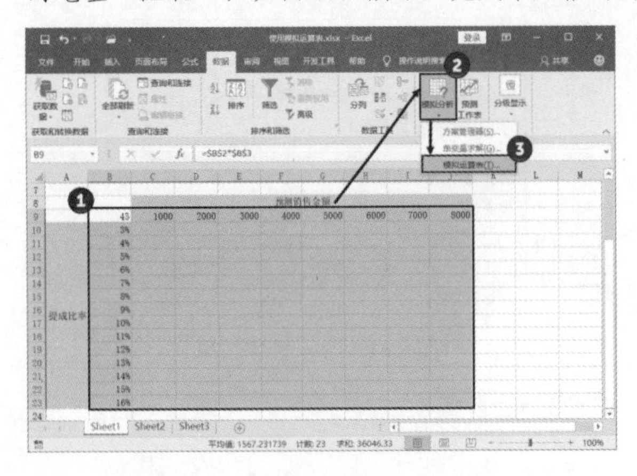

图 8.43　选择“模拟运算表”命令

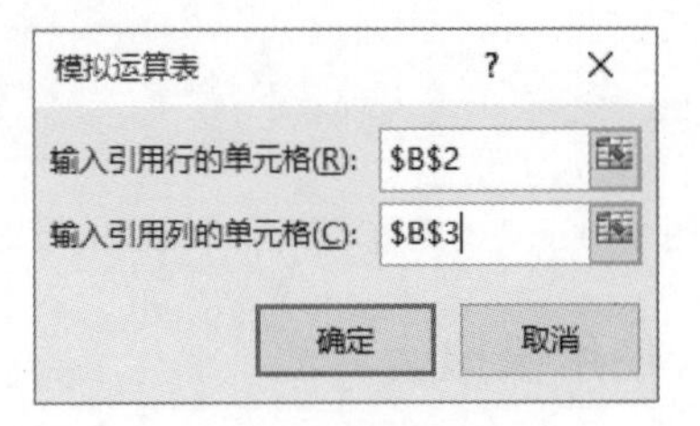

图 8.44　指定引用单元格

04 此时工作表中插入数据表，通过该数据表可以查看不同的销售金额和不同提成比率下对应的提成金额，如图 8.45 所示。

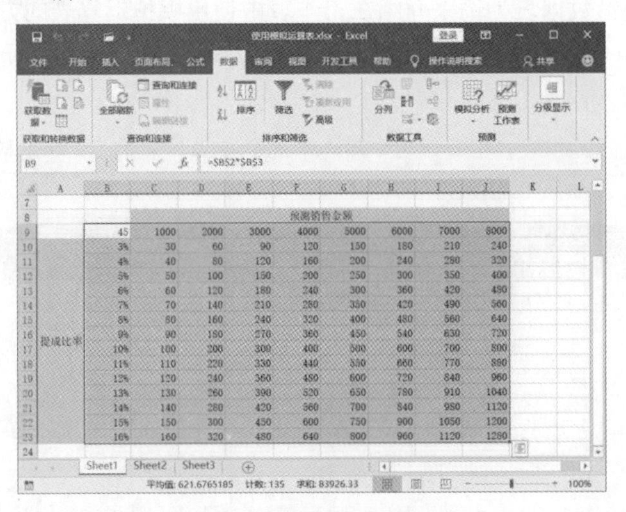

	预测销售金额							
45	1000	2000	3000	4000	5000	6000	7000	8000
3%	30	60	90	120	150	180	210	240
4%	40	80	120	160	200	240	280	320
5%	50	100	150	200	250	300	350	400
6%	60	120	180	240	300	360	420	480
7%	70	140	210	280	350	420	490	560
8%	80	160	240	320	400	480	560	640
9%	90	180	270	360	450	540	630	720
10%	100	200	300	400	500	600	700	800
11%	110	220	330	440	550	660	770	880
12%	120	240	360	480	600	720	840	960
13%	130	260	390	520	650	780	910	1040
14%	140	280	420	560	700	840	980	1120
15%	150	300	450	600	750	900	1050	1200
16%	160	320	480	640	800	960	1120	1280

图 8.45　创建模拟运算表

提　示

模拟运算表中的数据是存放在数组中的，表中的单个或部分数据无法删除。如果要想删除数据表中的数据，只能选择所有数据后再按 Delete 键。

8.5.3　使用方案

Excel 2019 中的方案管理器能够帮助用户创建和管理方案。使用方案，用户能够方便地进行假设，为多个变量存储输入值的不同组合，同时为这些组合命名。下面以使用方案管理器来对销售利润进行预测为例介绍方案管理器的使用方法。

01 启动 Excel，在工作表中输入数据。在工作表的 B10 单元格中输入计算商品利润的公式，如图 8.46 所示。向右复制公式，得到各个商品的利润值。在 B11 单元格中输入商品总利润的计算公式，如图 8.47 所示。完成公式输入后按 Enter 键获得计算结果。

图 8.46　计算商品利润

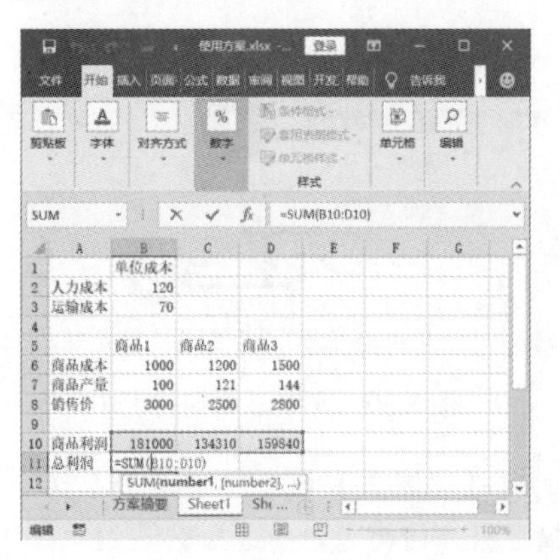

图 8.47　计算商品总利润

02 在“数据”选项卡的“数据分析”组中单击“模拟分析”按钮，在打开的下拉列表中选择“方案管理器”命令，如图 8.48 所示。

03 在打开的“方案管理器”中单击“添加”按钮，此时将打开“编辑方案”对话框，在“方案名”文本框中输入当前方案名称，在“可变单元格”文本框中输入可变单元格地址。这里，以人力成本和运输成本值作为预测时的可变值，如图 8.49 所示。

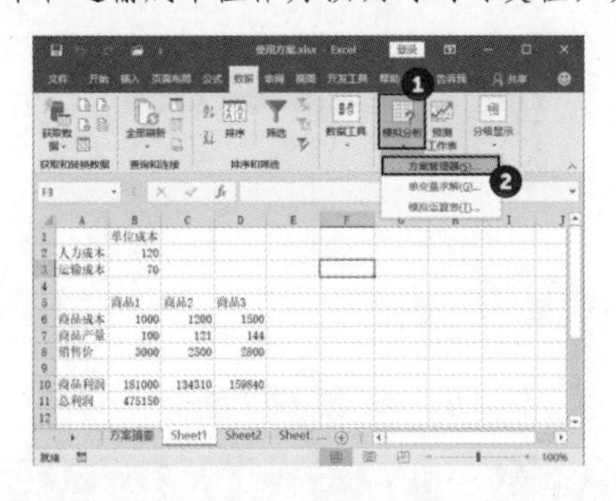

图 8.48　选择“方案管理器”命令

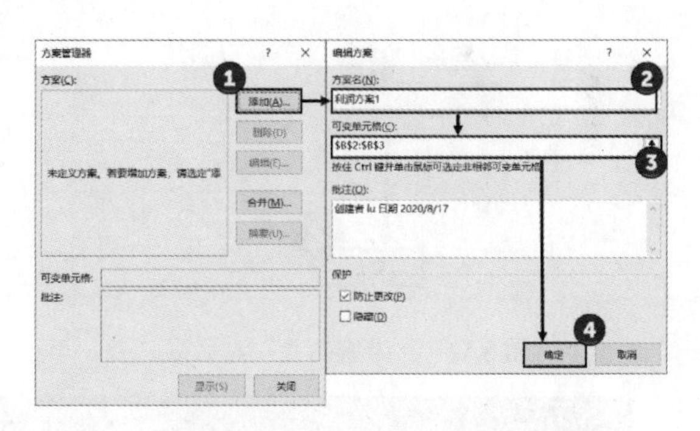

图 8.49　添加第一个方案

04 单击“确定”按钮关闭“编辑方案”对话框，在打开的“方案变量值”对话框中输入此方案中的人力成本和运输成本的值。完成设置后，单击“确定”按钮关闭对话框，如图 8.50 所示。当前方案被添加到“方案管理器”对话框中。

05 在“方案管理器”对话框中单击“添加”按钮，按照步骤 3 的过程添加其他方案，这里另外添加 2 个方案。在“方案管理器”中的“方案”列表中选择某个方案选项，单击“显示”按钮将显示该方案的结果。本例在工作表中将显示当前方案的人力成本和运输成本的值，并显示该方案获得的总利润，如图 8.51 所示。

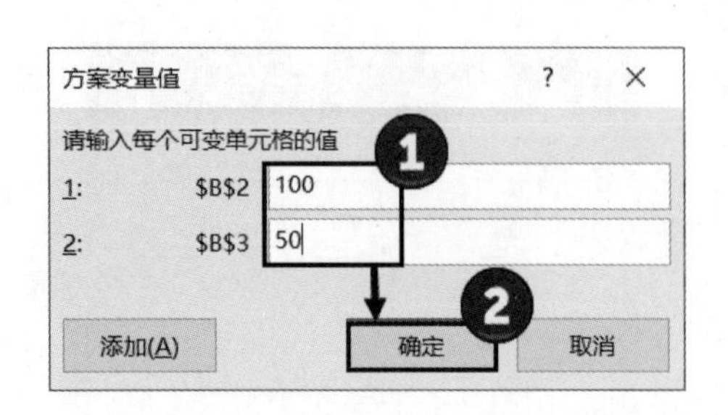

图 8.50 方案添加到列表中

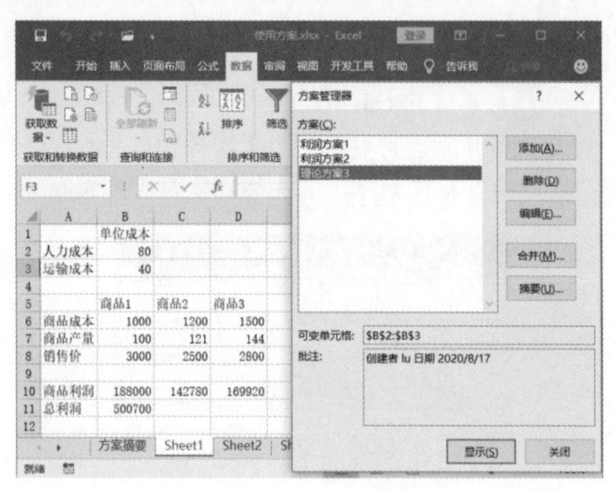

图 8.51 显示方案

06 在“方案管理器”中单击“摘要”按钮，将打开“方案摘要”对话框。在对话框中选择创建摘要报表的类型，如选择默认的“方案摘要”单选按钮，完成设置后，单击“确定”按钮关闭“方案摘要”对话框，如图 8.52 所示。此时工作簿中将创建一个名为“方案摘要”的工作表，如图 8.53 所示。

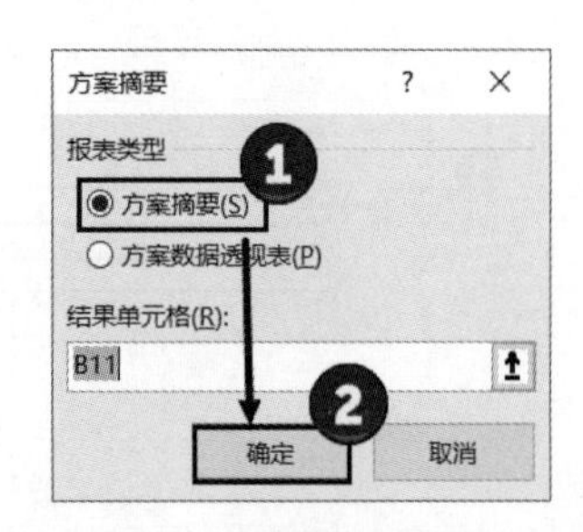

图 8.52 “方案摘要”对话框

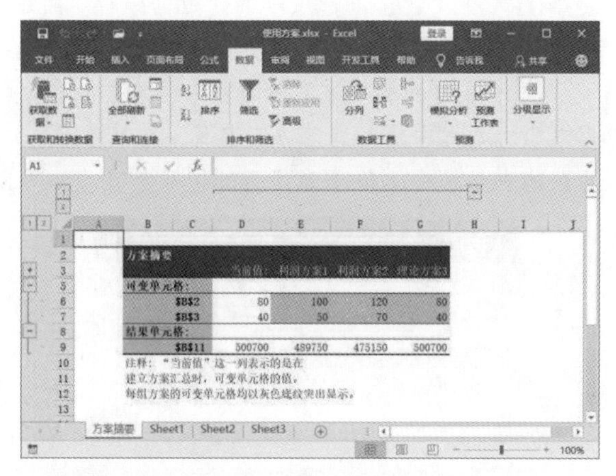

图 8.53 生成方案摘要

提 示

方案创建后可以对方案名、可变单元格和方案变量值进行修改，操作方法是：在“方案管理器”中的“方案”列表中选择某个方案，单击“编辑”按钮以打开“编辑方案”对话框，使用与创建方案相同的步骤进行操作即可。另外，单击“方案管理器”中的“删除”按钮，可以删除当前选择的方案。

8.6　数据分析实用技巧

本节介绍数据分析的 3 个实用技巧。

8.6.1　使用通配符筛选文本

在对数据表中的数据进行筛选时，有时需要筛选出指定形式或包含特定字符的数据记录。此时，可以使用 Excel 的“自定义自动筛选方式”功能和通配符来快速实现操作。下面介绍具体的操作方法。

01 启动 Excel 并打开工作表，在工作表中选择需要进行筛选操作的数据区域。在“数据”选项卡的“排序和筛选”组中单击“筛选”按钮进入自动筛选状态。单击“姓名”列标题右侧的下三角按钮，在打开的下拉列表中选择“文本筛选”选项，在下级列表中选择“自定义筛选”命令，如图 8.54 所示。

02 此时将打开“自定义自动筛选方式”对话框，在“姓名”栏的第一个下拉列表框中选择“等于”选项，在第二个下拉列表框中输入文本“王*”，如图 8.55 所示。

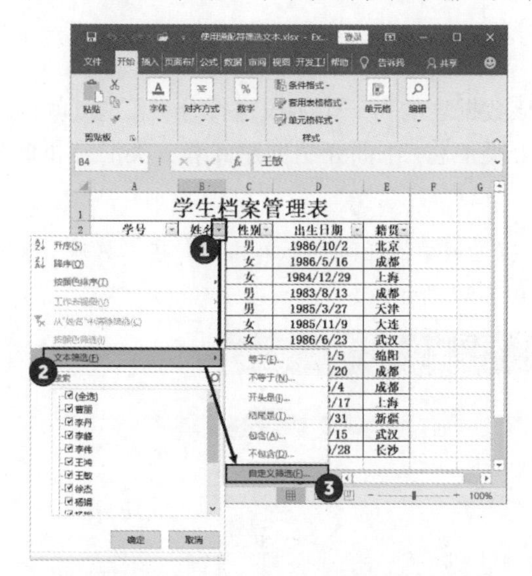

图 8.54　选择“自定义筛选”命令

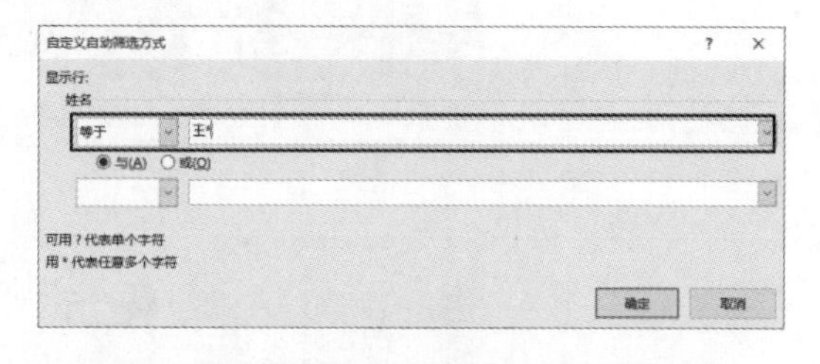

图 8.55　“自定义自动筛选方式”对话框

提　示

在“自定义自动筛选方式”对话框中给出了通配符“？”和“*”的含义。如果在筛选数据时需要获得包含“？”或“*”的数据，只需要在“？”或“*”前加上“~”即可。

03 单击“确定”按钮关闭“自定义自动筛选方式”对话框，工作表中将显示筛选结果。此时的筛选结果是以“王”为姓的所有学生信息，如图 8.56 所示。

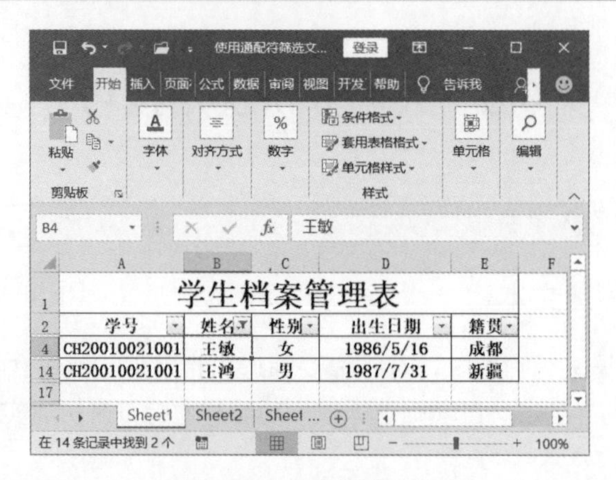

图 8.56　显示筛选结果

单击“姓名”列标题右侧的下三角按钮，在打开的下拉列表中选择“文本筛选”选项，在打开的下级列表中选择“开头是”选项，将同样打开“自定义自动筛选方式”对话框。此时只需要输入姓，无须输入通配符，即可实现本实例的效果。

8.6.2　分类汇总的嵌套

在对一个字段的数据进行分类汇总后，再对该数据表的另一个字段进行分类汇总，就构成了分类汇总的嵌套。嵌套分类汇总是一种多级的分类汇总，下面介绍创建嵌套分类汇总和查看嵌套分类汇总明细的方法。

01 打开已经插入分类汇总的工作表，单击数据区域中的任意一个单元格。在“数据”选项卡的“分级显示”组中单击“分类汇总”按钮，如图 8.57 所示。

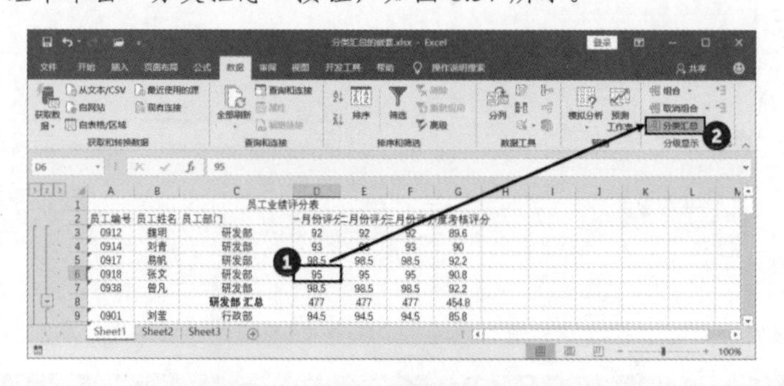

图 8.57　单击“分类汇总”按钮

02 在“分类汇总”对话框的“分类字段”下拉列表中选择“员工部门”，在“汇总方式”下拉列表中选择“平均值”，在“选定汇总项”列表中勾选“季度考核评分”复选框，取消对“替换当前分类汇总”复选框的勾选。完成设置后，单击“确定”按钮关闭“分类汇总”对话框，如图 8.58 所示。

提　示

如果需要删除创建的分类汇总，可以在“分类汇总”对话框中单击“全部删除”按钮。这里要注意，在删除分类汇总时，Excel 还会删除与分类汇总一起插入工作表的分级显示和分页符。

03 此时工作表插入嵌套分类汇总，单击工作表左上角的分级显示数据按钮，可以对多级数据汇总进行分级显示，以便于快速查看数据。例如，需要查看分类汇总表中前三级的数据，可以单击3按钮，如图 8.59 所示。

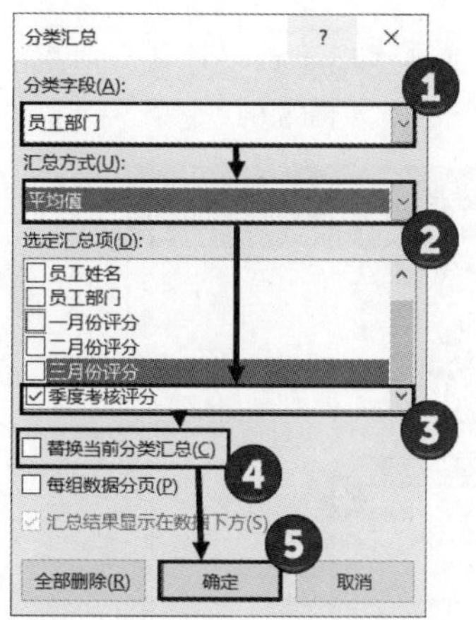

图 8.58　“分类汇总”对话框的设置

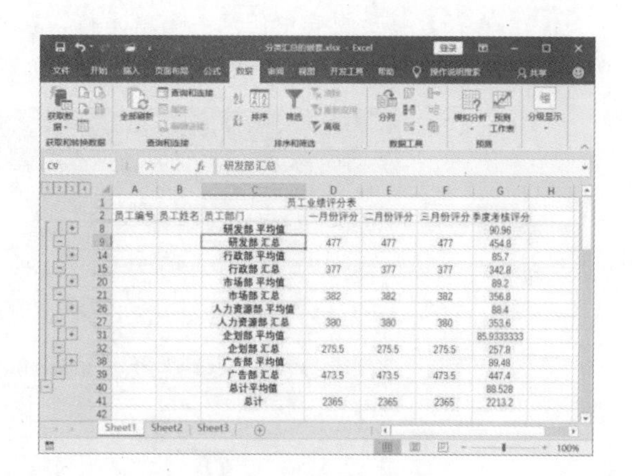

图 8.59　查看前三级数据

04 在分类汇总表中如果需要显示明细数据，可以单击工作表左侧的“显示明细数据”按钮+。单击工作表左侧的“隐藏明细数据”按钮-可以隐藏显示的明细数据，如图 8.60 所示。

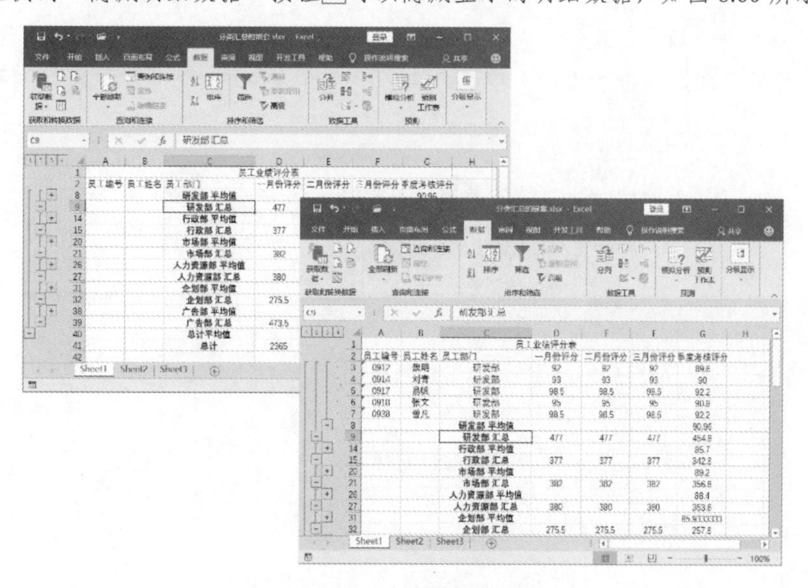

图 8.60　查看明细数据

提 示

在“数据”选项卡的“分级显示”组中单击“显示明细数据”按钮和“隐藏明细数据”按钮，也可以实现对明细数据的显示或隐藏操作。

8.6.3 在数据透视表中添加计算字段

计算字段是使用数据透视表中的字段同其他内容经过计算后得到的，如果用户需要在数据透视表中自定义计算公式以计算数据，可以通过添加计算字段来实现。下面介绍具体的操作方法。

01 选择数据透视表中任意一个单元格，在“分析”选项卡中单击“计算”组中的“字段、项目和集”按钮。在打开的下拉列表中选择“计算字段”命令，如图 8.61 所示。

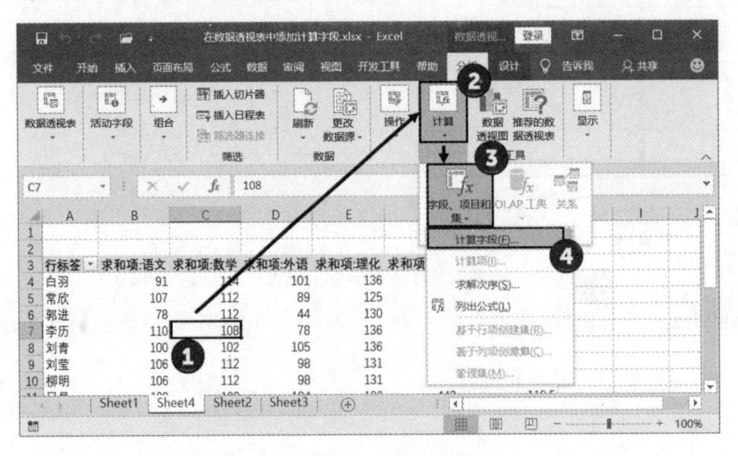

图 8.61 选择“计算字段”命令

02 此时将打开“插入计算字段”对话框，在“名称”文本框中输入字段的名称，在“公式”文本框中输入计算公式，单击“添加”按钮，该字段将被添加到对话框的“字段”列表中，如图 8.62 所示。

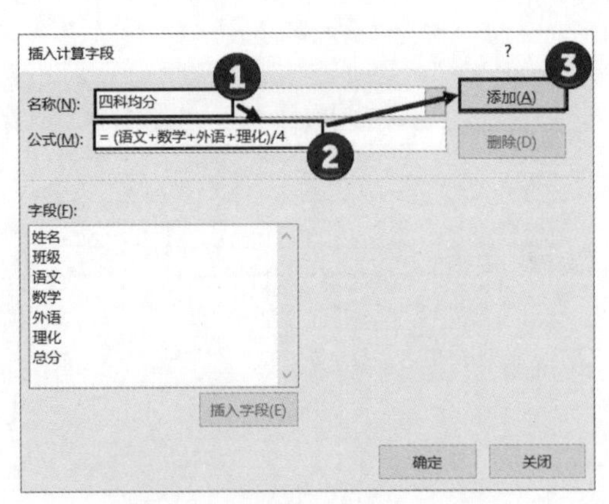

图 8.62 “插入计算字段”对话框

提　示

在编写公式时，在“字段”列表中双击某个字段名称，该名称将会被插入到“公式”文本框中。

03 单击“确定”按钮关闭“插入计算字段”对话框，计算字段被添加到数据透视表中。数据透视表中显示使用公式计算出来的结果，如图 8.63 所示。

行标签	求和项:语文	求和项:数学	求和项:外语	求和项:理化	求和项:总分	求和项:四科均分
白羽	91	114	101	136	442	110.5
常欣	107	112	89	125	433	108.25
郭进	78	112	44	130	364	91
李历	110	108	78	136	432	108
刘青	100	102	105	136	443	110.75
刘莹	106	112	98	131	447	111.75
柳明	106	112	98	131	447	111.75
吕晶	100	102	104	136	442	110.5
田媛	85	104	108	134	431	107.75
王明	101	116	108	134	459	114.75
王天	99	85	98	134	416	104
魏明	104	104	87	120	415	103.75
吴敏	91	78	101	136	406	101.5
易帆	112	94	105	131	442	110.5
易飞	112	94	105	131	442	110.5
张天来	102	112	66	150	430	107.5
张文	98	108	109	136	451	112.75
张羽	101	76	108	134	419	104.75
张哲	102	103	100	112	417	104.25
总计	1905	1948	1812	2513	8178	2044.5

图 8.63　计算字段被添加到数据透视表中

提　示

在数据透视表中，清除某个字段的数据有两种方法：一种方法是在“选择要添加到报表的字段”列表中取消对该字段的勾选；另一种方法是在数据透视表中选择字段中任意一个数据单元格，在“数据透视表工具”的“选项”选项卡中单击“操作”组中的“清除”按钮，在打开的菜单中选择“全部清除”命令。

第 9 章

更专业的分析和统计

Excel 拥有强大且专业的统计功能，它不仅能够协助统计人员完成数据的整理，而且能够完成专业的数据分析工作。本章将介绍利用 Excel 进行高级数据分析的方法。

9.1 对数据进行描述分析

描述统计是统计学中的一个重要分类，其着重以简单、直观的统计结果来描述数据的某一特征。本节将介绍 Excel 中对数据进行描述统计的方法。

9.1.1 利用函数进行的描述统计

很多时候，在对数据进行分析时需要对数据的常用统计量进行计算，这些常用统计量包括平均值、众数、修剪平均数和峰度等。对于这些数值，Excel 都提供了对应的函数，下面将介绍 5 个进行描述统计的函数。

1. 计算众数

在一组数据中出现次数最多的数据称为众数。众数是对数据进行描述性分析的一个常用量。下面通过一个实例来介绍众数的使用。

某工厂为了加强生产管理，准备采取每天任务定额和超产有奖的措施，以提高工人的工作效率，因此需要确定一个标准的日产量。对车间 15 名工人过去一天中各自完成的产量进行统计，这里使用调查数据的众数作为标准日产量。

01 在工作表中选择用于放置数据的单元格，单击“插入函数”按钮打开“插入函数”对话框，在“或选择类别”列表中选择“统计”选项。在“选择函数”列表中选择需要使用的函数，单击“确定”按钮关闭对话框，如图 9.1 所示。

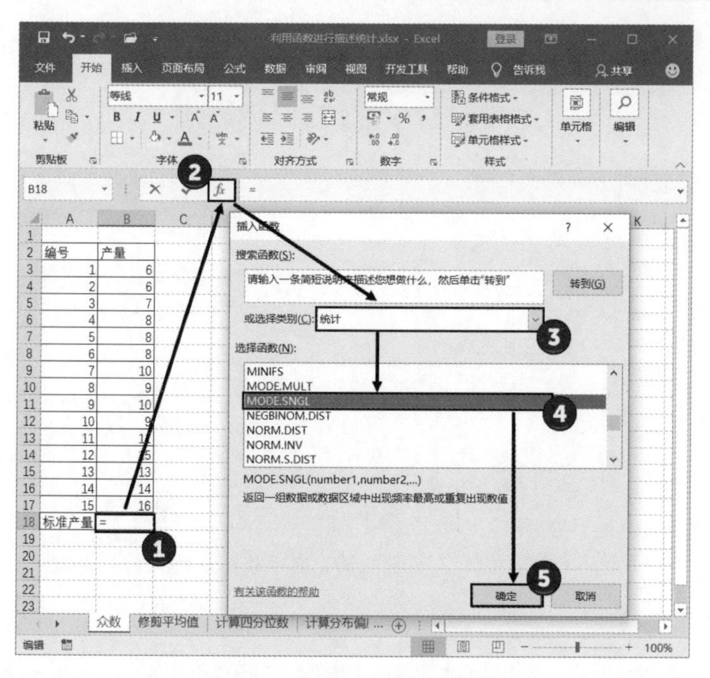

图 9.1　选择需要使用的函数

02 此时将打开“函数参数”对话框，在“Number1”文本框中输入数据所在的单元格区域地址，单击“确定”按钮关闭对话框，如图 9.2 所示。在选择的单元格中将获得需要的众数，如图 9.3 所示。

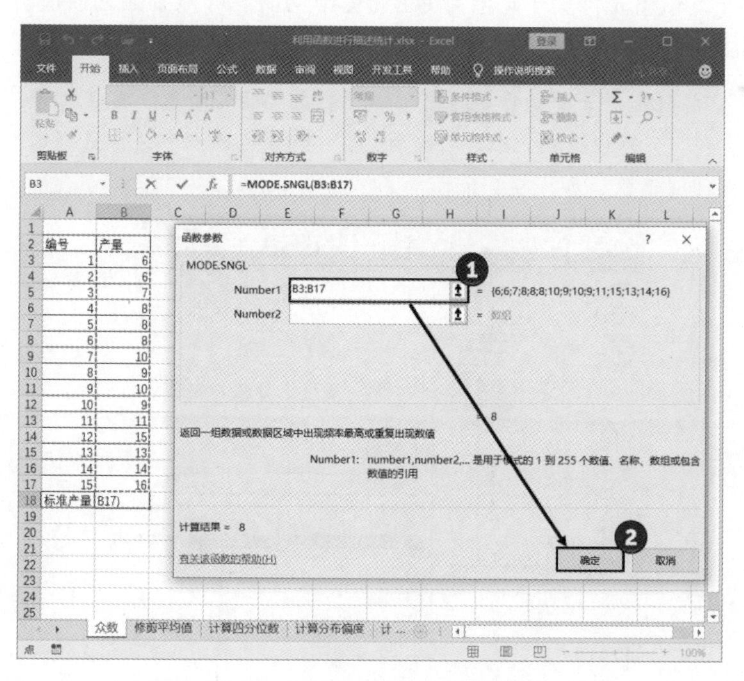

图 9.2　输入单元格区域地址

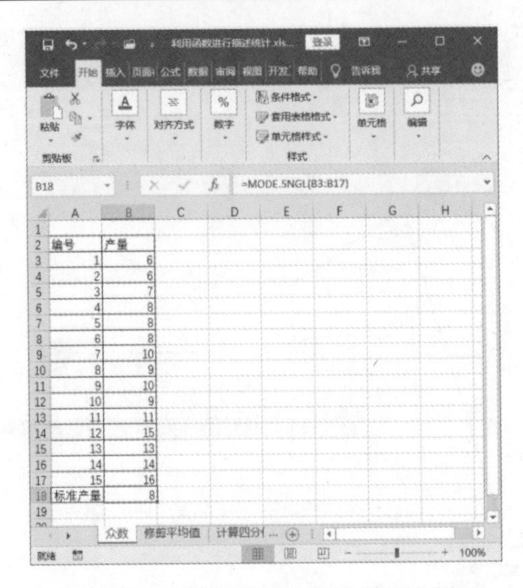

图 9.3　在选择的单元格中获得众数

2. 计算修剪平均值

平均值是对一组数据进行统计分析的常用数据，常用来衡量一组数据的整体情况。但其在使用时有一个很大的弱点，就是十分容易受到极大值和极小值的影响。因此，在很多场合中，并不是使用简单的算术平均值来对一组数据进行分析，而是使用的修剪平均值。

例如，在竞赛评分时会去掉一个最高分和一个最低分，然后计算算术平均值以获得选手的最终得分，这种平均值就是修剪平均值。使用修剪平均值能够减小因为极值所造成的平均值的偏移，提高分析的准确度。下面介绍计算修剪平均值的方法。

01 在工作表中选择用于放置数据的单元格，单击“插入函数”按钮打开“插入函数”对话框，在“或选择类别”列表中选择“统计”选项，在“选择函数”列表中选择需要使用的函数，单击“确定”按钮关闭对话框，如图 9.4 所示。

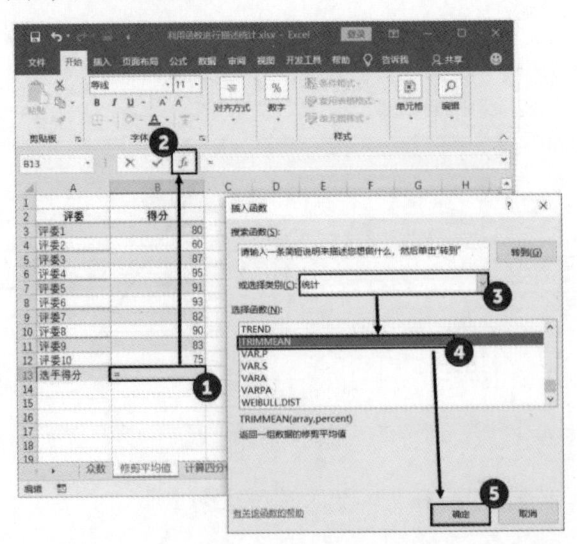

图 9.4　选择函数

02 此时将打开“函数参数”对话框，在“Array”文本框中输入数据所在的单元格地址，在“Percent”文本框中输入数值 0.2，单击“确定”按钮关闭对话框，如图 9.5 所示。在单元格中得到需要的修剪平均值，如图 9.6 所示。

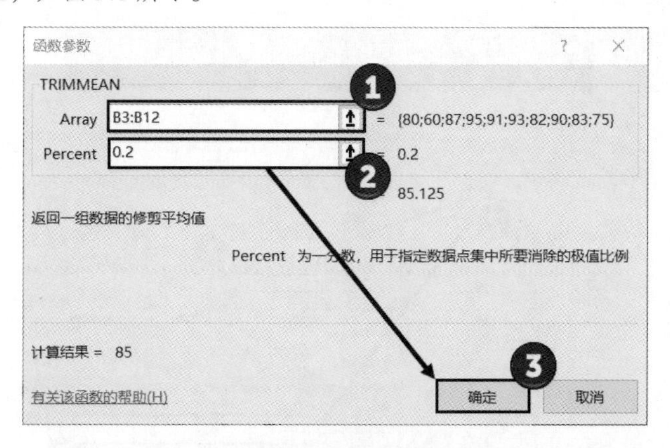

图 9.5　设置函数参数

图 9.6　获得需要的修剪平均值

提　示

在“函数参数”对话框中，“Percent”设置需要去除数据的比例。这里有 10 个数据，需要去掉一个最高分和一个最低分，因此去除 10×（2÷10）=2 个数据。

3．计算四分位数

将一组数据按照大小顺序分为 4 段，中间的 3 个切点值称为四分位数。使用手工方式来计算四分位数计算量很大，而且需要多次进行判断，显然是十分麻烦的。Excel 实际上提供了直接用于计算四分位数的函数，下面介绍该函数的使用方法。

01 在工作表中选择用于放置数据的单元格，单击“插入函数”按钮打开“插入函数”对话框，“或选择类别”列表中选择“统计”选项，在“选择函数”列表中选择需要使用的函数，单击“确定”按钮关闭对话框，如图9.7所示。

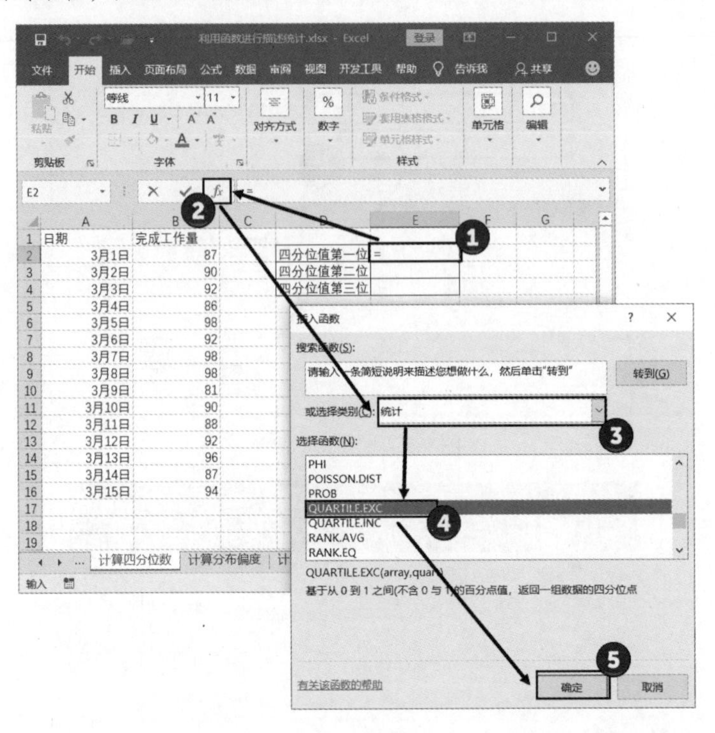

图9.7　选择函数

02 此时将打开“函数参数”对话框，在对话框的“Array”文本框中输入数据所在的单元格地址，在“Quarter”文本框中输入数值1，单击“确定”按钮关闭对话框，如图9.8所示。在单元格中获得第一个四分位数，如图9.9所示。

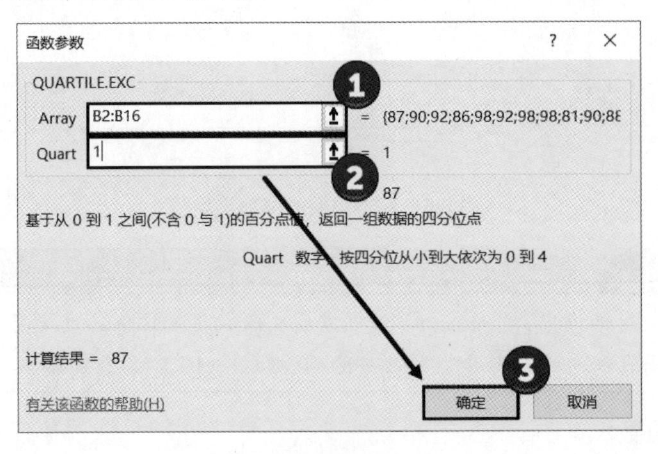

图9.8　设置函数参数

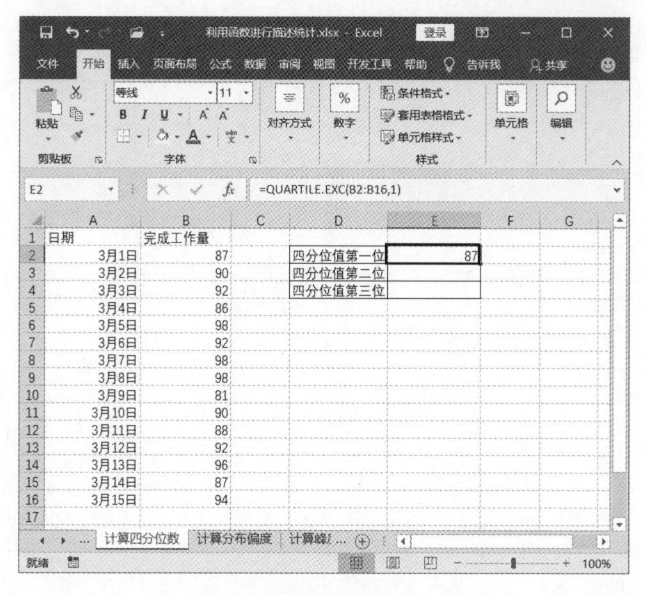

图 9.9　获得第一个四分位值

03 在放置四分位值第二位数据的单元格中输入公式获得数值，如图 9.10 所示。在放置四分位值第三位数据的单元格中输入公式获得数据，如图 9.11 所示。

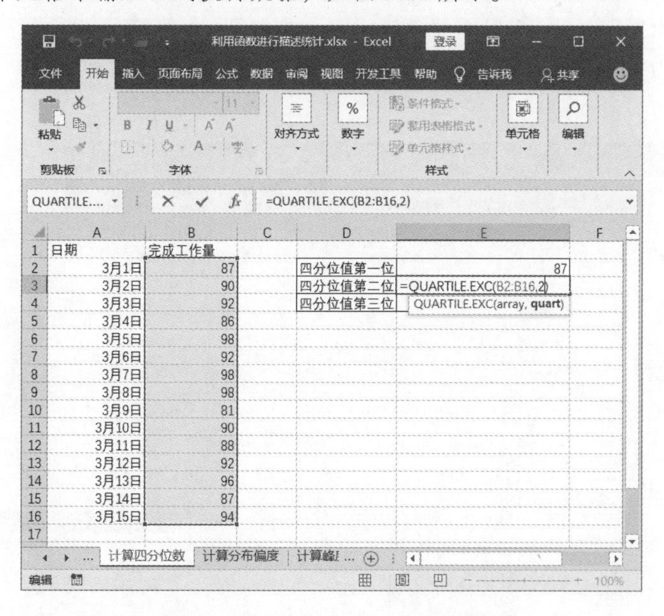

图 9.10　输入公式计算四分位数第二位

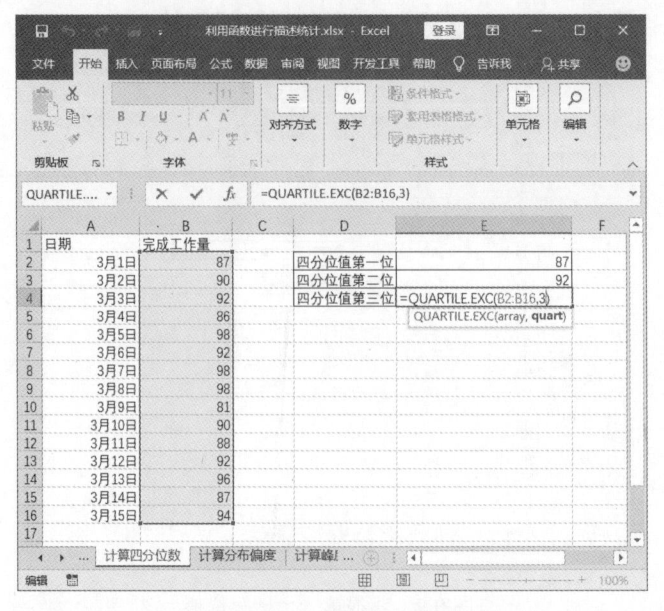

图 9.11　输入计算四分位值第三位

提　示

QUARTILE.EXC 函数在使用时需要 2 个参数，其中“Array”参数用于指定需要计算四分位数的数据，“Quart”参数用于指定输出四分位数的位数，其参数可以是 1、2 和 3，这 3 个参数的意义如图 9.12 所示。

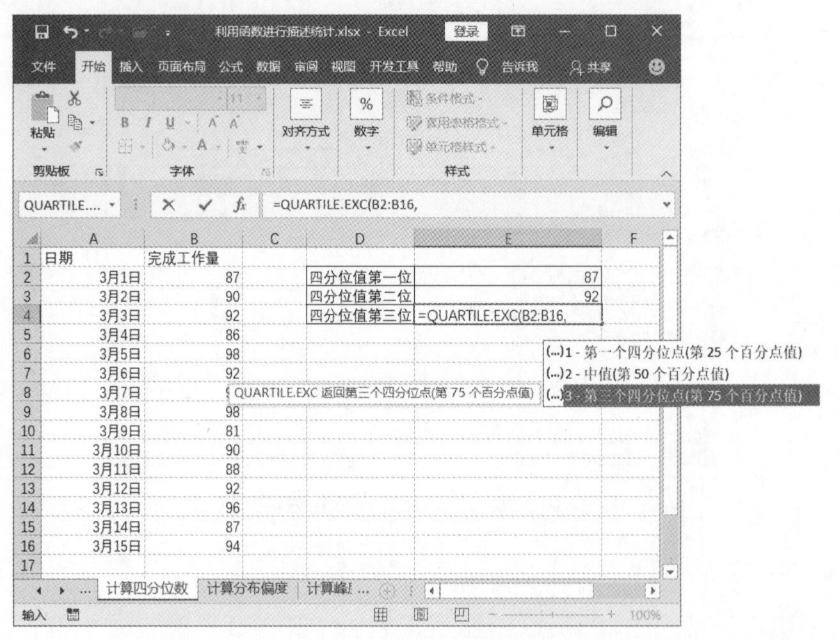

图 9.12　“Quart”参数的意义

4. 计算分布偏度

分布偏度是描述数据的一个重要数据，使用 Excel 提供的偏度函数，只要指定需要源数据，就能够直接获得需要的偏度值。下面介绍具体的操作方法。

01 在工作表中选择用于放置数据的单元格，单击“插入函数”按钮打开“插入函数”对话框，在“或选择类别”列表中选择“统计”选项，在“选择函数”列表中选择需要使用的函数，单击“确定”按钮关闭对话框，如图 9.13 所示。

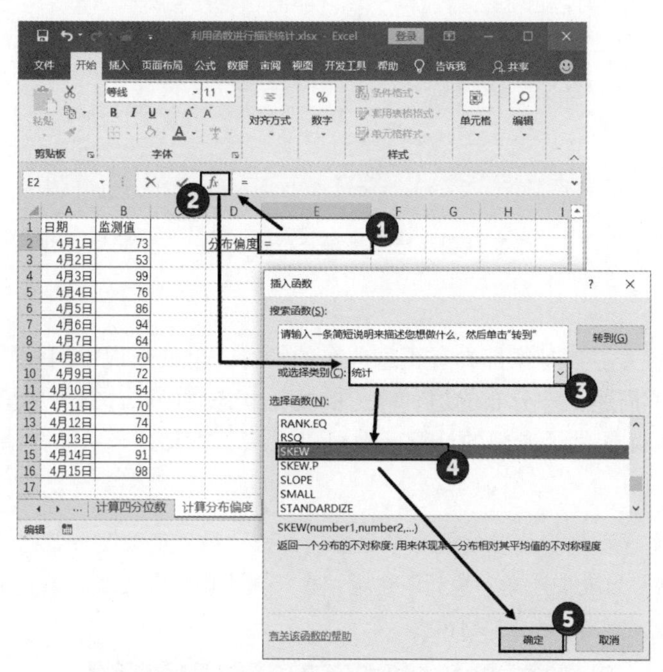

图 9.13　选择函数

02 此时将打开“函数参数”对话框，在“Number1”文本框中输入数据所在的单元格地址，单击“确定”按钮关闭对话框，如图 9.14 所示。在单元格中得到需要的分布偏度值，如图 9.15 所示。

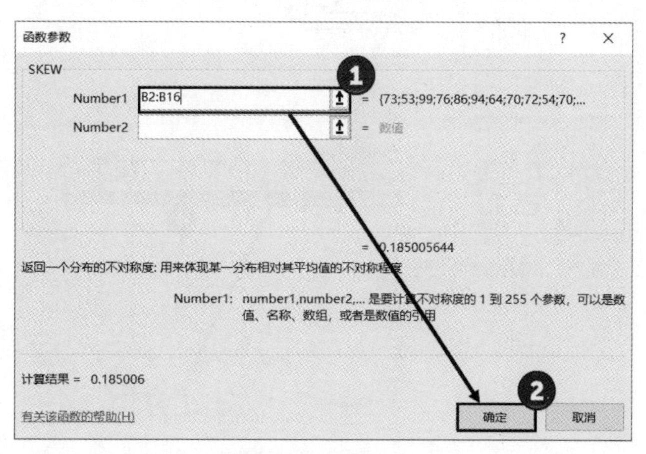

图 9.14　设置函数参数

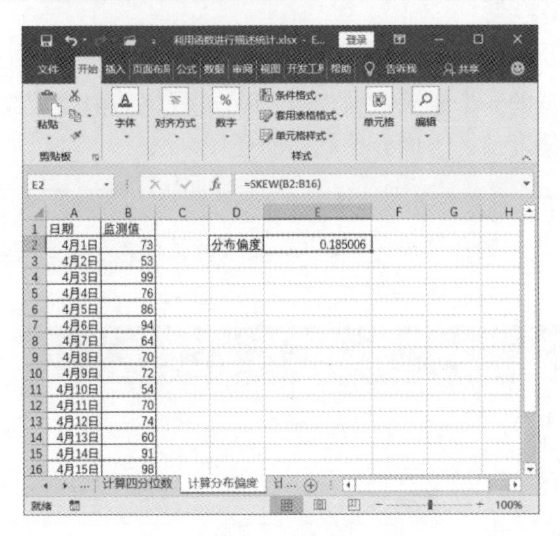

图 9.15　获得分布偏度值

5. 计算峰度

在现实世界里，大多数对象都具有正态分布的特征，也就是说中间段居多，中部以上或以下段逐渐减少。为了描述正态分布的这种峰形的变化状态，可以计算峰度值。手工计算峰度值非常麻烦，但是 Excel 提供了专门的计算函数可以直接获得结果，下面介绍这个函数具体的使用方法。

01 在工作表中选择用于放置数据的单元格，单击“插入函数”按钮打开“插入函数”对话框，在“或选择类别”列表中选择“统计”选项，在“选择函数”列表中选择需要使用的函数，单击“确定”按钮关闭对话框，如图 9.16 所示。

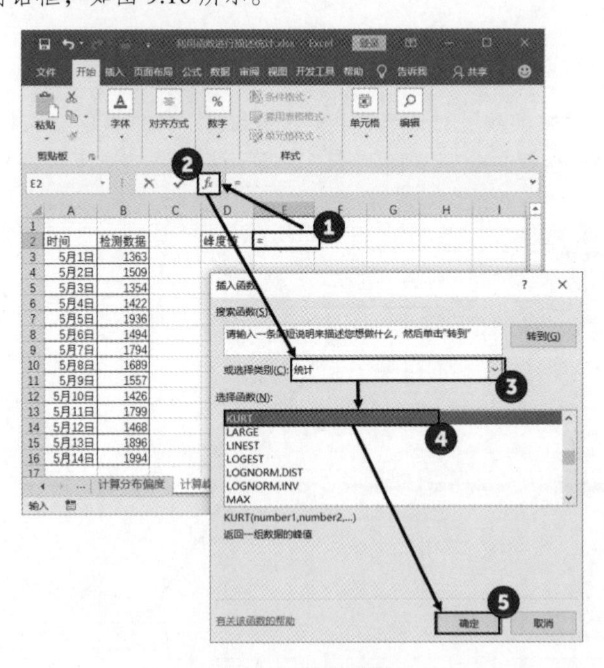

图 9.16　选择函数

02 此时将打开“函数参数”对话框，在“Number1”文本框中输入数据所在的单元格地址，单击“确定”按钮关闭对话框，如图 9.17 所示。在单元格中得到需要的峰度值，如图 9.18 所示。

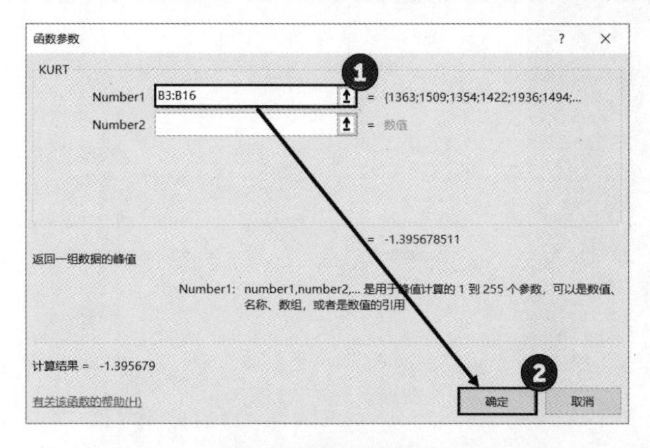

图 9.17　设置函数参数

时间	检测数据		峰度值	-1.395679
5月1日	1363			
5月2日	1509			
5月3日	1354			
5月4日	1422			
5月5日	1936			
5月6日	1494			
5月7日	1794			
5月8日	1689			
5月9日	1557			
5月10日	1426			
5月11日	1799			
5月12日	1468			
5月13日	1896			
5月14日	1994			

图 9.18　获得峰度值

9.1.2　利用描述统计工具快速获得描述统计数据

对数据进行描述统计，使用 Excel 提供的函数能够逐项获得需要的数据。实际上，Excel 提供了描述统计工具，可以让用户通过简单的步骤快速获得多个相关的数据。下面通过一个实例来介绍具体的操作方法。

01 在“文件”窗口中选择左侧列表的“选项”选项，如图 9.19 所示。此时将打开“Excel 选项”对话框，在左侧列表中选择“加载项”选项，单击“管理”右侧的“转到”按钮，如图 9.20 所示。此时将打开“加载项”对话框，在“可用加载宏”列表中勾选“分析工具库”选项，单击“确定”按钮关闭对话框，如图 9.21 所示。此时原来不在功能区的“数据分析”命令就会添加到功能区中。

图 9.19　选择“选项”选项

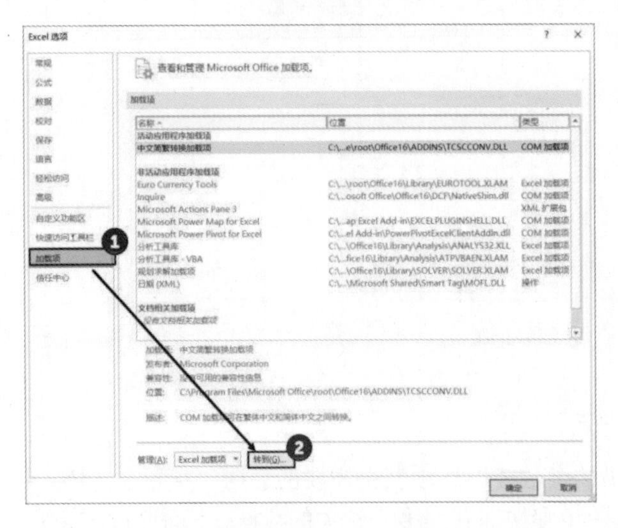

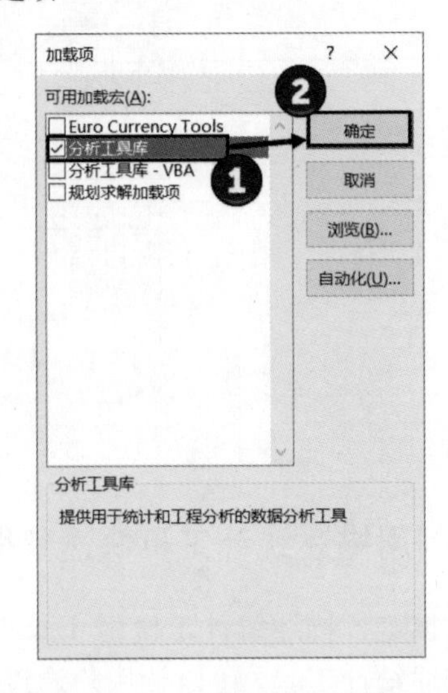

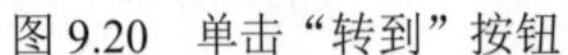

图 9.20　单击“转到”按钮　　　　图 9.21　“加载项”对话框

02 在“数据”选项卡的“分析”组中单击“数据分析”按钮，如图 9.22 所示。此时将打开“数据分析”对话框。在对话框中选择“描述统计”选项，单击“确定”按钮，如图 9.23 所示。

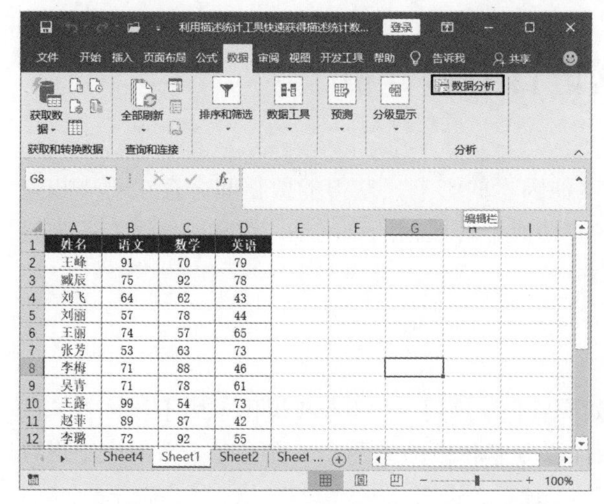

图 9.22　单击“数据分析”按钮

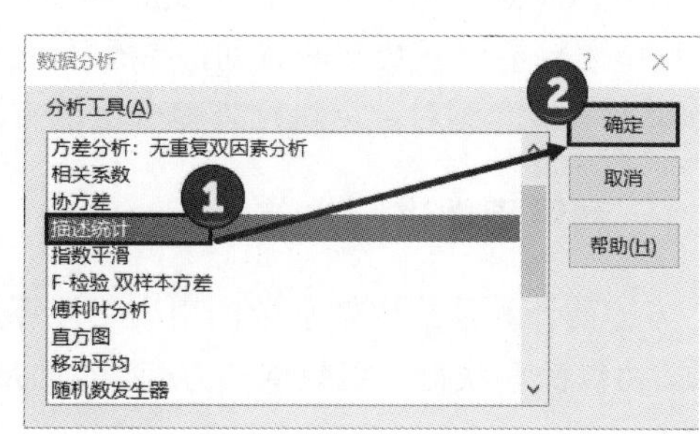

图 9.23　“数据分析”对话框

03 此时将打开“描述统计”对话框。在对话框中设置“输入区域”，该区域为数据所在的单元格区域；由于选择数据区域第一行包含标题，因此这里勾选“标志位于第一行”复选框；选中“新工作表组”单选按钮。勾选“第 K 大值”复选框，在其后文本框中输入数字 5，要求获得第 5 个最大值；勾选“汇总统计”复选框，勾选“平均数置信度”复选框，要求获得置信度值，如图 9.24 所示。

04 完成设置后，单击“确定”按钮关闭对话框，在新工作表中获得分析数据，如图 9.25 所示。分析数据中包括了 3 科的平均分、各科的最高分、各科前 5 名中第 5 名的分数以及峰度、偏度和中位数等大量数据。

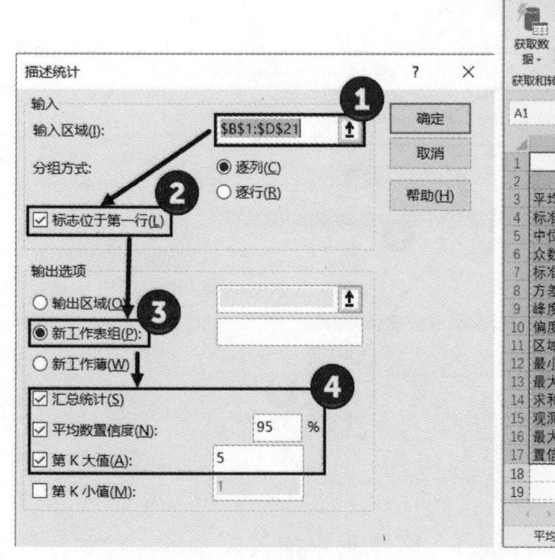

图 9.24　“描述统计”对话框

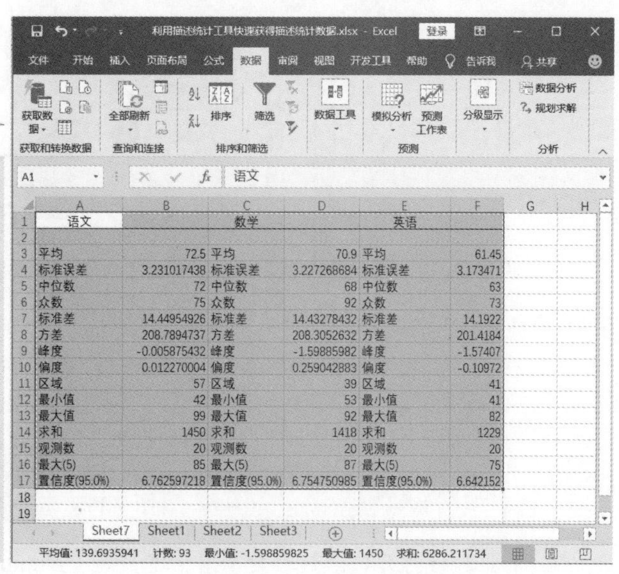

图 9.25　获得分析结果

9.2 对数据进行方差分析

在对数据进行统计时，由于受到环境和其他因素的影响，获得的数据间会存在着一些差异。这些差异会造成数据的波动，要衡量这些波动或了解数据的稳定性，就需要使用方差来进行分析。下面介绍对数据进行方差分析的方法。

9.2.1 利用函数进行方差分析

方差的计算公式比较复杂，用人工计算效率较低。实际上，Excel 提供了用于计算方差的函数，可以快速获得一组数据的方差。下面从计算方差和标准差两个方面来对函数的应用进行介绍。

1. 计算方差

方差是衡量一组数据稳定性的重要指标，下面通过一个实例来介绍使用函数计算方差的方法。

01 在工作表中选择用于放置数据的单元格，单击“插入函数”按钮打开“插入函数”对话框，在“或选择类别”列表中选择“统计”选项。在“选择函数”列表中选择需要使用的函数，单击“确定”按钮关闭对话框，如图 9.26 所示。

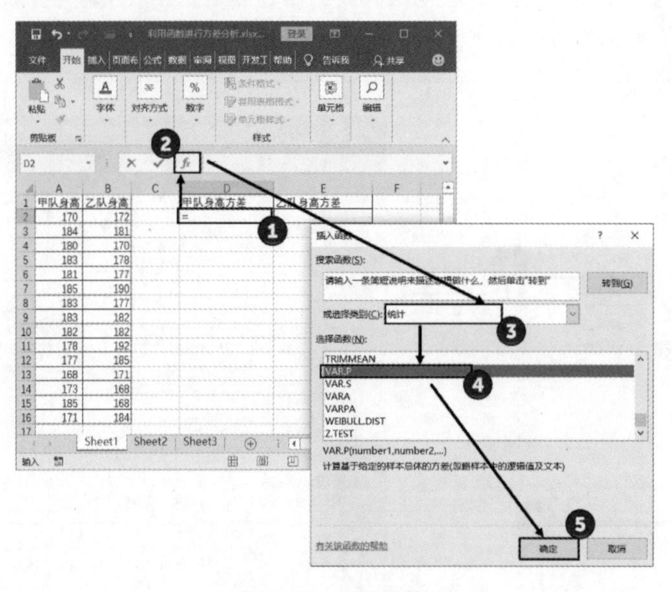

图 9.26 选择函数

02 此时将打开“函数参数”对话框，在“Number1”文本框中输入数据所在的单元格地址。单击“确定”按钮关闭对话框，如图 9.27 所示。在单元格中得到需要的方差值，拖动填充柄将公式填充到右侧的单元格中，获得两列数据的方差值，如图 9.28 所示。

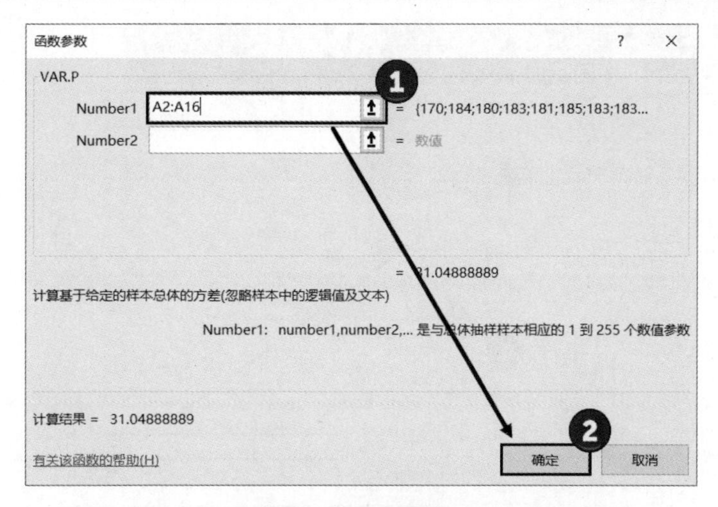

图 9.27　设置函数参数

图 9.28　获得两队方差值

2. 计算标准差

标准差是方差的算术根，同样可以用来衡量数据的波动情况、评估数据与平均数之间的偏差。下面介绍计算标准差的方法。

01 在工作表中选择用于放置数据的单元格，单击“插入函数”按钮打开“插入函数”对话框，在“或选择类别”列表中选择“统计”选项，在“选择函数”列表中选择需要使用的函数，单击“确定”按钮关闭对话框，如图 9.29 所示。

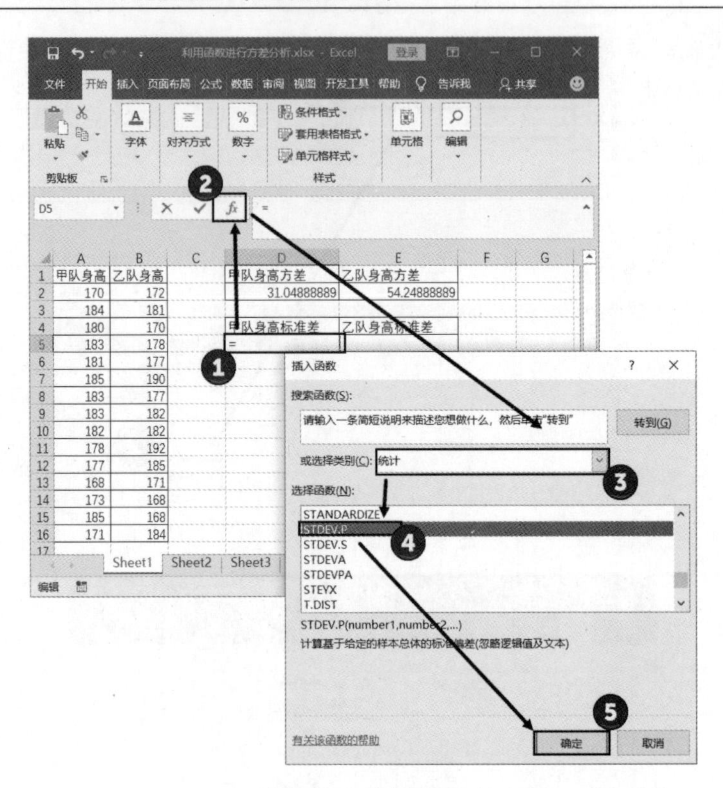

图 9.29　选择函数

02 此时将打开“函数参数”对话框，在“Number1”文本框中输入数据所在的单元格地址。单击“确定”按钮关闭对话框，如图 9.30 所示。在单元格中得到需要的标准差值，拖动填充柄将公式填充到右侧的单元格中，获得两列数据的方差值，如图 9.31 所示。

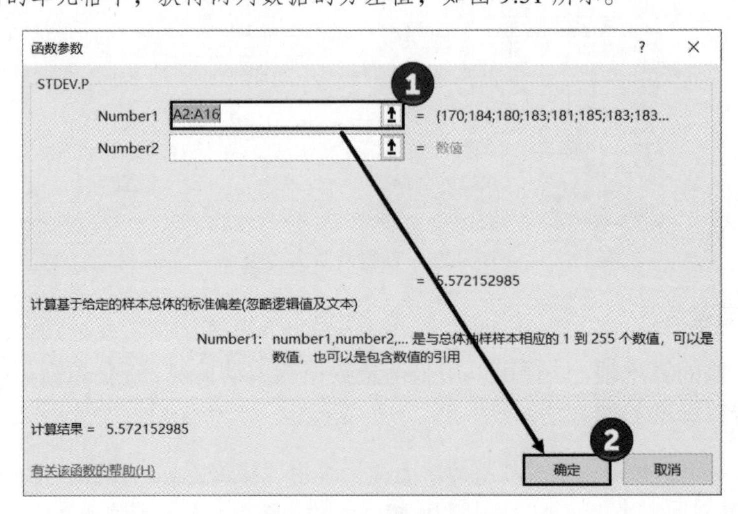

图 9.30　设置函数参数

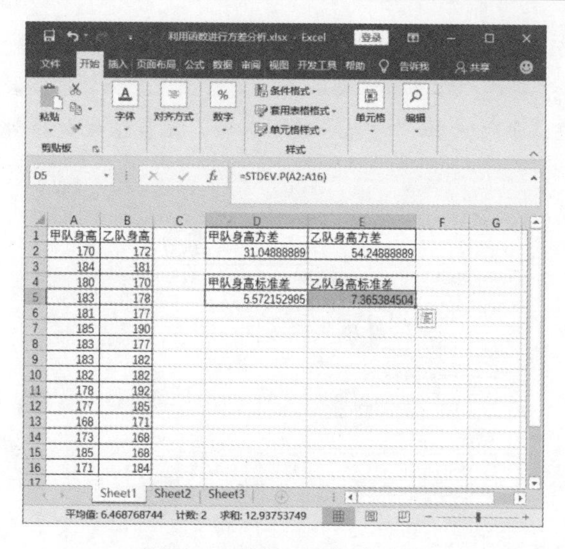

图 9.31　获得两队标准差值

9.2.2　利用方差分析工具快速进行方差分析

Excel 的分析工具库中同样提供了方差工具，用户可以根据需要对数据进行多种方式的方差分析。

1．单因素双样本方差分析

单因素双样本方差分析是指只考虑一种影响因素，并且在只有一份对照样样本的情况下进行方差分析。下面通过一个实例来介绍单因素双样本方差分析的方法，本实例对两个门店半个月销售额进行分析。

01 在“数据”选项卡的“分析”组中单击“数据分析”按钮，如图 9.32 所示。此时将打开“分析工具”对话框，在“分析工具”列表中选择“方差分析：单因素方差分析”选项，单击“确定”按钮，如图 9.33 所示。

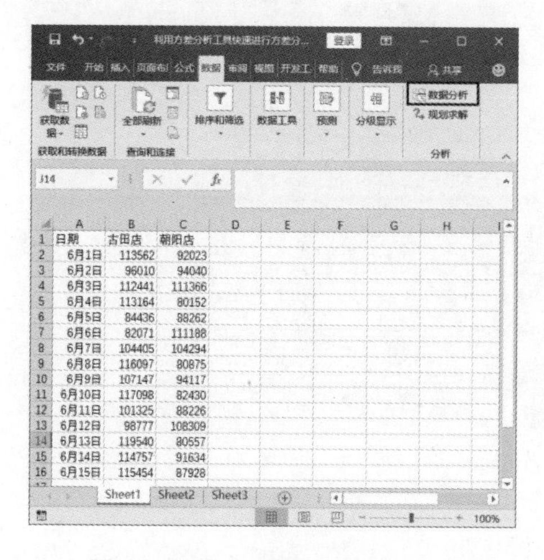

图 9.32　单击“数据分析”按钮

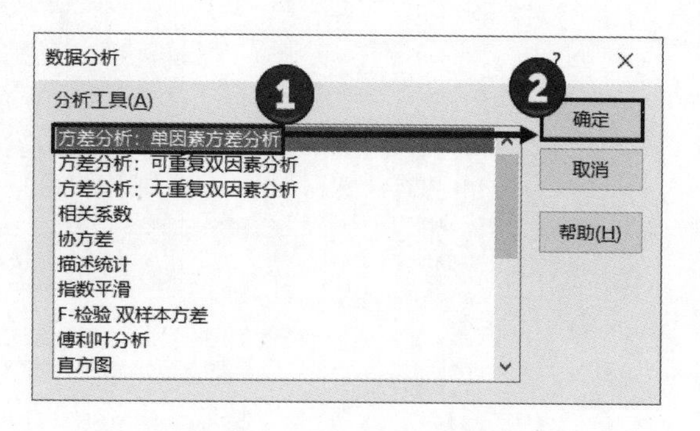

图 9.33　“数据分析”对话框

02 此时将打开“方差分析：单因素方差分析”对话框。先设置“输入区域”，该区域为数据所在的单元格区域；然后勾选“标志位于第一行”复选框，选择数据区域第一行包含标题；再在“α”文本框中输入数值；最后选择“输出区域”选项，设置结果数据放置的单元格区域，如图9.34所示。

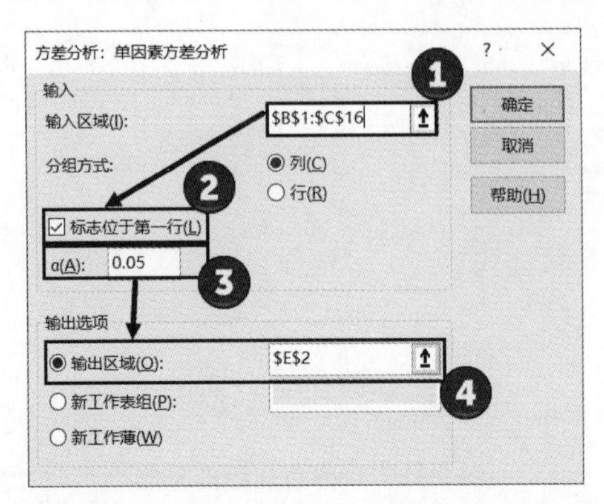

图9.34 “方差分析：单因素方差分析”对话框

提 示

在“方差分析：单因素方差分析”对话框中，“α”文本框用于设置置信度参数，该参数值指定调查结果能够达到的准确率。一般情况下，该值使用默认值0.05（置信度为95%）就可以了。

03 完成设置后，单击“确定”按钮关闭对话框，在新工作表中获得分析数据，如图9.35所示。结果中包含2组数据的平均值和方差，同时给出“方差分析”数据。例如，利用“方差分析”栏中的F值和F crit值可以判断2组数据的差异情况，这里F>F crit值，说明2组数据差异明显。

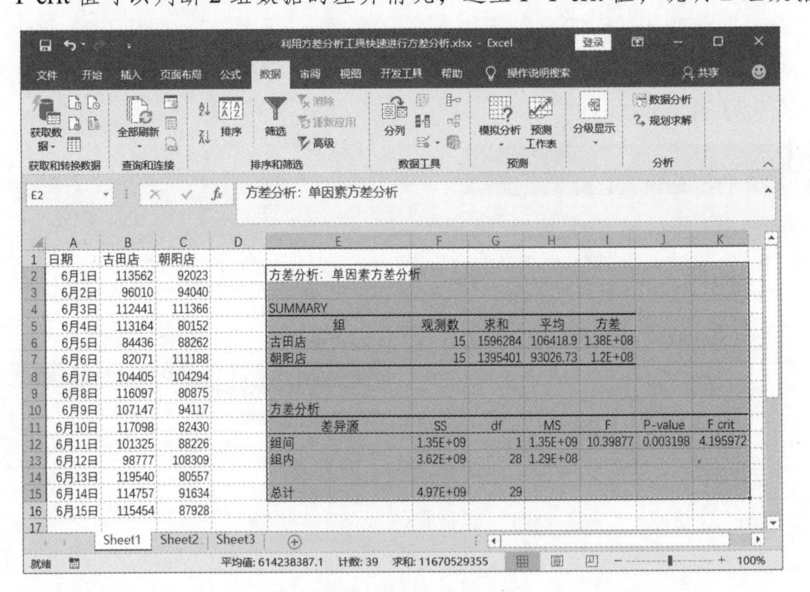

图9.35 获得分析结果

2. 无重复双因素方差分析

在实际工作中，经常需要同时分析两种以上的不同因素对结果的影响。此时在对数据进行分析时，就应该使用无重复双因素方差分析。例如，分析光照时间和环境温度对某种作物产量的影响，就需要使用无重复双因素方差分析。

01 在“数据”选项卡的“分析”组中单击“数据分析”按钮，如图 9.36 所示。此时将打开“数据分析”对话框，在“分析工具”列表中选择“方差分析：无重复双因素分析”选项，单击“确定”按钮，如图 9.37 所示。

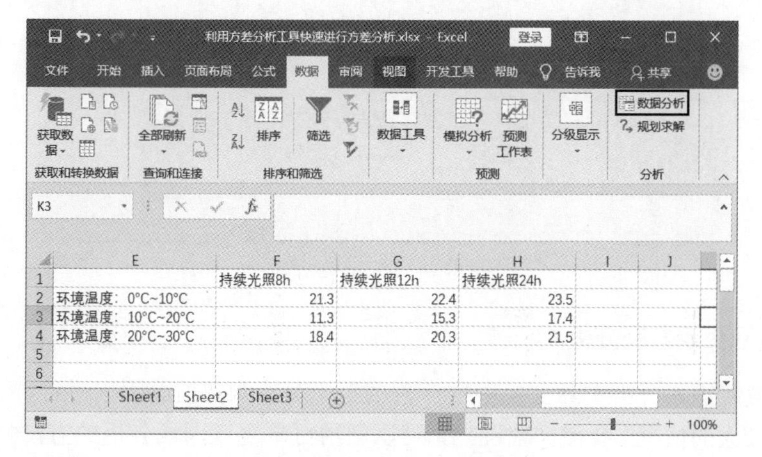

图 9.36　单击“数据分析”按钮

02 此时将打开“方差分析：无重复双因素分析”对话框。在“输入区域”文本框中输入数据所在的单元格区域地址，勾选“标志”复选框，在“α”文本框中输入 0.05，选择“输出区域”选项后设置结果数据放置的单元格区域，如图 9.38 所示。

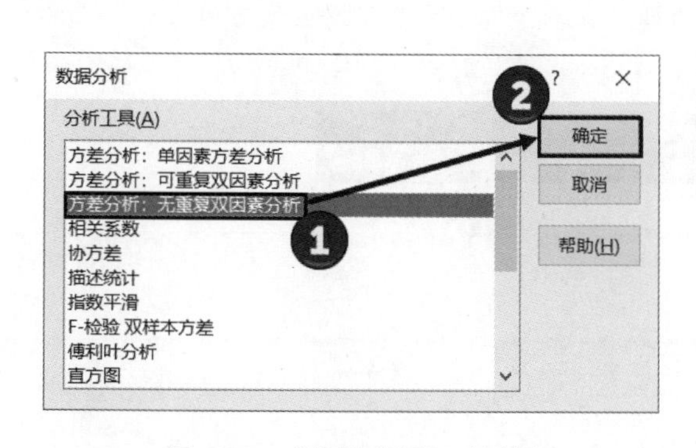

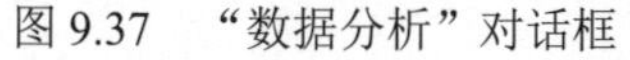

图 9.37　“数据分析”对话框

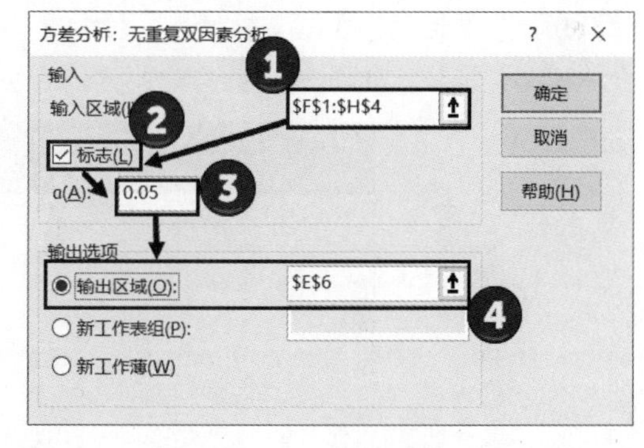

图 9.38　“方差分析：无重复双因素分析”对话框

03 完成设置后，单击“确定”按钮关闭对话框，在新工作表中获得分析数据，如图 9.39 所示。

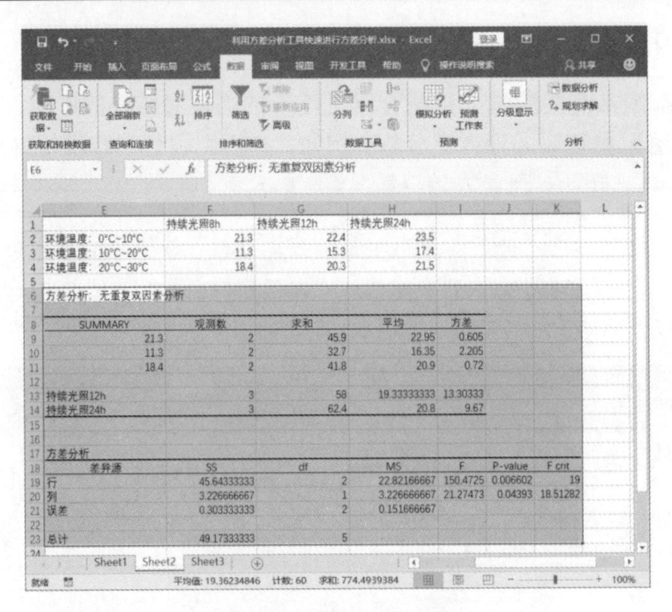

图9.39　获得分析结果

3. 可重复双因素方差分析

使用无重复双因素分析实际上是根据一份数据来对影响数据的因素进行评估，其必然会存在可能的误差较大的情况。要使评估准确，可以使用可重复双因素分析的方法。这种分析方法对每一种可能影响结果的因素进行多次测试，以获得多份数据，然后对多份数据进行分析。例如，某工厂优化生产，有两种优化方案，分别在三个车间试行。每种方案获取了3个车间3天的日产量。下面使用可重复双因素方差分析来对这些数据进行分析。

01 在“数据”选项卡的“分析”组中单击“数据分析”按钮，如图9.40所示。此时将打开“数据分析”对话框，在“分析工具”列表框中选择“方差分析：可重复双因素方差分析”选项，单击“确定”按钮，如图9.41所示。

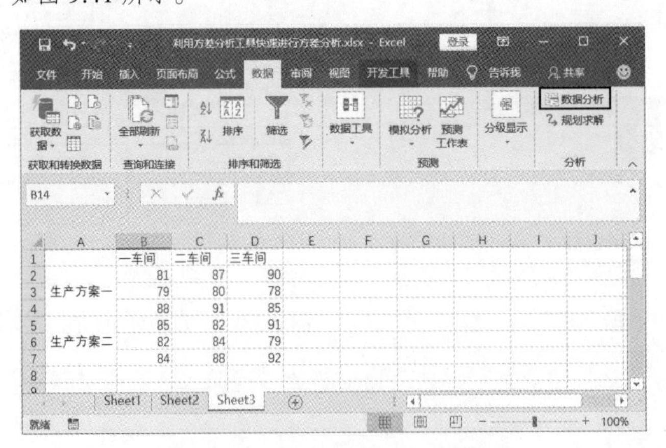

图9.40　单击“数据分析”按钮

02 此时将打开“方差分析：可重复多因素分析”对话框。在“输入区域”文本框中输入数据所在的单元格区域地址，在“每一样本的行数”文本框中输入数值3，因为这里每一个方案有3行数据。

选择“输出区域”选项后设置结果数据放置的单元格区域，如图 9.42 所示。

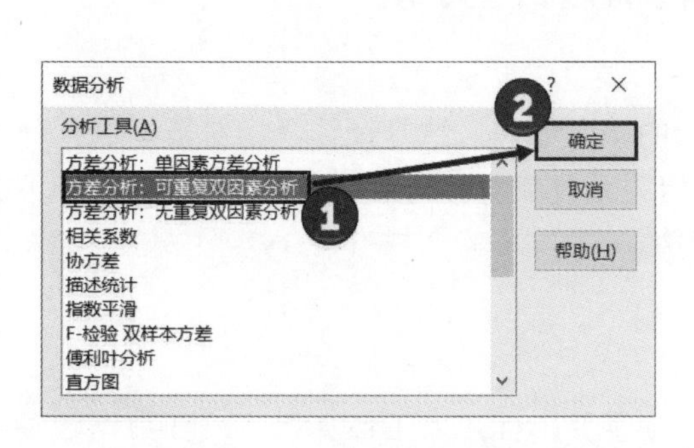

图 9.41　“数据分析”对话框

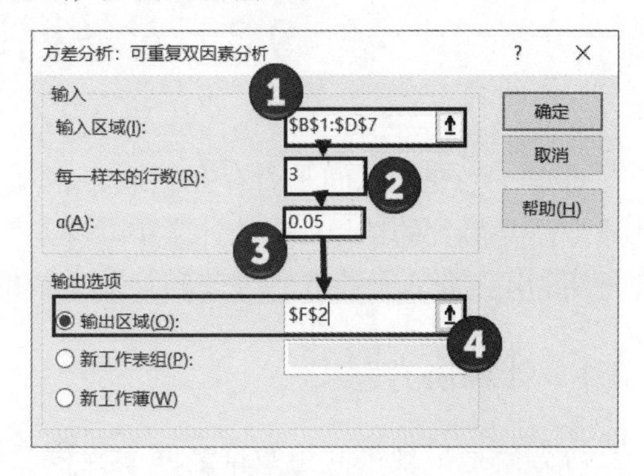

图 9.42　“方差分析：可重复双因素分析”对话框

03 完成设置后，单击“确定”按钮关闭对话框，在新工作表中获得分析数据，如图 9.43 所示。

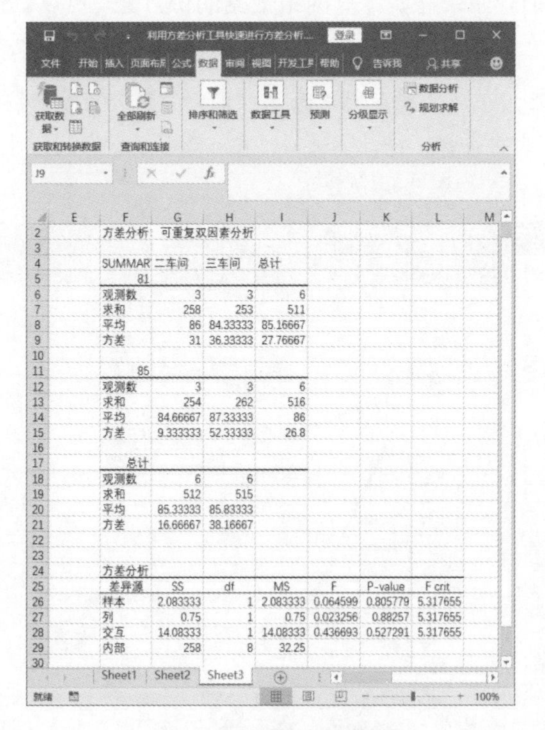

方差分析：可重复双因素分析

SUMMARY	二车间	三车间	总计
81			
观测数	3	3	6
求和	258	253	511
平均	86	84.33333	85.16667
方差	31	36.33333	27.76667
85			
观测数	3	3	6
求和	254	262	516
平均	84.66667	87.33333	86
方差	9.333333	52.33333	26.8
总计			
观测数	6	6	
求和	512	515	
平均	85.33333	85.83333	
方差	16.66667	38.16667	

方差分析

差异源	SS	df	MS	F	P-value	F crit
样本	2.083333	1	2.083333	0.064599	0.805779	5.317655
列	0.75	1	0.75	0.023256	0.88257	5.317655
交互	14.08333	1	14.08333	0.436693	0.527291	5.317655
内部	258	8	32.25			

图 9.43　获得分析结果

提　示

在“方差分析”列表中，“样本”行的 F 和 F crit 值可以反映项目间的差异情况，比如这里 F 值小于 F crit 值，就说明两种方案之间产量差距不明显；“列”行的 F 值和 F crit 值可以判断列数据之间的差异情况，比如这里 F 值小于 F crit 值，说明 3 个车间产量间差异不明显；“交互”行的 F 和 F crit 值可以判断因素交互对结果的影响，比如这里的 F 值小于 F crit 值，说明方案对日产量没有不利影响。

9.3　对数据进行相关性分析

对于一些变化之间是否存在关联、相互关联的强弱如何，这是统计学中对数据进行分析时经常需要得到的结果。在统计学中，协方差和相关系数都能够判断数据之间的关联度。下面将介绍利用 Excel 来获取协方差和相关系数的方法。

9.3.1　计算协方差

协方差是呈现不同组数据之间差异程度的一项重要指标，人工计算协方差在数据较多时特别烦琐。使用 Excel 可以利用内置函数和数据工具来进行计算。

1．利用函数计算两组数据的协方差

在对数据进行分析时，如果需要计算两组数据的协方差，可以直接使用 Excel 提供的函数来进行计算。

01 在工作表中选择用于放置数据的单元格，单击“插入函数”按钮打开“插入函数”对话框，在“或选择类别”列表中选择“统计”选项，在“选择函数”列表中选择需要使用的函数，单击“确定”按钮关闭对话框，如图 9.44 所示。

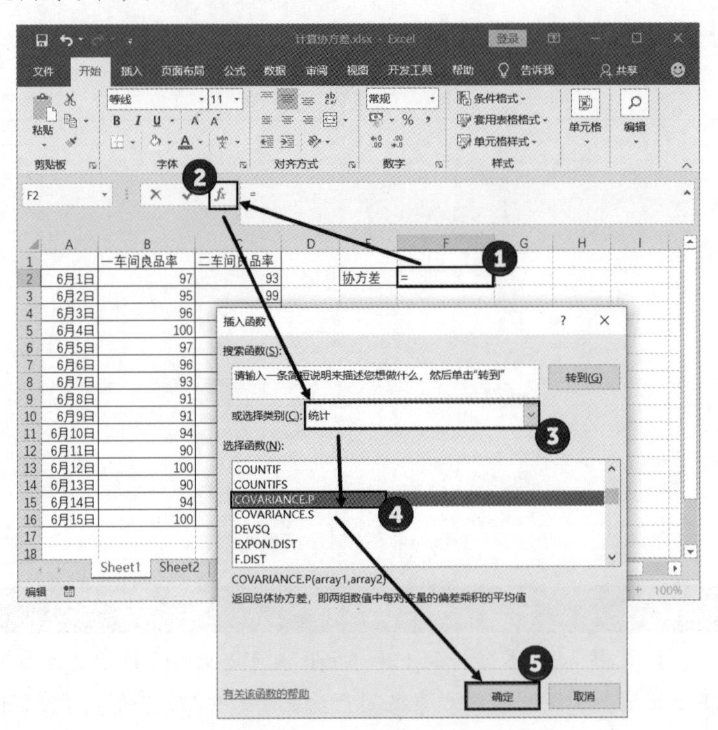

图 9.44　选择函数

02 此时将打开“函数参数”对话框，在对话框的“Array1”和“Array2”文本框中分别输入两组数据所在的单元格地址，单击“确定”按钮关闭对话框，如图 9.45 所示。此时将获得两列数

据的协方差，如图 9.46 所示。

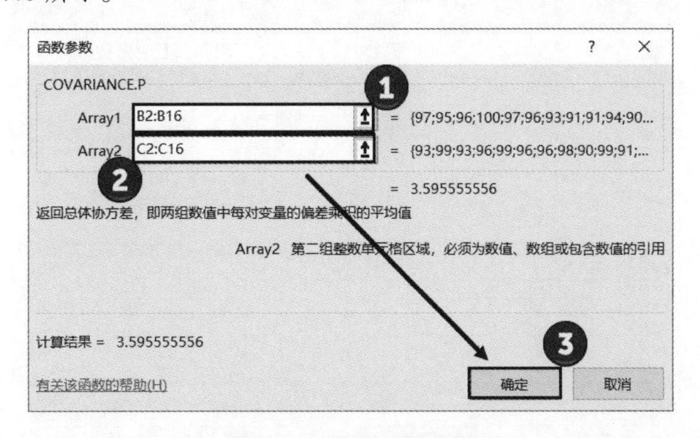

图 9.45　设置函数参数

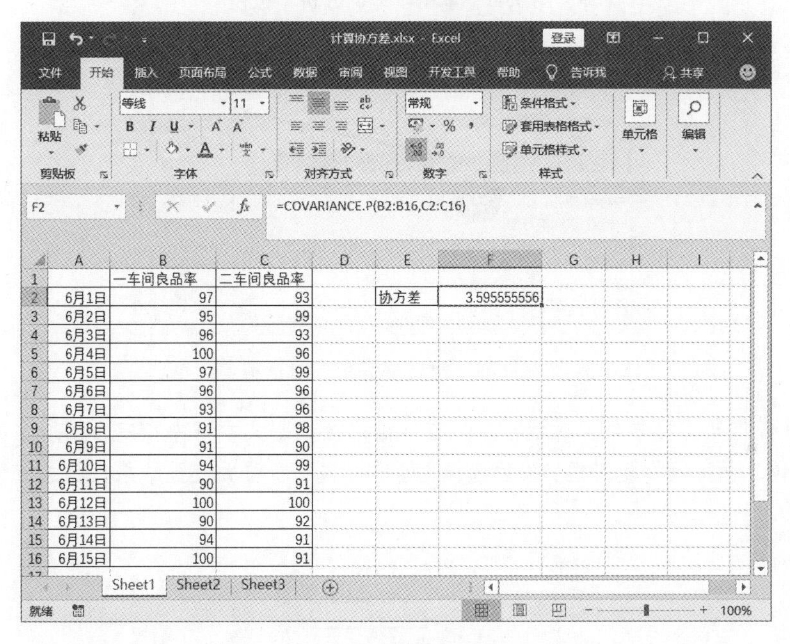

	一车间良品率	二车间良品率
6月1日	97	93
6月2日	95	99
6月3日	96	93
6月4日	100	96
6月5日	97	99
6月6日	96	96
6月7日	93	96
6月8日	91	98
6月9日	91	90
6月10日	94	99
6月11日	90	91
6月12日	100	100
6月13日	90	92
6月14日	94	91
6月15日	100	91

图 9.46　获得协方差值

2. 计算多组数值的协方差

使用 Excel 提供的函数能够方便地计算两组数据的协方差，如果需要计算协方差的数据组数多于两组，就无法使用函数来完成了，此时可以使用数据分析工具来求解。

01 在“数据”选项卡的“分析”组中单击“数据分析”按钮，如图 9.47 所示。此时将打开“数据分析”对话框，在“数据分析”列表框中选择“协方差”选项，单击“确定”按钮，如图 9.48 所示。

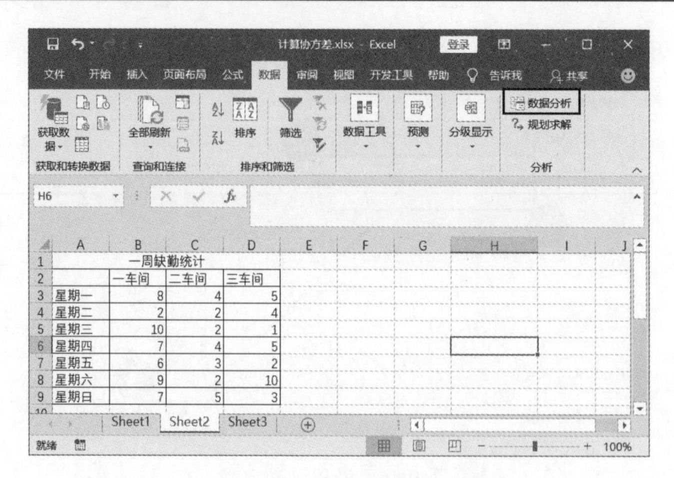

图 9.47　单击“数据分析”按钮

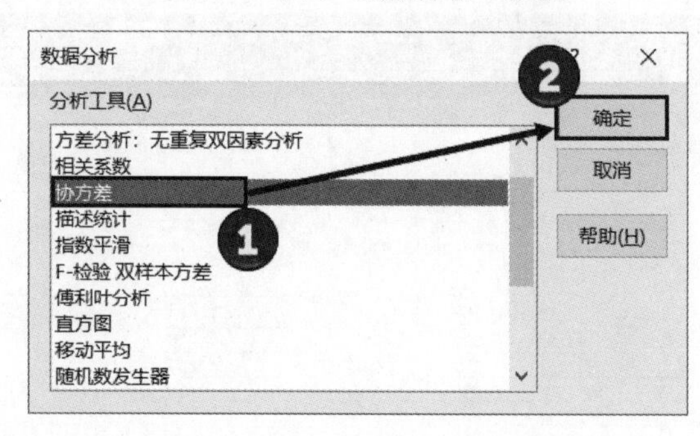

图 9.48　“数据分析”对话框

02 此时将打开“协方差”对话框。先在“输入区域”文本框中指定数据所在的单元格区域，再勾选“标志位于第一行”复选框，最后选择“输出区域”选项后设置结果数据放置的单元格区域，如图 9.49 所示。

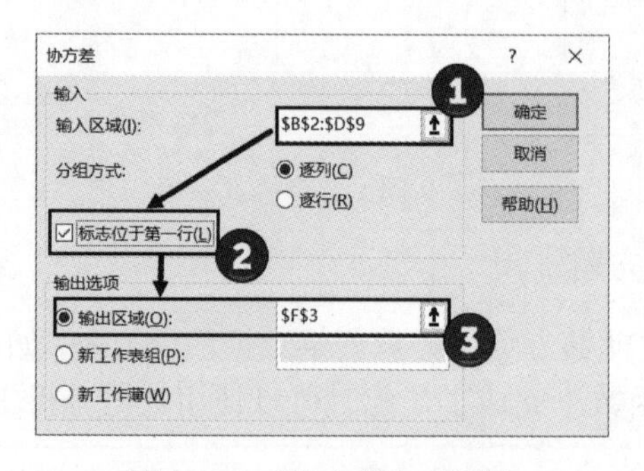

图 9.49　“协方差”对话框

03 完成设置后，单击“确定”按钮关闭对话框，在指定的位置将会获得各组数据之间的协方差值，如图 9.50 所示。

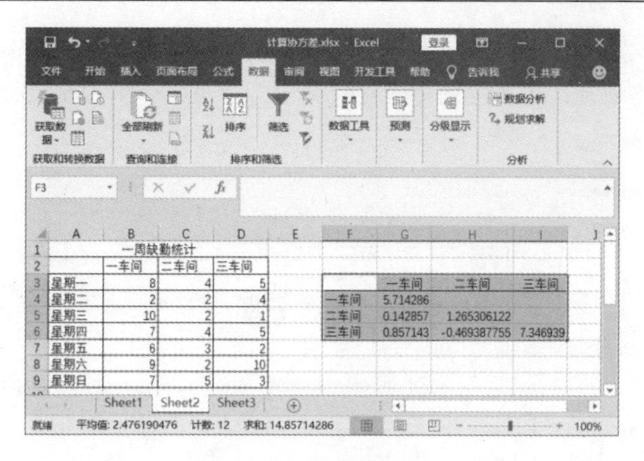

图 9.50　获得协方差

9.3.2　计算相关系数

对相关性进行分析，使用相关系数是一种简单直观的方法。在 Excel 中，要获得相关系数，一般有两种方法，下面分别进行介绍。

1．利用函数计算相关系数

判断两组或多组数据之间是否存在相关性，可以使用 Excel 的函数快速解决。下面介绍具体的操作方法。

01 在工作表中选择用于放置数据的单元格，单击“插入函数”按钮打开“插入函数”对话框，在“或选择类别”列表中选择“统计”选项，在“选择函数”列表中选择需要使用的函数，单击“确定”按钮关闭对话框，如图 9.51 所示。

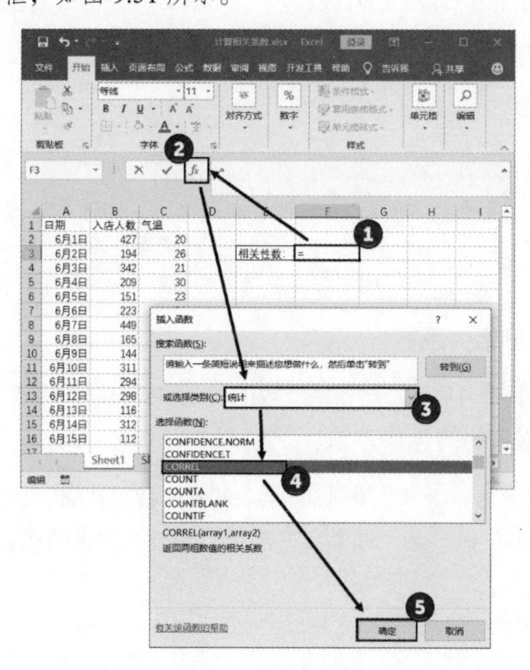

图 9.51　选择函数

02 此时将打开“函数参数”对话框，在对话框的“Array1”和“Array2”文本框中分别输入两组数据所在的单元格地址，单击“确定”按钮关闭对话框，如图 9.52 所示。此时获得两列数据的协方差，如图 9.53 所示。

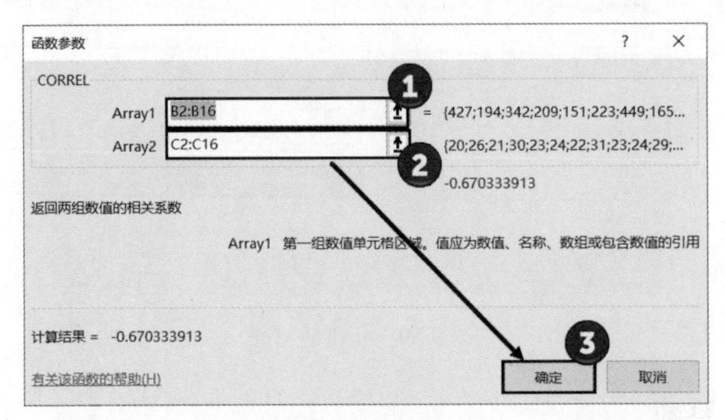

图 9.52　设置函数参数

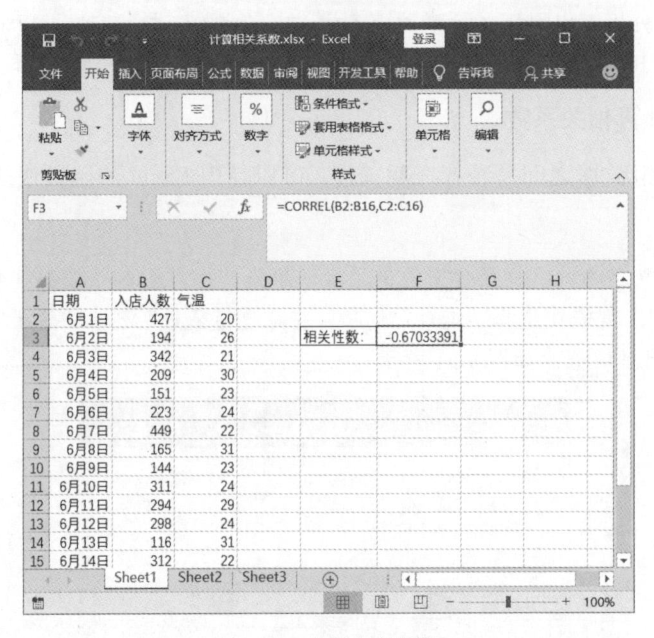

	A	B	C	D	E	F
1	日期	入店人数	气温			
2	6月1日	427	20			
3	6月2日	194	26		相关性数:	-0.67033391
4	6月3日	342	21			
5	6月4日	209	30			
6	6月5日	151	23			
7	6月6日	223	24			
8	6月7日	449	22			
9	6月8日	165	31			
10	6月9日	144	23			
11	6月10日	311	24			
12	6月11日	294	29			
13	6月12日	298	24			
14	6月13日	116	31			
15	6月14日	312	22			

图 9.53　获得相关系数

2. 利用分析工具计算相关系数

Excel 的数据分析工具库中提供了相关系数的计算工具，使用该工具能够快速获得多组数据的相关系数。下面介绍具体的操作方法。

01 在“数据”选项卡的“分析”组中单击“数据分析”按钮，如图 9.54 所示。此时将打开“数据分析”对话框，在“分析工具”列表框中选择“相关系数”选项，单击“确定”按钮，如图 9.55 所示。

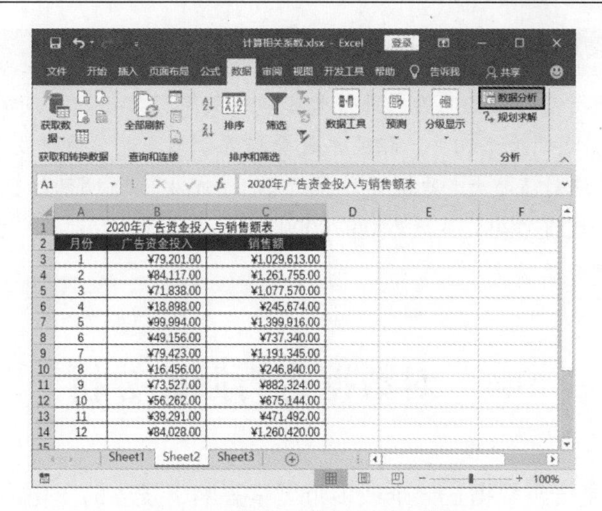

图 9.54　单击“数据分析”按钮

02 此时将打开“相关系数”对话框。先在“输入区域”文本框中指定数据所在的单元格区域，再勾选“标志位于第一行”复选框，最后选择“输出区域”选项后设置结果数据放置的单元格区域，如图 9.56 所示。

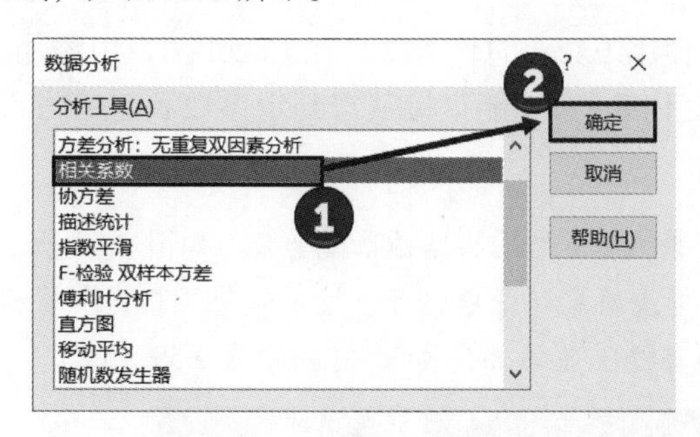

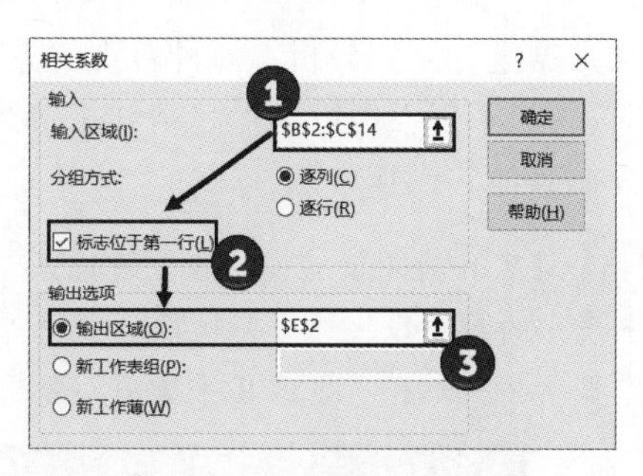

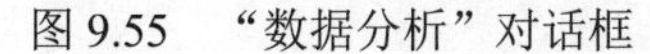

图 9.55　“数据分析”对话框　　　　图 9.56　“相关系数”对话框

03 完成设置后，单击“确定”按钮关闭对话框，在指定的位置将会获得各组数据之间的相关系数值，如图 9.57 所示。

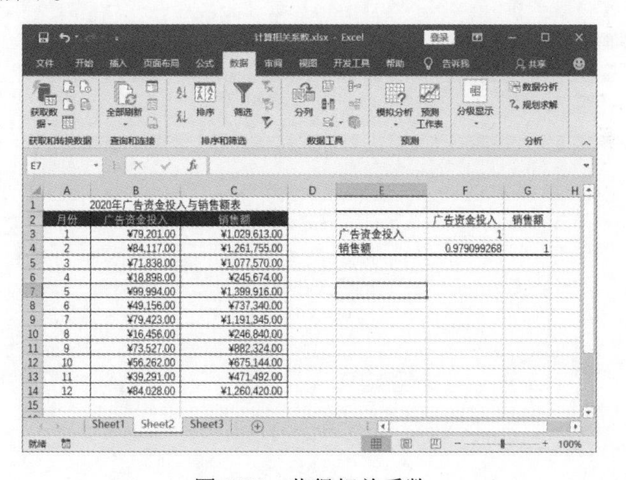

图 9.57　获得相关系数

提　示

相关系数可以用来衡量数据之间的相关性大小。相关系数为-1~1之间的值，在-1~0之间为负相关，在0~1之间为正相关。相关系数越接近于0，说明两组数据之间的相关性就越小。相关系数的绝对值越大，也就是越接近于1（或-1），说明两组数据的相关性越大。因此，本例中计算获得的相关系数为0.979099268，接近于1，说明广告资金的投入与销售额具有较大的相关性。

9.4　对数据进行回归分析

回归分析研究的是一组数据在一个或多个因素影响下发生的变化，其分析结果可以帮助用户了解数据的变化趋势。Excel中对数据进行回归分析一般有两种方法，下面分别对这两种方法进行介绍。

9.4.1　利用趋势线进行回归分析

对数据进行回归分析，一种直观的方法就是使用Excel的趋势线。在Excel图表中添加趋势线时，用户不仅仅能够通过趋势线了解数据的变化趋势，还能直接获得判定系数和趋势方程。下面介绍具体的操作方法。

01 在工作表中以完成销售业绩数据创建一个散点图，然后为其添加趋势线，如图9.58所示。右击图表中的趋势线，选择关联菜单中的“设置趋势线格式”命令打开“设置趋势线格式”窗格，勾选“显示公式”和“显示R平方值”复选框在趋势线上显示公式和R^2值，如图9.59所示。

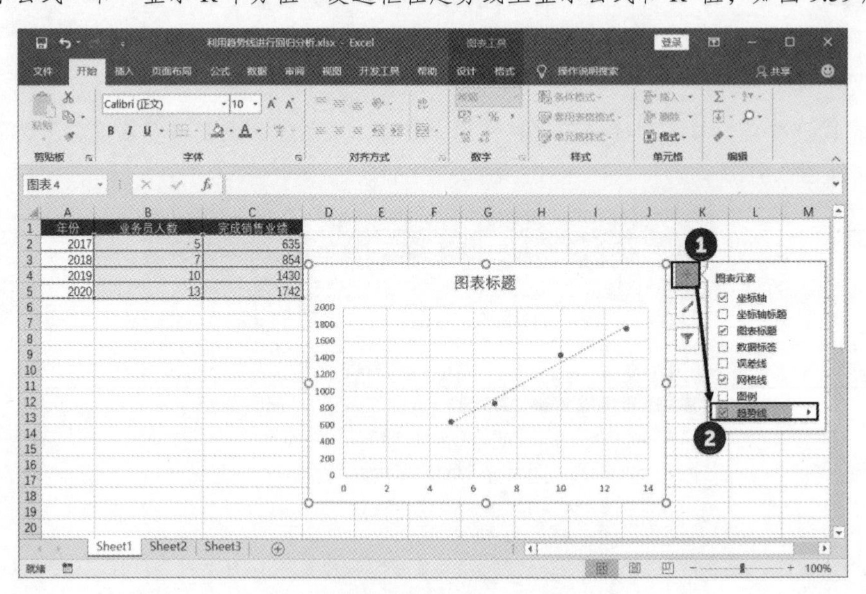

图9.58　创建散点图并添加趋势线

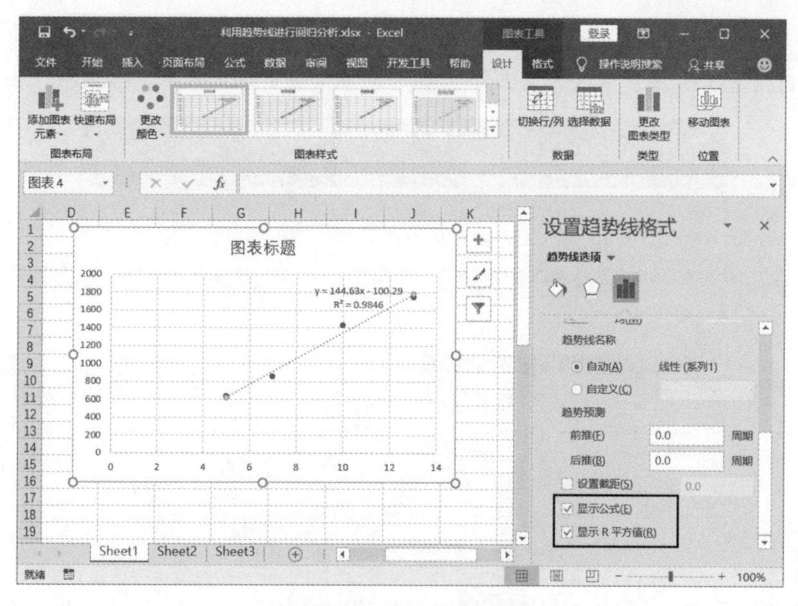

图 9.59　显示公式和 R^2 值

02 R^2 值称为判定系数，是 0~1 之间的值，其值越大说明回归模型的拟合优度越好。这里，R^2 值为 0.9846，说明回归模型拟合度好；显示的公式 y = 144.63x - 100.29 即为一元回归模型，使用该公式就可以进行预测计算。在预测 21 人的完成销售业绩时，可以使用该公式进行计算，如图 9.60 所示。

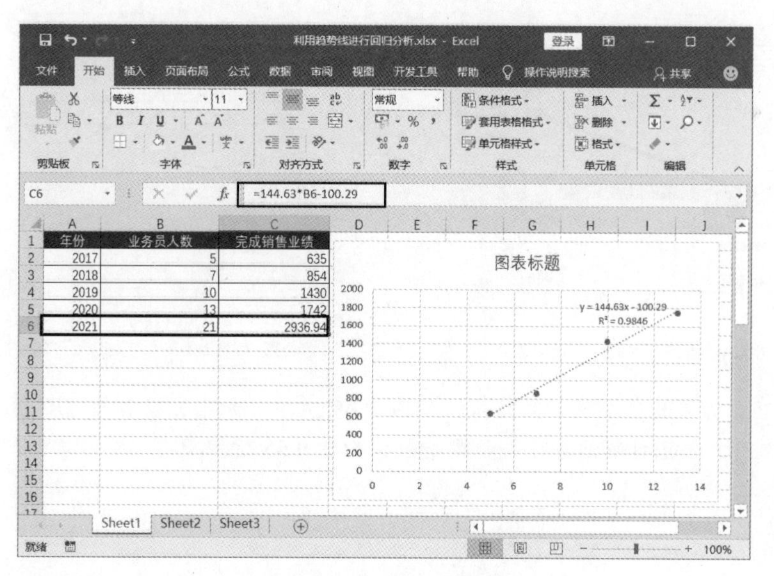

年份	业务员人数	完成销售业绩
2017	5	635
2018	7	854
2019	10	1430
2020	13	1742
2021	21	2936.94

图 9.60　使用公式计算预测值

9.4.2　利用分析工具进行回归分析

Excel 的数据分析工具库中提供了用于进行回归分析的工具，用户使用该工具能够快速对分析数据进行回归分析。

01 在“数据”选项卡的“分析”组中单击“数据分析”按钮，如图 9.61 所示。此时将打开“数据分析”对话框，选择其中的“回归”选项，单击“确定”按钮关闭对话框，如图 9.62 所示。

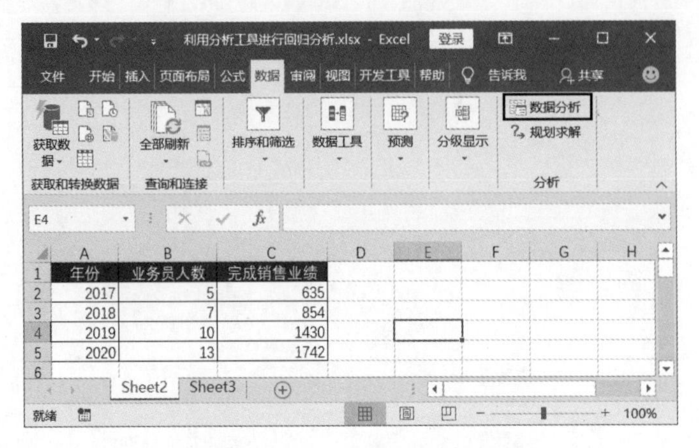

图 9.61　单击“数据分析”按钮

02 此时将打开“回归”对话框，这里将“Y 值输入区域”设置为“完成销售业绩”数据所在的单元格、“X 值输入区域”设置为“业务员人数”数据所在的单元格，选择“输出区域”选项后设置放置计算结果的单元格区域，如图 9.63 所示。完成设置后，单击“确定”按钮关闭对话框。

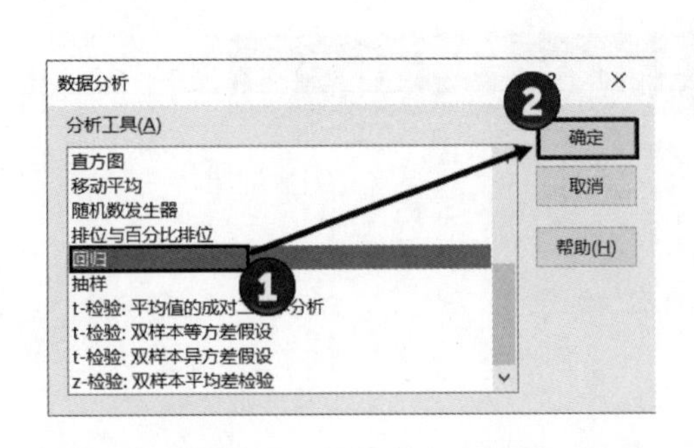

图 9.62　选择“回归”选项

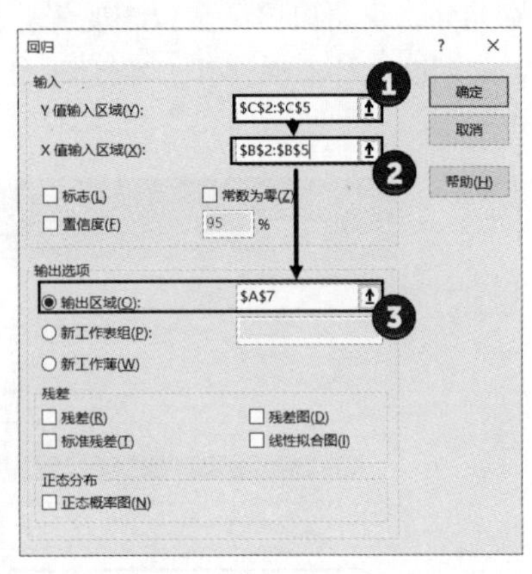

图 9.63　“回归”对话框

03 此时在工作表中将获得计算结果，如图 9.64 所示。从中可以看到，R^2 值为 0.98461，利用一元回归模型进行预测计算即可获得预测结果，如图 9.65 所示。

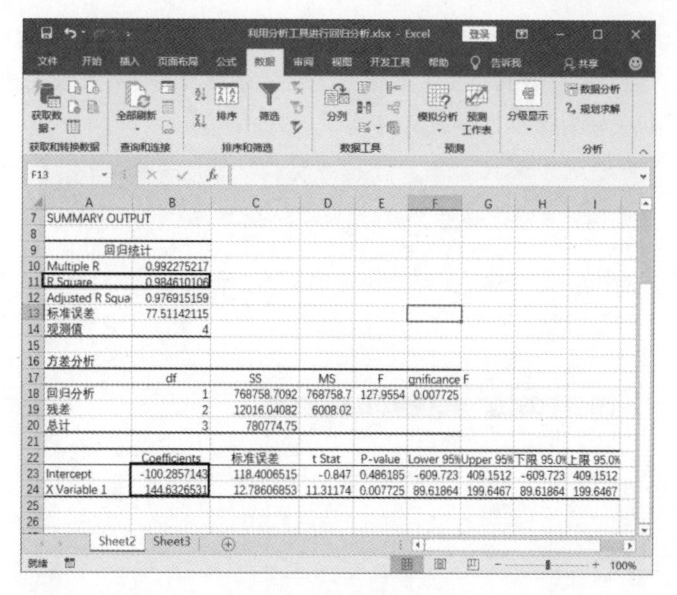

图 9.64 获得计算结果

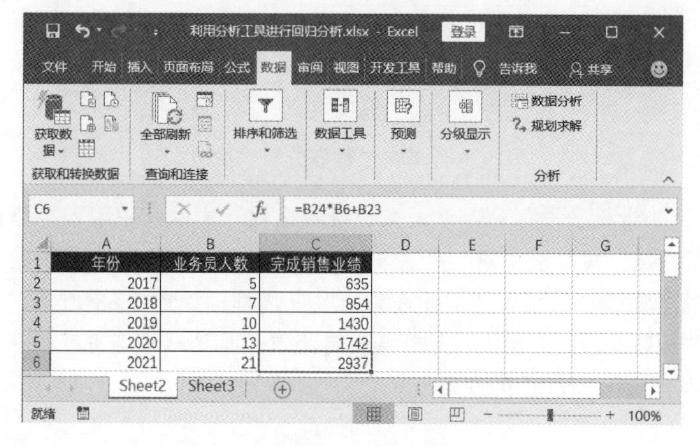

图 9.65 获得预测值

9.5 指数平滑计算

指数平滑法是用本期实际值和本期预测值来推算下期预测值的一种预测方法，这种方法通过计算指数平滑值并配合一定的时间序列预测模型来对现象的未来进行预测。在 Excel 的分析工具中有一个专用于指数平滑分析的工具，使用该工具能够根据历史数据快速预测未来数据的值。

9.5.1 利用指数平滑工具进行预测

利用指数平滑工具可以方便地实现未来数据的预测，本节将通过一个实例来介绍指数平滑工具的使用方法。

01 使用Excel创建数据表，打开“数据”选项卡，在“分析”组中单击“数据分析”按钮，如图9.66所示。此时将打开“数据分析”对话框，在“分析工具”列表框中选择“指数平滑”选项，单击“确定”按钮关闭对话框，如图9.67所示。

年度	销售额	一次指数平滑值
2001	3750	
2002	6000	
2003	6150	
2004	7050	
2005	6300	
2006	8550	
2007	8700	
2008	8850	
2009	9300	
2010	8400	
2011	10950	
2012	11100	
2013	10650	
2014	11250	

图9.66 单击“数据分析”按钮

02 此时将打开“指数平滑”对话框，在“输入区域”文本框中输入要分析的数据所在的单元格区域；在“阻尼系数”文本框中输入阻尼系数；在“输出区域”文本框中指定放置输出结果的单元格；如果需要获得图表，可以勾选“图表输出”复选框，如图9.68所示。完成设置后，单击“确定”按钮关闭“指数平滑”对话框，此时在指定的单元格区域中即可获得一次指数平滑值，在工作表中可获得一个折线图，如图9.69所示。

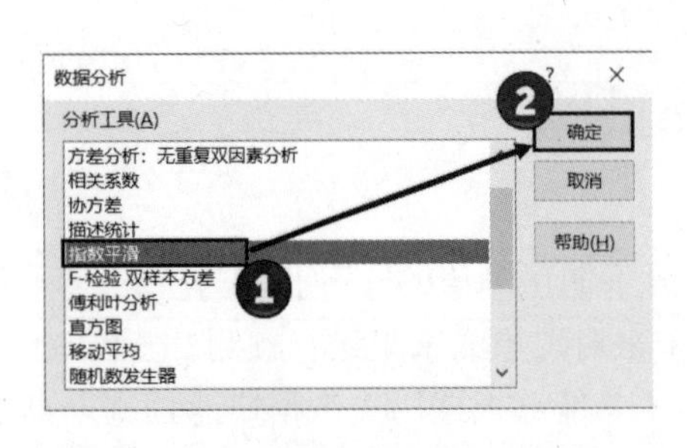

图9.67 选择“指数平滑”选项

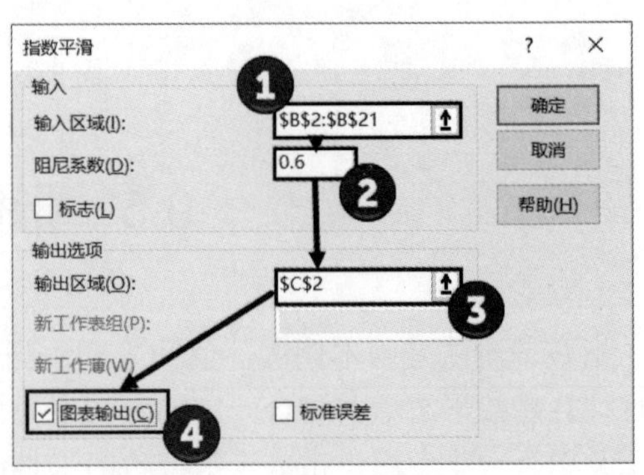

图9.68 “指数平滑”对话框

图9.69 获得数据和折线图

03 利用最后一期的实际销售额值和指数平滑值就可以推算下一期，也就是2021年的销售额。在B22单元格中输入公式“=C21+(1-0.6)*(B21-C21)”，如图9.70所示。按回车键即可获得需要的预测值。

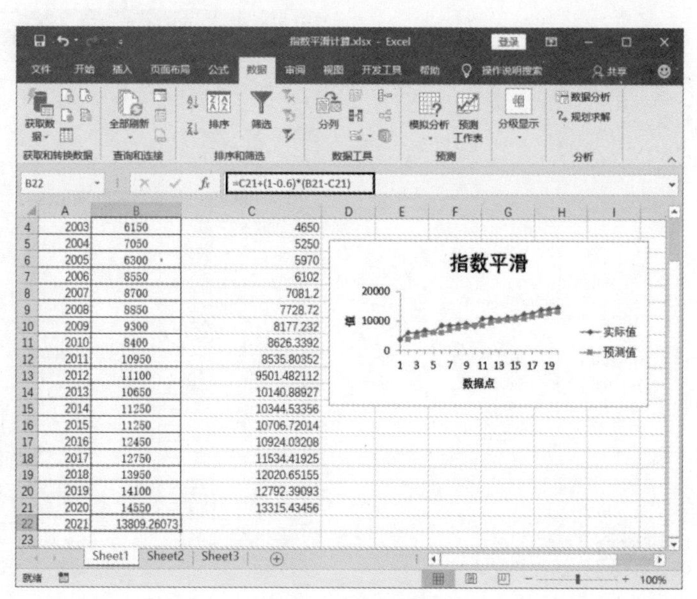

图9.70 输入公式

9.5.2 阻尼系数的试算

使用一次指数平滑只能对其后一期的值进行预测，其计算公式为：

下期预测值=本期预测值+（1–阻尼系数）×（本期实际值–本期预测值）

或

下期预测值=（1–阻尼系数）×本期实际值+阻尼系数×本期预测值

这里用指数平滑进行预测时只能预测一期，因为下期还没有实现，也就没有实际值，是不可能再向下进行推算的。

另外，指数平滑分析工具是以第一期的实际数据作为初始预测值的。这在数据较多时是没有问题的，数据较少时初始预测值对最后预测值的影响将会很大，因此该工具规定至少要有4个以上的数据。

指数平滑预测是否合理在很大程度上取决于阻尼系数。在实际操作时，阻尼系数是根据时间序列的变化特征来选取的。如果时间序列波动不大，比较平稳，那么阻尼系数可以选择得小一些，如0.1~0.3。如果时间序列具有迅速而明显变动的倾向，那么阻尼系数可以取得大一些，如0.6~0.9。

阻尼系数作为一个经验值，很多时候是无法准确确定的，此时可以通过多个阻尼系数值进行试算比较来确定，哪个阻尼系数值引起的预测误差小就使用哪个。那么如何确定预测误差的大小呢？可以通过阻尼系数的试算来确定。

01 在“指数平滑”对话框中勾选“标准误差”复选框，如图9.71所示。单击“确定”按钮关闭对话框，在获得的一次平滑值的右侧会增加一列数据（标准误差的值），如图9.72所示。

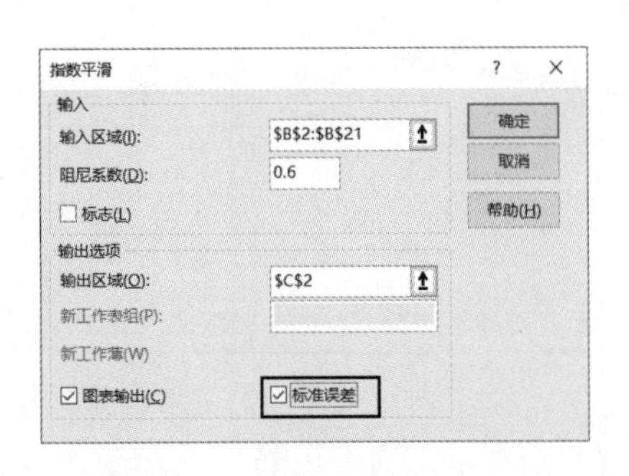

图9.71 “指数平滑”对话框

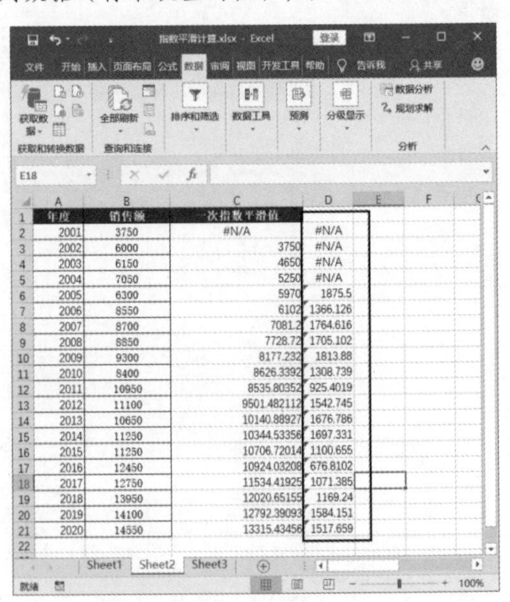

年度	销售额	一次指数平滑值	
2001	3750	#N/A	#N/A
2002	6000	3750	#N/A
2003	6150	4650	#N/A
2004	7050	5250	#N/A
2005	6300	5970	1875.5
2006	8550	6102	1366.126
2007	8700	7081.2	1764.616
2008	8850	7728.72	1705.102
2009	9300	8177.232	1813.88
2010	8400	8626.3392	1308.739
2011	10950	8535.80352	925.4019
2012	11100	9501.482112	1542.745
2013	10650	10140.88927	1676.786
2014	11250	10344.53356	1697.331
2015	11250	10706.72014	1100.655
2016	12450	10924.03208	676.8102
2017	12750	11534.41925	1071.385
2018	13950	12020.65155	1169.24
2019	14100	12792.39093	1584.151
2020	14550	13315.43456	1517.659

图9.72 比较不同阻尼系数获得的标准误差的大小

02 再次打开“指数平滑”对话框，设置一个新的阻尼系数，指定新数据的输出区域，如图9.73所示。此时将得到一组新的数据，如图9.74所示。比较获得的标准误差值，标准误差值越小越好。依据此原则多次测试，就可以确定合适的阻尼系数了。

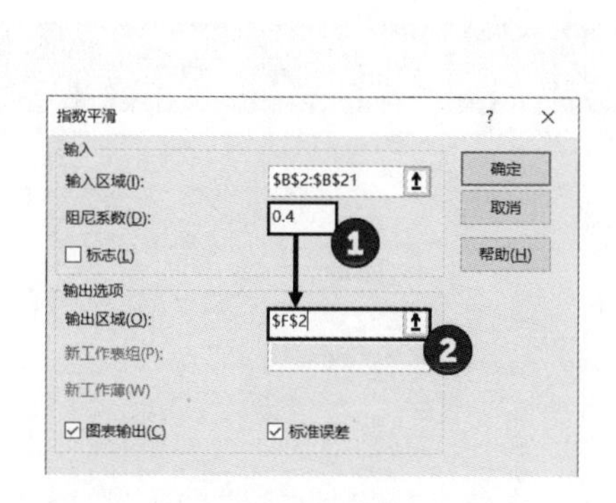

图 9.73　重新设置阻尼系数

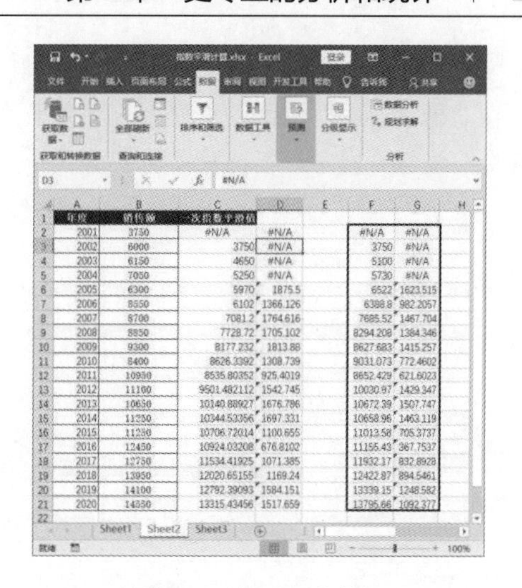

图 9.74　得到新的数据

9.6　其他统计分析方法

除了前面介绍的数据统计分析方法之外，Excel 提供了对傅里叶分析和直方图分析等统计分析方法的支持，用户利用这些工具可以快速完成数据分析，获得需要的分析结果。

9.6.1　对数据进行傅里叶转换

傅里叶分析又称为调和分析，是将波状的来源信息进行傅里叶转换，为用户提供进一步进行分析的波形和振幅数据。Excel 提供了傅里叶分析工具，可以让用户快速完成傅里叶转换。

01 在“数据”选项卡的“分析”组中单击“数据分析”按钮，如图 9.75 所示。此时将打开“数据分析”对话框，选择其中的“傅里叶分析”选项，单击“确定”按钮关闭对话框，如图 9.76 所示。

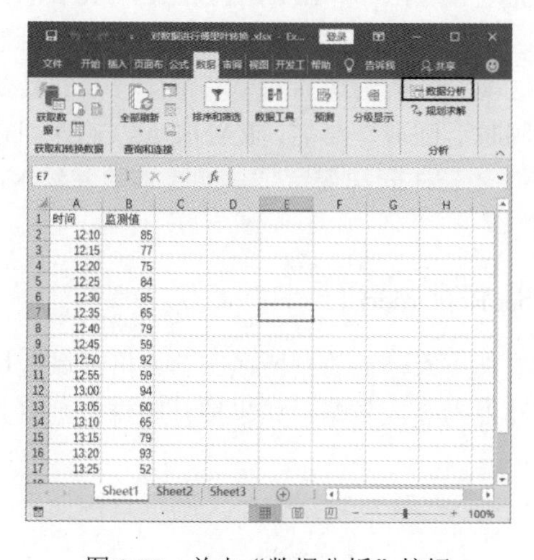

图 9.75　单击“数据分析”按钮

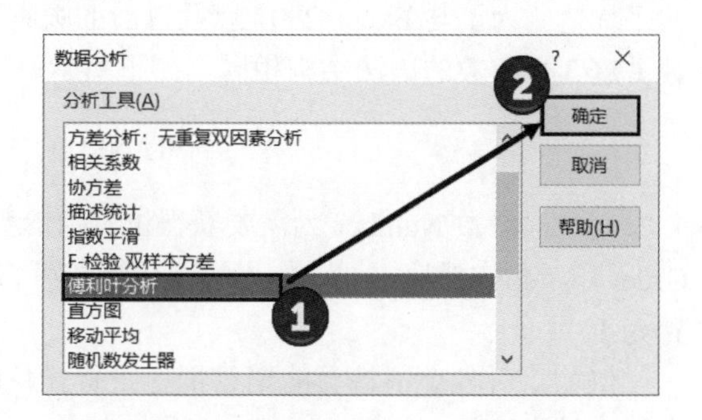

图 9.76　选择“傅里叶分析”选项

02 此时将打开“傅里叶分析”对话框，在“输入区域”文本框中输入数据所在的单元格区域，在“输出区域”文本框中输入放置数据的第一个单元格，如图 9.77 所示。完成设置后，单击“确定”按钮关闭对话框，获得需要的数据，如图 9.78 所示。

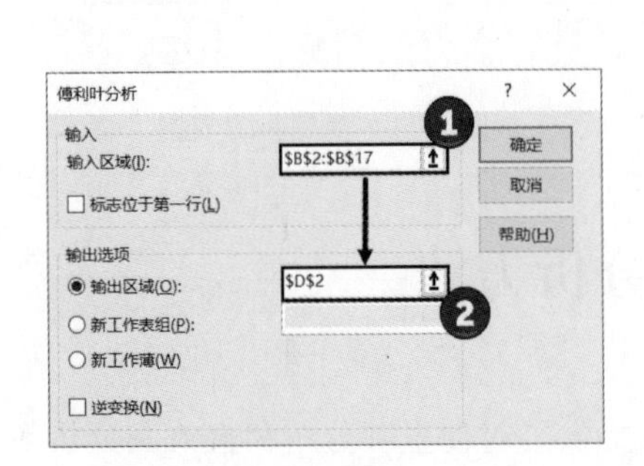

图 9.77 “傅里叶分析”对话框

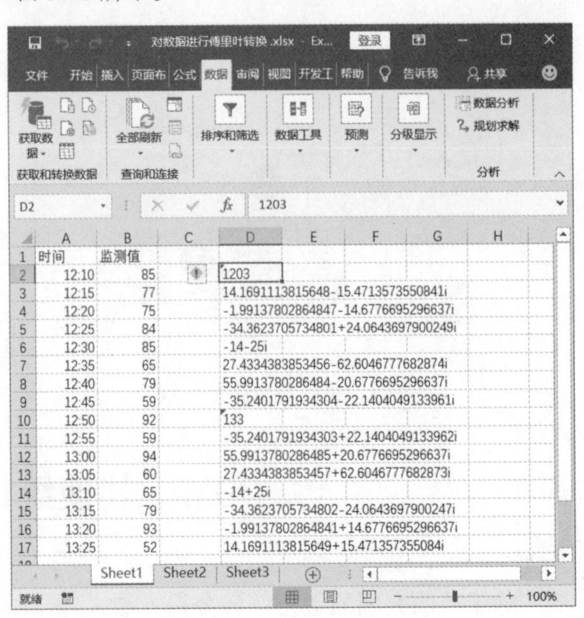

图 9.78 获得转换数据

9.6.2 对数据进行排位

Excel 功能区中提供了“排序”命令，可以快速对数据进行排序操作。在实际工作中对数据排序有一些特殊的要求，需要使用 Excel 的排序函数或是数据分析工具来进行操作。

1. 利用函数来排位

数据的排位是数据分析的一种常用操作，要获得数据在一组数据中的位置值，可以使用 Excel 的统计函数，包括 RANK.EQ()、RANK.AVG()、RANK()和 RANKPERCENTRAN()。

其中，RANK.EQ()、RANK.AVG()、RANK()这 3 个函数都可以求出一个数值在一组数据中的排位值。RANK.EQ()、RANK.AVG()为 Excel 2007 之后出现的两个获得排位值的函数，它们的区别在于 RANK.EQ()在多个数值位置值相同时返回最佳排名，RANK.AVG()返回它们的平均值。为了与 Excel 2007 以及以前的版本兼容，Excel 同样保留了早期版本的 RANK()函数。这 3 个函数的语法结构相同，如下所示：

RANK.EQ(Number,Ref,Order)

其中，参数 Number 为需要获得位置值的数据；Ref 为一组数据所在的单元格区域地址；Order 用于指定排序方式，如果按降序排位可将其设置为 0 或省略，如果按升序排位则将其设置为 1。

例如，对各个销售员的销售情况进行排位时，或不需要对数据排序，则可直接使用刚才介绍的排位函数来获得位置值，如图 9.79 所示。

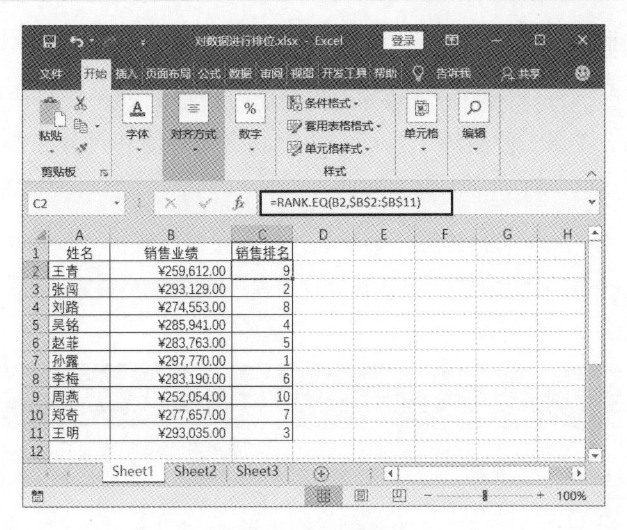

	A	B	C
1	姓名	销售业绩	销售排名
2	王青	¥259,612.00	9
3	张闯	¥293,129.00	2
4	刘路	¥274,553.00	8
5	吴铭	¥285,941.00	4
6	赵菲	¥283,763.00	5
7	孙露	¥297,770.00	1
8	李梅	¥283,190.00	6
9	周燕	¥252,054.00	10
10	郑奇	¥277,657.00	7
11	王明	¥293,035.00	3

图 9.79　计算排位值

如果需要获得数字在一组数据中的百分比排位，可以使用 PERCENTRANK.EXC()、PERCENTRANK.INC()和 PERCENTRANK()函数，前 2 个函数是 Excel 2007 之后出现的，为了和 Excel 2007 及以前的版本兼容，Excel 保留了 PERCENTRANK()这个函数。PERCENTRANK.EXC()、PERCENTRANK.INC 的区别只是在于获得的百分比排位值是否包含 0 和 1，前一个该函数的语法结构为：

PERCENTRANK.EXC(Array,X,Significance)

这里，Array 用于指定输入数组所在的单元格区域，X 指定带排位的数值，Significance 规定运算结果保留的小数位数，其默认值为保留 3 位小数。如果要获得各个销售员销售收入排位百分比，可以使用 PERCENTRANK.EXC()函数，如图 9.80 所示。

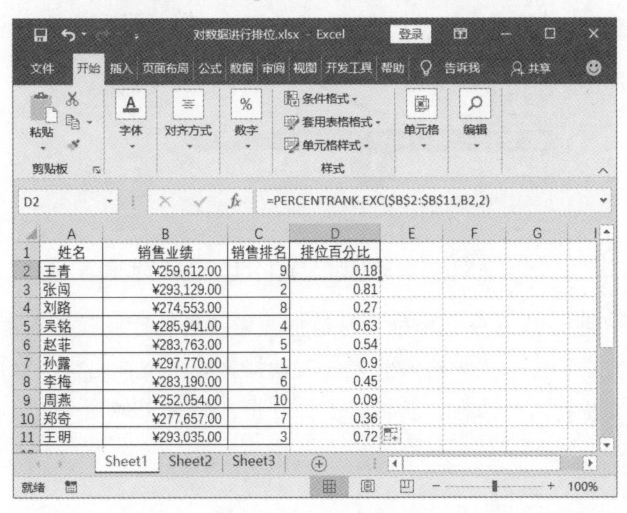

	A	B	C	D
1	姓名	销售业绩	销售排名	排位百分比
2	王青	¥259,612.00	9	0.18
3	张闯	¥293,129.00	2	0.81
4	刘路	¥274,553.00	8	0.27
5	吴铭	¥285,941.00	4	0.63
6	赵菲	¥283,763.00	5	0.54
7	孙露	¥297,770.00	1	0.9
8	李梅	¥283,190.00	6	0.45
9	周燕	¥252,054.00	10	0.09
10	郑奇	¥277,657.00	7	0.36
11	王明	¥293,035.00	3	0.72

图 9.80　使用 PERCENTRANK.EXC()函数计算百分比排位

2. 利用工具来排位

在 Excel 中对数据进行排序的方式很多，其中比较快捷的方式就是使用数据分析工具中的“排位和百分比排位”工具。使用该工具能够快速获得排位值和百分比排位值。下面介绍这个工具的使用方法。

01 在“数据”选项卡的“分析”组中单击“数据分析”按钮，如图 9.81 所示。此时将打开“数据分析”对话框，选择其中的“排位与百分比排位”选项，单击“确定”按钮关闭对话框，如图 9.82 所示。

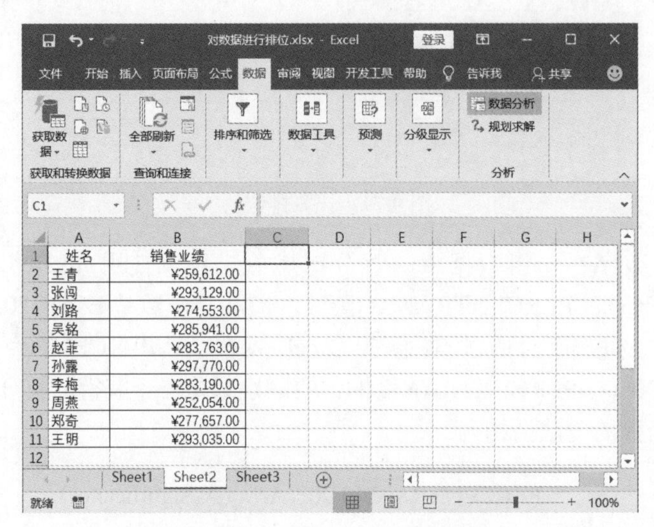

图 9.81 单击“数据分析”按钮

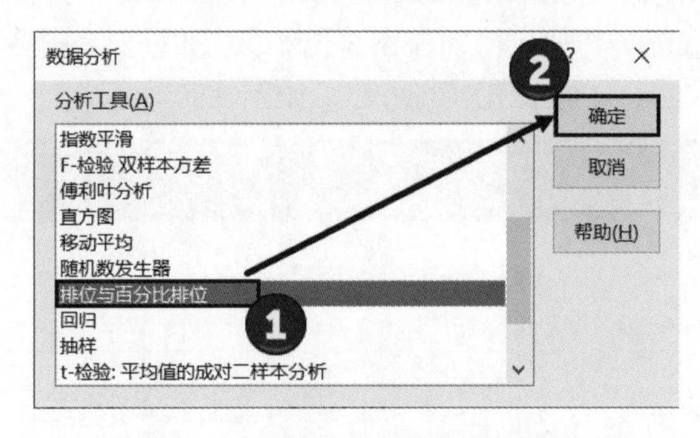

图 9.82 选择“排位与百分比排位”选项

02 此时将打开“排位与百分比排位”对话框，在“输入区域”文本框中输入数据所在的单元格区域，在“输出区域”文本框中输入放置输入数据的第一个单元格，如图 9.83 所示。完成设置后，单击“确定”按钮关闭对话框，获得需要的数据，如图 9.84 所示。

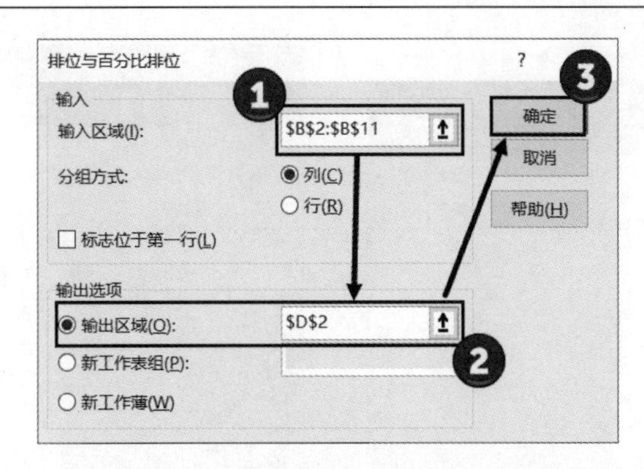

图 9.83 “排位和百分比排位”对话框

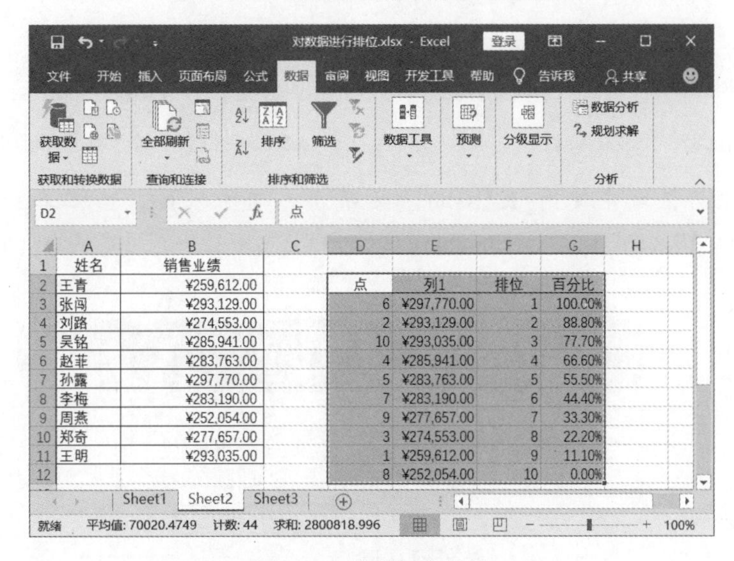

图 9.84 获得排位结果

9.6.3 生成随机数

在许多数据处理问题中都需要对样本进行一些随机处理，这时需要获取随机数。在 Excel 中获取随机数的方式一般有两种：一种是使用 Excel 函数，另一种是使用数据分析工具。

1．使用函数获得随机数

在 Excel 中常用的获得随机数的函数有 2 个。RAND()函数是一个没有参数的函数，其可以生成大于等于 0 且小于 1 的均匀分布随机实数，灵活使用该函数能够方便地获得各种随机数。

01 在工作表中选择单元格区域，在编辑栏中输入公式“=RAND()”，完成输入后按 Ctrl+Enter 键即可在选择单元格区域中获得随机数，如图 9.85 所示。

02 在工作表中选择单元格区域，在编辑栏中输入公式“=INT(RAND()*100)”，按 Ctrl+Enter 键可以获得大于等于 0 且小于 100 的随机整数，如图 9.86 所示。

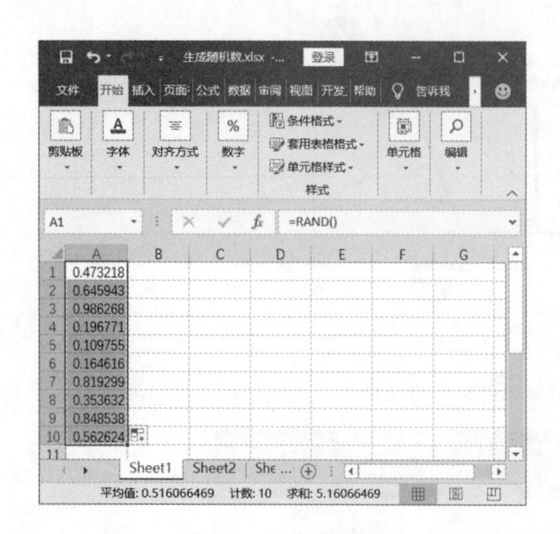

图 9.85 产生随机数

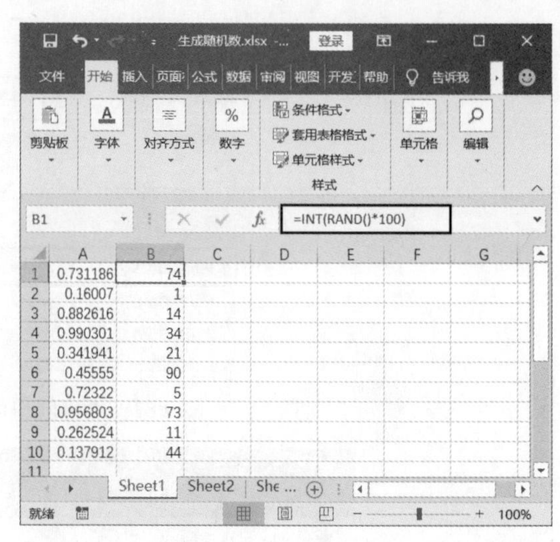

图 9.86 获得大于等于 0 且小于 100 的随机整数

03 在单元格区域中使用 RAND()函数获得一组随机数，选择单元格区域后输入“=RANK.EQ(A1:A10,A1:A10)”，按 Ctrl+Shift+Enter 键即可获得一组不重复的随机整数，如图 9.87 所示。

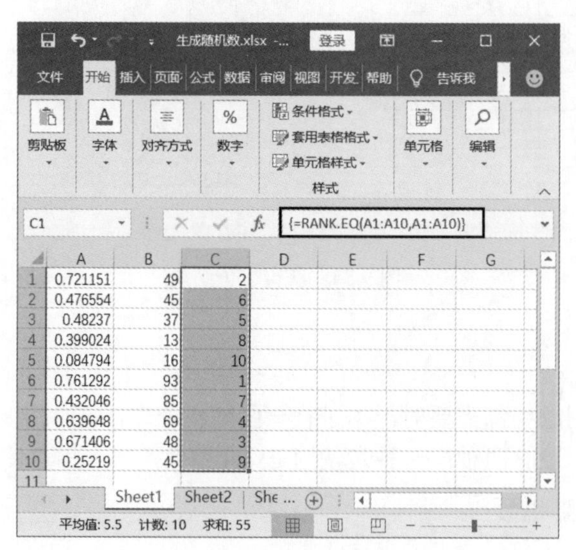

图 9.87 获得不重复的随机整数

要获得在某个范围内的随机整数，可以使用 Excel 的 RANDBETWEEN()函数，该函数的语法规则如下：

RANDBETWEEN(bottom,top)

其中，bottom 为随机整数的下限，top 为随机整数的上限。

01 选择单元格区域，在编辑栏中输入公式“=RANDBETWEEN(1,10)”，按 Ctrl+Enter 键，选择单元格区域将获得介于 1 和 10 之间的整数，如图 9.88 所示。

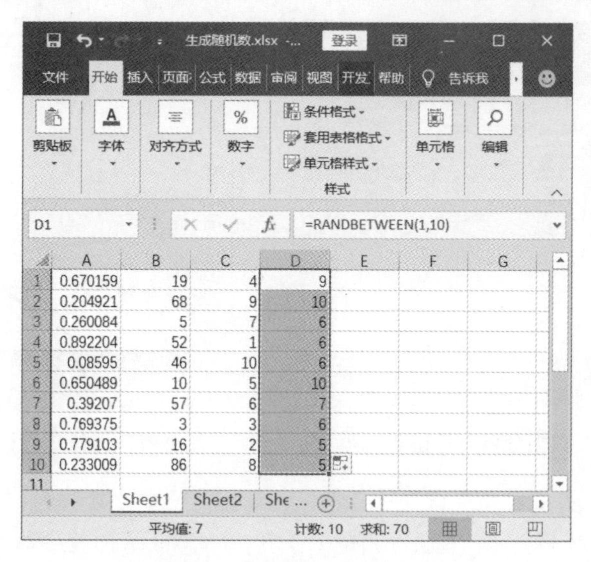

图 9.88 获得 1~10 的随机整数

02 选择单元格区域，在编辑栏中输入公式“=ROUND(RANDBETWEEN(5000, 6000)/100,2)”，按 Ctrl+Enter 键，在单元格中将获得介于 50 到 60 之间包含 2 个小数位的随机数，如图 9.89 所示。

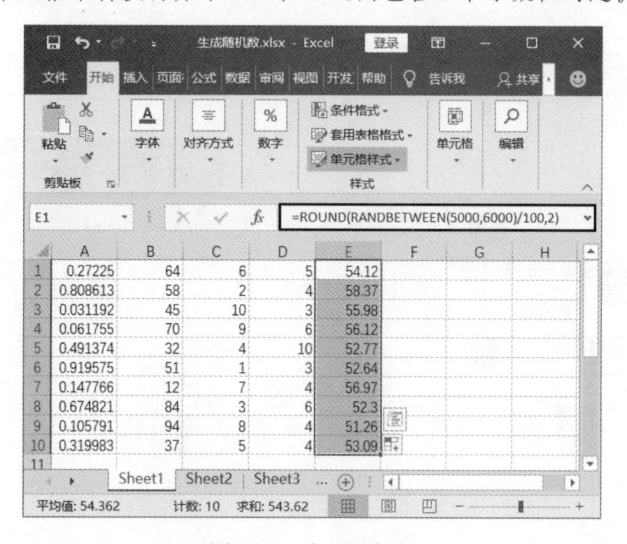

图 9.89 生成随机数

2. 使用数据分析工具获得随机数

Excel 的数据工具中有一个“随机数生成器”，使用它能够方便快速地生成需要的随机数。下面介绍该工具的具体使用方法。

01 在“数据”选项卡的“分析”组中单击“数据分析”按钮，如图 9.90 所示。此时将打开“数据分析”对话框，选择其中的“随机数发生器”选项，单击“确定”按钮关闭对话框，如图 9.91 所示。

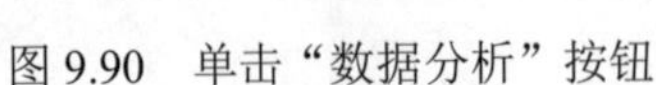

图 9.90　单击“数据分析”按钮

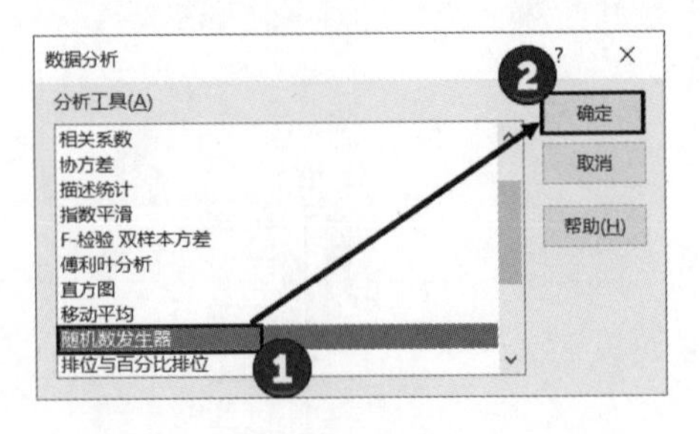

图 9.91　选择“随机数发生器”选项

02 此时将打开“随机数发生器”对话框，先设置“变量个数”和“随机数个数”，指定生成的随机数所占有的列数和行数，这里分别输入 1 和 12，即生成的随机数将占有 1 列 12 行，从而获得 12 个随机数；再在“分布”列表中指定分布类型，这里设置为“均匀”；然后在“介于”文本框中设置随机数的范围（“介于 0 与 100”表示生成 1~100 之间的随机数）；最后选择“输出区域”选项，指定输出数据放置的起始单元格，如图 9.92 所示。完成设置后，单击“确定”按钮关闭对话框。

03 此时将获得随机数，如图 9.93 所示。随机数中带有小数，可对数据的格式进行设置，如图 9.94 所示。此时可获得随机整数，如图 9.95 所示。

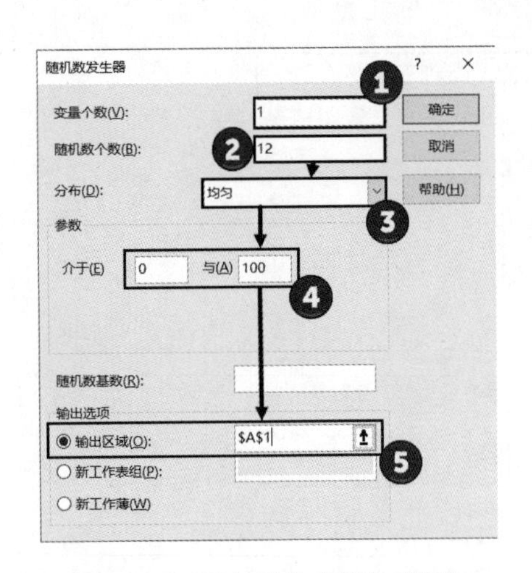

图 9.92　“随机数生成器”对话框

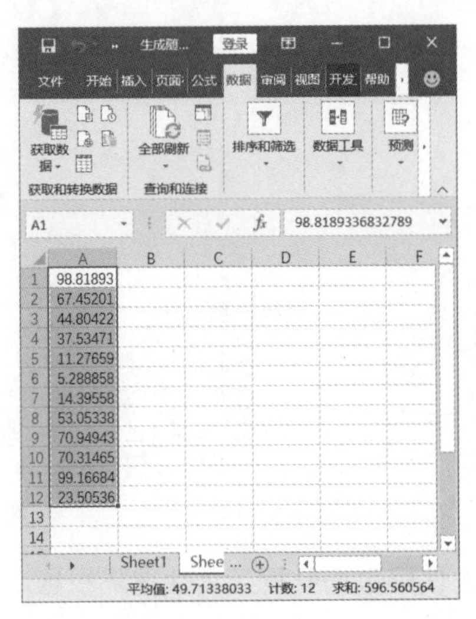

图 9.93　获得随机数

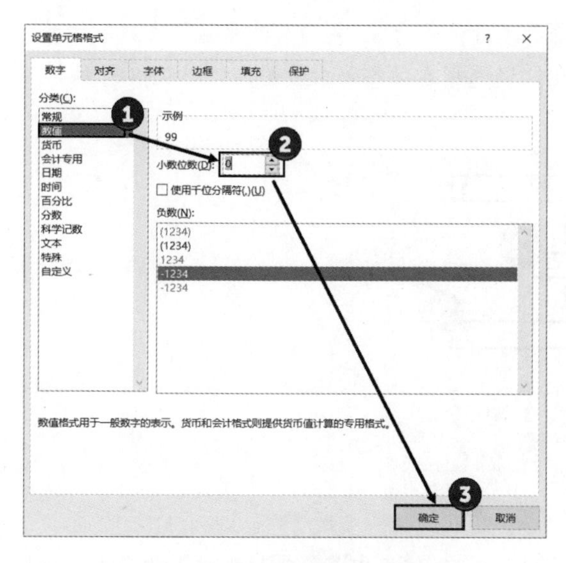

图 9.94　设置数据格式

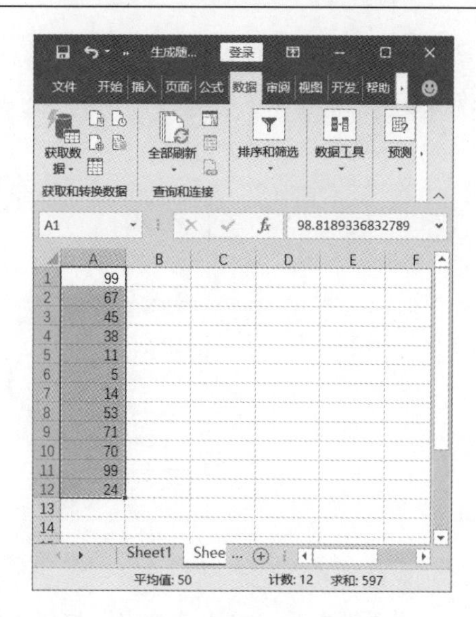

图 9.95　获得随机整数

9.6.4　移动平均预测

移动平均预测是在算术平均方法的基础上发展出来的一种预测方法，其根据时间序列资料逐项推移，依次计算包含一定项数的平均值。这相当于对时间序列数据进行简单的平滑处理，从而能够更好地反映时间序列数据的长期趋势。当时间序列数据受周期变动和随机波动的影响较大时，使用移动平均来进行预测可消除这些因素的影响，显示出发展方向和变化趋势。Excel提供一个“移动平均”工具，能够快速地进行移动平均预测，下面介绍具体的使用方法。

01 在“数据”选项卡的“分析”组中单击“数据分析”按钮，如图 9.96 所示。此时将打开“数据分析”对话框，选择其中的“移动平均”选项，单击“确定”按钮关闭对话框，如图 9.97 所示。

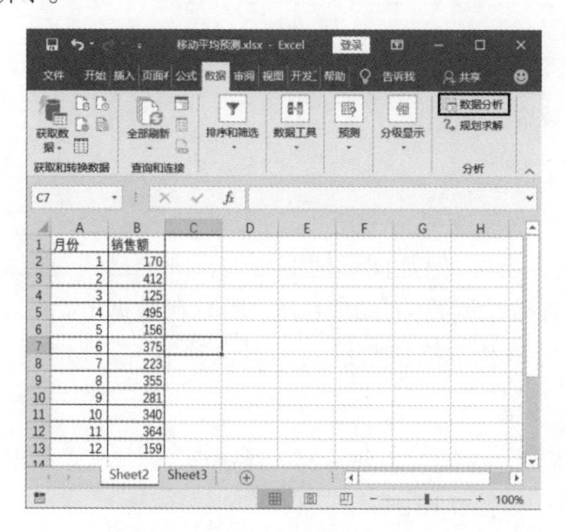

	A	B
1	月份	销售额
2	1	170
3	2	412
4	3	125
5	4	495
6	5	156
7	6	375
8	7	223
9	8	355
10	9	281
11	10	340
12	11	364
13	12	159

图 9.96　单击“数据分析”按钮

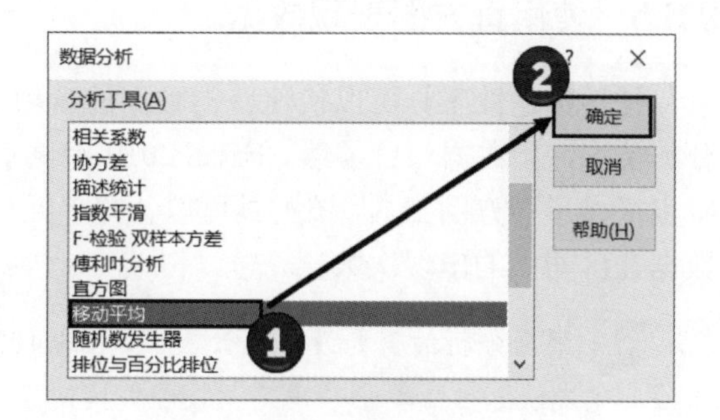

图 9.97　选择“移动平均”选项

02 此时将打开“移动平均”对话框，在“输入区域”文本框中输入数据所在的单元格区域地址，在“间隔”文本框中输入数值 3 将移动平均的项数设置为 3，在“输出区域”文本框中输入放置输出数据的起始单元格地址，勾选“图表输出”复选框自动添加曲线图，如图 9.98 所示。

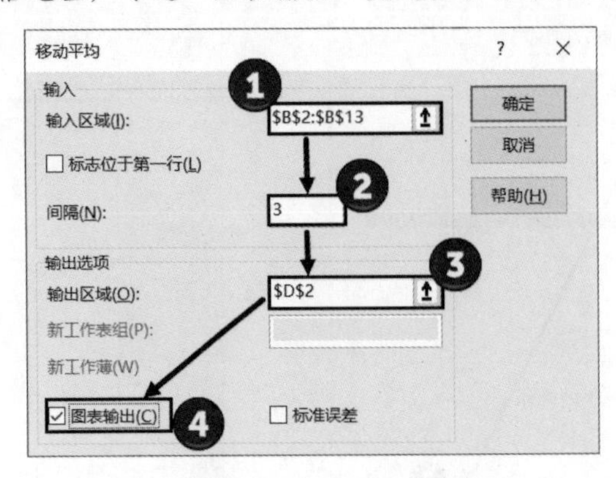

图 9.98 “移动平均”对话框

03 完成设置后，单击“确定”按钮关闭对话框，在工作表中将获得计算结果和图表，如图 9.99 所示。

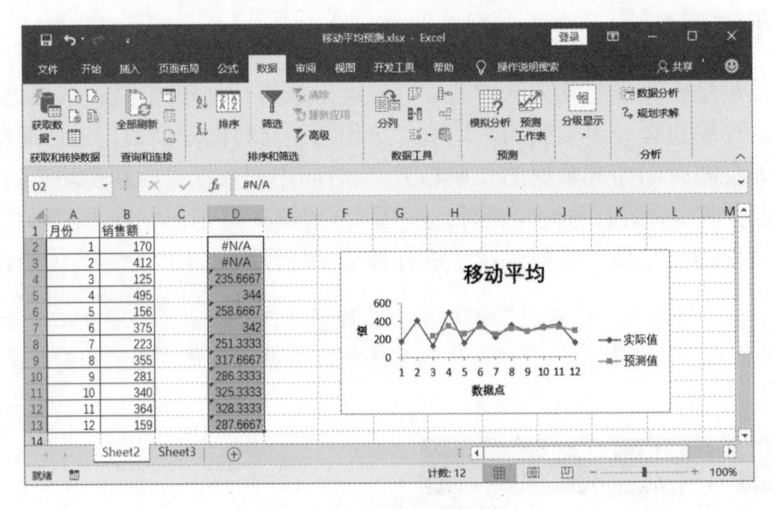

图 9.99 获得数据和图表

9.6.5 使用直方图表现数据

使用描述性工具可以快速获得数据的多项统计指标，但是图形能够更加直观地描述数据的分布情况，让数据一目了然。Excel 2019 提供了直接绘制直方图的工具，同时在数据分析工具中也提供了直方图工具，该工具可以计算单元格区域和数据接收区间的累积频率，直观地展示数据在区间中的出现次数。

01 根据分析的需要设置分数段，如图 9.100 所示。打开“数据分析”对话框，选择“直方图”选项，完成设置后，单击“确定”按钮关闭对话框，如图 9.101 所示。

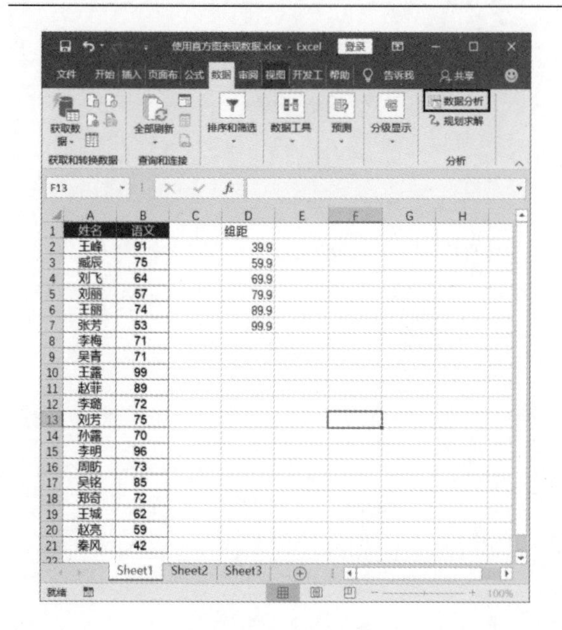

图 9.100　设置分数段

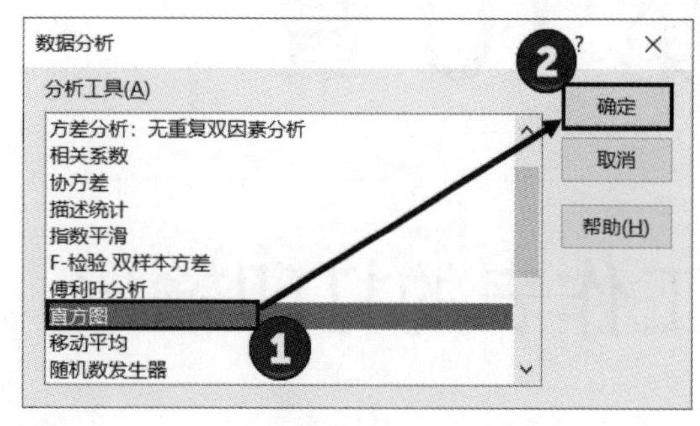

图 9.101 选择“直方图”选项

02 此时将打开“直方图”对话框，先指定“输入区域”数据所在的单元格区域；再设置“接收区域”（放置分组的组距数据的单元格区域）；然后选择“输出区域”选项，指定数据的输出区域；接着勾选“图表输出”复选框，使 Excel 根据统计结果绘制直方图，如图 9.102 所示。单击“确定”按钮关闭“直方图”对话框，将获得统计的频率数据和直方图，如图 9.103 所示。从数据中可以看到各个分数段的学生人数，用直方图则直观地展示了各个分数段人数的多少。

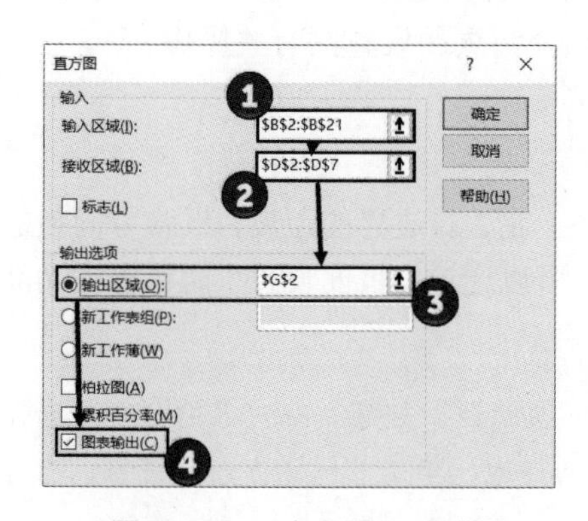

图 9.102　“直方图”对话框

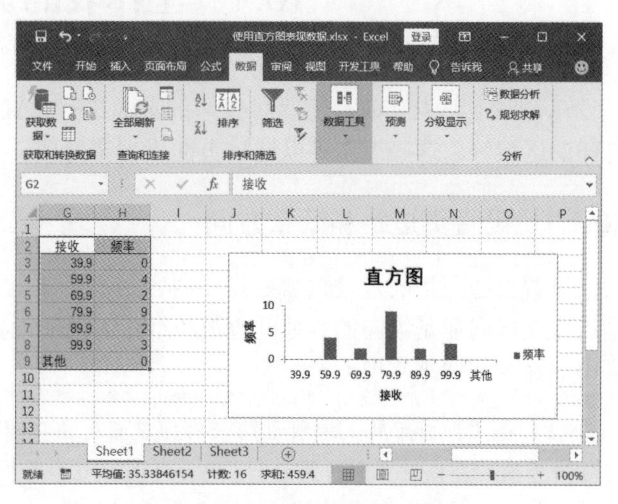

图 9.103　获得频率数据和直方图

第 10 章

工作表的打印输出

在完成工作表数据的分析处理后，数据需要交付他人分享。分享数据包括工作表打印、工作簿文件共享以及发布到 Internet 等方面的内容，其中最常见的操作就是将工作表打印出来，本章将介绍工作表打印的有关操作。

10.1　工作表的页面设置

在打印工作表之前，需要对打印的页面进行设置，如设置页边距、纸张方向和大小以及打印的区域等。这些工作可以通过页面设置来完成，下面介绍页面设置的有关操作。

10.1.1　设置页边距和纸张方向

设置页边距指的是设置需要打印内容距离页面上、下、左、右边界的距离，纸张方向指的是纸张是横向还是纵向的。对页边距和纸张方向的设置，可以通过“页面设置”对话框或功能区中的命令按钮来实现。

01 在“页面布局”选项卡的“页面设置”组中单击“页边距”按钮，在打开的列表中选择相应的选项，可以对页面边距进行设置，如图 10.1 所示。同样地，单击“纸张方向”按钮，在打开的列表中选择相应的选项，也可以设置纸张方向。

02 在“页边距”列表中选择“自定义边距”选项，打开“页面设置”对话框的“页边距”选项卡，在“左”“右”“上”和“下”微调框中输入数值，可以对页边距进行自定义，如图 10.2 所示。

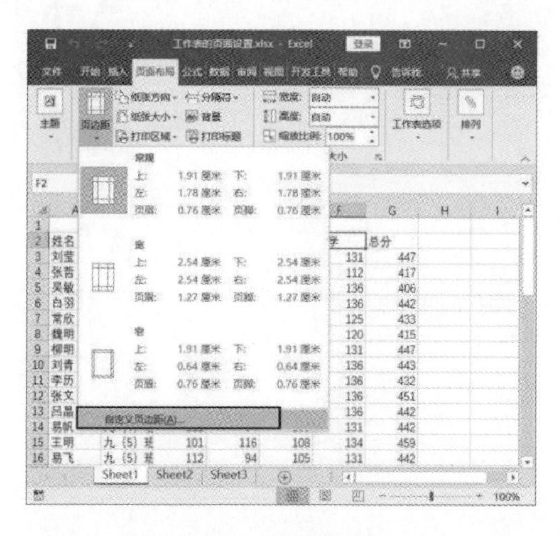

图 10.1　设置页边距

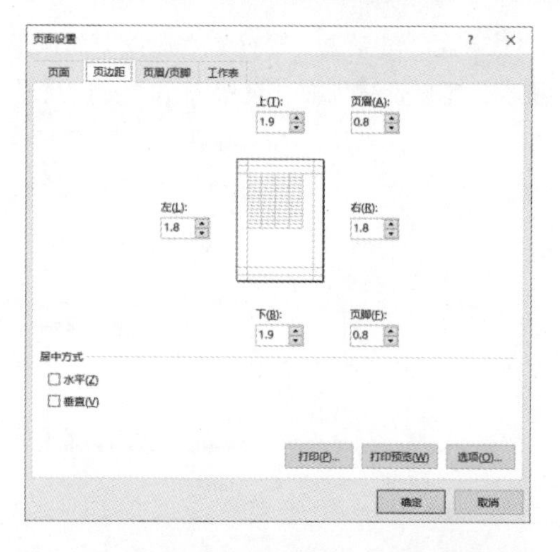

图 10.2　在“页边距”选项卡中设置页边距

提　示

在“居中方式”栏中勾选“水平”复选框，工作表将在页面中水平居中，勾选“垂直”复选框，工作表将在垂直方向上居中。如果同时勾选这两个复选框，则工作表将位于页面的中间位置。

10.1.2　设置纸张大小

在对工作表进行打印时，需要设置纸张大小以适应当前打印机的纸张类型。纸张大小的设置可以使用下面的方法来进行操作。

01 在“页面布局”选项卡的“页面设置”组中单击“纸张大小”按钮，在打开的列表中选择相应的选项，即可设置纸张大小，如图 10.3 所示。

图 10.3　选择纸张大小

02 在“纸张大小”列表中选择“其他纸张大小”选项，打开“页面设置”对话框的“页面”选项卡，可以设置方向、纸张大小和打印质量等，如图 10.4 所示。

图 10.4 “页面设置”对话框的“页面”选项卡

10.1.3 设置打印区域

在打印工作表时，如果用户只需要打印工作表中某个区域而不是全部数据区域，可以通过设置选择需要打印的单元格区域来实现。

01 在工作表中选择需要打印的数据所在的单元格区域，在“页面布局”选项卡的“页面设置”组中单击“打印区域”按钮，在打开的列表中选择“设置打印区域”选项，如图 10.5 所示。

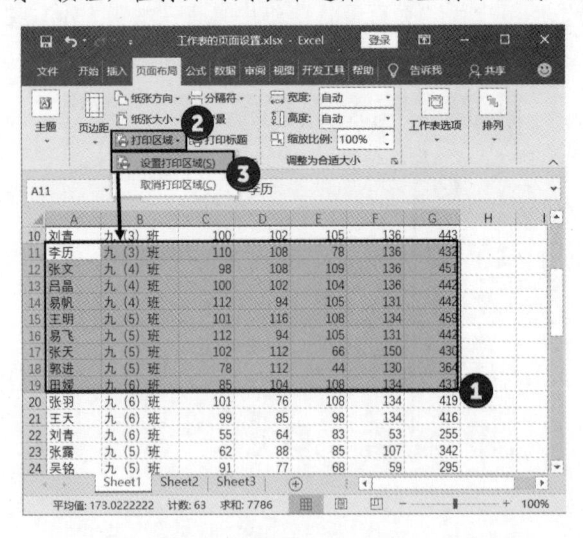

图 10.5 选择“设置打印区域”选项

02 此时打印区域将被虚线框框起来，如图 10.6 所示。在“打印区域”列表中选择“取消打印区域”选项将取消设置的打印区域。

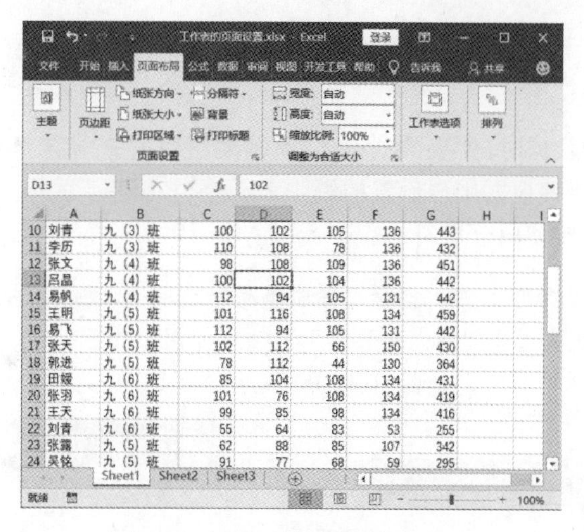

图 10.6　打印区域被虚线框框起来

10.1.4　设置打印标题

如果要打印的工作表有多页，那么通常会希望在每一页的顶端处都显示表格的标题或表头字段，这样能够使工作表显得更加清晰明了。

01 在“页面布局”选项卡的“页面设置”组中单击“打印标题”按钮，如图 10.7 所示。

02 此时将打开“页面设置”对话框，在对话框的“工作表”选项卡中，对“打印区域”和“顶端标题行”进行设置，完成设置后，单击“确定”按钮关闭对话框，如图 10.8 所示。

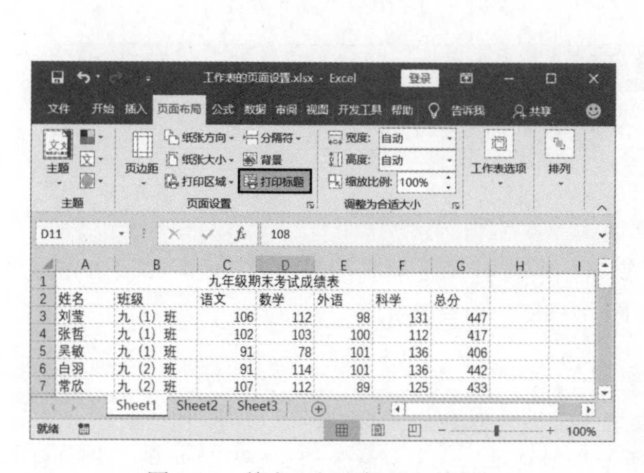

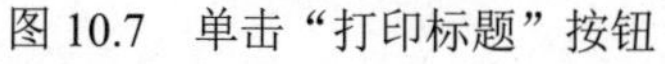

图 10.7　单击“打印标题”按钮

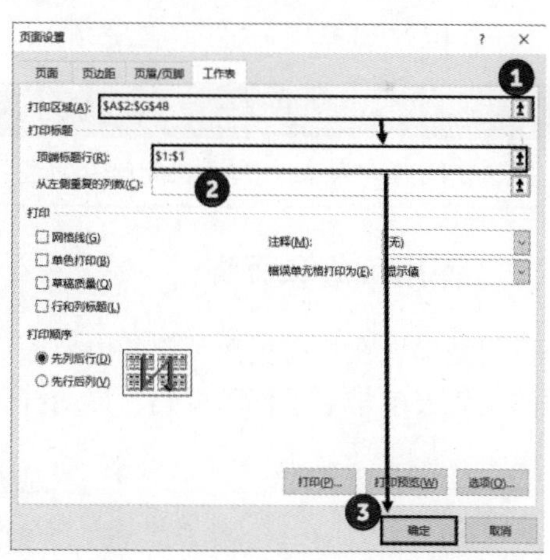

图 10.8　“工作表”选项卡中的设置

10.2　分页打印

工作表中的内容很多时，往往需要分为多页来进行打印。分页打印时主要应考虑两个方面的问题：一个是在哪个位置分页，另一个是怎样标示各个分页。

10.2.1 使用分页符

在打印工作表中的数据时，如果数据很多，就需要将数据分别置于不同的页面中进行打印。在默认情况下，Excel 能够根据用户设置的纸张大小来自动进行分页。如果用户需要根据实际情况来进行分页，就需要使用分页符。

01 在数据区域中选择单元格，打开“页面布局”选项卡，在“页面设置”组中单击“分隔符”按钮，在打开的列表中选择“插入分页符”选项，如图 10.9 所示。

02 工作表中被插入分页符，如图 10.10 所示。

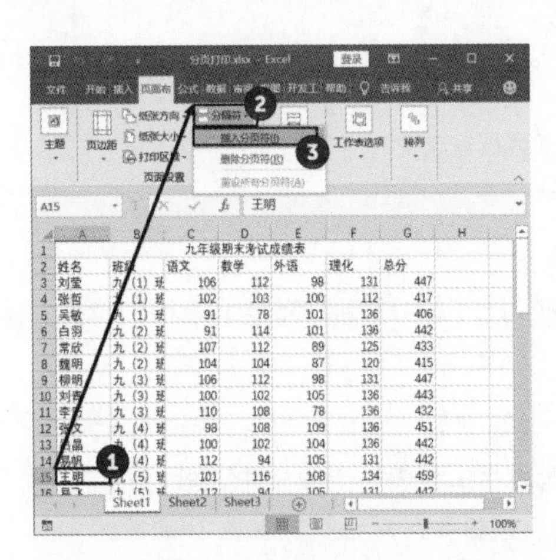

图 10.9　选择“插入分页符”选项

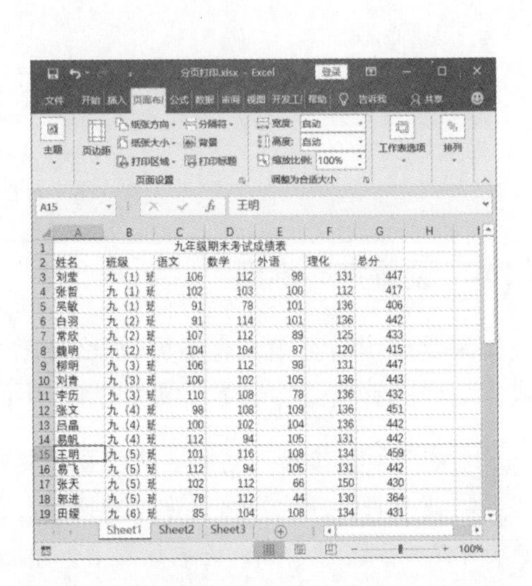

图 10.10　插入分页符

提　示

在“分隔符”列表中选择“删除分页符”选项，可以删除工作表中插入的所有分页符。

10.2.2 使用页眉和页脚

页眉是出现在打印页面顶部的内容，页脚是出现在打印页面底部的内容。页眉和页脚在多页面的工作表中常用于标示页码、提示打印时间和显示内容提示等。

01 打开“页面设置”对话框的“页眉/页脚”选项卡，在“页眉”列表中选择相应的选项指定页眉的内容，在“页脚”列表中选择相应的选项指定页脚的内容，如图 10.11 所示。

02 单击“自定义页眉”按钮将打开“页眉”对话框，在对话框的“左部”“中部”和“右部”文本框中单击放置插入点光标，单击对话框中的相应按钮可以向文本框中添加相应的内容，如图 10.12 所示。完成设置后，单击“确定”按钮关闭对话框完成页眉的自定义。

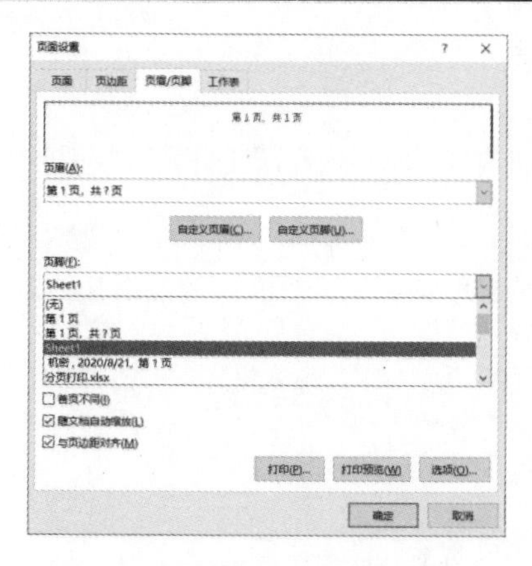

图 10.11　指定页眉和页脚内容

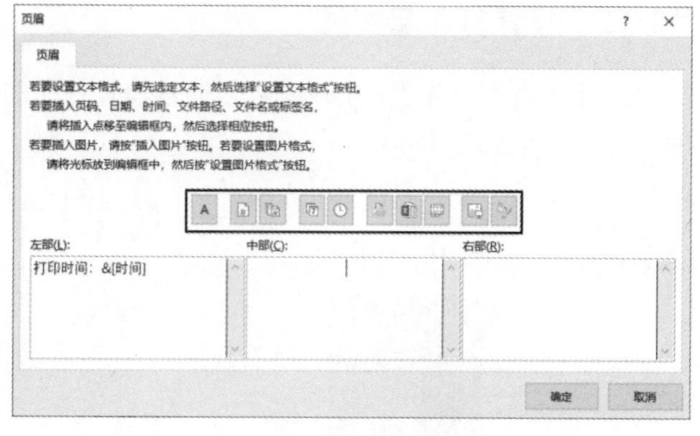

图 10.12　“页眉”对话框

10.3　打印输出工作表

在完成工作表的创建和相关设置后就可以进行工作表的打印了。在连接打印机后，用户使用 Excel 可以十分方便地实现表格数据的打印。

10.3.1　打印预览

对工作表的打印进行设置后，为了能够在打印前了解打印的最终效果，需要对打印的内容进行预览。如果对预览效果不满意，用户还可以重新对打印进行设置。在 Excel 中，打印预览可以采用下面的方法来实现。

01 在使用“页面设置”对话框对页面进行设置时，可以直接单击对话框中的“打印预览”按钮来预览设置效果，如图 10.13 所示。

02 打开 Excel 中的“文件”窗口，在左侧列表中选择“打印”选项，此时在窗口右侧将出现预览效果，如图 10.14 所示。

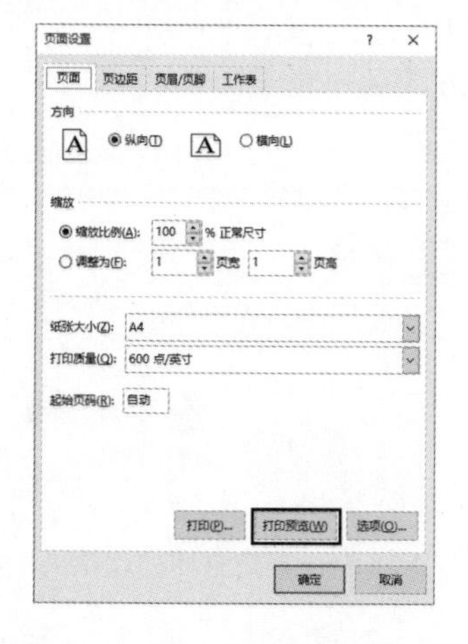

图 10.13　单击“打印预览”按钮

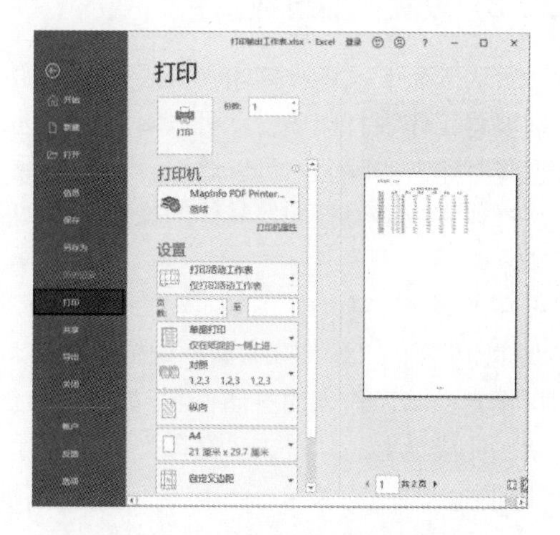

图 10.14　在“文件”窗口中显示预览效果

10.3.2 设置打印起始页

对于多页的工作表，用户还可以通过设置打印的起始页来选择打印工作表中的哪些页，具体的操作方法如下所示。

01 在“文件”窗口中，在“设置”栏的“页数”微调框中输入数值，可以设置打印的起始页和终止页，如图 10.15 所示。

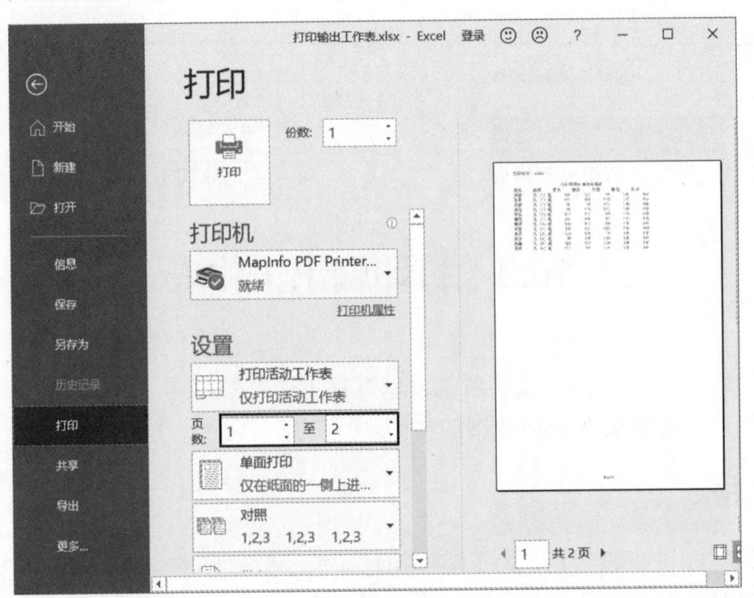

图 10.15 在“文件”窗口中设置打印的起始页和终止页

02 在“页面设置”对话框的“页面”选项卡中，在“起始页码”文本框中输入数值，可以指定打印的起始页，如图 10.16 所示。

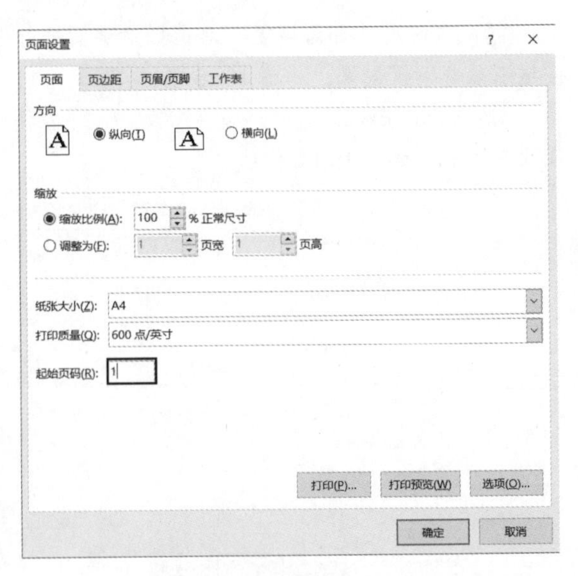

图 10.16 指定打印的起始页

10.3.3 设置打印份数

默认情况下，将只打印一份工作表。如果需要将工作表打印多份，可以对工作表进行重复打印。实际上，可以通过设置来实现一次操作完成多份打印，具体的操作步骤如下所示。

在“文件”窗口中，选择“打印”选项，在“打印”栏的“份数”微调框中输入数值，即可指定当前工作表的打印份数，如图 10.17 所示。完成设置后，单击“打印”按钮进行打印即可。

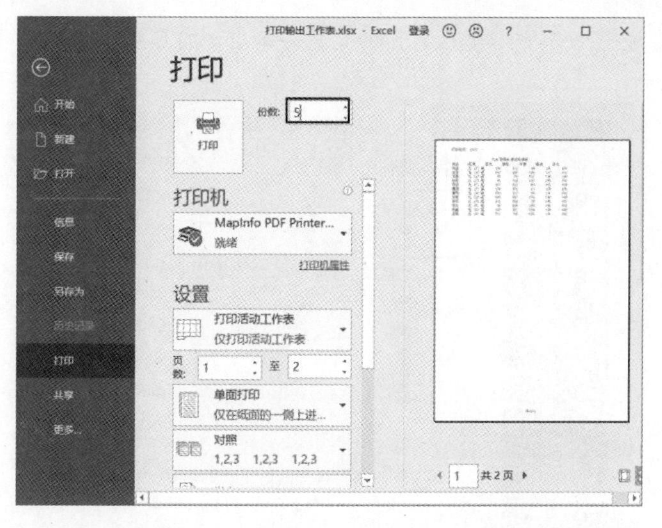

图 10.17　在“文件”窗口中指定打印份数

10.4　打印输出的技巧

下面介绍打印输出的 3 个实用技巧。

10.4.1　一次打印工作簿中所有工作表

一个工作簿中往往包含多个工作表，一个一个地打印，效率会很低。实际上，用户可以将工作簿中所有工作表一次性打印出来，下面介绍具体的操作方法。

01 启动 Excel，打开工作簿文件，在“文件”窗口中选择“打印”选项，在“设置”下拉列表中选择“打印整个工作簿”选项，如图 10.18 所示。

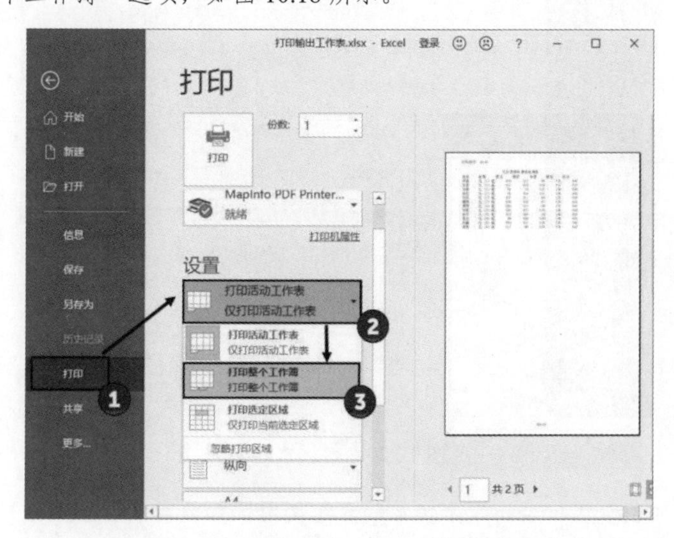

图 10.18　选择“打印整个工作簿”选项

02 此时，在预览窗口下方将显示打印的页数，单击“打印”按钮即可将所有的工作表打印出来，如图 10.19 所示。

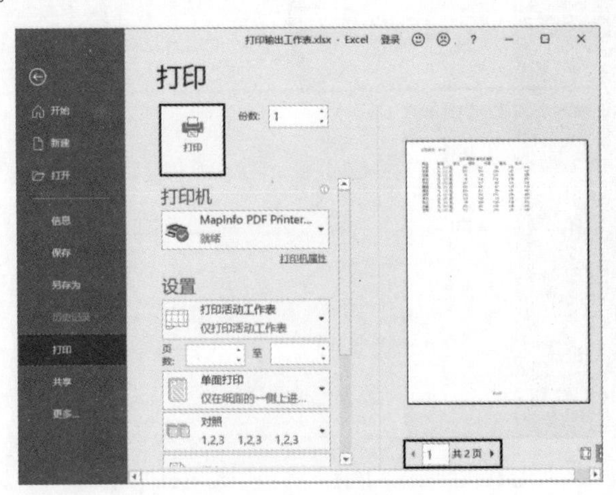

图 10.19 单击“打印”按钮

10.4.2 手动调整页边距

在“页面布局”选项卡的“页面设置”组中单击“页边距”按钮，在打开的下拉列表中选择“自定义页边距”命令，可以打开“页面设置”对话框的“页边距”选项卡，通过调整“上”“下”“左”“右”微调框的值来设置页面边距。这种方法的缺点是设置的页边距效果不够直观，下面介绍一个可以调整页边距的直观方法。

01 启动 Excel，打开需要打印的工作表。在“文件”窗口中选择“打印”选项，单击打印预览框下的“显示边距”按钮显示页边距，如图 10.20 所示。

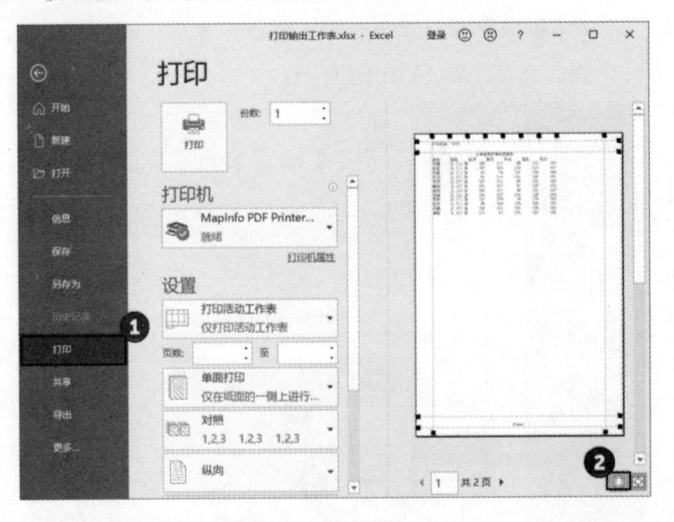

图 10.20 显示页边距

02 此时在打印预览区中会出现很多控制点，使用鼠标拖动这些控制点可以快速调整页边距的大小，调整页边距后的打印效果也将在预览区中实时显示，如图 10.21 所示。

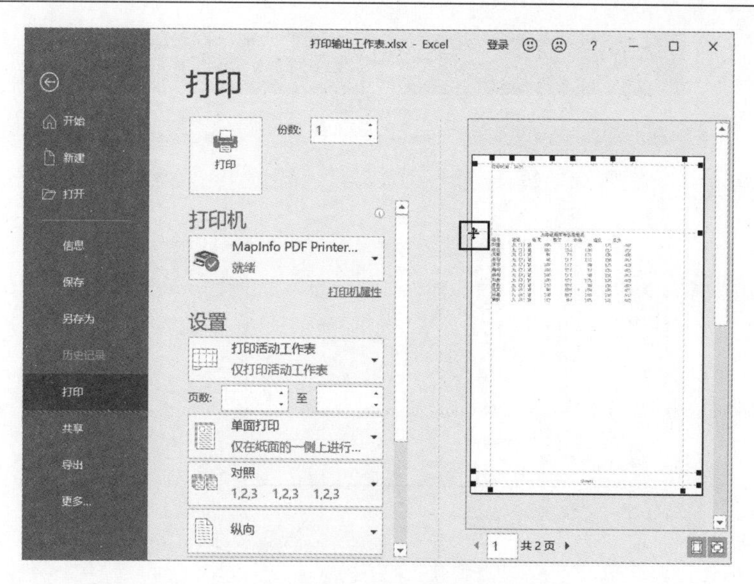

图 10.21　拖动控制点调整页边距

10.4.3　对分页进行快速调整

使用分页符可以获取分页打印的效果，在创建分页符的工作表中调整分页符的位置，可以将工作表分配到不同的页中打印。下面介绍一种快捷调整分页符的方法。

01 启动 Excel，打开工作表。在“视图”选项卡的“工作簿视图”组中单击“分页预览”按钮，切换到分页预览视图，如图 10.22 所示。

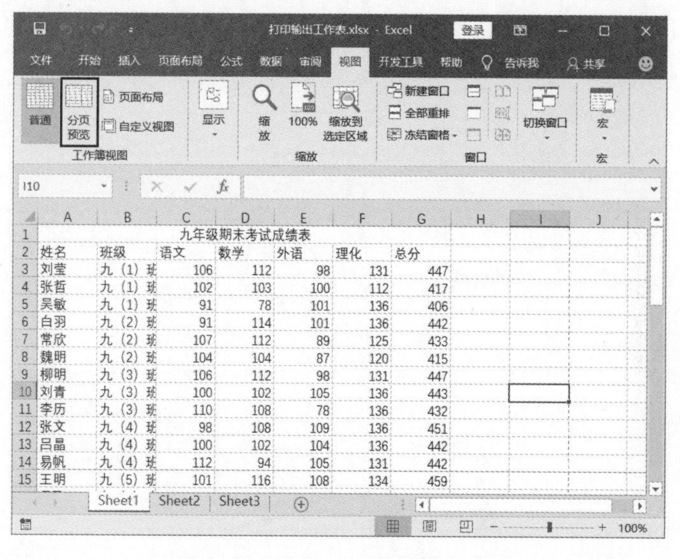

	A	B	C	D	E	F	G
1	九年级期末考试成绩表						
2	姓名	班级	语文	数学	外语	理化	总分
3	刘莹	九（1）班	106	112	98	131	447
4	张哲	九（1）班	102	103	100	112	417
5	吴敏	九（1）班	91	78	101	136	406
6	白羽	九（2）班	91	114	101	136	442
7	常欣	九（2）班	107	112	89	125	433
8	魏明	九（2）班	104	104	87	120	415
9	柳明	九（3）班	106	112	98	131	447
10	刘青	九（3）班	100	102	105	136	443
11	李历	九（3）班	110	108	78	136	432
12	张文	九（4）班	98	108	109	136	451
13	吕晶	九（4）班	100	102	104	136	442
14	易帆	九（4）班	112	94	105	131	442
15	王明	九（5）班	101	116	108	134	459

图 10.22　单击“分页预览”按钮

02 此时工作表中的页面边界将以边框的形式显示，使用鼠标拖动外侧边框，可以调整打印区域，从而实现对分页的调整，如图 10.23 所示。

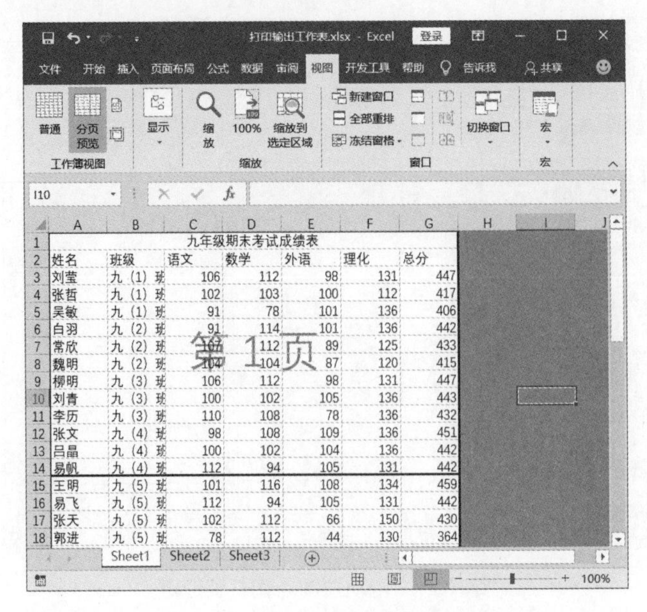

图 10.23　拖动蓝色边框调整分页

第 11 章

Excel 2019 图表实战——ERP 图表

柱形图、条形图和折线图是商务图表中常见的图表类型，然而商务工作中需要使用图表所反映数据的场合却是五花八门的。用图表来表现数据并直观传递信息，需要根据应用场合选择合适有效的表现形式。相同的数据以不同的方式表达，会对读者产生不同的影响。Excel 2019 提供了多种类型的图表供用户使用，除了前面章节介绍的图表类型之外，还包括面积图、扇形图和股价图等。在制作商务图表时，不拘泥于传统，灵活而有创造性地应用这些图表类型，能够获得各种形式的图表，让图表传递更多信息。

11.1　产品合格率变化图

在商业图表中，使用折线图能够表现数据变化的趋势，使用面积图能够对数据变化的程度进行强调。如果图表既需要表现变化程度，又需要强调变化趋势，就可以在面积图上添加轮廓线，获得具有粗边的面积图效果。下面通过一个产品合格率变化图来介绍此类图表的制作过程。

01 启动 Excel 2019 并打开工作表，选择数据后插入面积图，如图 11.1 所示。在工作表中选择创建面积图的数据，按 Ctrl+C 键复制。选择图表，按 Ctrl+V 键粘贴复制的数据，在图表中添加一个新的数据系列，如图 11.2 所示。

02 右击图表中新增的数据系列，选择关联菜单中的“更改系列图表类型”命令，打开“更改图表类型”对话框。在该对话框中将新增数据系列的图表类型更改为“带数据标记的折线图”，如图 11.3 所示。完成设置后，单击“确定”按钮关闭对话框。

03 选择图表中的面积图，在“设置数据系列格式”窗格中设置其填充颜色，如图 11.4 所示。选择图表中的折线，设置线条的颜色和宽度，如图 11.5 所示。设置折线上数据标记的大小，如图 11.6 所示。将数据标记的填充色设置为金色，设置数据标记的类型和大小，如图 11.7 所示。

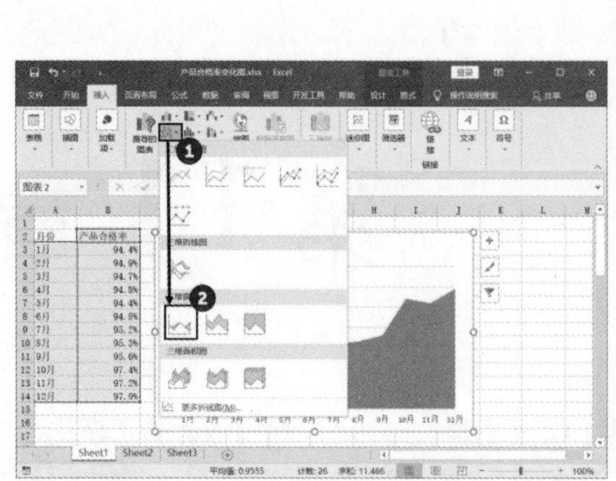

图 11.1　插入面积图

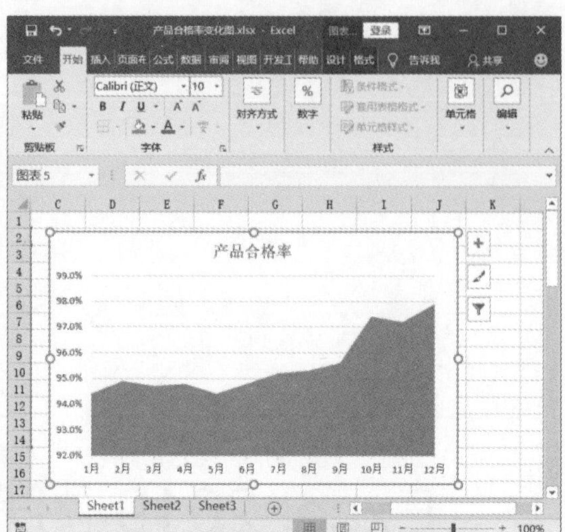

图 11.2　在图表中添加新数据系列

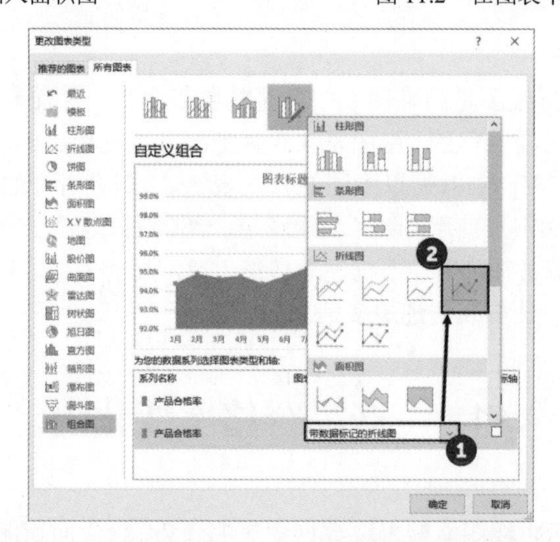

图 11.3　将图表类型更改为“带数据标记的折线图”

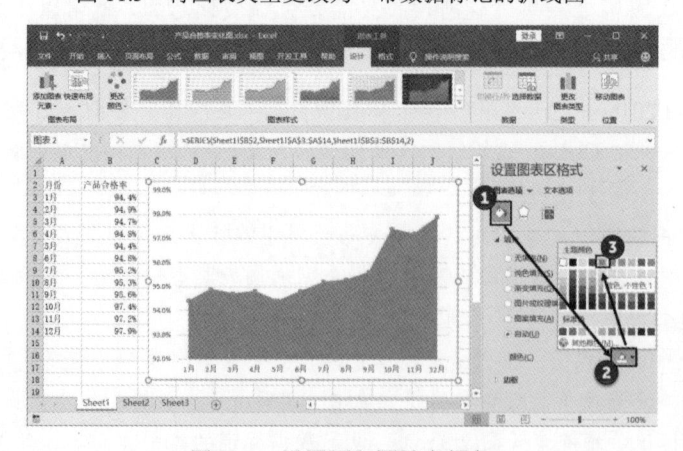

图 11.4　设置面积图填充颜色

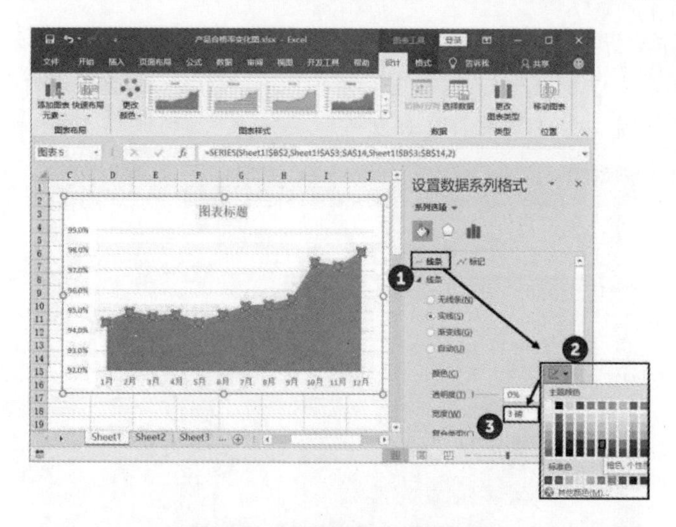

图 11.5　设置线条颜色和宽度

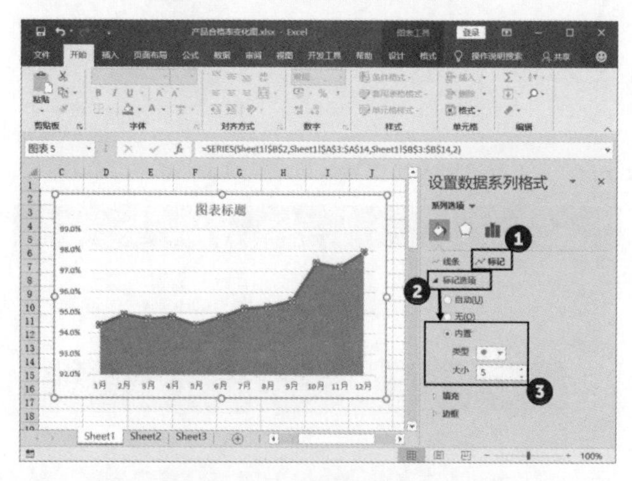

图 11.6　设置数据标记的大小

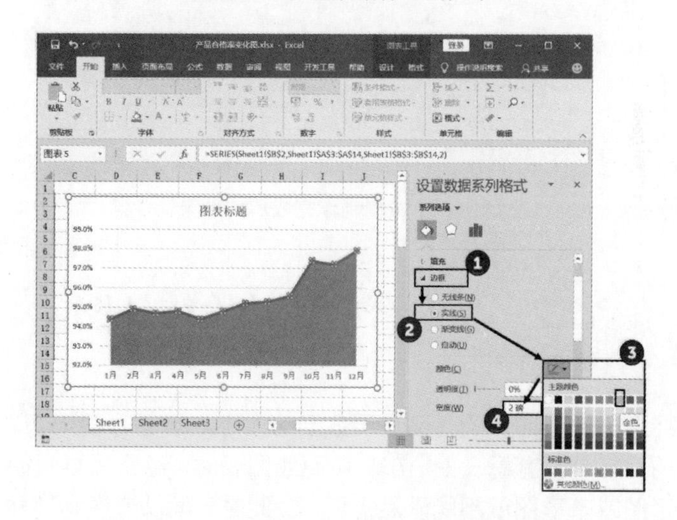

图 11.7　设置数据标记的边框线颜色和宽度

04 选择图表中的折线，为其添加数据标签，将数据标签设置为靠上显示，如图 11.8 所示。删除纵坐标轴，在图表中添加标题文字，设置图表中文字的样式。调整图表的大小和图表元素在图表中的位置。案例制作完成后的效果如图 11.9 所示。

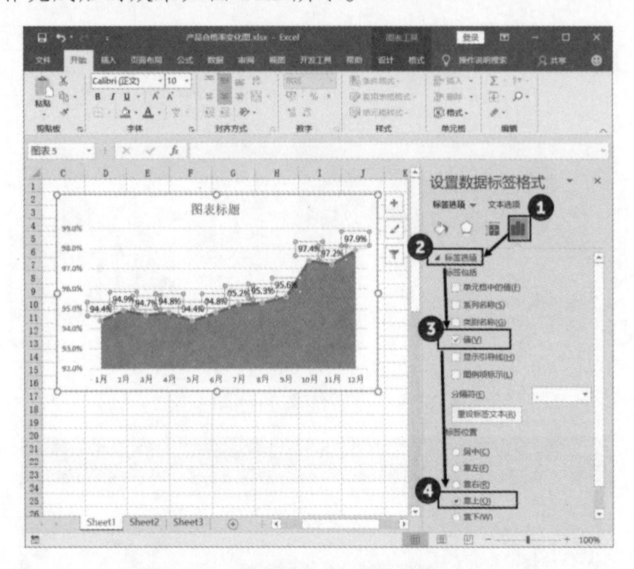

图 11.8 将数据标签设置为靠上显示

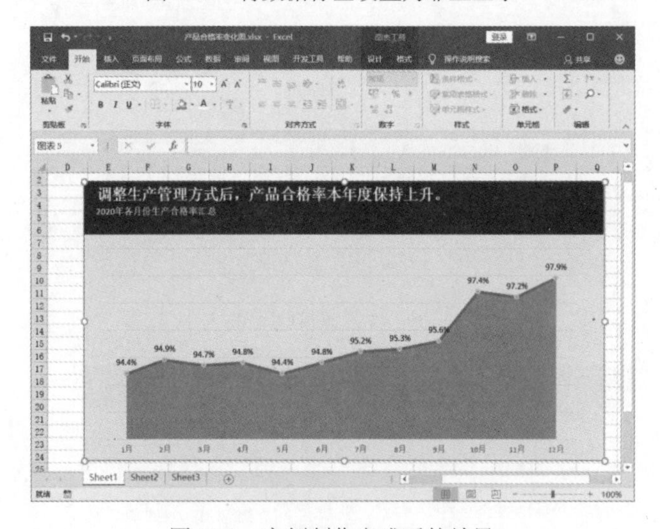

图 11.9 案例制作完成后的效果

11.2 生产合格率抽检统计图

在 Excel 中，柱形图使用柱体的高度显示数据的大小，能够直观地表现数据之间的差异。在柱形图中，柱体的宽度是没有意义的。在制作商业图表时，经常需要反映多个数量的大小关系，使用等宽的柱形图或条形图就不能满足需要了。此时，可以考虑利用柱形的高度来反映一个数据的大小，使用宽度来反映另一个数据的大小。这类柱形图实际上是一种不等宽柱形图，其可以通过面积图来获得，下面通过一个案例来介绍这类图表的制作方法。

本案例是一个企业周生产合格率抽检结果统计图，图表以条形图条形的长度来表现良品率和次品率，以条形的宽度表现送检产品的数量大小。制作时先制作不等宽柱形图，然后使用 Excel 2019 自带的照相机工具获得图表截图，再将截图旋转 90°获得条形图效果。下面介绍案例的详细制作步骤。

01 启动 Excel 并打开工作表，在工作表中创建用于作图的数据表。在 H3 单元格中输入数字 0，在 H4:H6 单元格区域中放置第一个（周一）送检数量值。选择 H7 单元格，在编辑栏中输入公式化“=$H$4+$B$4”，如图 11.10 所示。在该单元格中将得到周一和周二送检数量的和，拖动填充柄向下复制公式，使其下的两个单元格获得相同的结果，如图 11.11 所示。

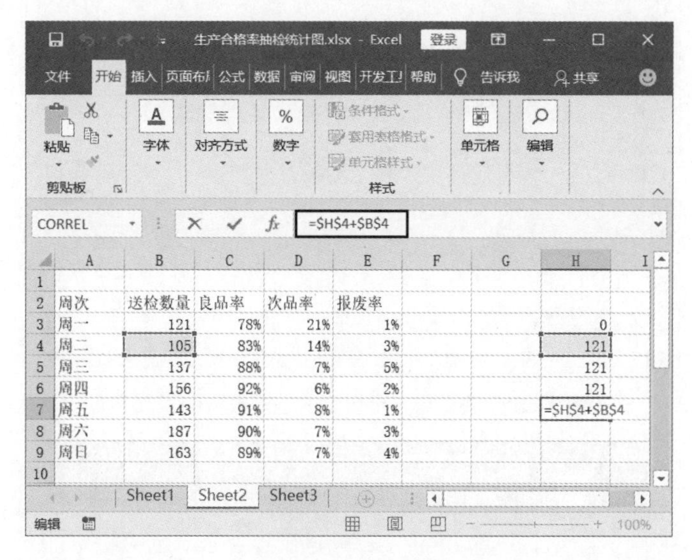

图 11.10　输入公式

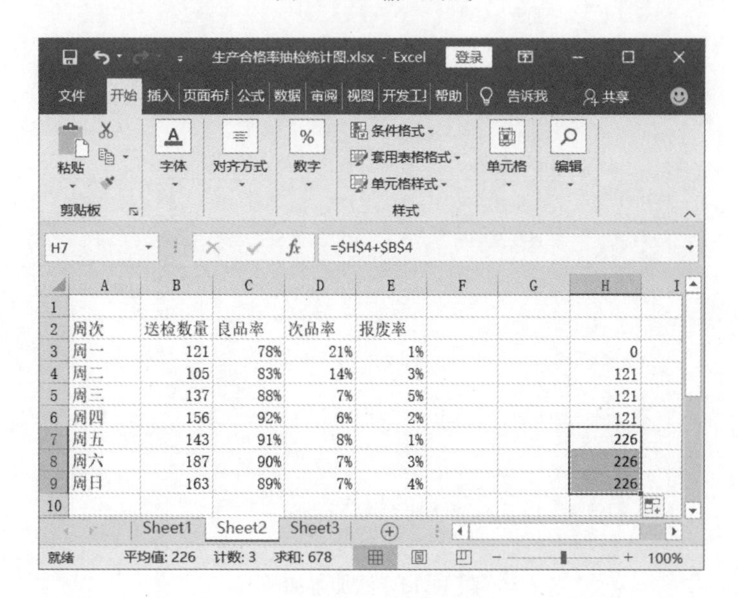

图 11.11　向下复制公式

02 选择 H10 单元格，在编辑栏中输入公式“=$H$9+$B$5”，确认公式输入后可以获得周一至周三的送检数量的累加和，如图 11.12 所示。使用相同的方法在其下单元格中计算累加和，最后一个累加和数据只需要放置在一个单元格中就可以了。完成数据添加后的效果如图 11.13 所示。

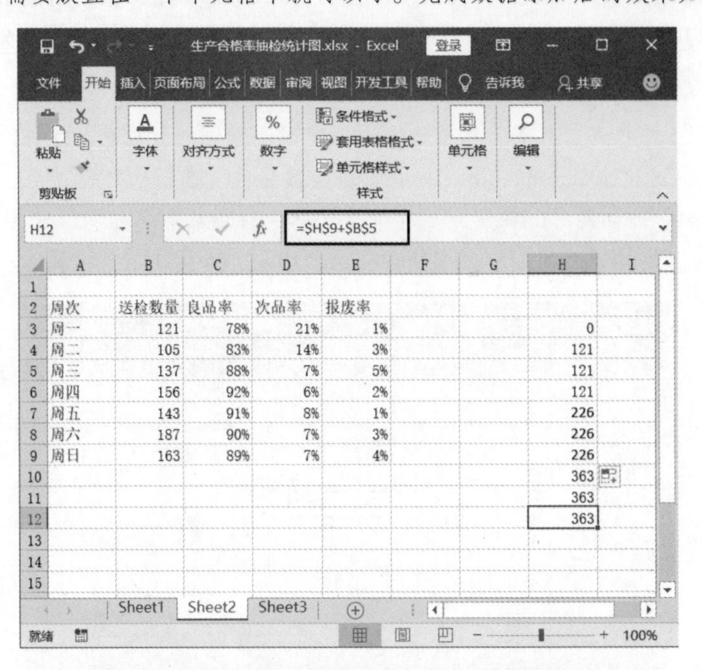

	A	B	C	D	E	F	G	H
1								
2	周次	送检数量	良品率	次品率	报废率			
3	周一	121	78%	21%	1%			0
4	周二	105	83%	14%	3%			121
5	周三	137	88%	7%	5%			121
6	周四	156	92%	6%	2%			121
7	周五	143	91%	8%	1%			226
8	周六	187	90%	7%	3%			226
9	周日	163	89%	7%	4%			226
10								363
11								363
12								363

图 11.12　获得周一至周三的送检数量的累加和

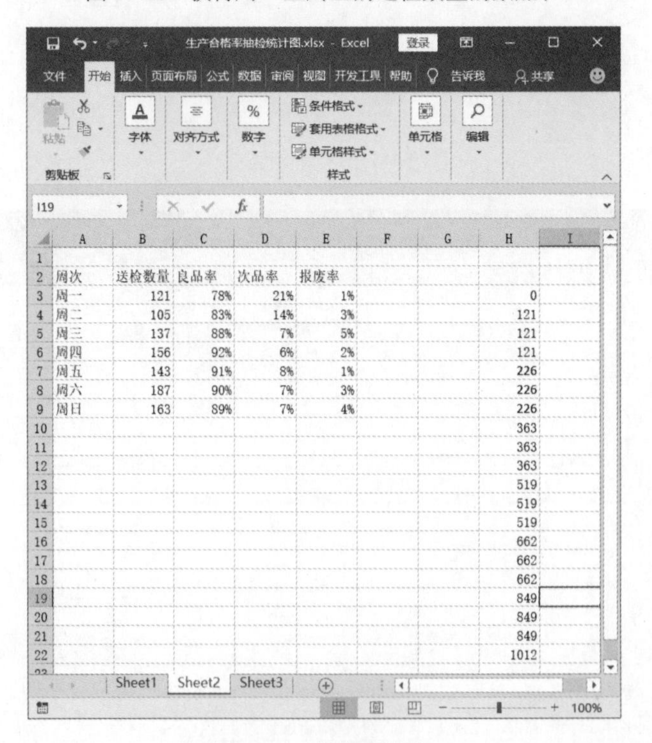

	A	B	C	D	E	F	G	H
1								
2	周次	送检数量	良品率	次品率	报废率			
3	周一	121	78%	21%	1%			0
4	周二	105	83%	14%	3%			121
5	周三	137	88%	7%	5%			121
6	周四	156	92%	6%	2%			121
7	周五	143	91%	8%	1%			226
8	周六	187	90%	7%	3%			226
9	周日	163	89%	7%	4%			226
10								363
11								363
12								363
13								519
14								519
15								519
16								662
17								662
18								662
19								849
20								849
21								849
22								1012

图 11.13　添加累加和

03 复制周一的良品率、次品率和报废率数据，将数据粘贴到 I3:K4 单元格区域中，这里将报废率数据放置到这两个数据的中间。在下面一行添加 3 个 0 值，如图 11.14 所示。使用相同的方法在下面的单元格区域中依次添加其他的数据，如图 11.15 所示。在 H 列和 I 列之间插入一列编号列，如图 11.16 所示。

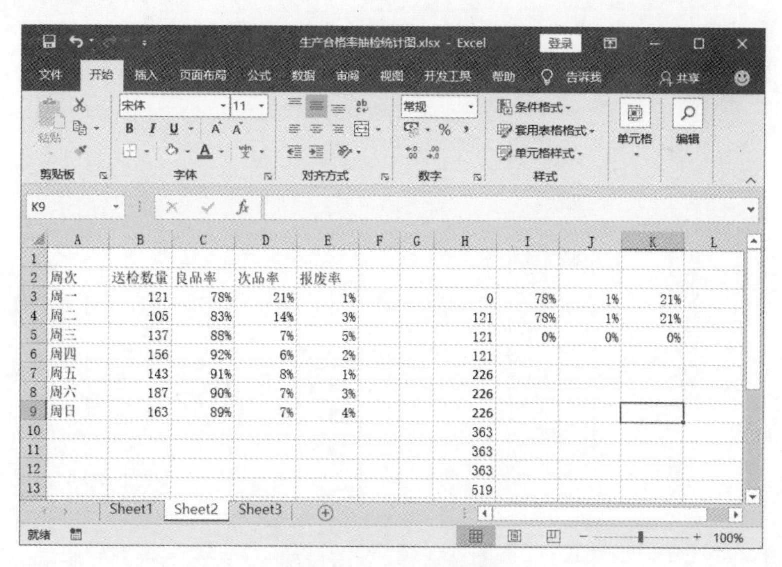

图 11.14　添加新数据

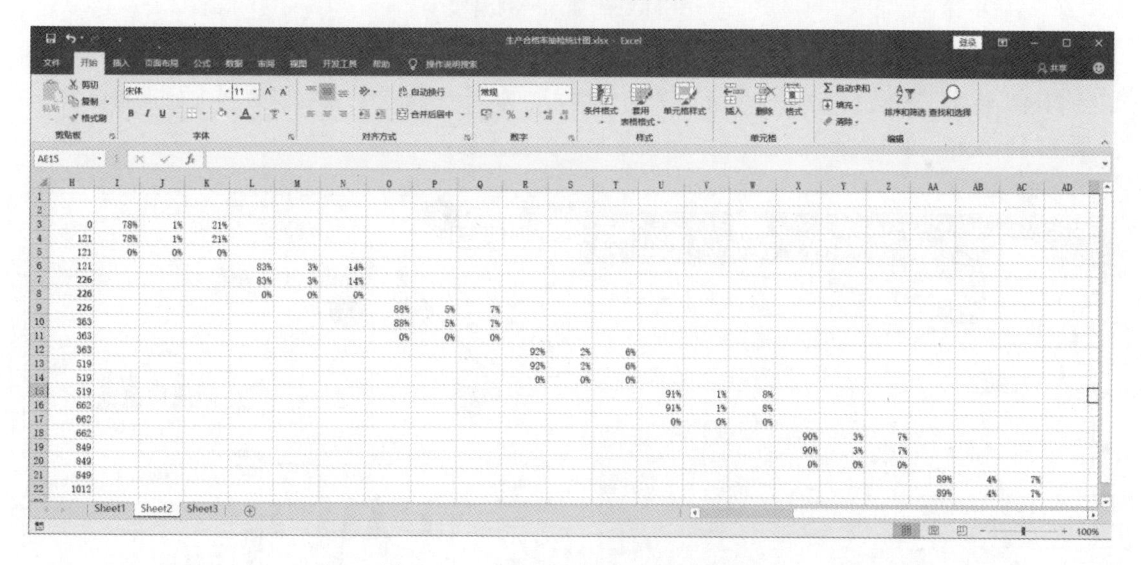

图 11.15　完成所有数据添加后的效果

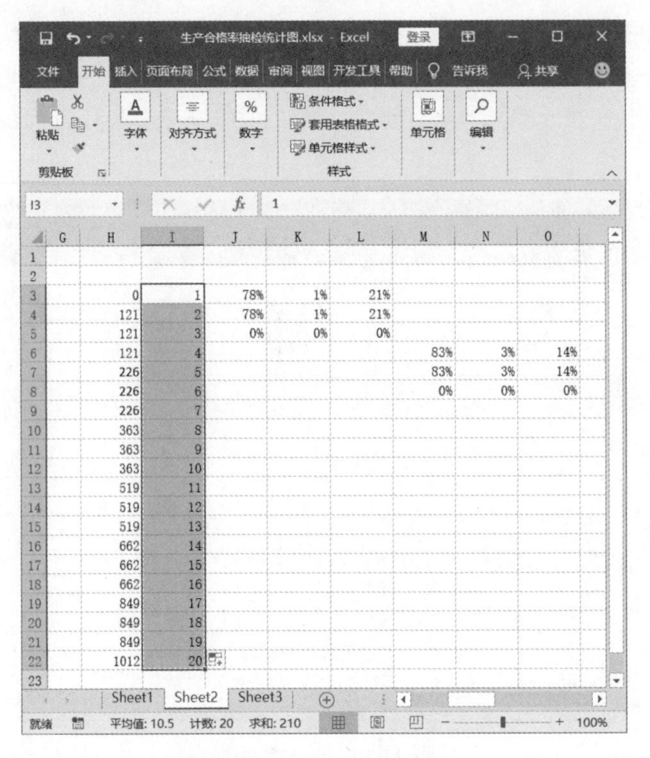

图 11.16　插入一列编号

04 选择除了H列数据之外的新添加的所有数据，在“插入”选项卡的“图表”组中单击“推荐的图表”按钮，如图11.17所示。在打开的“插入图表”对话框中，选择需要插入的堆积面积图，如图11.18所示。单击“确定”按钮关闭对话框并创建图表。

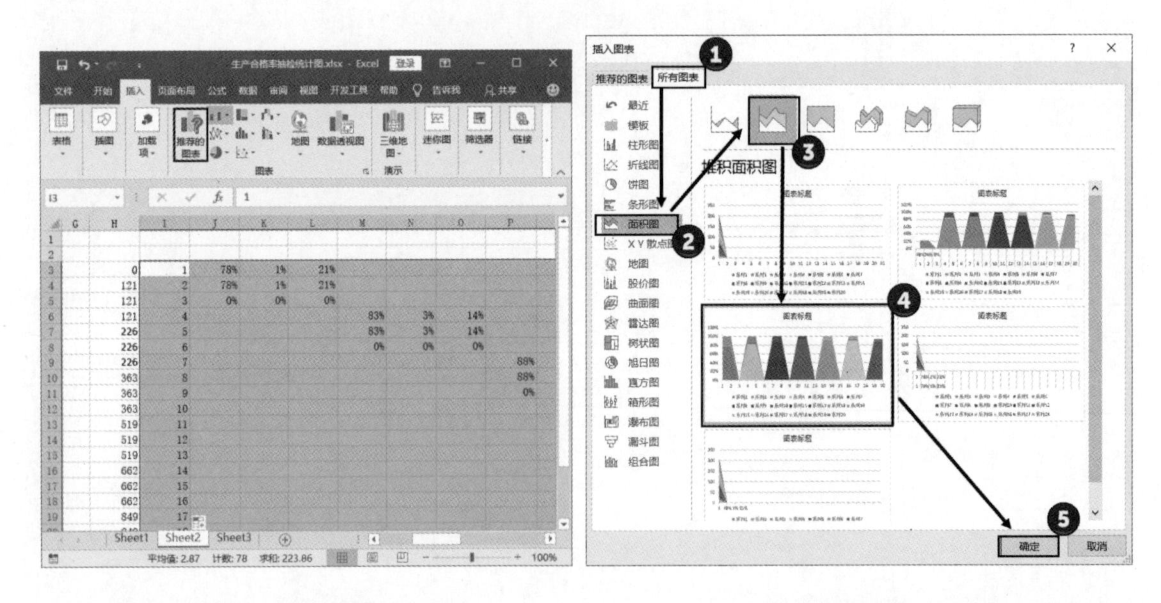

图 11.17　单击“推荐的图表”按钮

图 11.18　选择需要插入的图表

05 右击图表，选择关联菜单中的“选择数据”命令打开“选择数据源”对话框，在“水平

（分类）轴标签”列表中单击“编辑”按钮，如图 11.19 所示。在打开的“轴标签”对话框中指定轴标签区域，如图 11.20 所示。完成设置后，依次关闭“轴标签”和“选择数据源”对话框。

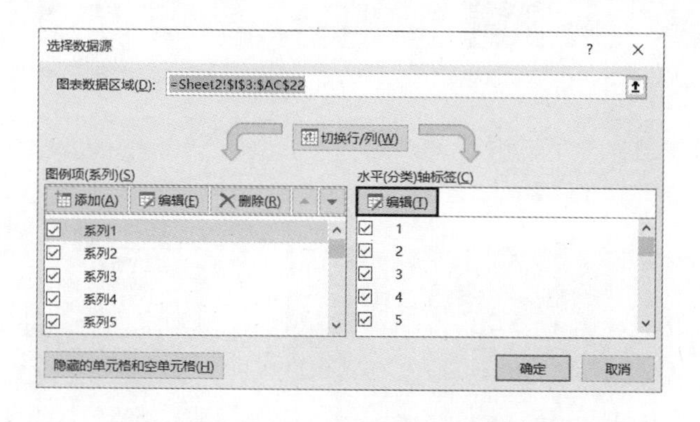

图 11.19　单击“编辑”按钮

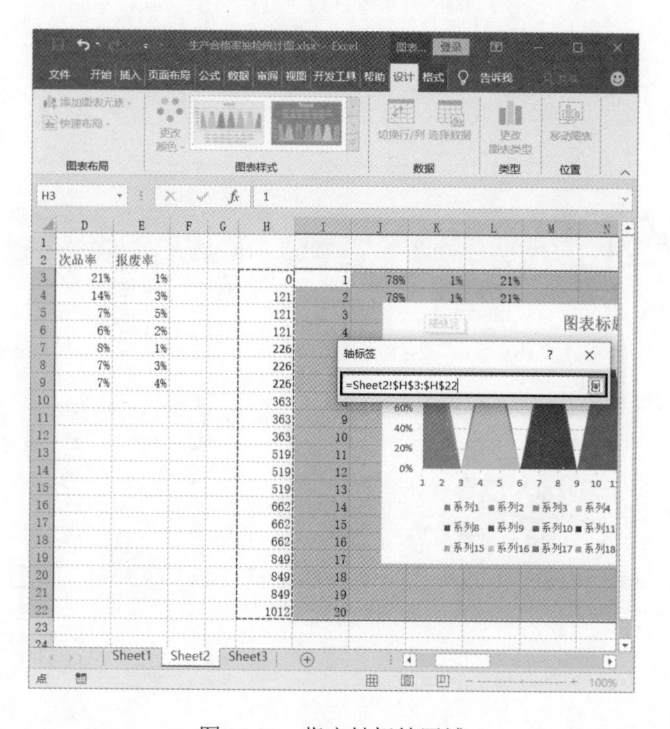

图 11.20　指定轴标签区域

06 双击图表中的水平轴，打开“设置坐标轴格式”窗格，在“坐标轴选项”设置栏中选中“日期坐标轴”单选按钮获得柱形图，如图 11.21 所示。选择垂直坐标轴，将其最大值设置为 1，如图 11.22 所示。

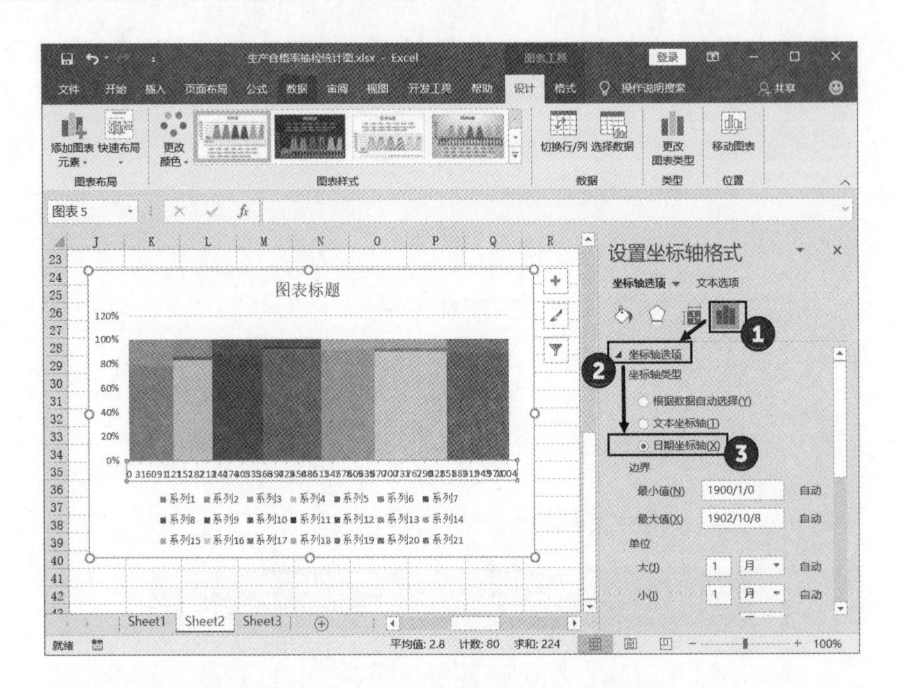

图 11.21　选中“日期坐标轴”单选按钮

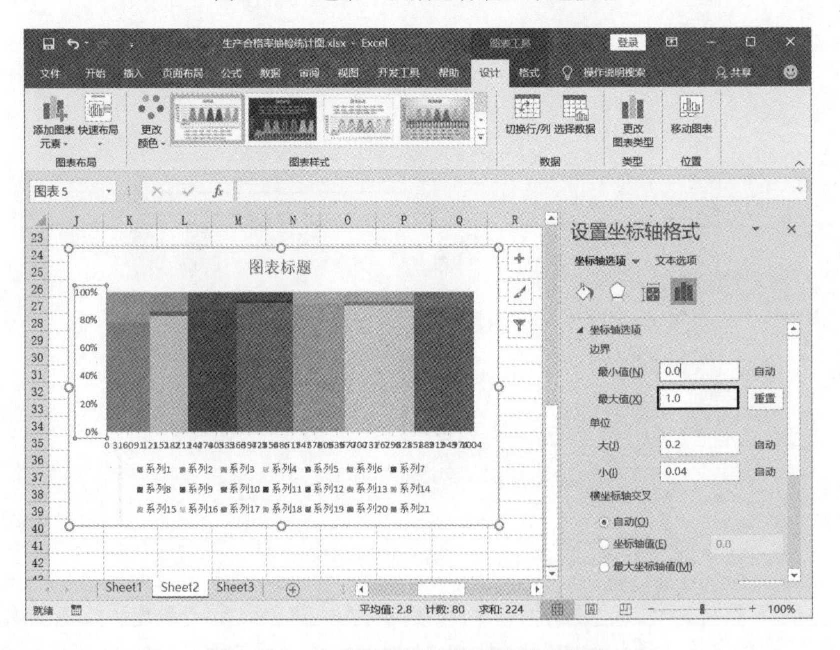

图 11.22　将垂直坐标轴的最大值设置为 1

07 删除图表中的图例和坐标轴。选择图表，打开“格式”选项卡，在“当前所选内容”组的“图表元素”列表中选择数据系列，这里依次选择“报废率”数据系列，取消数据系列的颜色填充，如图 11.23 所示。依次设置图表中显示的数据系列的填充颜色，如图 11.24 所示。将图表中的坐标轴及图例删除，并将数据系列的边框线颜色设置为白色，将线条宽度设置为 4.5 磅，如图 11.25 所示。

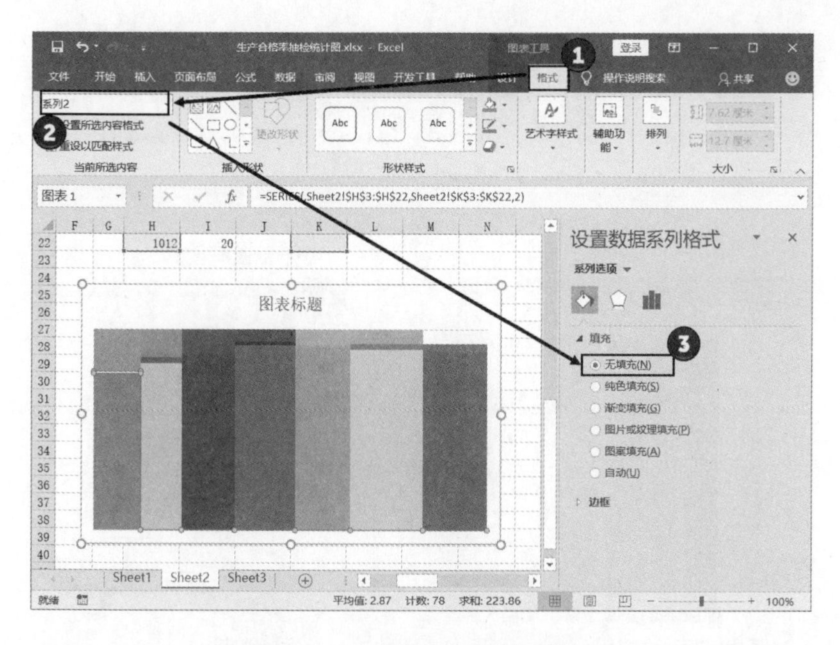

图 11.23　取消数据系列的颜色填充

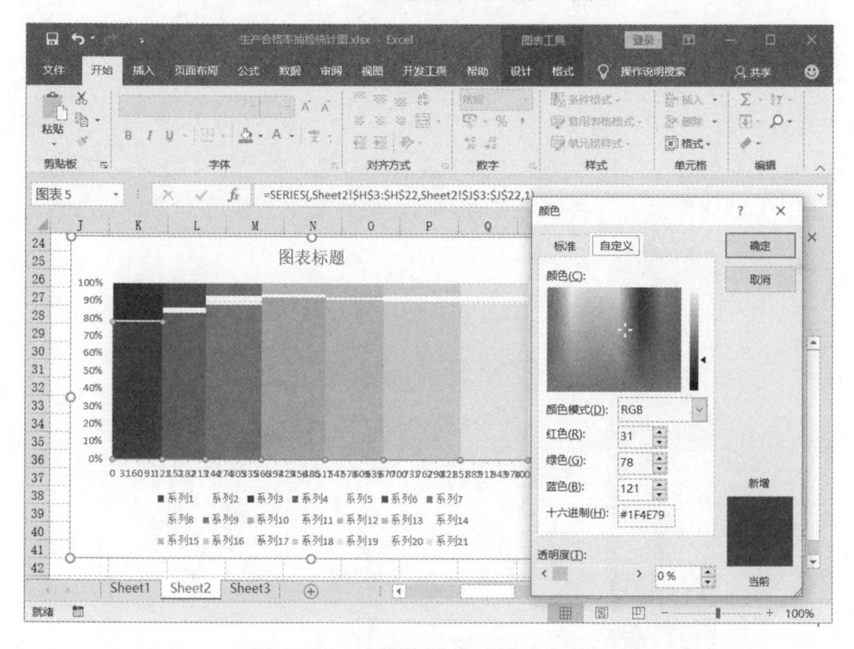

图 11.24　设置数据系列的填充颜色

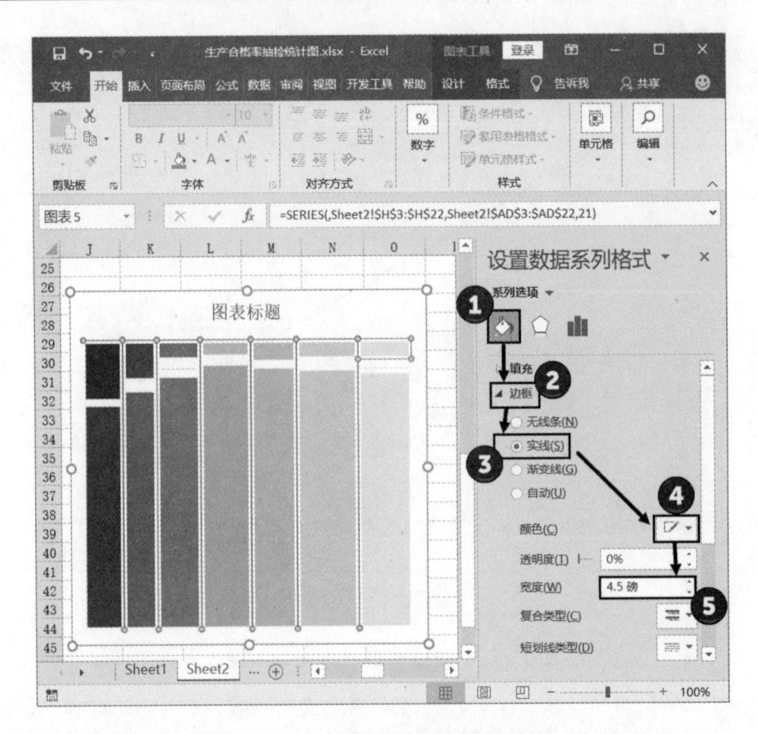

图 11.25 设置边框线颜色和宽度

08 打开 Excel 的“文件”窗口，单击“选项”选项，如图 11.26 所示。此时将打开“Excel 选项”对话框，在左侧列表中选择“快速访问工具栏”选项，在“不在功能区中的命令”列表中选择“照相机”选项，单击“添加”按钮将其添加到右侧列表中，如图 11.27 所示。

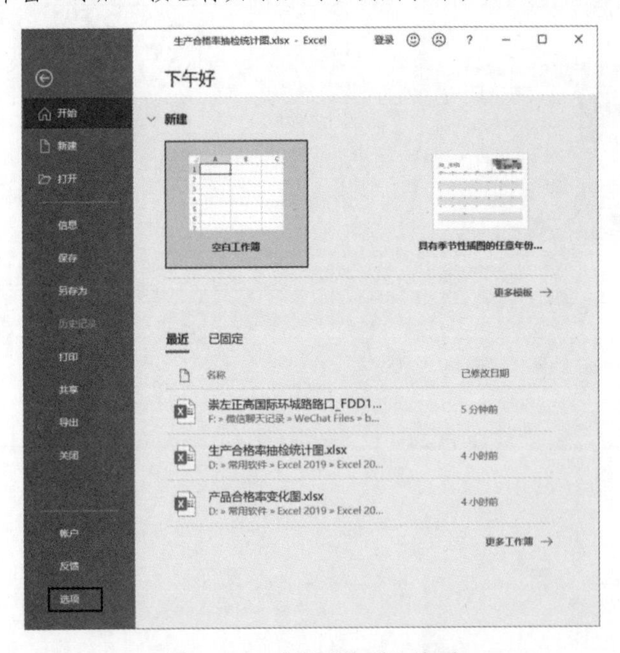

图 11.26 选择“选项”选项

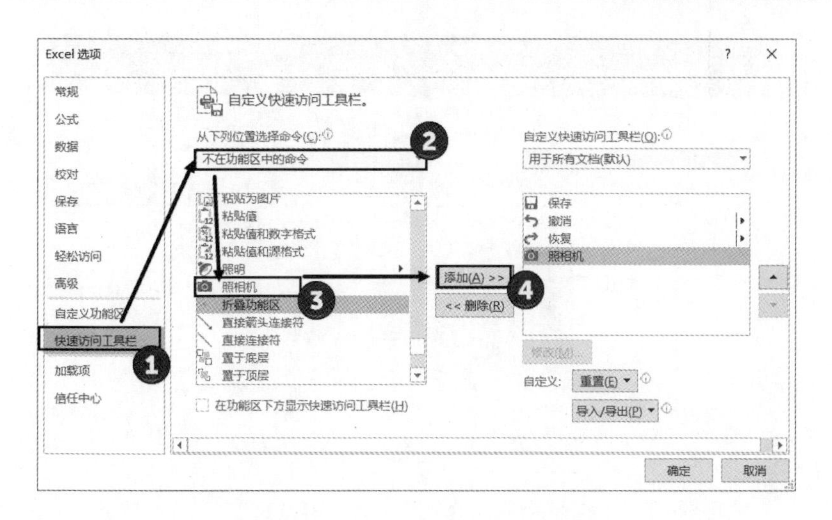

图 11.27　“Excel 选项”对话框

09 调整图表的大小和绘图区的大小。在“视图”选项卡的“显示”组中取消对“网格线”复选框的勾选，如图 11.28 所示。在图表中放置文本框，在文本框中输入文字并旋转文本框，如图 11.29 所示。复制添加的文本框，将其放置在适当的位置，更改文本框中的文字，如图 11.30 所示。使用相同的方法添加标签文字，如图 11.31 所示。

图 11.28　取消对“网格线”复选框的勾选

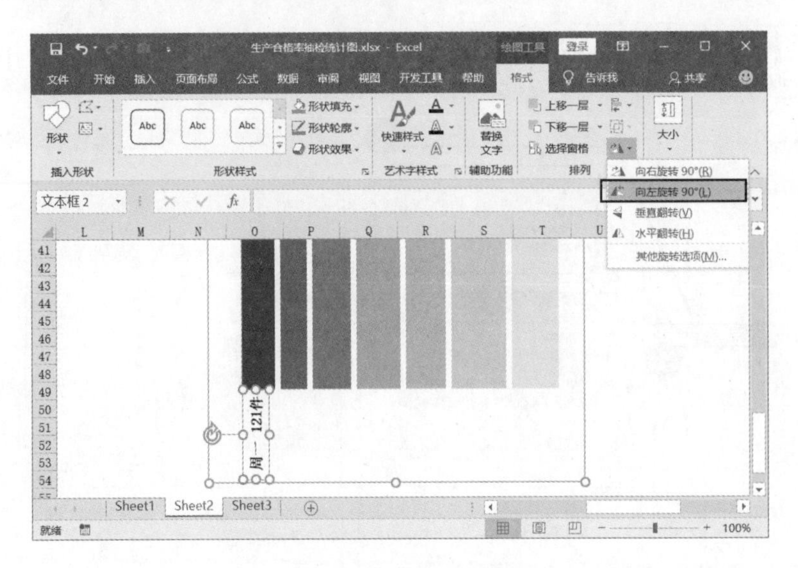

图 11.29　放置文本框

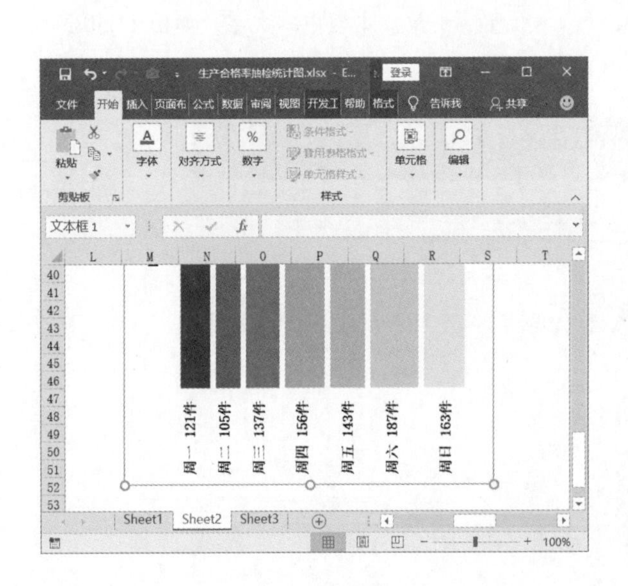

图 11.30　添加文本框

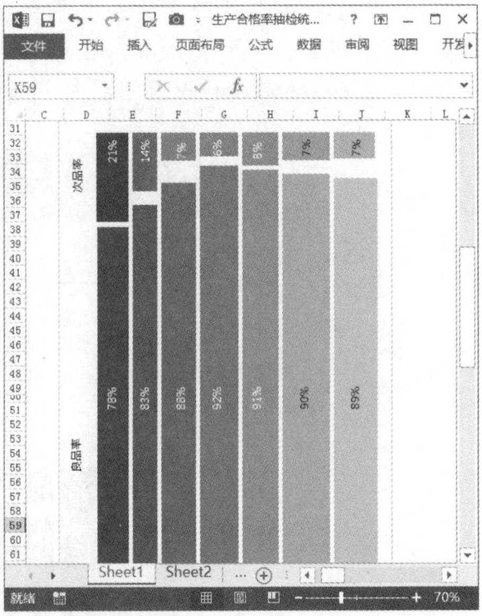

图 11.31　添加标签文字

10 在工作表中框选包含图表的单元格区域，单击快速访问工具栏中的“照相机”按钮拍摄选区内容，如图 11.32 所示。在工作表中任意位置单击获得图表的截图，将图片向右旋转 90°，如图 11.33 所示。取消图片的边框线，如图 11.34 所示。

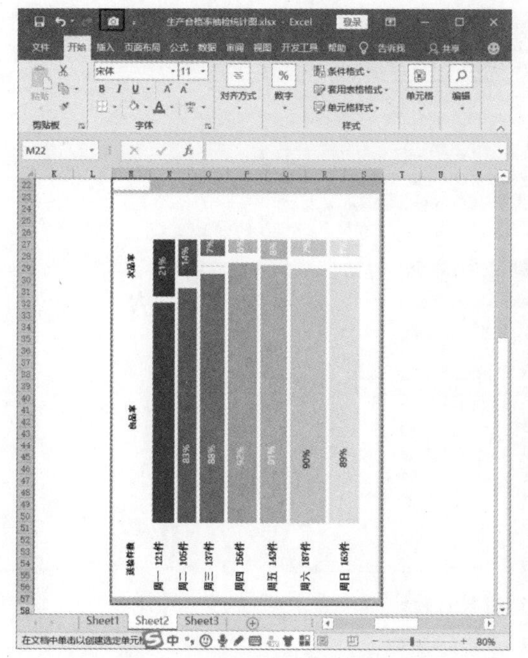

图 11.32　单击“照相机”按钮拍摄选区内容

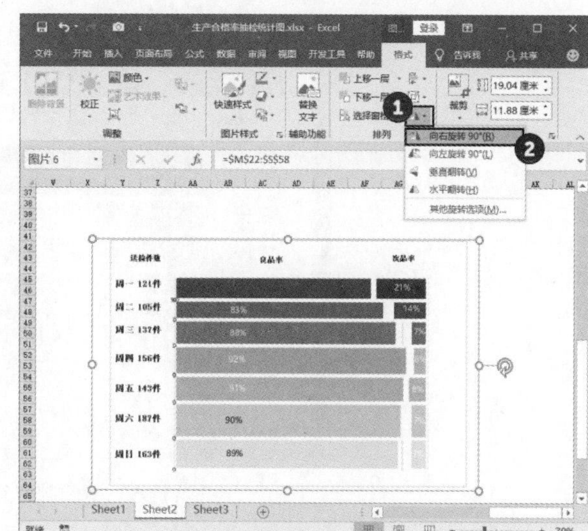

图 11.33　将图片向右旋转 90°

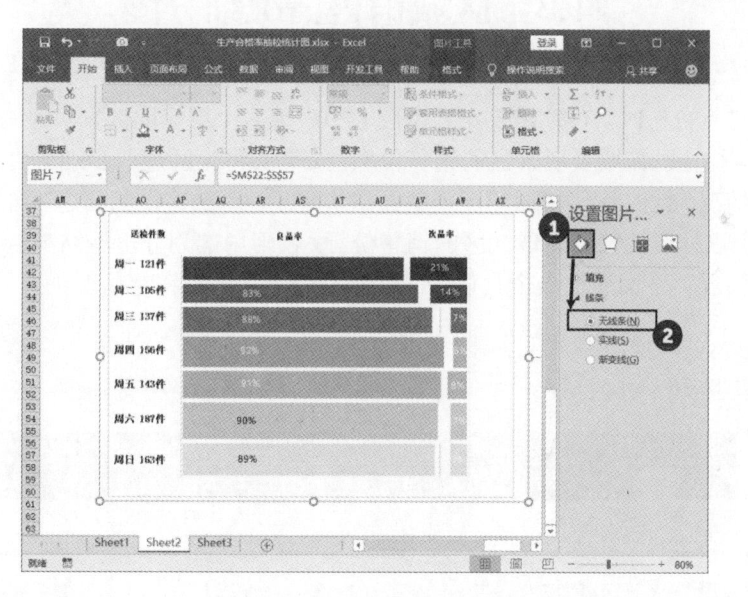

图 11.34　取消图片的边框线

11 在工作表中插入一个文本框，输入图表标题文字，设置文本框样式并在图片中添加一条分隔线。案例制作完成后的效果如图 11.35 所示。

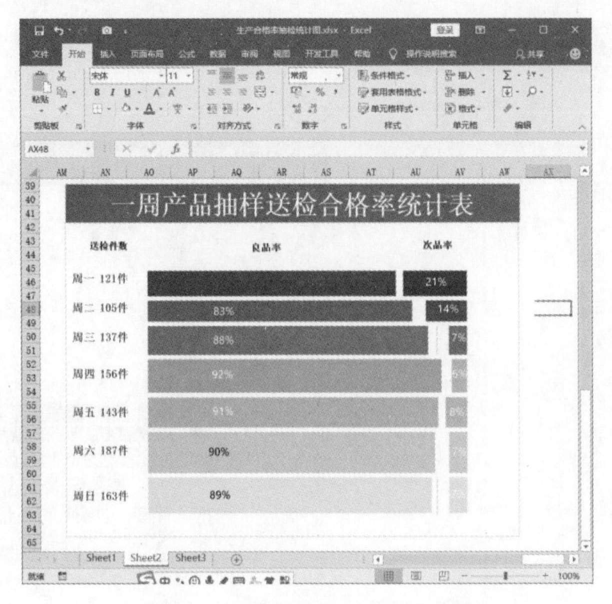

图 11.35　案例制作完成后的效果

11.3　区域销售情况细分图

在对数据进行分析时，有时需要在一个图表中表现多个层级的数据。例如，在描述商品市场销售份额时，往往既需要表现大区的销售份额，又需要将大区进一步细分为地区后展现其各个地区的销售情况，此时使用普通的图表就无法实现了。对于这样的问题，可以使用不等宽的柱形图来实现，以柱形的宽度表现大区的销售份额，柱形内部划分出不同高度的矩形来表现地区的销售份额情况。下面通过一个具体的案例来介绍这种区域销售情况细分图的制作方法。

01 启动 Excel 2019 并打开工作表，在 J3:J7 单元格区域中依次计算“区域销售占比”列数据的累加和，如图 11.36 所示。创建用于制表的数据区域，如图 11.37 所示。

J7　=SUM(B6,J6)

	A	B	C	D	E	F	G	H	I	J
1	2020年上半年SUV中端区域销售细分统计									
2	地区	区域销售占比	一级城市	二级城市	三级城市	四级城市				累加和
3	华北地区	0.1689	0.0903	0.2595	0.3658	0.2844				0.00%
4	华东地区	0.3187	0.1398	0.2508	0.3775	0.2319				16.89%
5	华中地区	0.413	0.0524	0.0989	0.2684	0.5803				48.76%
6	华南地区	0.0994	0.3153	0.1165	0.1275	0.4407				90.06%
7										100.00%

图 11.36　计算累加和

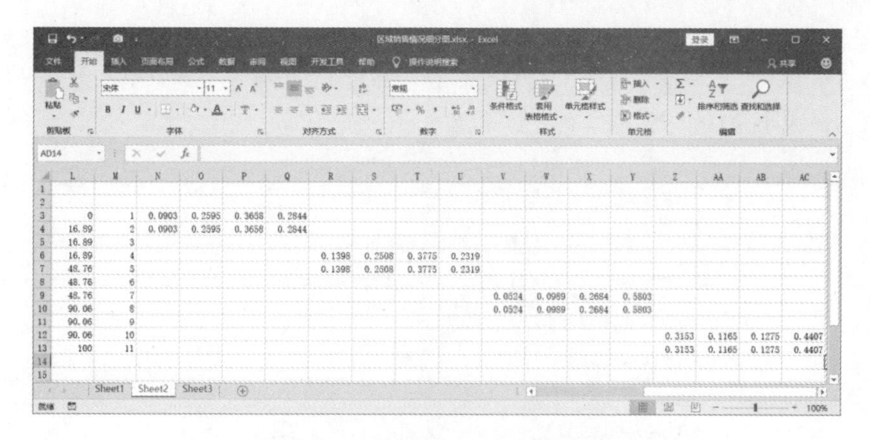

图 11.37　创建用于制表的数据区域

02 选择 M3:AC13 单元格区域，在“插入”选项卡的“图表”组中单击“推荐的图表”按钮，如图 11.38 所示。在打开的“插入图表”对话框中选择需要插入的堆积面积图，如图 11.39 所示。单击“确定”按钮关闭对话框插入图表。

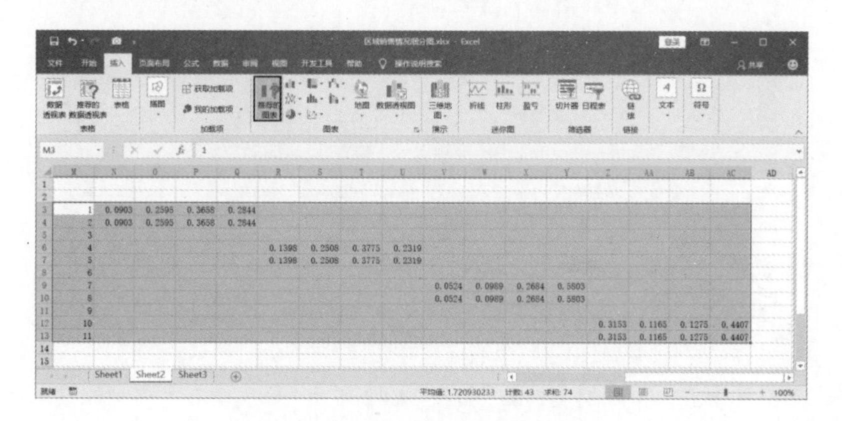

图 11.38　选择“推荐的图表”选项

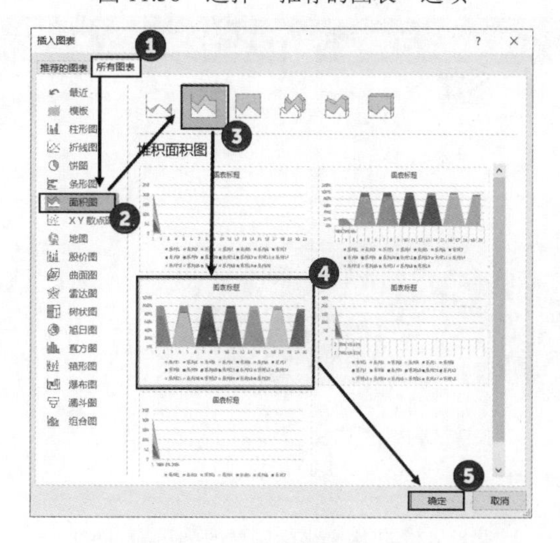

图 11.39　选择堆积面积图

03 右击插入的图表，选择关联菜单中的“选择数据”命令打开“选择数据源”对话框，在“水平（分类）轴标签”列表中单击“编辑”按钮，如图 11.40 所示。在“轴标签”对话框中指定轴标签区域，如图 11.41 所示。然后依次关闭两个对话框。

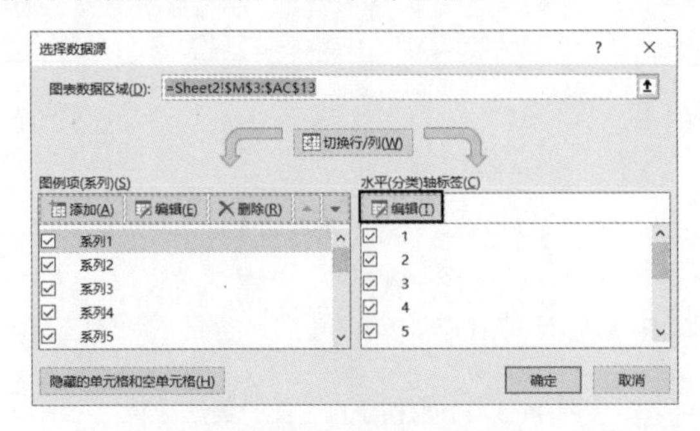

图 11.40　单击“编辑”按钮

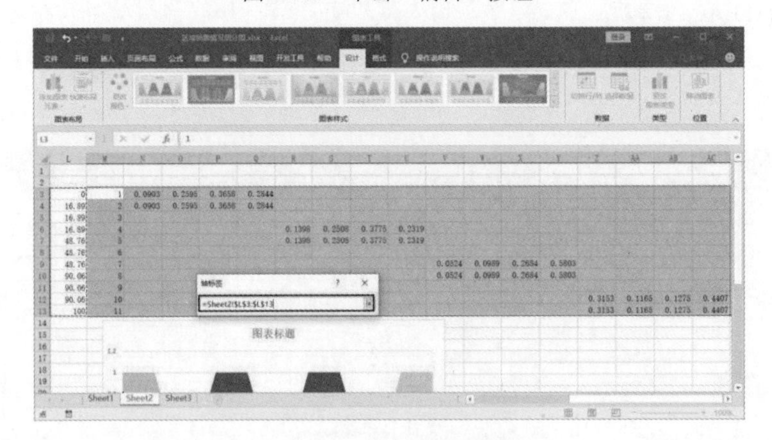

图 11.41　指定轴标签区域

04 将水平坐标轴更改为日期坐标轴，如图 11.42 所示。更改垂直坐标轴的最大值，如图 11.43 所示。删除图表中的图例项和水平坐标轴，更改垂直坐标轴数字的小数点位数，如图 11.44 所示。

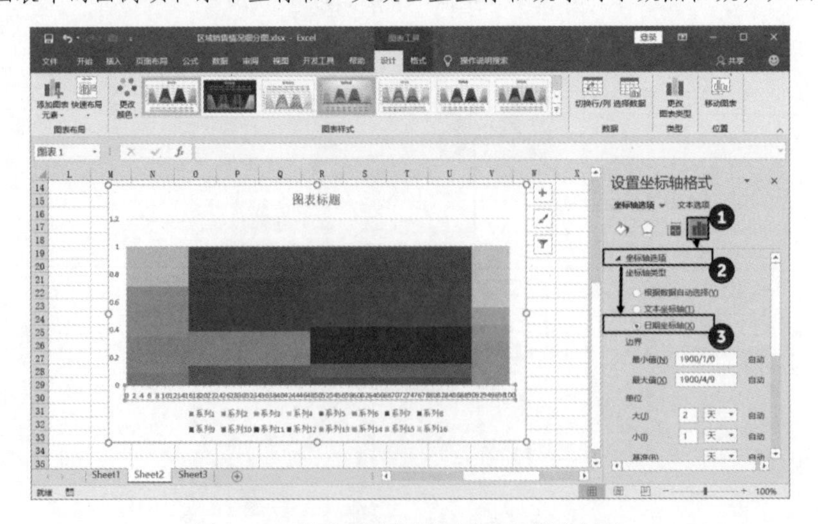

图 11.42　将水平坐标轴更改为日期坐标轴

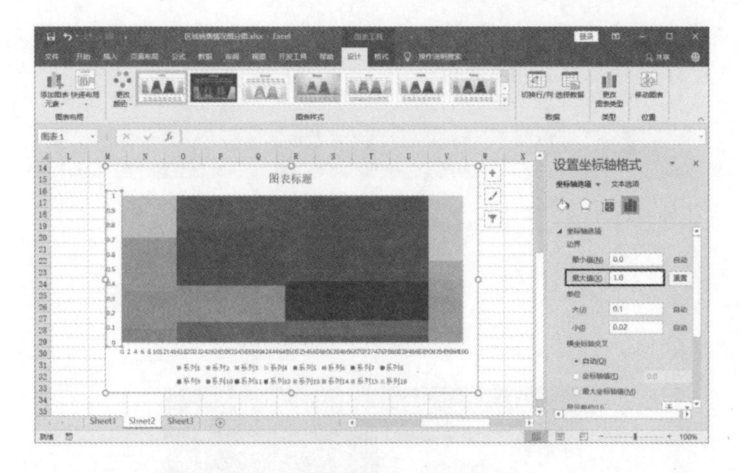

图 11.43　更改垂直坐标轴的最大值

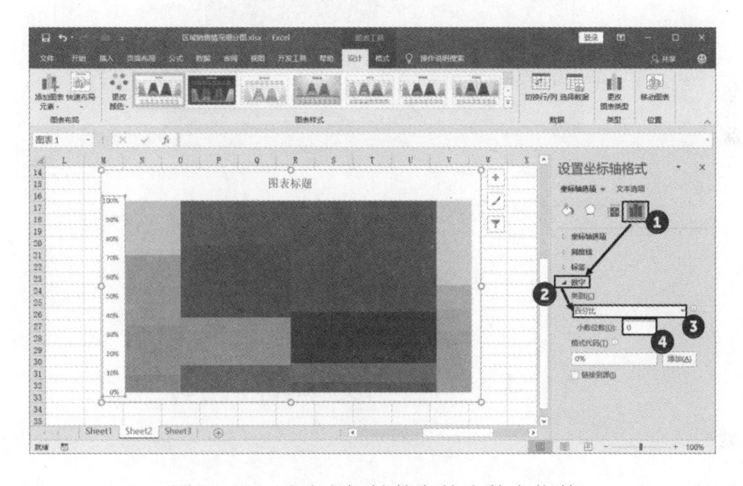

图 11.44　更改坐标轴数字的小数点位数

05 依次选择图表中的每个矩形，设置填充颜色，这里将代表同一个地区的矩形的填充颜色设置为相同的。依次将每个矩形的边框线颜色设置为白色，线宽设置为 2.25 磅，如图 11.45 所示。

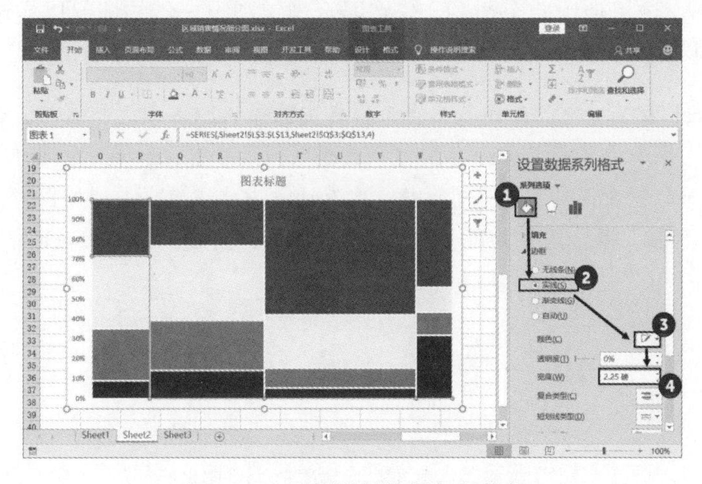

图 11.45　设置边框线颜色和宽度

06 使用文本框在图表中添加标题文字和标签文字，调整图表和各个图表元素的大小以及位置。案例制作完成后的效果如图 11.46 所示。

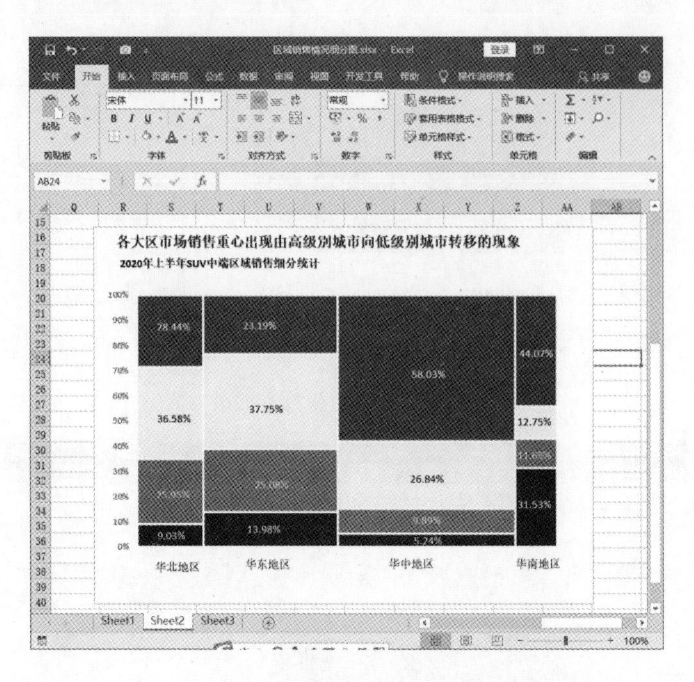

图 11.46　案例制作完成后的效果

11.4　生产成本对比图

生产企业在经营过程中需要对生产成本进行核算，受市场因素的影响，产品的成本经常是变化的。为了让管理者直观形象地了解市场的情况，需要对不同时间段的生产成本占比情况进行对比。本案例将介绍一个生产成本对比图的制作过程，图表通过饼图表现生产成本中各个构成要素的占比情况。这里使用两个饼图，分别展示当年和上一年的情况以实现对比。下面介绍案例的详细制作步骤。

01 启动 Excel 2019 并打开工作表，在工作表中选择 A2:C8 单元格区域，选择插入圆环图，如图 11.47 所示。在图表中选择“2020 年成本”数据系列后右击，选择关联菜单中的“更改系列图表类型”命令，打开“更改图表类型”对话框。在对话框中将该数据系列的图表类型更改为子母饼图，并勾选“次坐标轴”复选框，如图 11.48 所示。完成设置后，单击“确定”按钮关闭对话框。

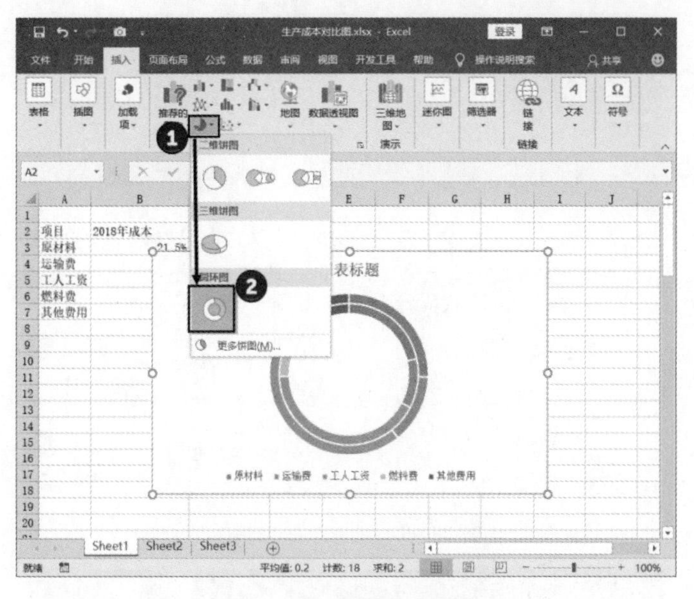

图 11.47　选择插入圆环图

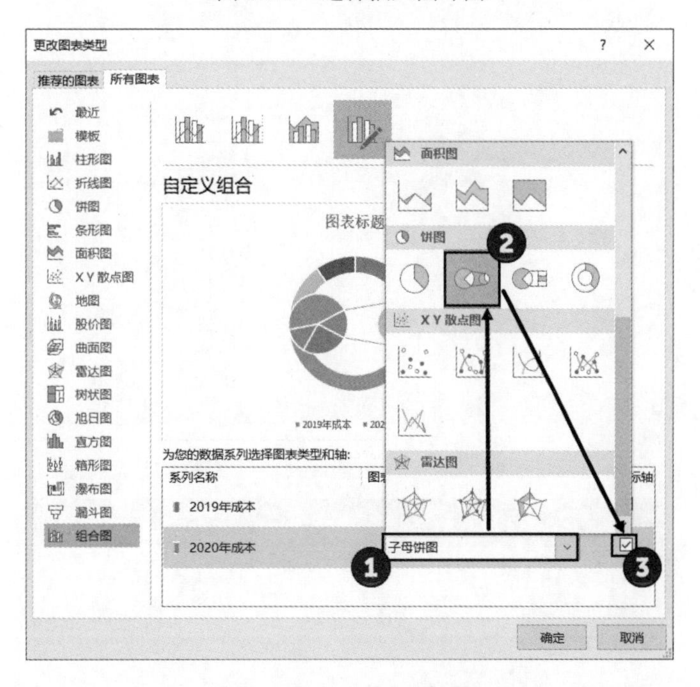

图 11.48　更改图表类型

02 选择子母饼图，打开“设置数据系列格式”窗格，将“第二绘图区中的值”设置为 5（表示数据表中的项目数），在“第二绘图区大小”文本框中设置第二绘图区的大小，如图 11.49 所示。选择左侧的饼图，取消其填充颜色和边框，如图 11.50 所示。选择系列线，使其不显示，如图 11.51 所示。

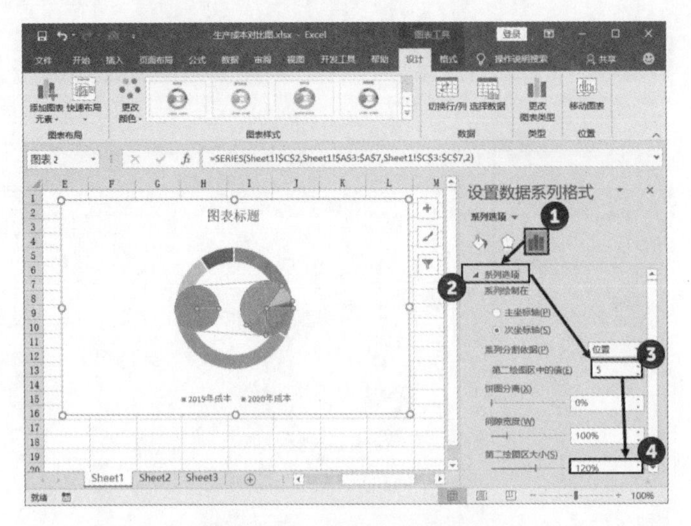

图 11.49　设置第二绘图区

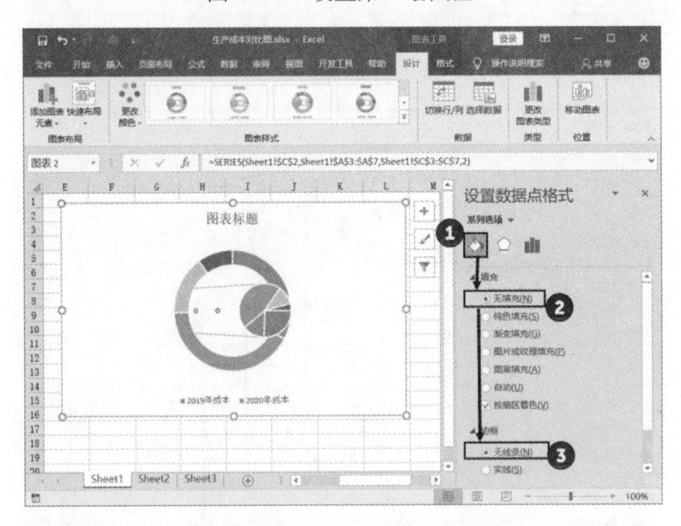

图 11.50　取消填充颜色和边框

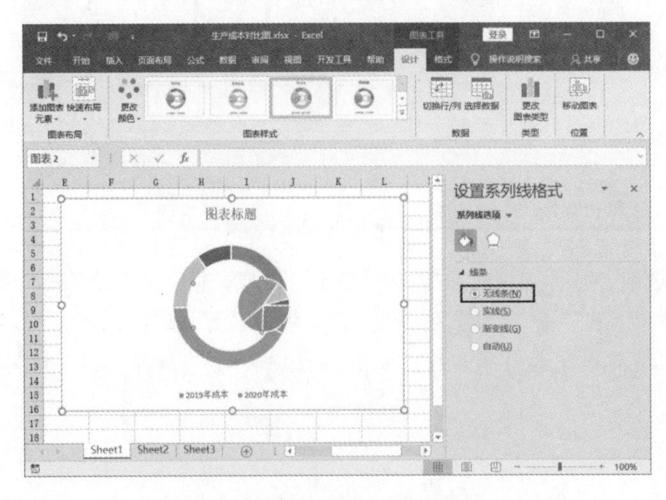

图 11.51　取消系列线的显示

03 选择“2019 年成本”数据系列，将其图表类型更改为子母饼图，这里不勾选“次坐标轴”复选框，如图 11.52 所示。选择该数据系列，在“设置数据系列格式”窗格中将“第二绘图区中的值”设置为 0，设置“间隙宽度”的值来调整饼图的位置，将“第二绘图区大小”的值设置为 5%，如图 11.53 所示。

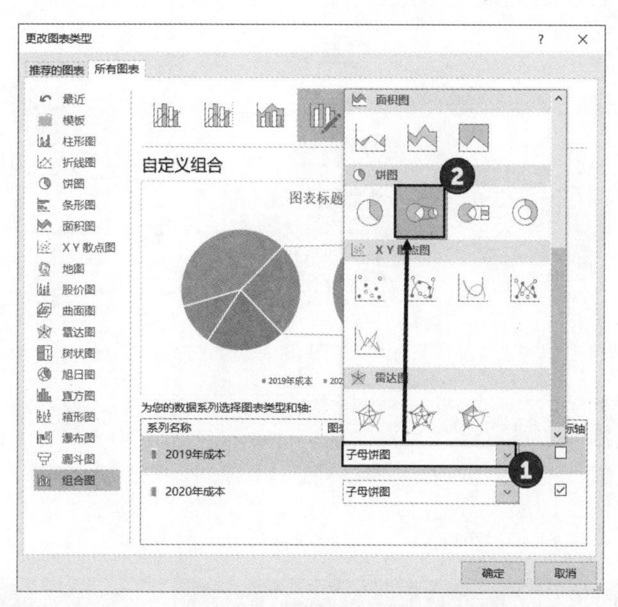

图 11.52　将图表类型更改为子母饼图

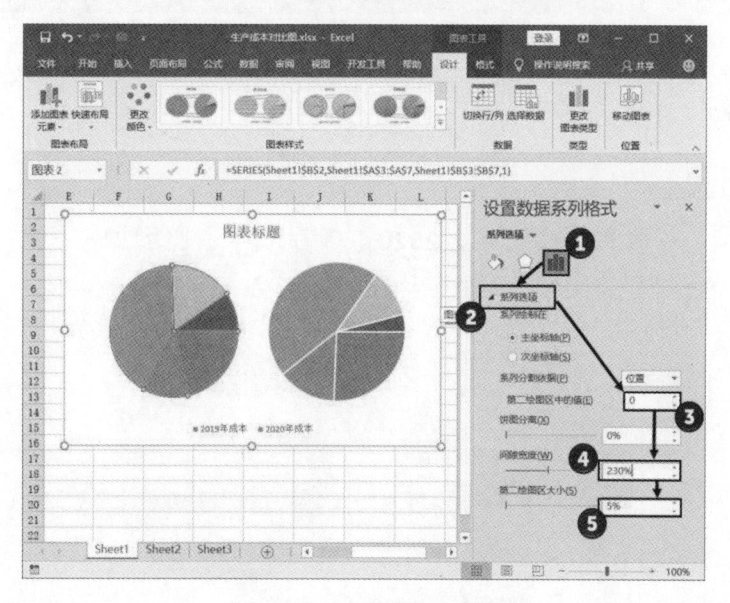

图 11.53　对饼图进行设置

04 在图表中添加数据标签，删除其中的文字为 0 值和 100％的 2 个数据标签，分别设置 2 个数据系列的数据标签显示的内容，如图 11.54 所示。调整图表区和绘图区的大小，放置数据标签并设置数据标签的格式。设置图表区背景颜色，在图表中添加标题文字。案例制作完成后的效果如图 11.55 所示。

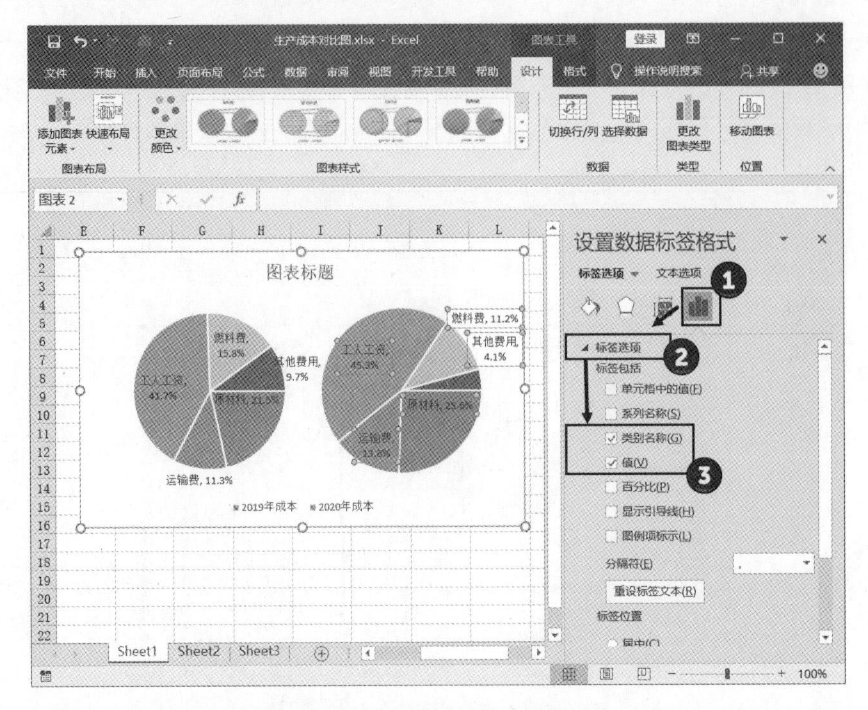

图 11.54　设置数据标签显示的内容

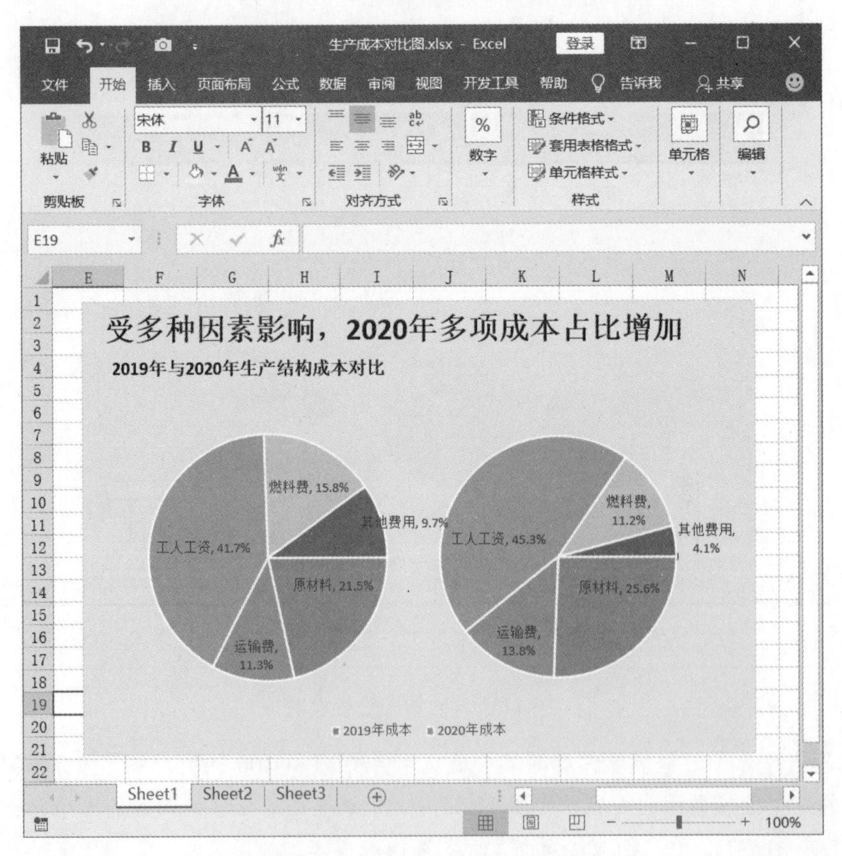

图 11.55　案例制作完成后的效果

11.5　商品销售行情分析图

在对商品销售行情进行分析时，除了看商品的销量数据外，还需要看商品的售罄率数据。售罄率指的是销售数量占进货数量的比例，售罄率大则说明商品比较畅销。对售罄率进行分析可以帮助决策者明确销售重点，指定销售策略。在使用图表表现商品销售情况时，可以使用条形图来表现商品的销量、使用饼图来表现商品的售罄率。将多个商品的这些数据在一个图表中展示出来，便于对比分析，下面介绍此类图表的制作方法。

01 启动 Excel 2019 并打开工作表，在工作表的 D 列添加辅助数据。该列数据为 1 减去前一列数据的差，如图 11.56 所示。选择 C3:D3 单元格区域，使用该区域的数据创建一个饼图，如图 11.57 所示。

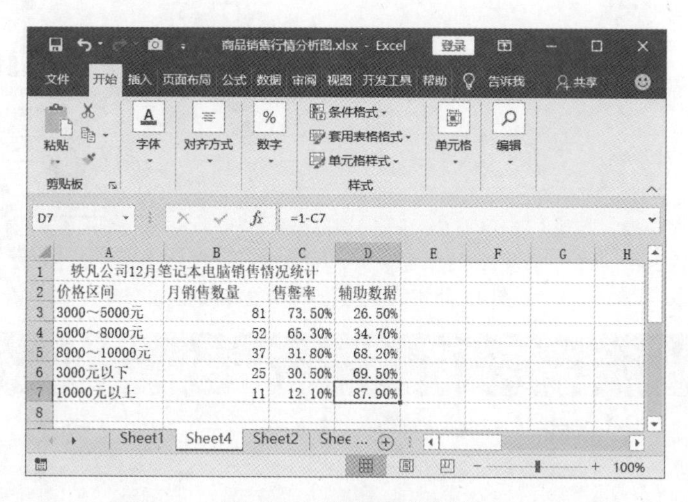

	A	B	C	D
1	轶凡公司12月笔记本电脑销售情况统计			
2	价格区间	月销售数量	售罄率	辅助数据
3	3000～5000元	81	73.50%	26.50%
4	5000～8000元	52	65.30%	34.70%
5	8000～10000元	37	31.80%	68.20%
6	3000元以下	25	30.50%	69.50%
7	10000元以上	11	12.10%	87.90%

图 11.56　添加辅助数据

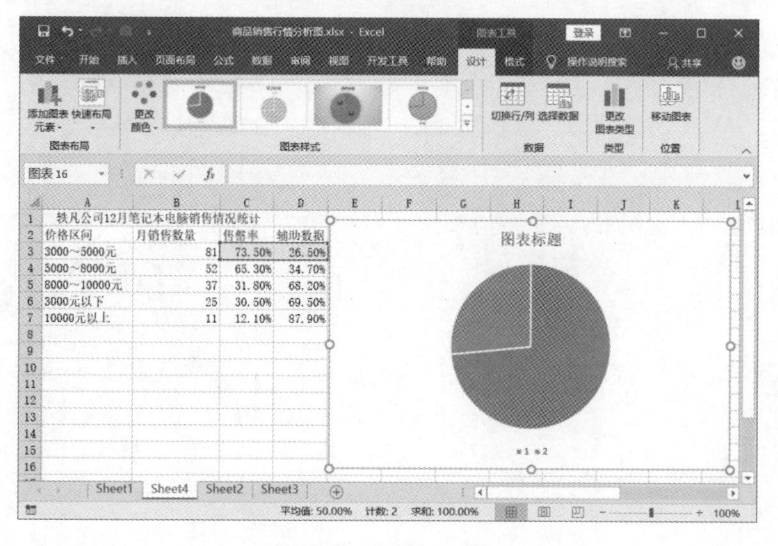

	A	B	C	D
1	轶凡公司12月笔记本电脑销售情况统计			
2	价格区间	月销售数量	售罄率	辅助数据
3	3000～5000元	81	73.50%	26.50%
4	5000～8000元	52	65.30%	34.70%
5	8000～10000元	37	31.80%	68.20%
6	3000元以下	25	30.50%	69.50%
7	10000元以上	11	12.10%	87.90%

图 11.57　创建一个饼图

02 选择图表中的数据系列，打开“设置数据系列格式”窗格，将整个饼图的填充颜色设置为白色，设置饼图边框线颜色和宽度，如图 11.58 所示。取消图表区的填充颜色和边框并删除图例和图表标题，单击表示售罄率数据的扇区选择该数据系列，将其填充颜色设置得与边框线颜色相同，如图 11.59 所示。

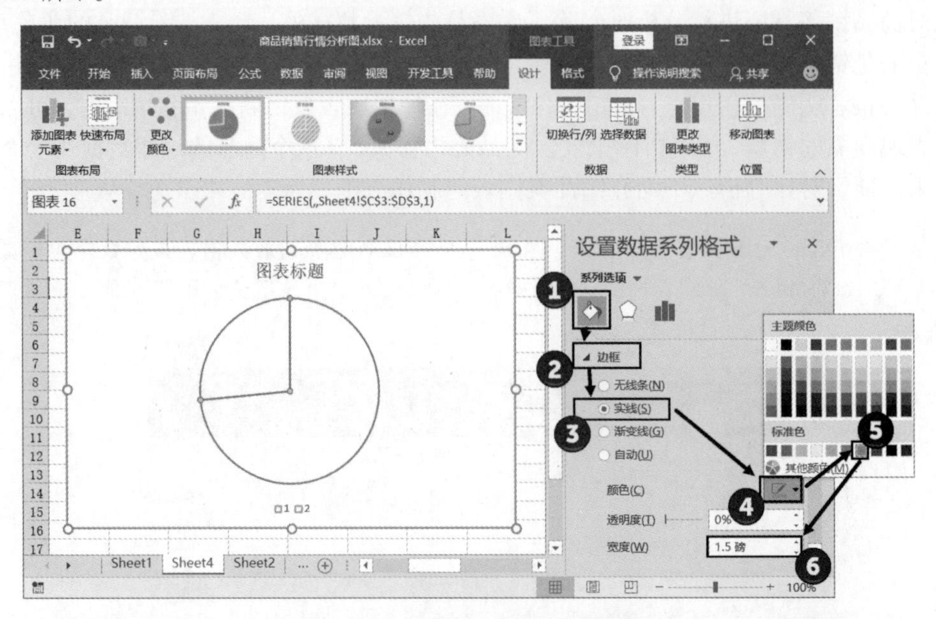

图 11.58　设置边框线颜色和宽度

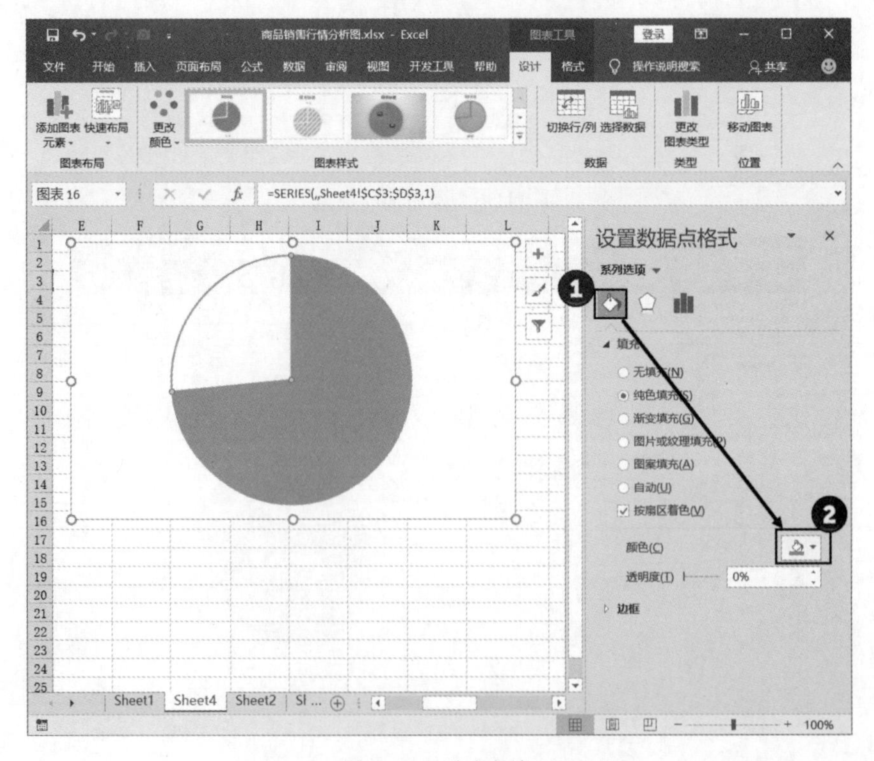

图 11.59　填充颜色

03 选择图表，在“设置图表区格式”窗格中设置图表的大小，如图 11.60 所示。右击图表，选择关联菜单中的“另存为模板”命令打开“保存图表模板”对话框，设置模板文件名，如图 11.61 所示。完成设置后，单击“保存”按钮关闭对话框。

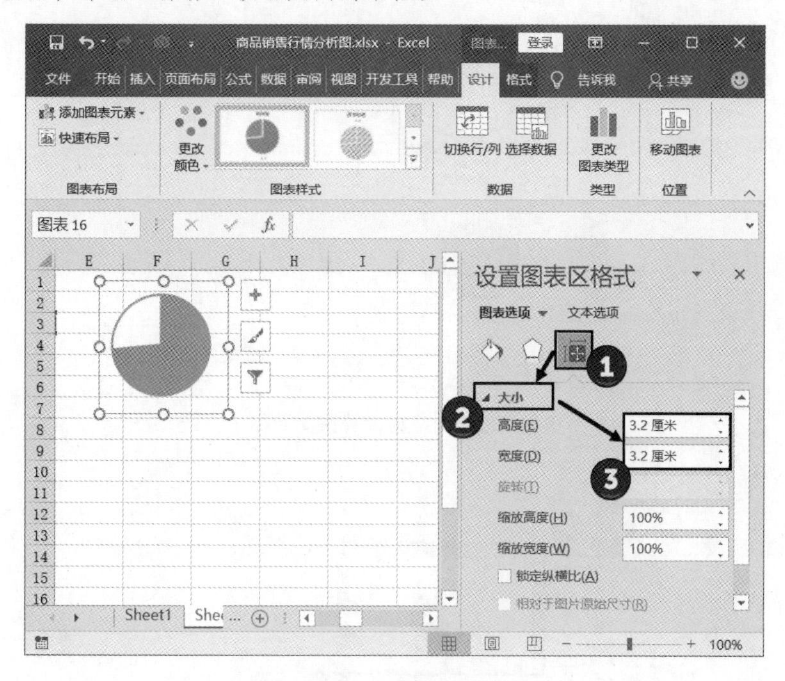

图 11.60　设置图表的大小

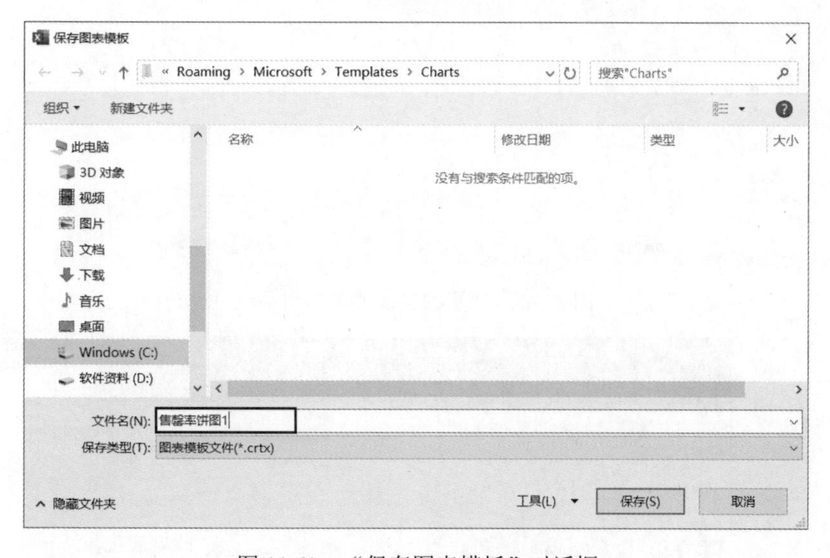

图 11.61　“保存图表模板”对话框

04 复制图表中的饼图，重新设置饼图的数据，如图 11.62 所示。右击图表，选择关联菜单中的“更改图表类型”命令打开“更改图表类型”对话框，在左侧列表中选择“模板”选项，在右侧选择保存的模板，如图 11.63 所示。单击“确定”按钮关闭对话框，当前图表样式变得与前一个饼图相同，如图 11.64 所示。

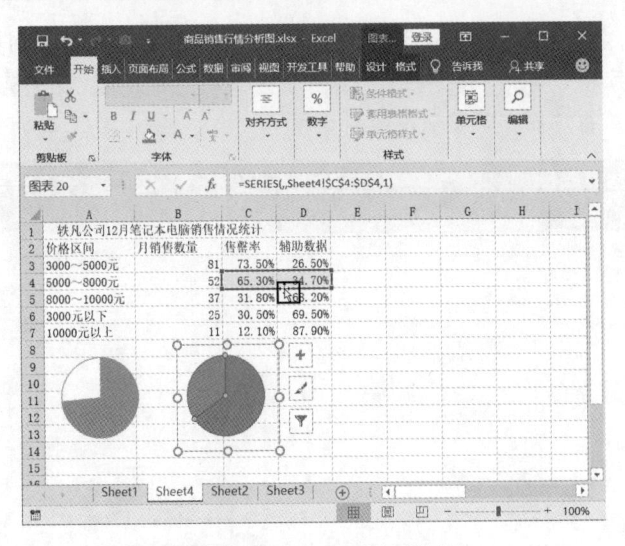

图 11.62　重新设置饼图数据

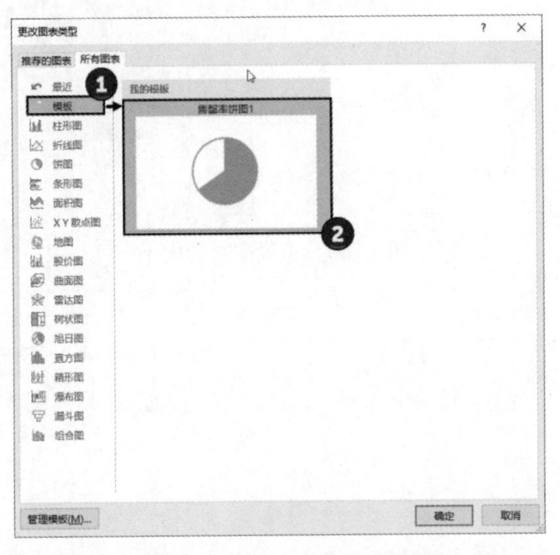

图 11.63　“更改图表类型”对话框

图 11.64　改变图表样式

05 使用相同的方法完成其余 3 个饼图，将各个饼图的数据更改为 C5:D7 单元格区域对应数据，如图 11.65 所示。选择一个图表，按 Ctrl+C 键复制该图表。选择任意一个单元格，在“开始”选项卡的“剪贴板”组中单击“粘贴”按钮，选择列表中的“图片”选项将饼图粘贴为一个图片，如图 11.66 所示。使用相同的方法将其他饼图粘贴为图片。

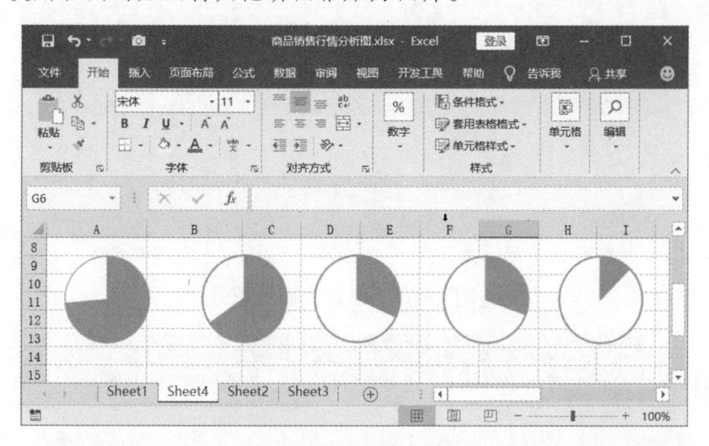

图 11.65　再创建 3 个饼图

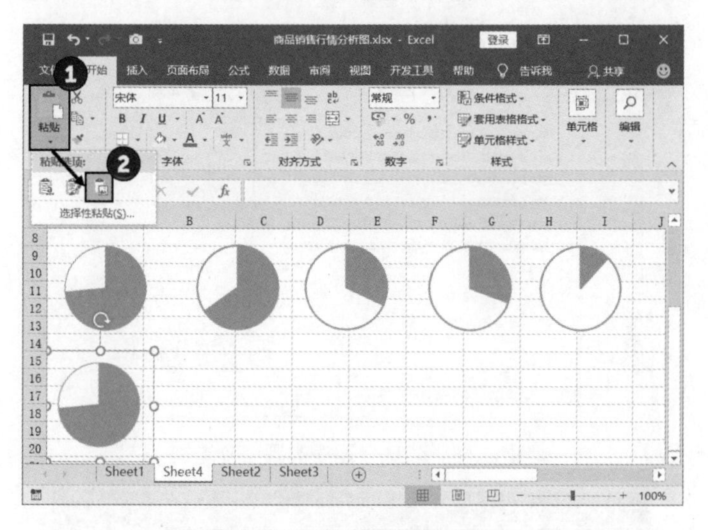

图 11.66　将饼图粘贴为图片

06 在工作表中创建用于绘图的数据区域，如图 11.67 所示。选择这里的 N2:P8 单元格区域后创建一个堆积条形图，选择垂直坐标轴后打开“设置坐标轴格式”窗格，勾选其中的“逆序类别”复选框，如图 11.68 所示。选择水平坐标轴，设置其最小值和最大值，如图 11.69 所示。

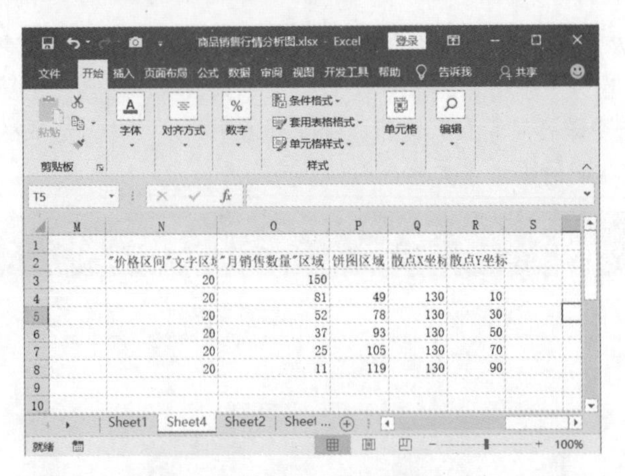

图 11.67　创建数据区域

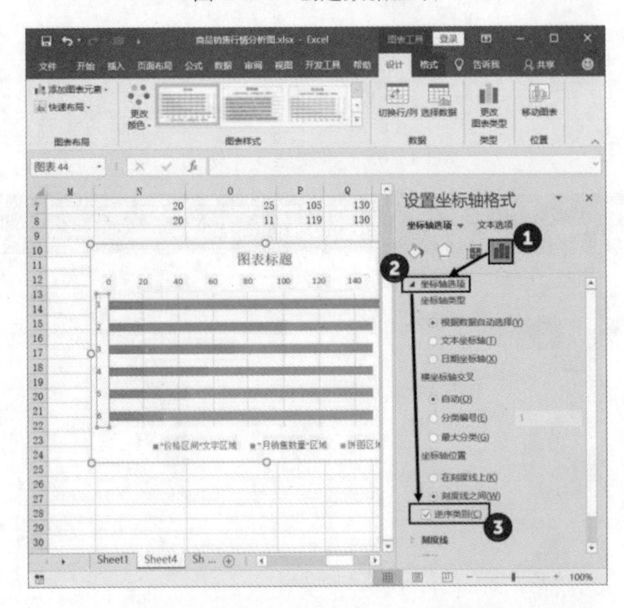

图 11.68　勾选“逆序类别”复选框

图 11.69　设置水平坐标轴的最小值和最大值

07 选择图表中的“饼图区域”数据系列后右击，选择关联菜单中的“更改系列图表类型”命令打开“更改图表类型”对话框，将该数据系列的图表类型更改为“散点图”，如图 11.70 所示。单击“确定”按钮关闭对话框，将次坐标轴的最大值更改为 120，如图 11.71 所示。

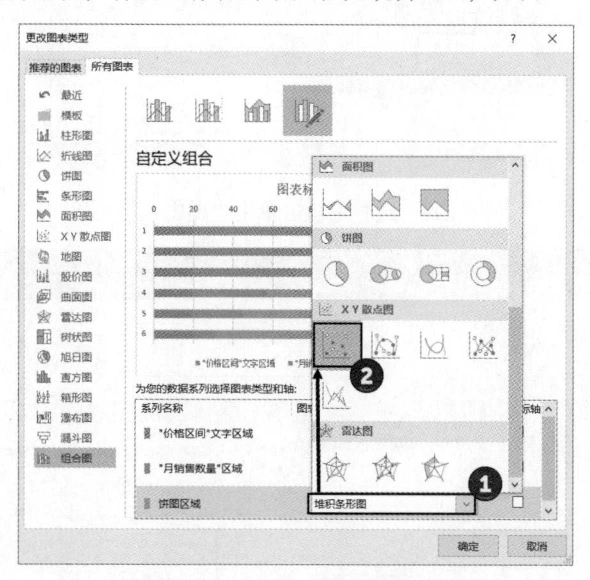

图 11.70　更改数据系列的图表类型

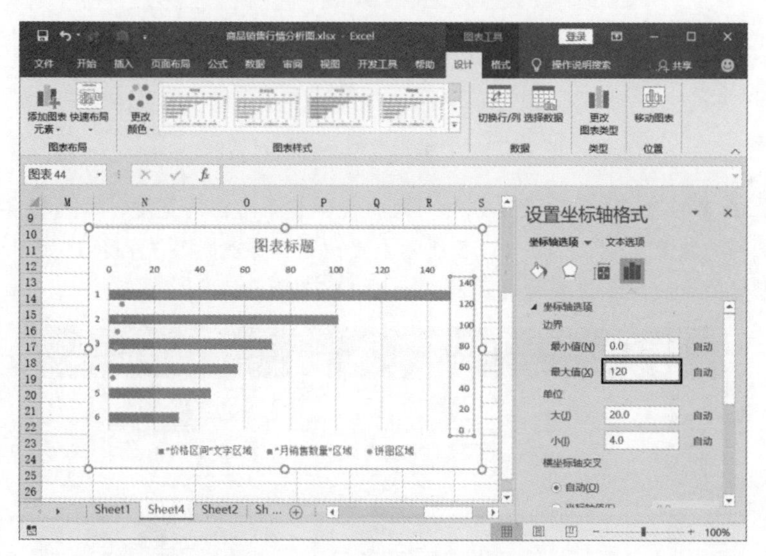

图 11.71　更改次坐标轴的最大值

08 右击图表，选择关联菜单中的“选择数据”命令打开“选择数据源”对话框，在“图例项（系列）”列表中选择“饼图区域”选项后单击“编辑”按钮，如图 11.72 所示。此时将打开“编辑数据系列”对话框，在对话框中设置“X 轴系列值”和“Y 轴系列值”，如图 11.73 所示。完成设置后，单击“确定”按钮关闭对话框。

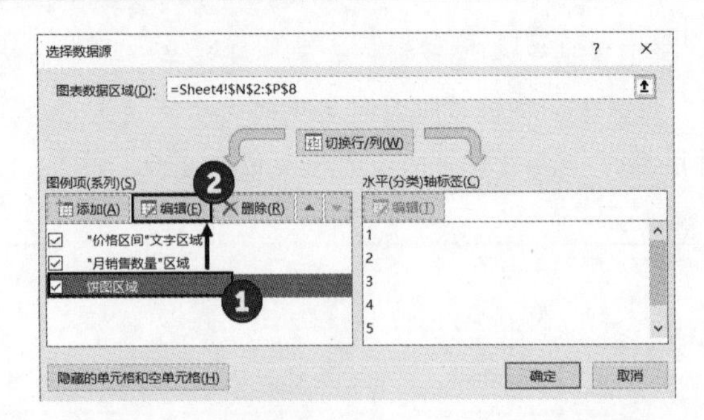

图 11.72　选择选项后单击“编辑”按钮

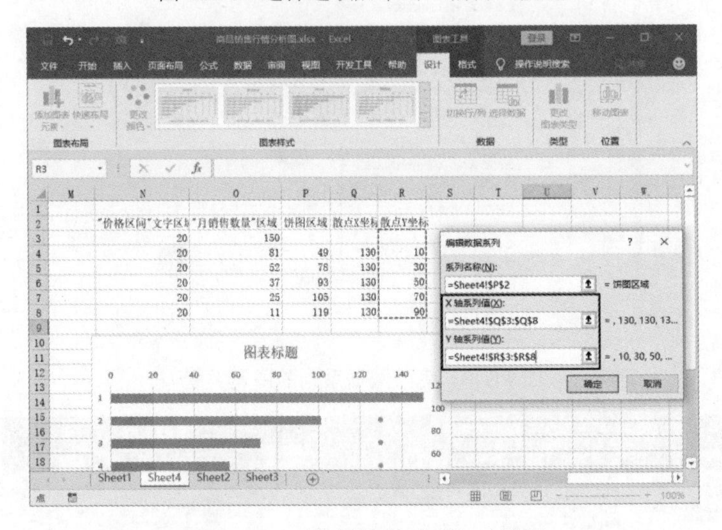

图 11.73　“编辑数据系列”对话框

09 选择图表中的数据系列，设置分类间距的值调整条形图的宽度，如图 11.74 所示。取消条形图左侧数据系列的填充颜色，如图 11.75 所示。更改数据系列的填充颜色，如图 11.76 所示。将顶端的两个数据点的填充颜色设置为相同的，如图 11.77 所示。

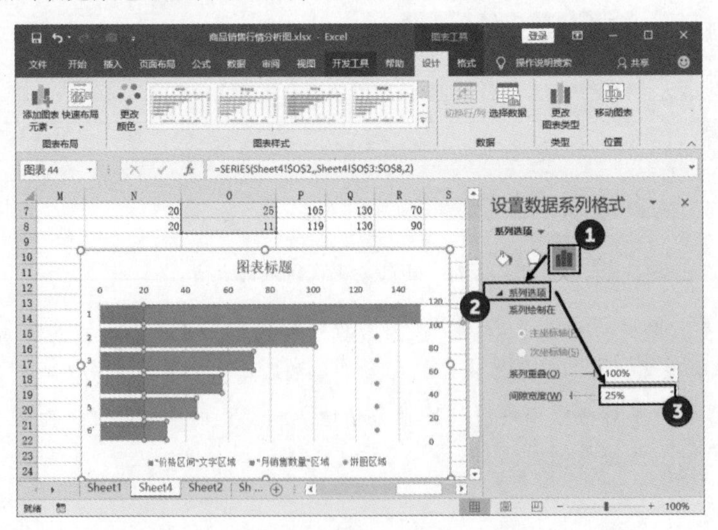

图 11.74　设置“分类间距”的值

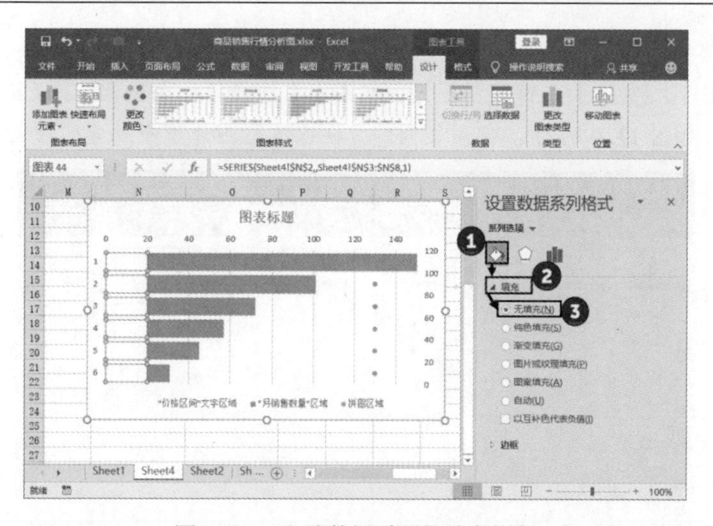

图 11.75　取消数据系列的填充颜色

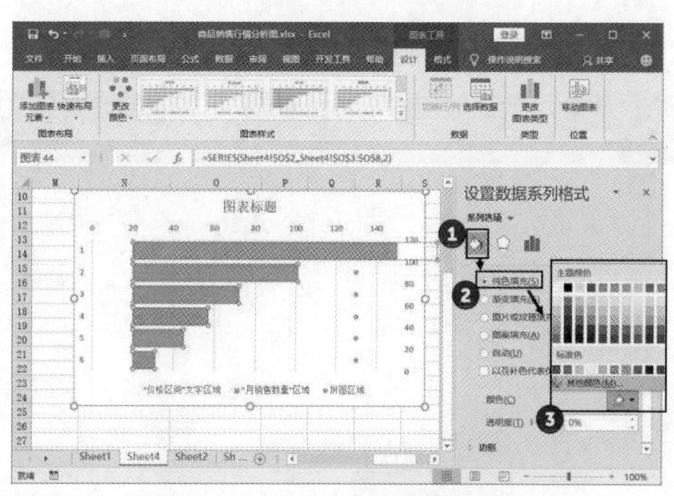

图 11.76　更改数据系列的填充颜色

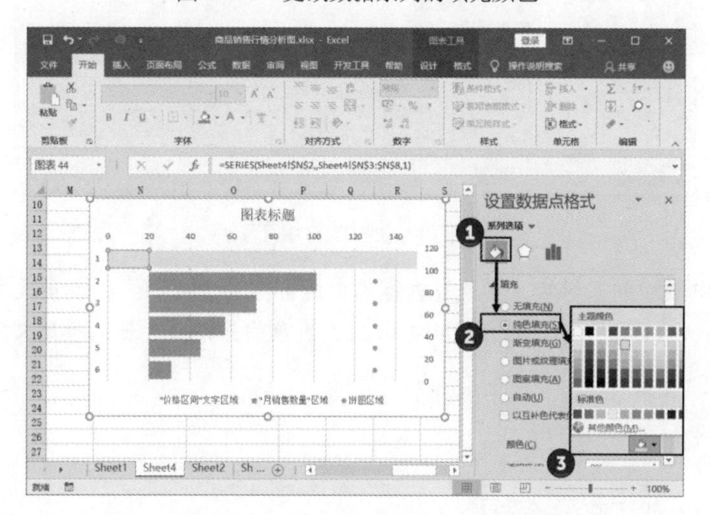

图 11.77　设置顶端的两个数据点的填充颜色

10 删除图表中的图例、坐标轴和网格线。选择饼图图片，设置图片的大小，如图 11.78 所示。选择第一个饼图图片，按 Ctrl+C 键复制图片，在图表中选择第一个散点，按 Ctrl+V 键粘贴图片以该图片填充散点，如图 11.79 所示。使用相同的方法以饼图图片填充对应的散点。

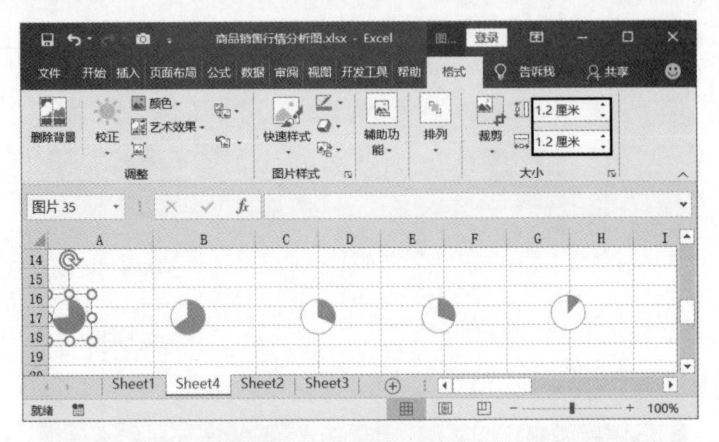

图 11.78　设置图片的大小

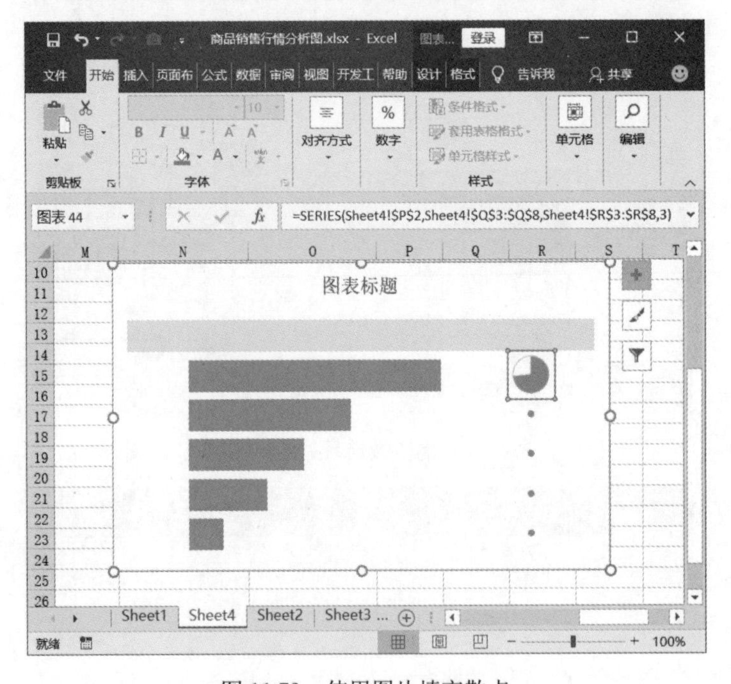

图 11.79　使用图片填充散点

11 在图表中添加数据标签，更改数据标签中的文字并设置样式，使用文本框为饼图所在列添加标题文字，如图 11.80 所示。在图表中插入两条黑色的分隔线，输入标题文字。案例制作完成后的效果如图 11.81 所示。

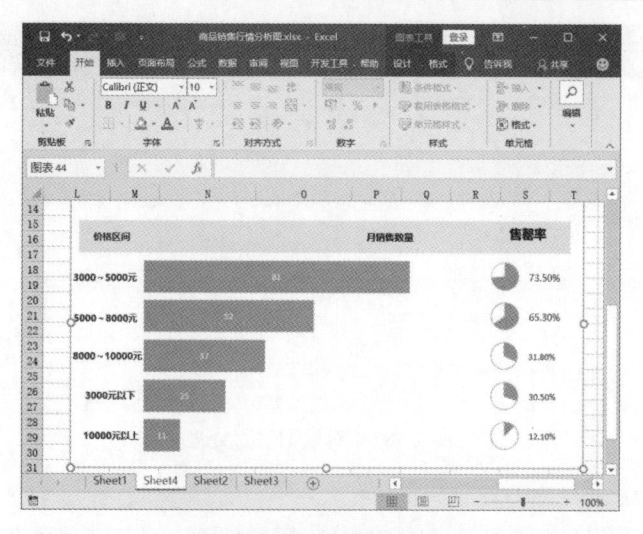

图 11.80　添加数据标签

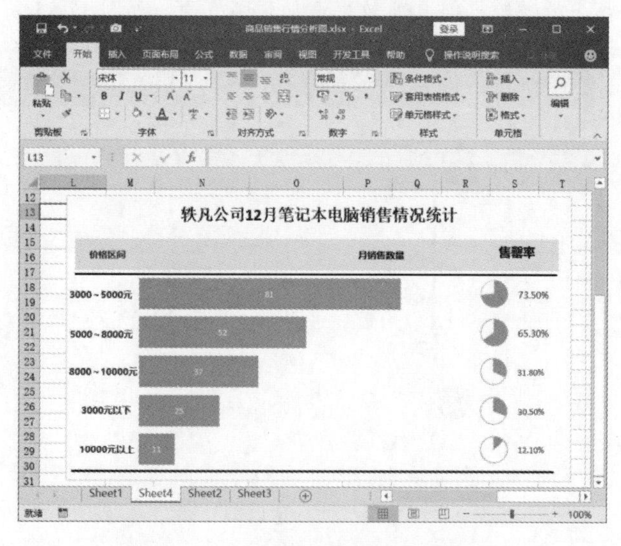

图 11.81　案例制作完成后的效果

11.6　销售业绩排行榜

企业对销售员进行考核的一个重要指标就是销售业绩，将各个销售员的业绩数据按照升序或降序排列后，可以获得销售业绩的排名情况。如果需要使用图表来直观展示这种排名，一般会使用条形图。实际上，通过圆环图也能直观形象地展示销售员的业绩排名，既能表现销售员半年的业绩排名，又能呈现完成全年计划销售任务的情况。下面介绍案例的具体制作步骤。

01 启动 Excel 2019 并打开工作表，将表格中各个销售员的销售业绩数据和年销售指标数据横向放置，同时在它们之间添加未完成业绩数据。这些数据将用于绘制图表，如图 11.82 所示。

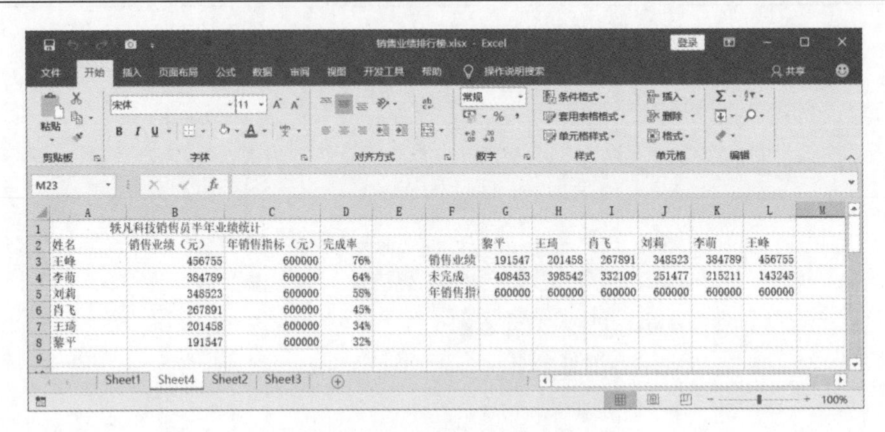

图 11.82　对数据进行处理

02 在工作表中选择一个空白单元格，插入一个空白圆环图，如图 11.83 所示。按 Ctrl+C 键复制第一个销售员的数据，选择图表后按 Ctrl+V 键粘贴数据，在图表中添加一个数据系列，如图 11.84 所示。拖动数据框上的控制柄将其他数据添加到图表中，如图 11.85 所示。

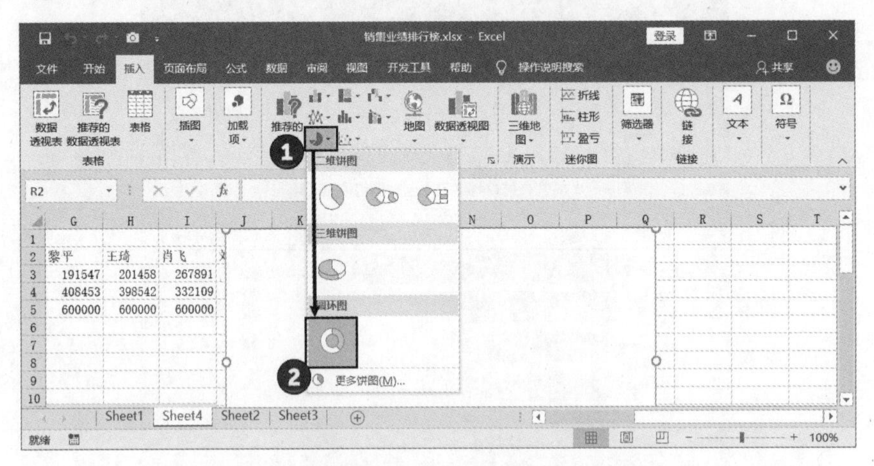

图 11.83　插入空白圆环图

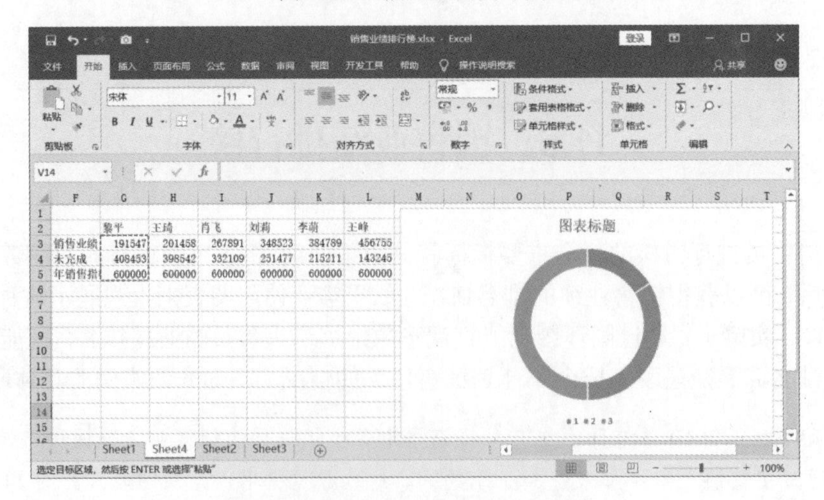

图 11.84　在图表中添加一个数据系列

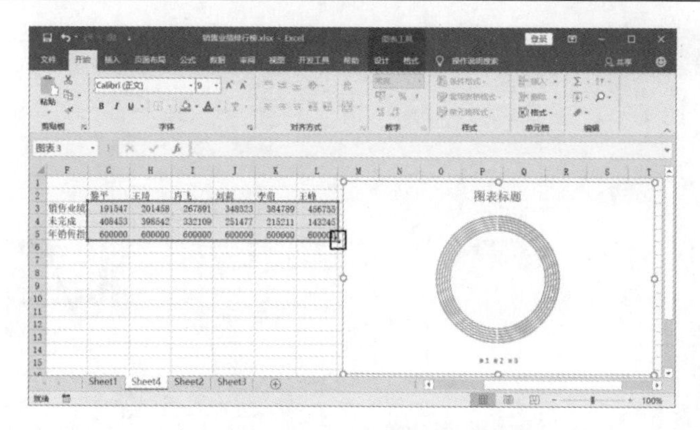

图 11.85　向图表中添加其他数据

03 选择图表中的数据系列，在“设置数据系列格式”窗格中将“第一扇区起始角度”设置为 270°，设置“圆环图圆环大小”的值，如图 11.86 所示。依次选择各个数据系列中不需要显示的数据点，将它们的填充方式设置为“无填充”并取消边框线，如图 11.87 所示。依次更改保留显示的各个数据点的填充颜色，如图 11.88 所示。

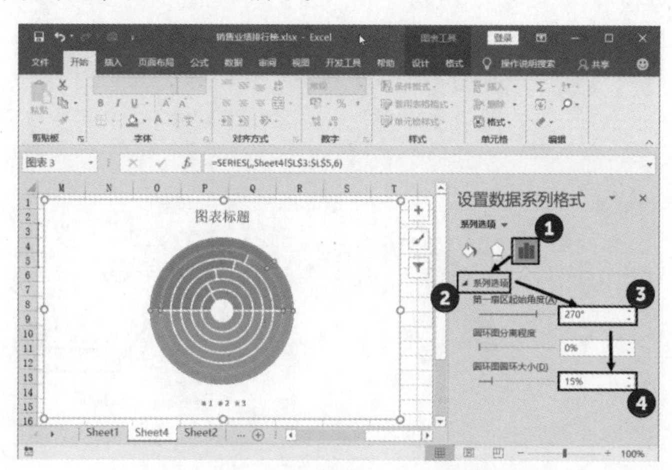

图 11.86　对数据系列进行设置

图 11.87　取消数据点的颜色填充

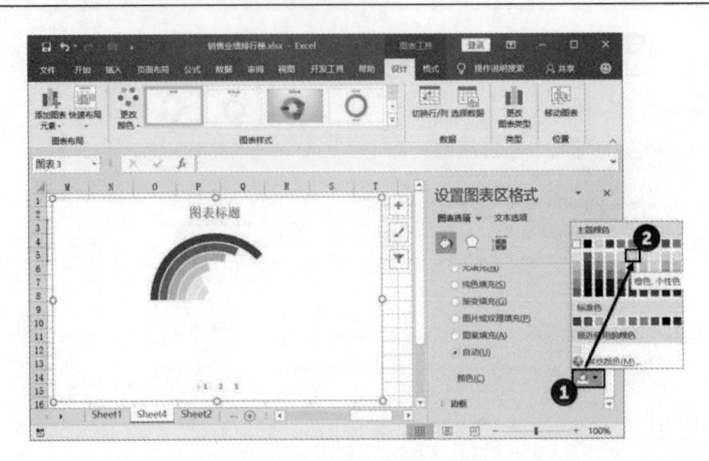

图 11.88　更改保留的各个数据点的填充颜色

04 使用文本框在图表下方添加文字，使用文本框依次为数据点添加标签文字，设置这些文字的旋转角度，如图 11.89 所示。设置图表背景填充颜色并删除图例，在图表下方添加标题和注释文字。案例制作完成后的效果如图 11.90 所示。

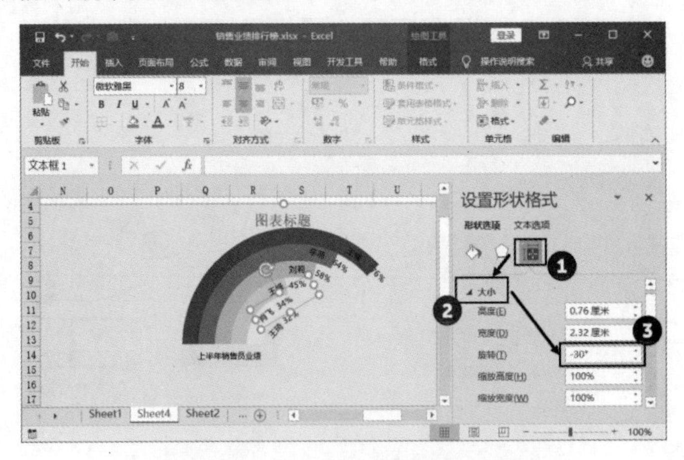

图 11.89　设置文字的旋转角度

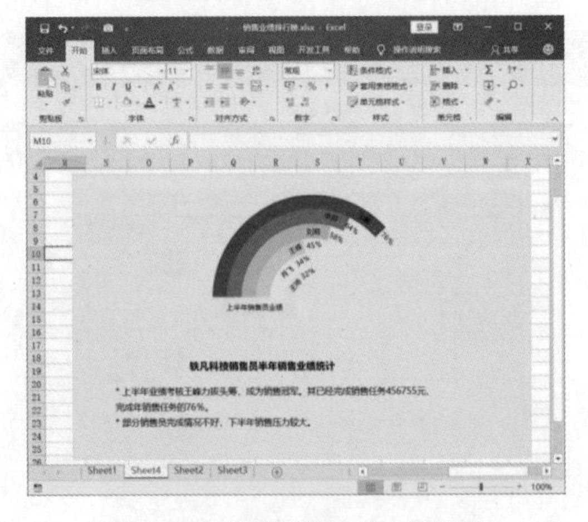

图 11.90　案例制作完成后的效果

11.7　销售额分类明细图

在使用圆环图时，有时为了表现数据间的总分关系并对数据进行相互补充说明，需要使用双层圆环图。双层圆环图中数据点具有相互对应的关系，在创建圆环图时，需要对数据源区域的结构进行调整，让数据形成对应关系，然后再以该数据源区域来创建图表并对图表进行设置以获得需要的效果。下面通过一个数码城销售额分类明细图的制作过程来介绍此类图表的具体制作方法。

01 启动 Excel 2019 并打开工作表，该工作表中列出某数码城商品月销售明细，其中在 D2:E7 单元格区域列出了电脑配件类商品的销售明细，如图 11.91 所示。对数据重新进行安排，如图 11.92 所示。这里将所有数据放置在一起，B15:B20 单元格区域和 C11:C14 单元格区域为两个合并单元格区域，其值分别为电脑配件销售金额的和以及 B11:B14 单元格区域中数据的和。

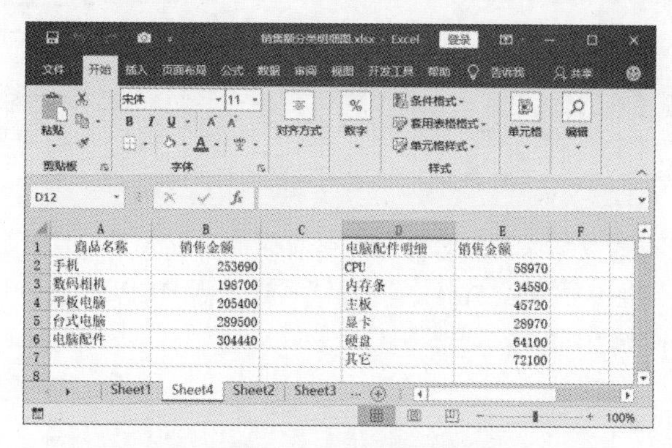

	A	B	C	D	E
1	商品名称	销售金额		电脑配件明细	销售金额
2	手机	253690		CPU	58970
3	数码相机	198700		内存条	34580
4	平板电脑	205400		主板	45720
5	台式电脑	289500		显卡	28970
6	电脑配件	304440		硬盘	64100
7				其它	72100

图 11.91　需要处理的工作表

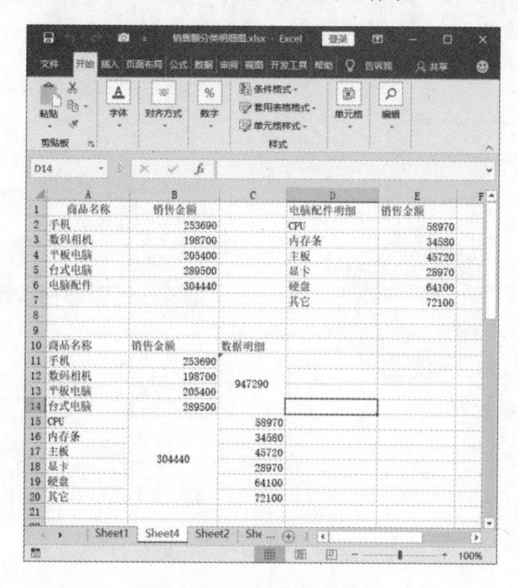

	A	B	C	D	E
1	商品名称	销售金额		电脑配件明细	销售金额
2	手机	253690		CPU	58970
3	数码相机	198700		内存条	34580
4	平板电脑	205400		主板	45720
5	台式电脑	289500		显卡	28970
6	电脑配件	304440		硬盘	64100
7				其它	72100
10	商品名称	销售金额	数据明细		
11	手机	253690	947290		
12	数码相机	198700			
13	平板电脑	205400			
14	台式电脑	289500			
15	CPU	304440	58970		
16	内存条		34580		
17	主板		45720		
18	显卡		28970		
19	硬盘		64100		
20	其它		72100		

图 11.92　重新整理数据

02 选择A11:C20单元格区域，在工作表中插入圆环图。在图表中右击任意一个数据系列，选择关联菜单中的“设置数据系列格式”命令打开“设置数据系列格式”窗格。在“系列选项”设置栏的“圆环图圆环大小”微调框中输入数值设置圆环图内径的大小，如图11.93所示。

图11.93 设置圆环图内径大小

03 分别选择图表中的数据系列，对它们应用相同的阴影效果，如图11.94所示。分别选择标示为“系列2点‘手机’值947290（76%）”和“系列1点‘CPU’值304440（24%）”的数据点，设置它们的填充色，如图11.95所示。

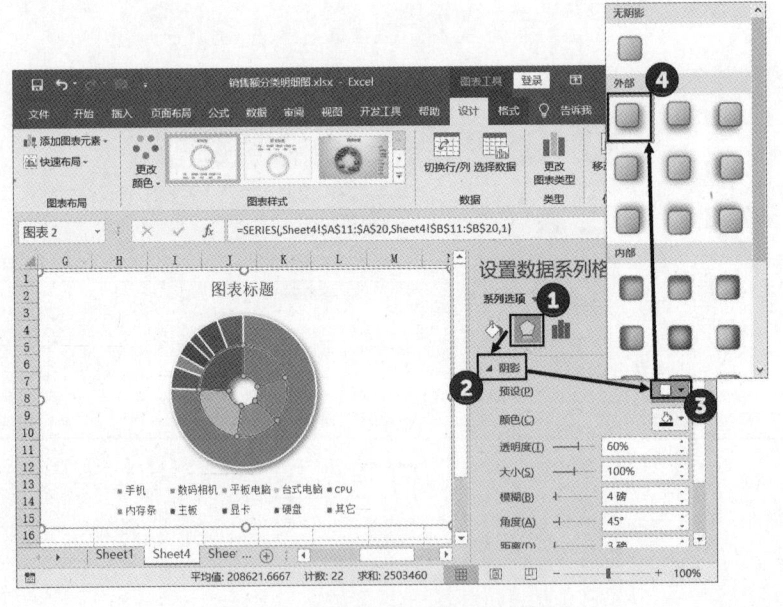

图11.94 对数据系列应用阴影效果

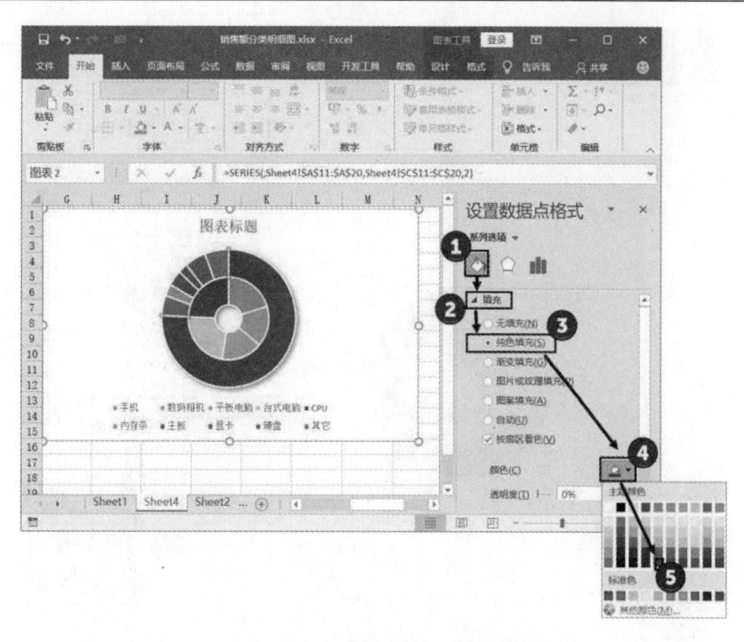

图 11.95 设置数据点的填充色

04 选择第一个数据系列，为其添加数据标签。在“设置数据标签格式”窗格中选择“文本选项”选项，单击其下的“文本填充轮廓”按钮。在“文本填充”设置栏中，将数据标签文字的颜色设置为白色，如图 11.96 所示。选择“标签选项”选项，单击其下的“标签选项”按钮；在“标签选项”设置栏中勾选“类别名称”复选框，使数据标签中显示类别名称；在“分隔符”下拉列表中选择“（新文本行）”选项，使数据标签中的信息换行显示，如图 11.97 所示。使用相同的方法为第二个数据系列添加数据标签并设置标签文字样式。

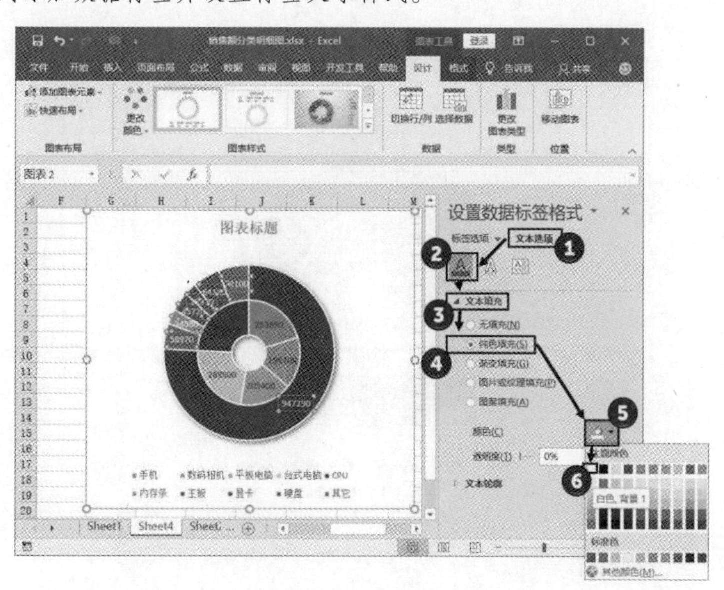

图 11.96 将数据标签文字颜色设置为白色

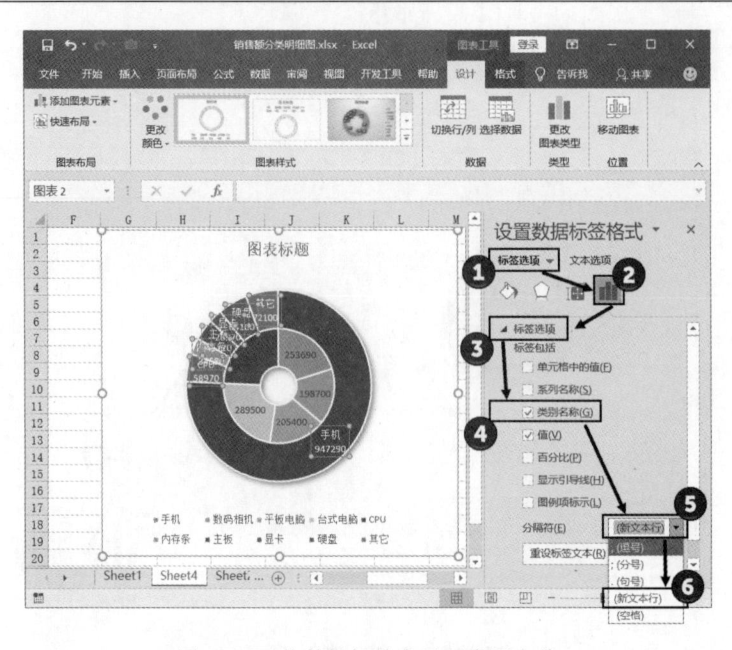

图 11.97　使数据标签中显示类别名称

05 对内圆环的分类标签进行设置，更改数据标签中不正确的类别名称，如图 11.98 所示。设置图表区的填充色，输入图表标题文字。本例制作完成后的效果如图 11.99 所示。

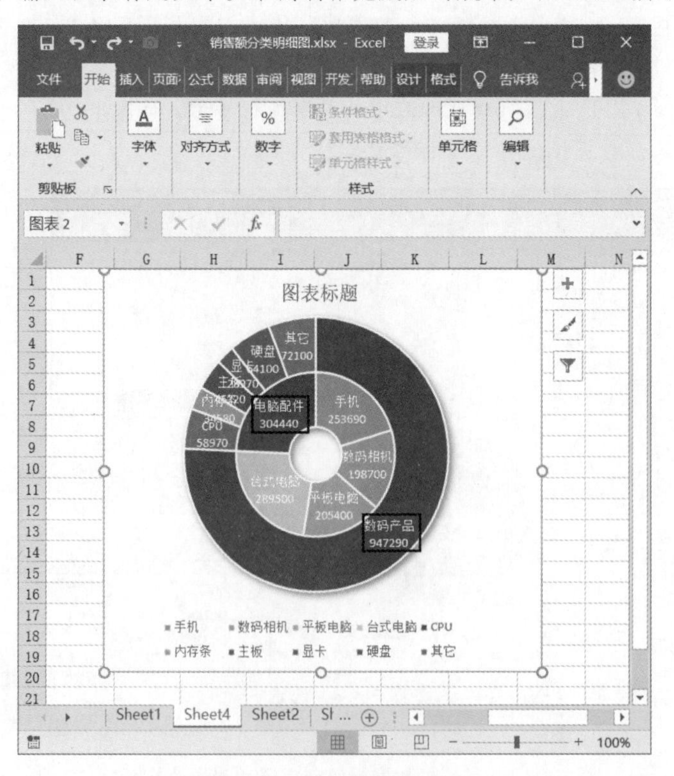

图 11.98　更改类别名称

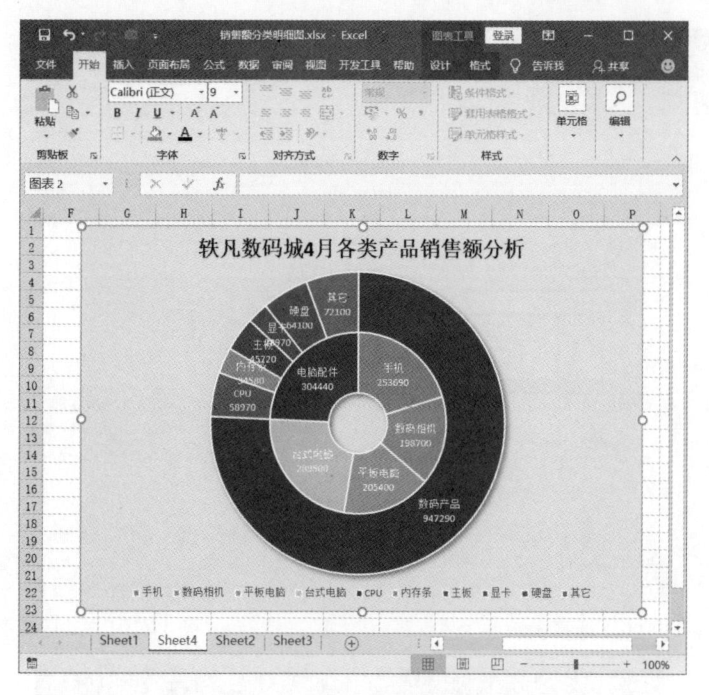

图 11.99　本例制作完成后的效果

11.8　库存额箱线图

箱线图是一种利用数据中的最小值、第一四分位数、中位数、第三四分位数和最大值来表现数据分布的图表，能够反映数据分布的中心位置和散布范围，清晰地展示各组数据的分布差异。箱线图可以应用于质量管理、人事测评和数据分析等诸多领域，为管理者发现问题并改变策略提供依据。下面通过一个集团下辖各分公司的库存额箱线图的制作，来介绍这类图表的制作方法。

01 启动 Excel 2019 并打开工作表，创建用于制图的数据。选择 B12 单元格，单击“插入函数”按钮打开“插入函数”对话框，在“或选择类别”列表中选择“全部”选项，在其下的“选择函数”列表中选择函数，如图 11.100 所示。单击“确定”按钮将打开“函数参数”对话框，在对话框中设置函数需要的参数，如图 11.101 所示。单击“确定”按钮获得 B3:B8 单元格区域中数据的第一四分位数，该数字实际上是样本中所有数值由小到大排列后的第 25％的数字。拖动填充柄将公式复制到右侧的 3 个单元格中，如图 11.102 所示。

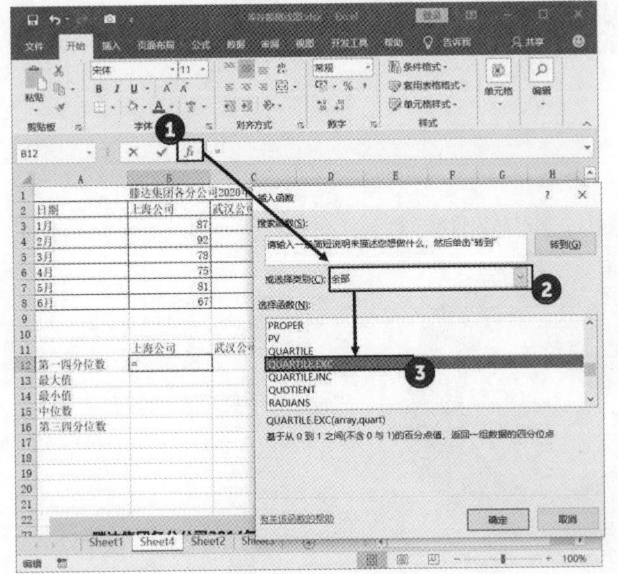

图 11.100　选择函数

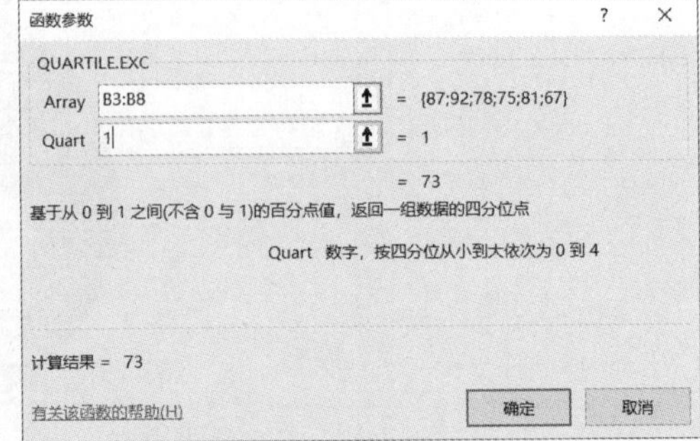

图 11.101　“函数参数”对话框

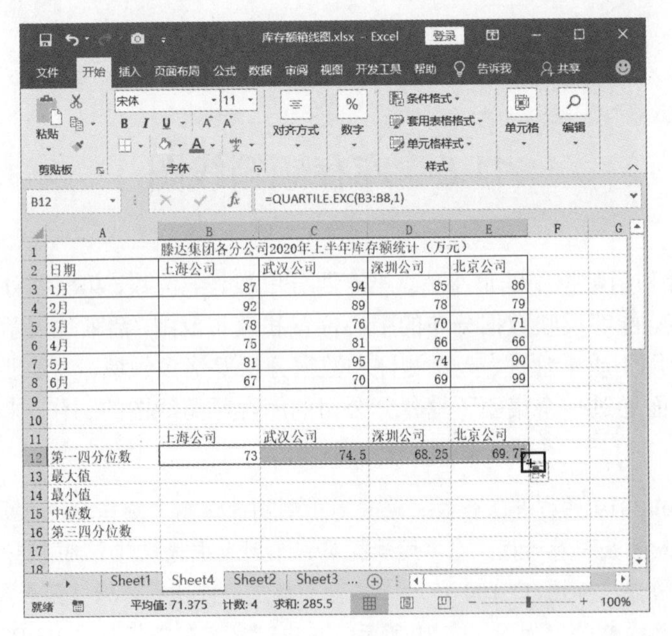

图 11.102　复制公式

02 在“最大值”和“最小值”行分别使用MAX()函数和MIN()函数获取B3:E8单元格区域每一列单元格数据的最大值和最小值。在B15单元格中输入公式“=QUARTILE.EXC(B3:B8,2)”获取中位数，也就是将单元格区域中的数据按照由小到大的顺序排列后的第50%的数字，将公式复制到右侧的单元格中。在B16单元格中输入公式“=QUARTILE.EXC(B3:B8,3)”获得第三四分位数，也就是B3:B8单元格区域中所有数值由小到大排列后的第75%的数字，将公式复制到右侧的单元格中。此时工作表中的数据如图11.103所示。

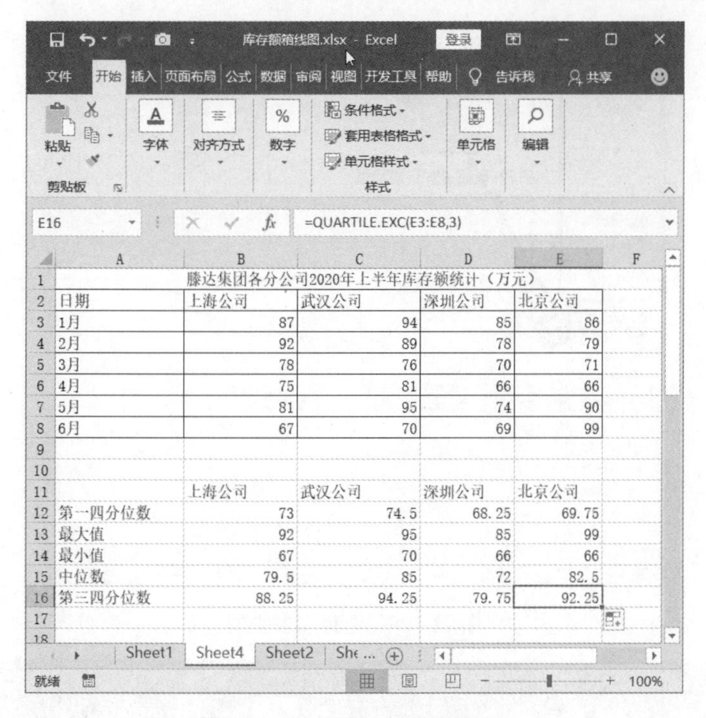

	A	B	C	D	E
1	滕达集团各分公司2020年上半年库存额统计（万元）				
2	日期	上海公司	武汉公司	深圳公司	北京公司
3	1月	87	94	85	86
4	2月	92	89	78	79
5	3月	78	76	70	71
6	4月	75	81	66	66
7	5月	81	95	74	90
8	6月	67	70	69	99
9					
10					
11		上海公司	武汉公司	深圳公司	北京公司
12	第一四分位数	73	74.5	68.25	69.75
13	最大值	92	95	85	99
14	最小值	67	70	66	66
15	中位数	79.5	85	72	82.5
16	第三四分位数	88.25	94.25	79.75	92.25

图 11.103　制作完成后的数据

03 在工作表中选择 A11:E16 单元格区域，在“插入”选项卡的“图表”组中单击“推荐的图表”按钮，如图 11.104 所示。此时将打开“插入图表”对话框，接着打开“所有图表”选项卡，在左侧列表中选择“股价图”选项，选择“开盘—盘高—盘低—收盘图”图表类型，如图 11.105 所示。单击“确定”按钮在工作表中插入选择的图表。在“设计”选项卡的“数据”组中单击“切换行/列”按钮获得需要的图表，如图 11.106 所示。

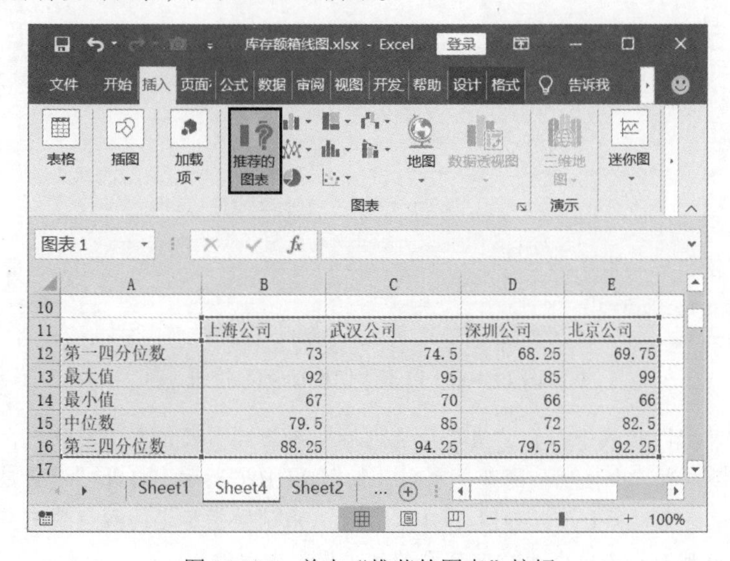

	A	B	C	D	E
10					
11		上海公司	武汉公司	深圳公司	北京公司
12	第一四分位数	73	74.5	68.25	69.75
13	最大值	92	95	85	99
14	最小值	67	70	66	66
15	中位数	79.5	85	72	82.5
16	第三四分位数	88.25	94.25	79.75	92.25

图 11.104　单击“推荐的图表”按钮

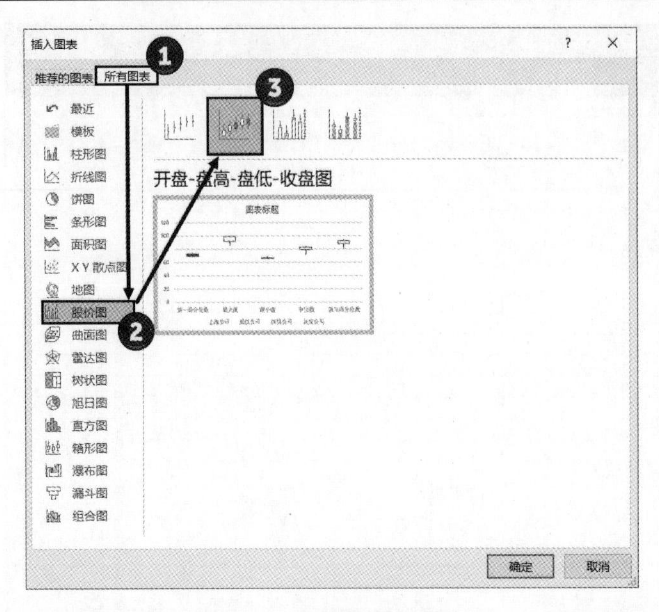

图 11.105　选择图表类型

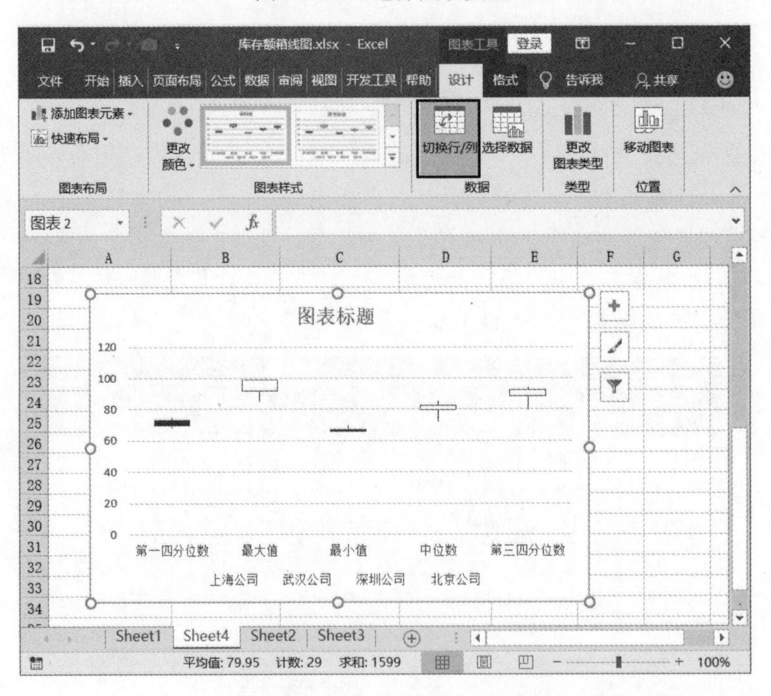

图 11.106　单击“切换行/列”按钮

04 打开“格式”选项卡，在“当前所选内容”组的“图表元素”列表中，选择“系列‘中位数’”选项选择名为“中位数”的数据系列，如图 11.107 所示。打开“设置数据系列格式”窗格，设置数据标记的类型和大小，如图 11.108 所示。取消数据标记的颜色填充并将边框线设置为黑色，如图 11.109 所示。设置完成后即可在箱体中模拟出中位线。

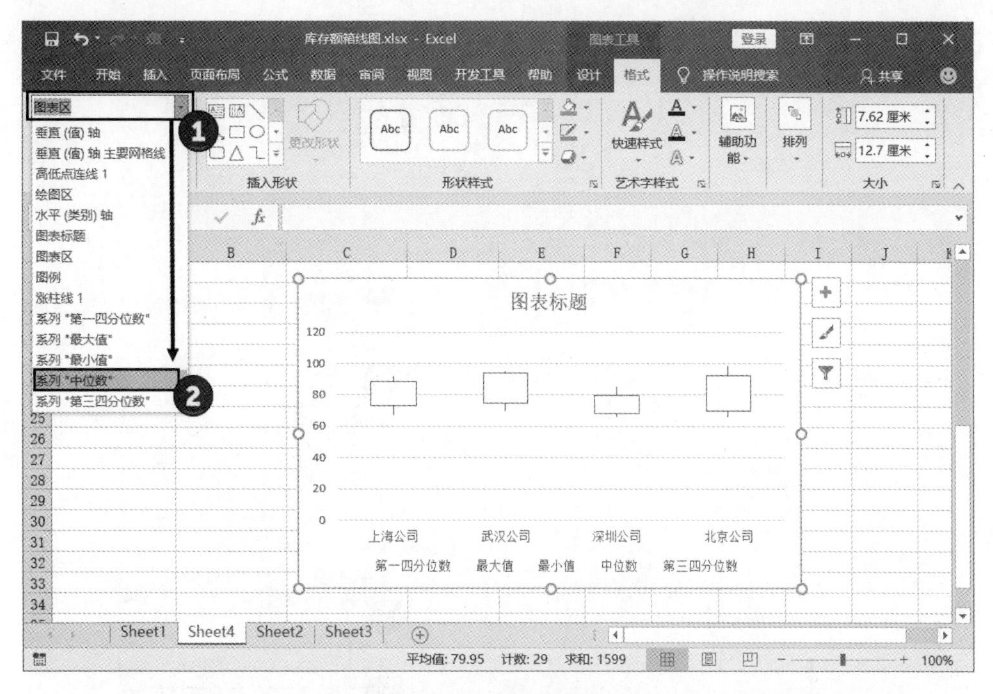

图 11.107　选择数据系列

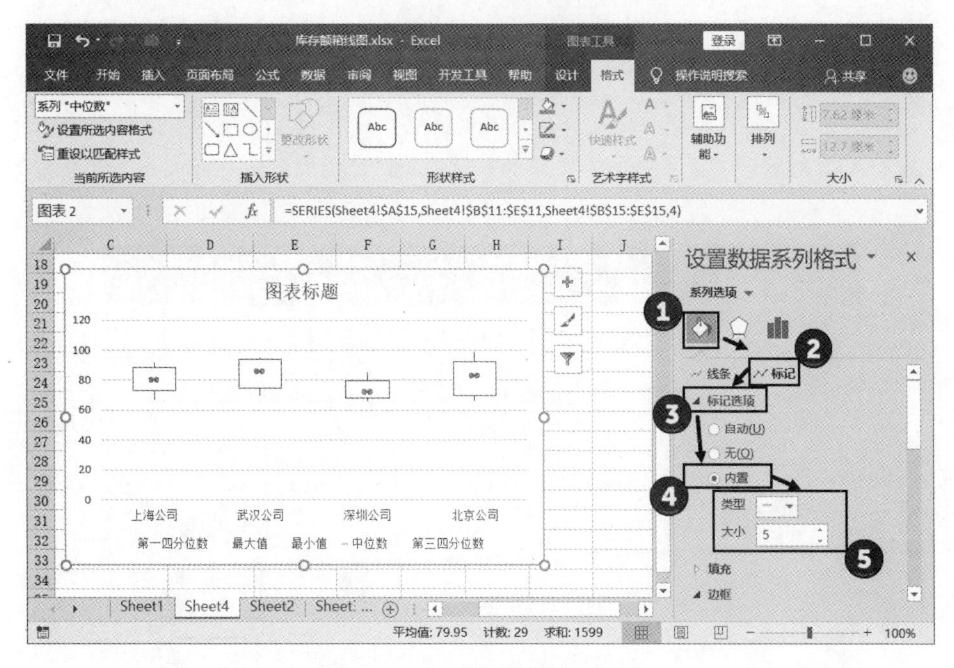

图 11.108　设置数据标记类型

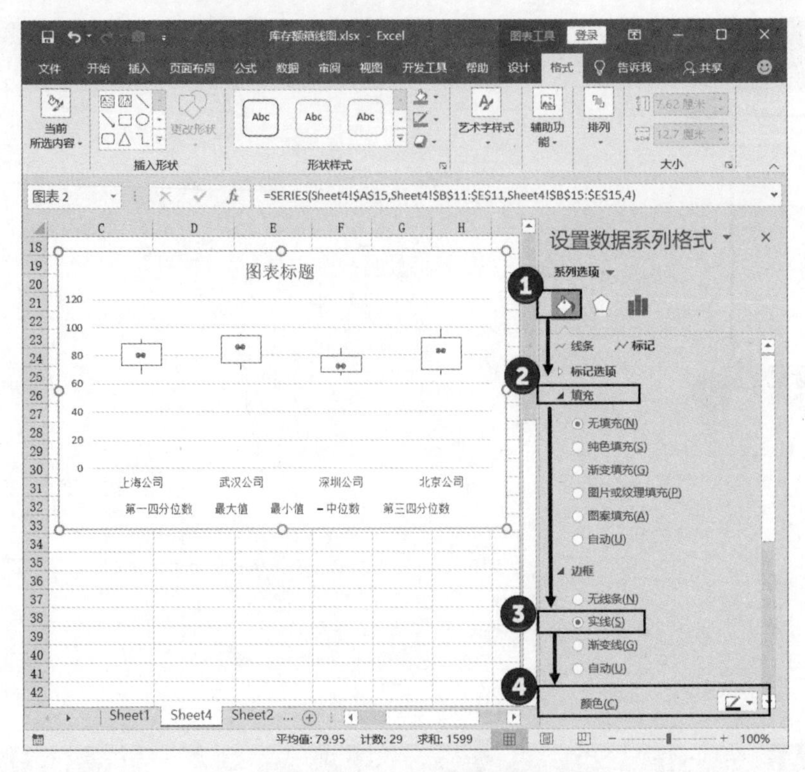

图 11.109　取消颜色填充并设置边框线颜色

05 选择垂直坐标轴，设置坐标轴的最大值和单位，如图 11.110 所示。使垂直轴显示刻度线标记，如图 11.111 所示。使用相同的方法为水平轴添加刻度线标记，并将水平轴的颜色设置为黑色。

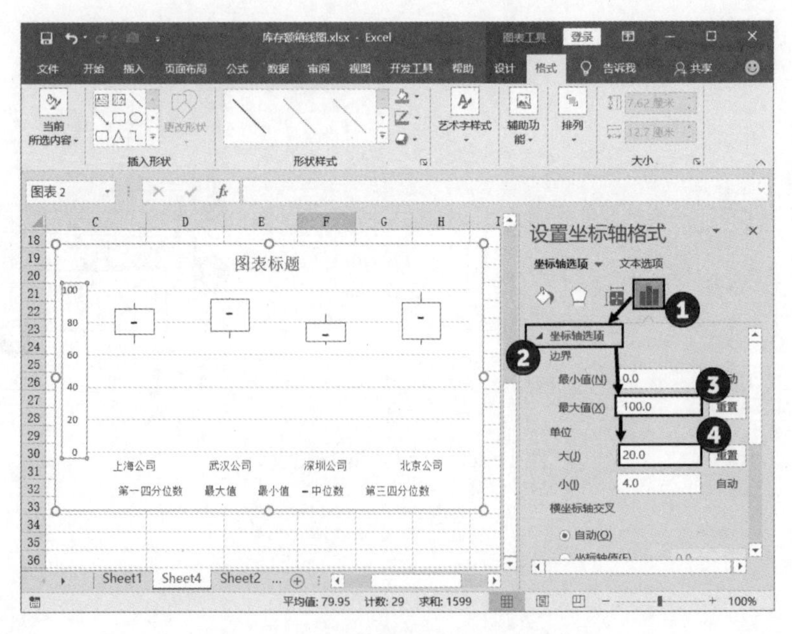

图 11.110　设置坐标轴的最大值和单位

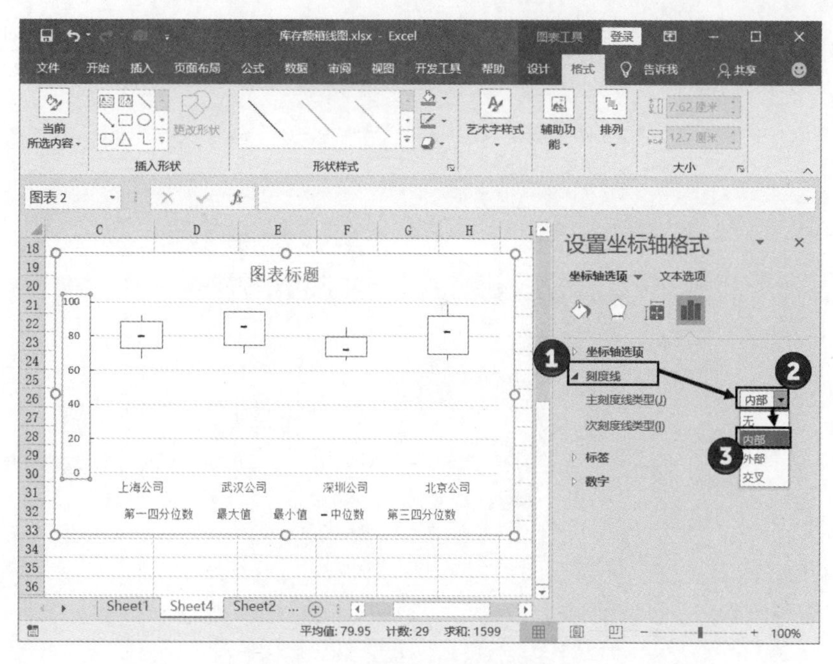

图 11.111　使垂直轴显示刻度线标记

06 删除图表中的图例和网格线，输入图表标题和单位文字，设置图表中文字的样式。设置图表区的填充颜色，将涨跌柱线的填充颜色设置得与背景颜色相同，如图 11.112 所示。本案例制作完成后的效果如图 11.113 所示。

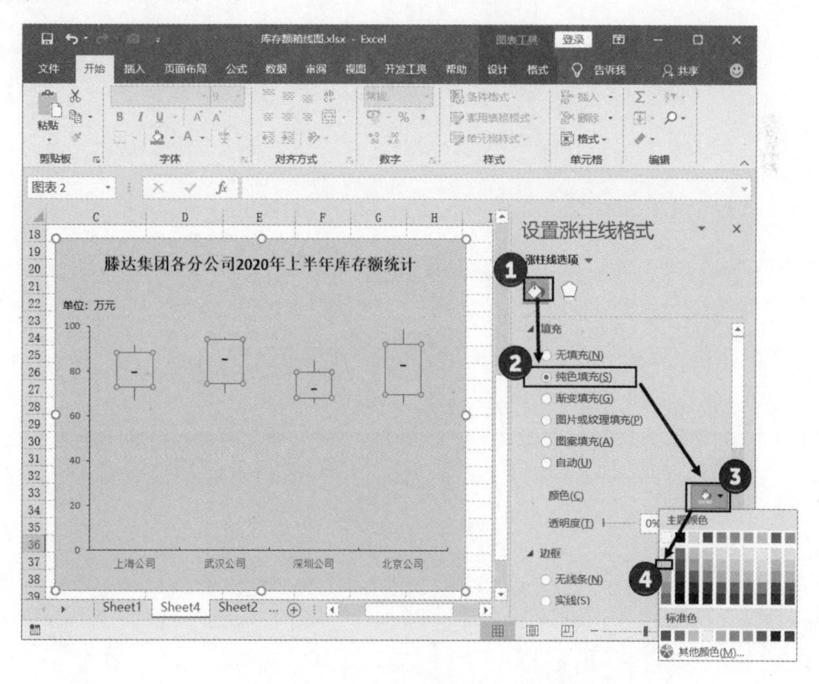

图 11.112　设置涨跌柱线的填充颜色

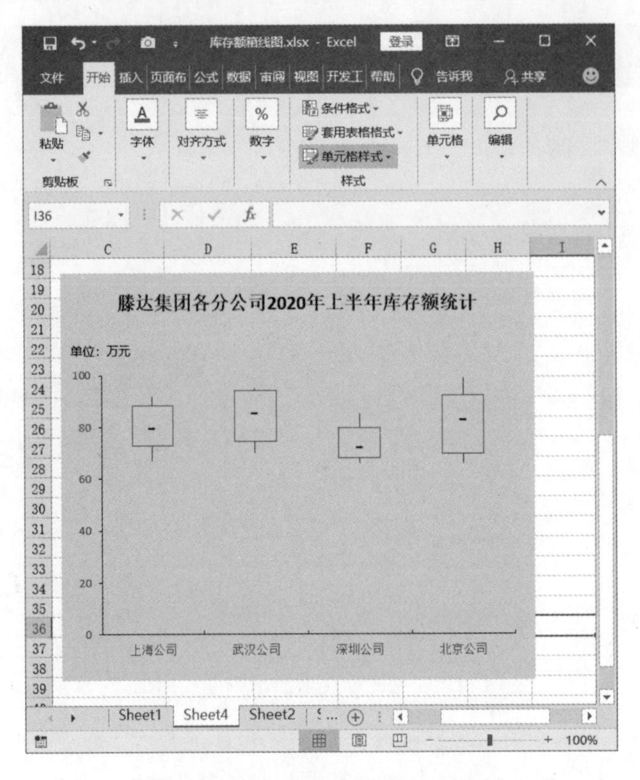

图 11.113　案例制作完成后的效果

第 12 章

Excel 2019 交互实战——客户信息管理系统

Excel 不仅仅是一个数据分析处理软件，其功能非常强大，它还可以用来方便地实现交互式数据处理。下面通过一个案例来介绍 Excel 交互能力的应用技巧。

12.1 案例描述

在介绍本章案例之前，首先介绍案例的制作思路和相应的技术要点。

12.1.1 案例制作思路

在企业中，对客户信息的管理是十分重要的。客户信息的管理不仅需要以表格的形式放置客户信息数据，更重要的是要对这些数据进行管理，如数据的录入、查询和编辑修改等。面对大量数据，使用简单的 Excel 表格来进行管理显然不够方便，此时可以利用 Excel 制作一个管理系统来快速实现对相关数据的查询和操作。

本章介绍一个简单的企业客户信息管理系统，其主要用于客户信息的快速录入。本案例将用户数据放置到一个名为“客户信息总表”的 Excel 工作表中，为了方便信息录入，制作一个名为“客户信息”的工作表。“客户信息”工作表设计为表单的形式，用户可以在其中填写客户信息。在“客户信息表”的工作表中添加“录入数据”和“清除数据”按钮，利用 Excel 的宏来实现数据录入和清除功能。

12.1.2 案例技术要点

本案例的制作流程如图 12.1 所示。

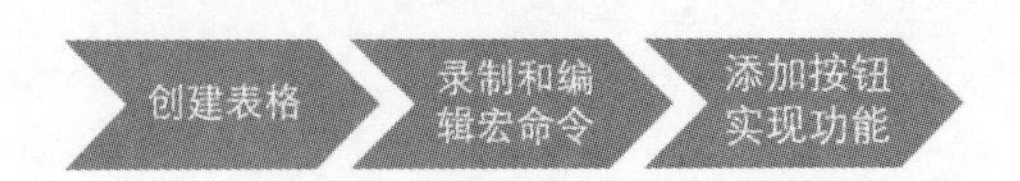

图 12.1　本案例制作流程

本案例涉及以下技术要点：

- 单元格数据有效性的设置
- Excel 公式的使用
- 录制宏
- 编辑宏命令
- 命令按钮的使用

12.2　案例制作过程

下面介绍本案例的制作过程。

12.2.1　创建表格

客户管理系统需要客户信息载体，这里的载体是一个 Excel 表格。同时，对信息进行录入时需要操作界面，这个操作界面同样是建立在一个 Excel 工作表中。

01 新建 Excel 工作簿，在工作表的第一行输入相关字段，修改工作表名称。对该工作表的第一行和第二行套用表格格式，如图 12.2 所示。

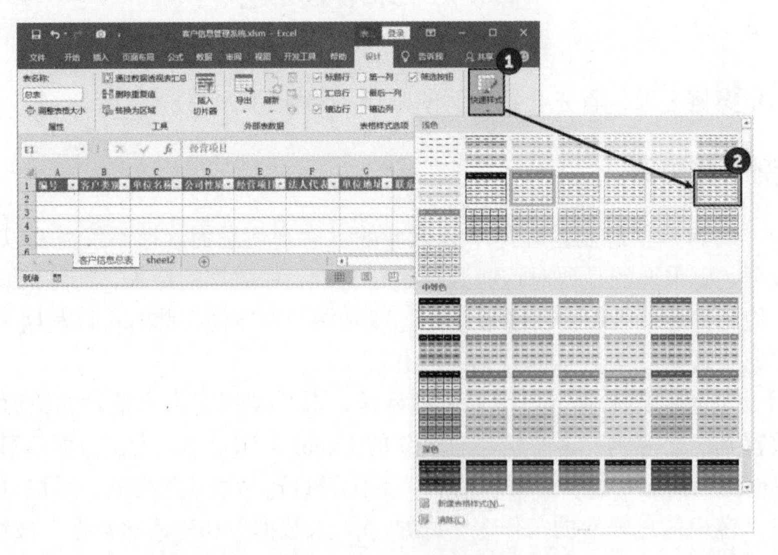

图 12.2　创建工作表并套用工作表格式

02 在“公式”的“定义名称”组中，单击“名称管理器”按钮打开“名称管理器”对话框，选择工作表，单击“编辑”按钮打开“编辑名称”对话框。在“编辑名称”对话框中对名称进行设置后，单击“确定”按钮关闭该对话框，如图 12.3 所示。完成设置后，单击“关闭”按钮关闭“名称管理器”对话框。

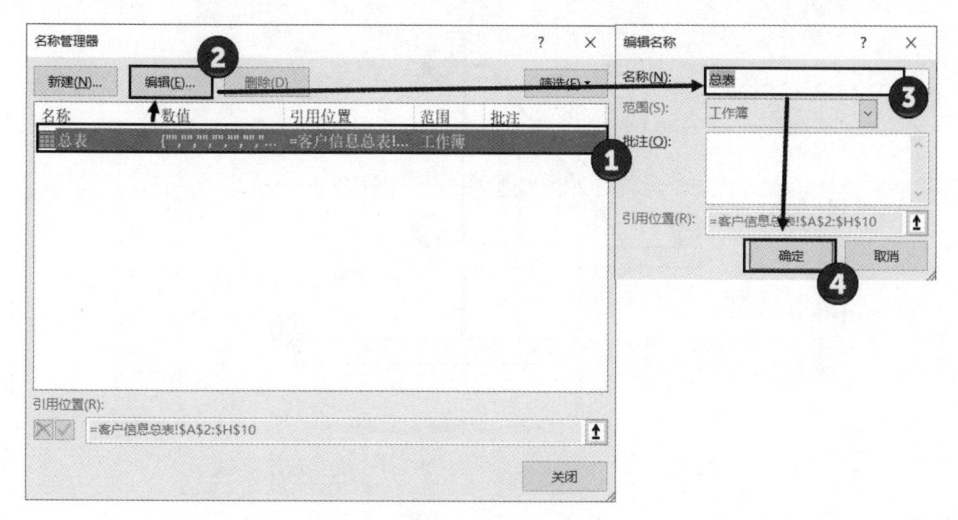

图 12.3　定义名称

03 在工作表中制作表格结构、添加文字并进行相应的装饰。选择“客户类别”栏右侧的单元格，在“数据”选项卡的“数据工具”组中，单击“数据验证”按钮打开“数据验证”对话框。在“数据验证”对话框中设置数据有效性，如图 12.4 所示。设置“公司性质”栏右侧单元格的数据有效性，如图 12.5 所示。设置用于输入邮政编码的单元格的数据有效性，如图 12.6 所示。

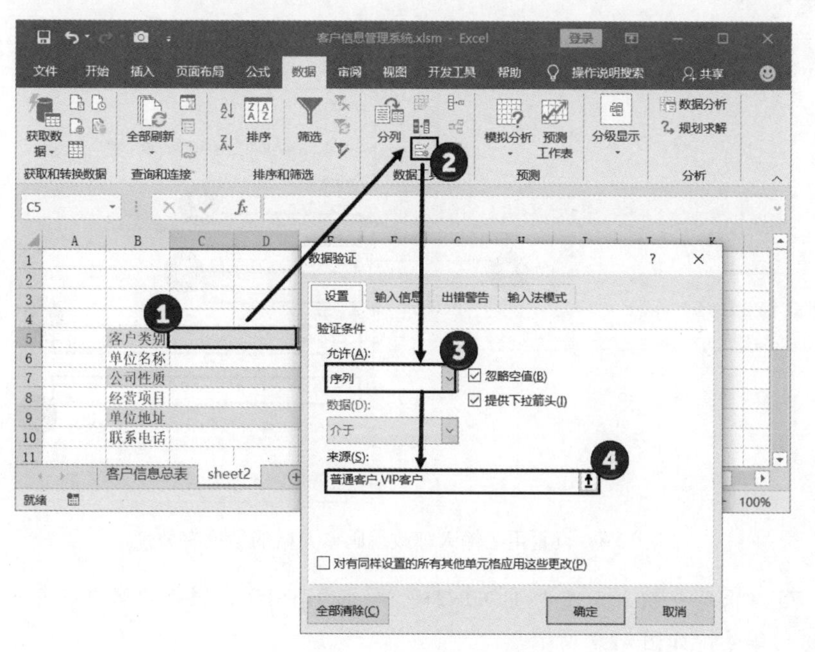

图 12.4　设置数据有效性

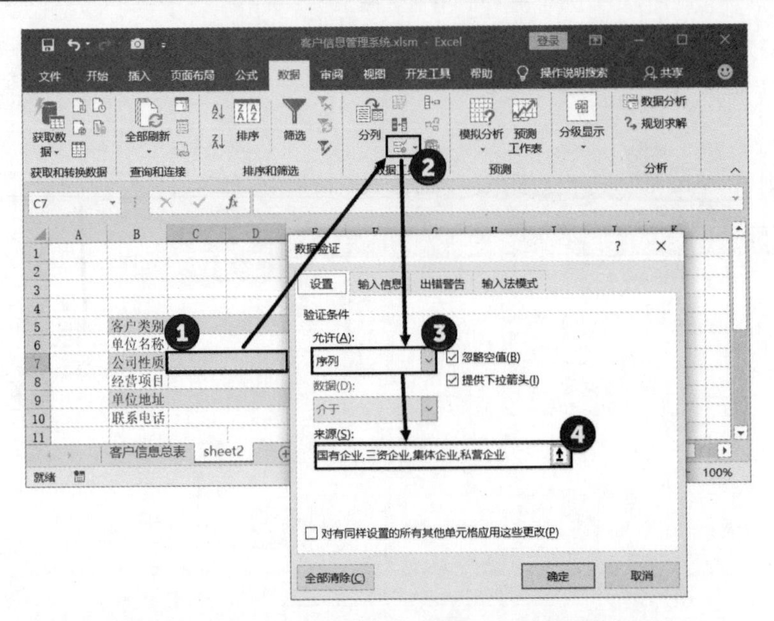

图 12.5　设置“公司性质”栏右侧单元格的数据有效性

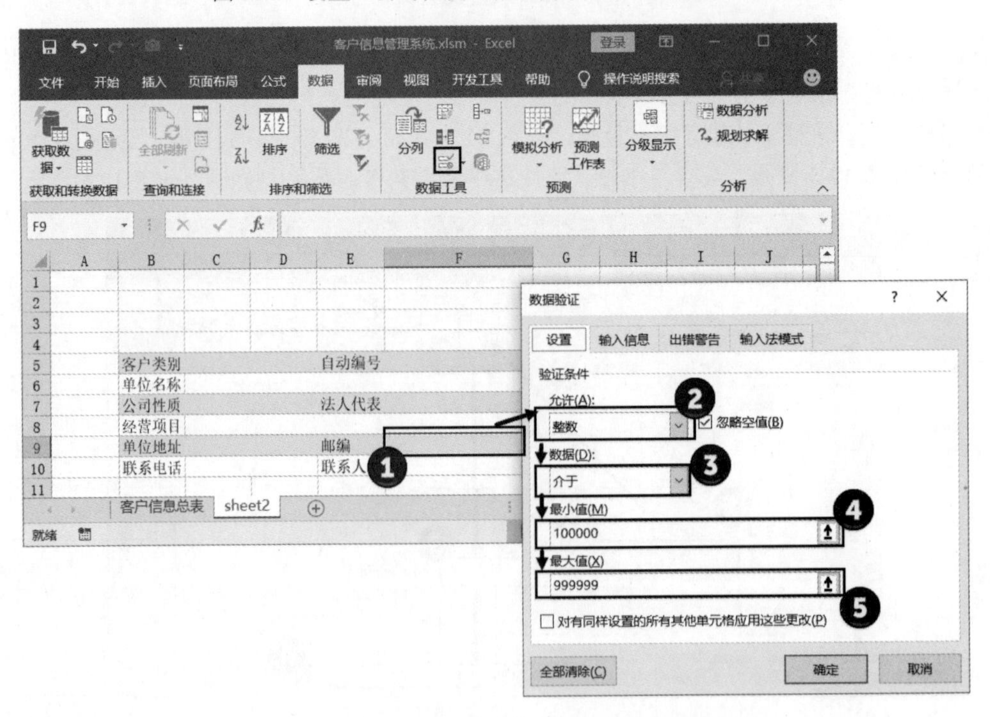

图 12.6　设置用于输入邮政编码单元格的数据有效性

04 在 F5 单元格中输入公式“=COUNT(总表[编号])+1”，根据“客户信息总表”中数据的数量来自动进行编号，如图 12.7 所示。

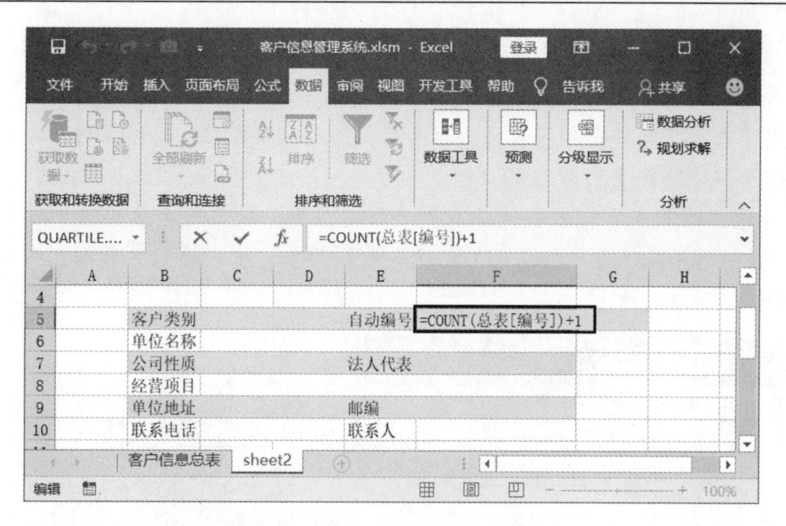

图 12.7　输入公式实现自动编号

05 将 sheet2 工作表更名为“客户信息表”，在 B12 单元格中输入公式“=IF(AND(C5<>"", C6<>"",C7<>"",F7<>"",C8<>"",C9<>"", F9<>"",C10<>"",F10<>""),"客户信息填写完整！","客户信息填写不完整！")”，检测表格中输入的数据是否完整，如图 12.8 所示。

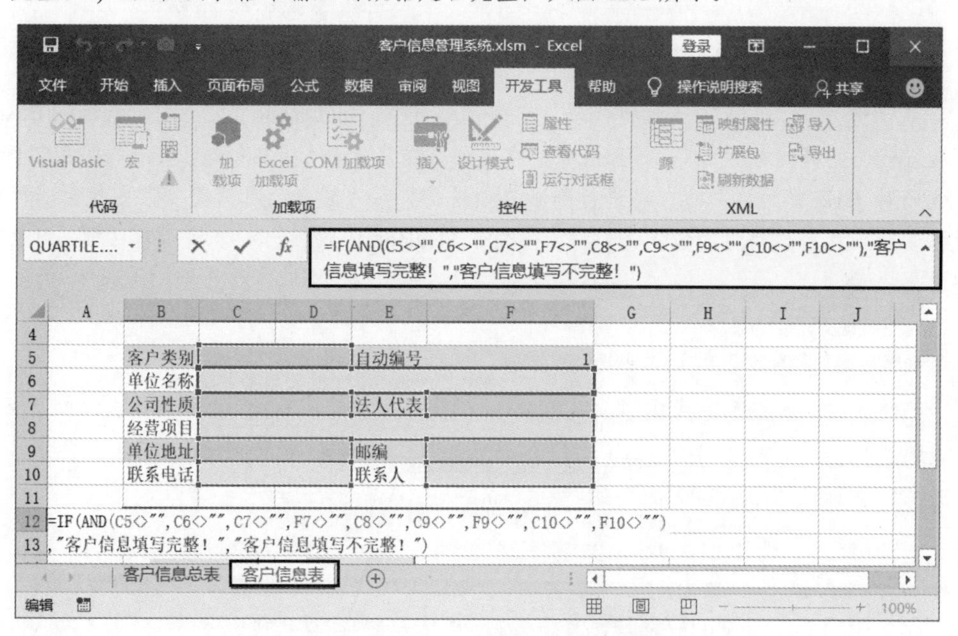

图 12.8　输入公式检测表格的完整性

12.2.2　录制和编辑宏

在完成表格制作后，利用宏命令来对数据的输入进行检查，同时通过录制宏功能将录入数据的过程保存为宏命令。要实现对已经录入的数据进行清空，同样可以通过录制宏来获得宏。最后，为了防止数据输入不完整，将输入的数据写入“客户信息总表”，需要对宏命令进行修改，为其添加判断语句。

01 在表中的单元格中输入示例数据，单击状态栏中的“录制宏”按钮。在打开的“录制宏”对话框中设置宏名称。单击“确定”按钮后关闭对话框开始宏的录制，如图 12.9 所示。这里将该表中每一栏的数据依次复制粘贴到“客户信息总表”的对应单元格中，粘贴时只粘贴数据。完成后再次单击“录制宏”按钮停止宏的录制。

02 再次单击“录制宏”按钮打开“录制宏”对话框，设置宏名后单击“确定”按钮关闭对话框，如图 12.10 所示。在“客户信息表”工作表中删除单元格中输入的数据，完成操作后再次单击“录制宏”按钮停止宏录制。

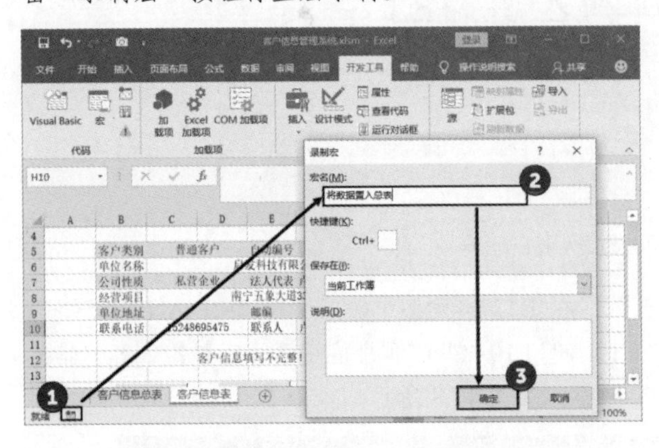

图 12.9　打开“录制宏”对话框

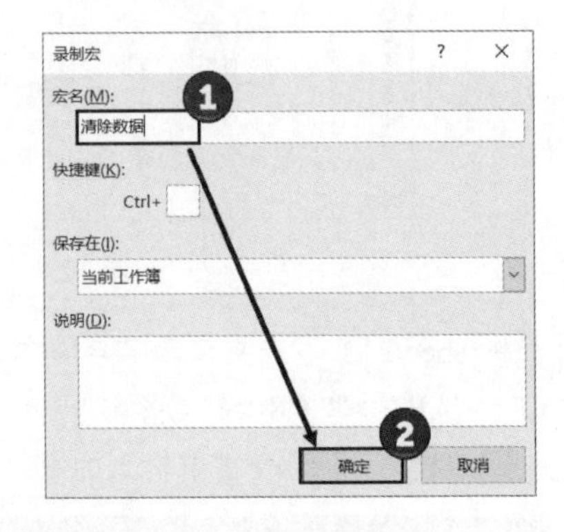

图 12.10　设置宏名

03 在“开发工具”选项卡的“代码”组中，单击“Visual Basic”按钮打开 Visual Basic 程序窗口，在宏代码的开始处添加一个 IF 语句，在代码的结尾处添加 Else 语句块，如图 12.11 所示。这里，代码对 B12 单元格中的文字进行判断，如果是文字“客户信息完整”，则执行宏代码将填入的数据复制到总表中对应的位置；否则，将执行 MsgBox 函数弹出一个提示对话框，对数据输入不完整给出提示。

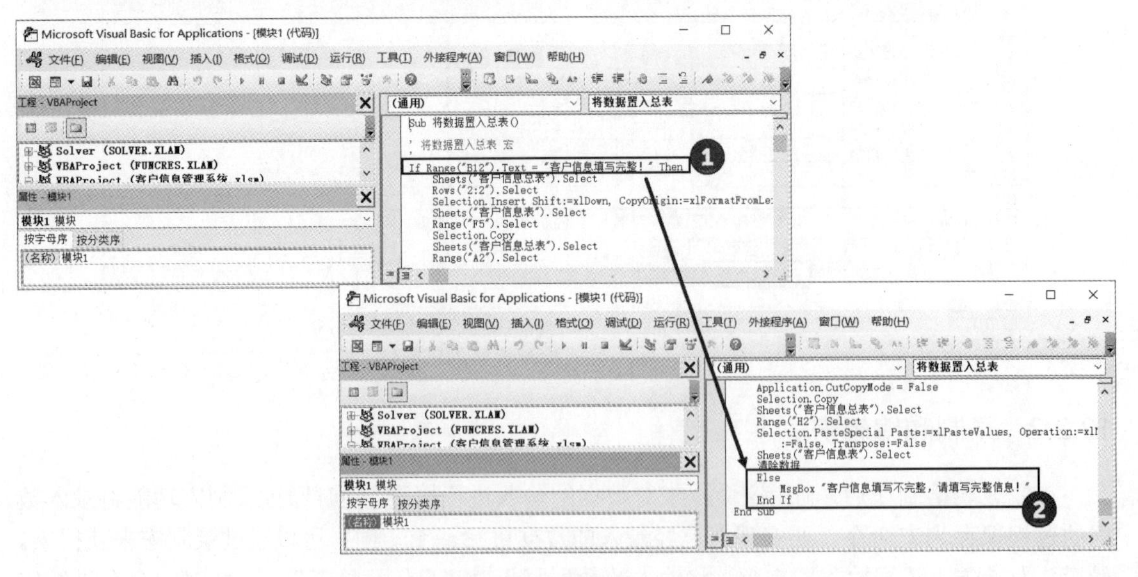

图 12.11　添加宏代码

12.2.3　添加命令按钮

在完成宏的录制和编辑后，可以向工作表中添加按钮，利用按钮来控制代码的运行。下面介绍具体的操作方法。

01 在“开发工具”选项卡的“控件”组中单击“插入”按钮，在打开的列表中选择“按钮（窗体控件）”选项，如图 12.12 所示。

02 拖动鼠标在工作表中绘制按钮控件，此时将打开“指定宏”对话框，在对话框中选择宏后单击“确定”按钮为按钮指定宏，如图 12.13 所示。

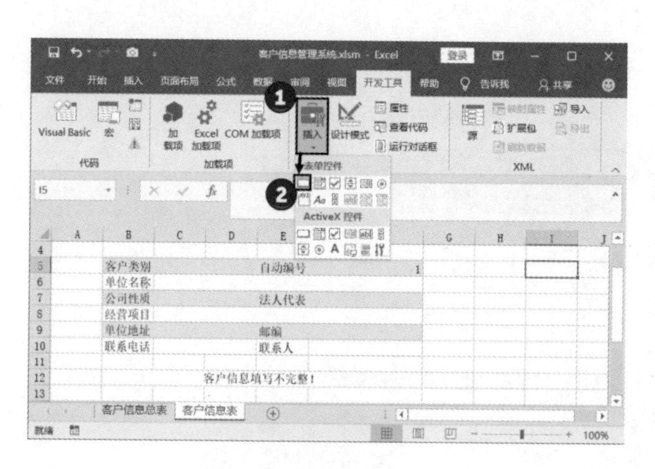

图 12.12　选择控件

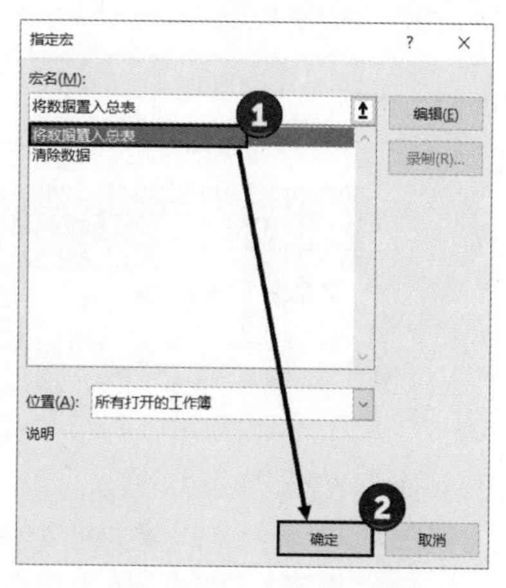

图 12.13　“指定宏”对话框

03 右击按钮，选择快捷菜单中的“编辑文字”命令，插入点光标放置到按钮上。输入按钮上显示的文字，如图 12.14 所示。

04 使用相同的方法添加第 2 个按钮，为按钮指定宏为“清除数据”，更改按钮上显示的文字，如图 12.15 所示。至此，本案例制作完成。

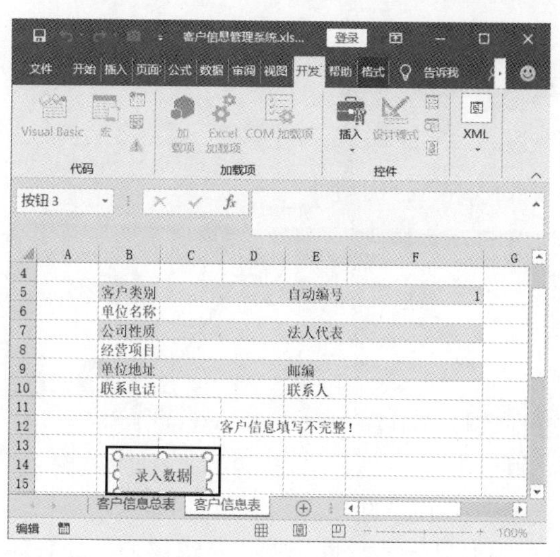

图 12.14　输入文字

图 12.15　添加第 2 个按钮

12.3 案例拓展

下面介绍本章的 2 个拓展技巧。

12.3.1 用快捷键启动宏

在本案例中，使用按钮控件来控制宏的运行。实际上，为了提高录入效率，可以为各个按钮添加快捷键，通过按快捷键来执行宏。

01 在“开发工具”选项卡的“代码”组中，单击“宏”按钮打开“宏”对话框，然后在“宏名”列表中选择需要执行的宏，单击“选项”按钮，如图 12.16 所示。

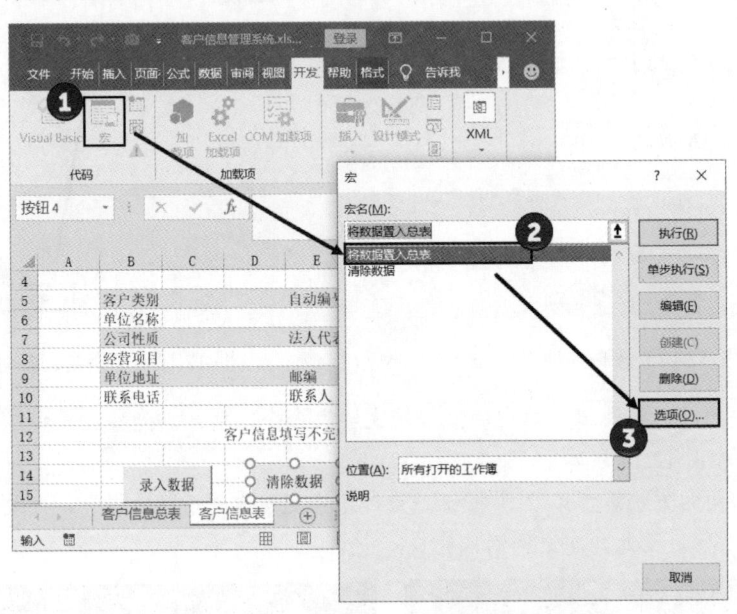

图 12.16 单击“宏”对话框中的“选项”按钮

02 此时将打开“宏选项”对话框，将插入点光标放置到“快捷键”文本框中后按键盘上的键，如 q 键，如图 12.17 所示。单击“确定”按钮关闭“宏选项”对话框后关闭“宏”对话框，此时按快捷键 Ctrl+q 将启动宏。

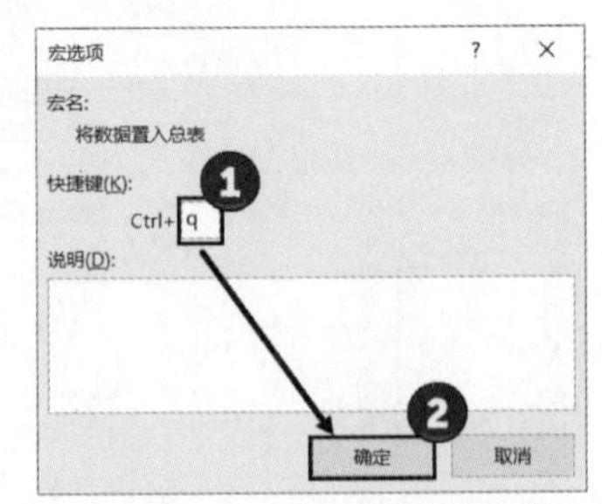

图 12.17 设置快捷键

12.3.2 使用组合框进行选择

当需要选择的项目较多时，使用选项按钮来进行选择就不合适了，此时可以使用“组合框”控件来进行选择。组合框是一个下拉列表框，在列表中选择项目后，选择的项目将出现在上方的文本框中。下面以使用“组合框”控件来选择图表中需要显示的数据为例，介绍该控件的具体使用方法。

01 首先在工作表的 O4 和 O5 单元格中输入选项文字。在“开发工具”选项卡的“控件”组中单击“插入”按钮，在列表中选择“组合框（窗体控件）”选项，如图 12.18 所示。

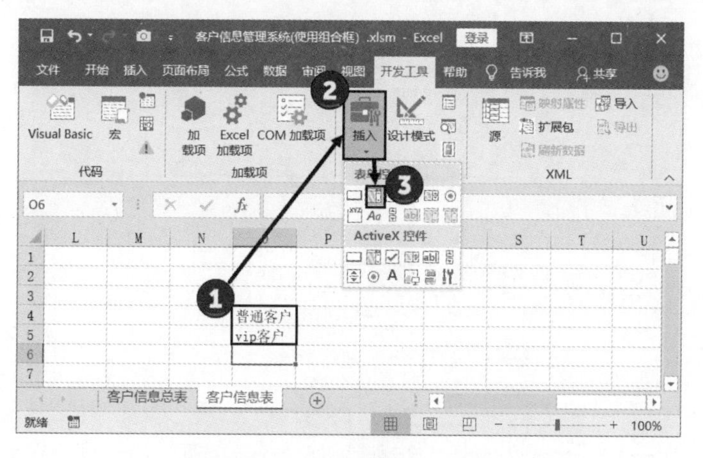

图 12.18　选择需要插入的控件

02 拖动鼠标在工作表中绘制控件，右击绘制的控件，选择快捷菜单中的“设置控件格式”命令，打开“设置控件格式”对话框，在“控制”选项卡中对相关参数进行设置，如图 12.19 所示。完成设置后，单击“确定”按钮关闭对话框。

03 单击控件将获得一个下拉列表，在列表中列出了在“设置控件格式”对话框的“数据源区域”文本框中指定的单元格中的内容。选择某个选项后，在“单元格链接”文本框中指定的单元格中将显示选项在列表中的编号，如图 12.20 所示。

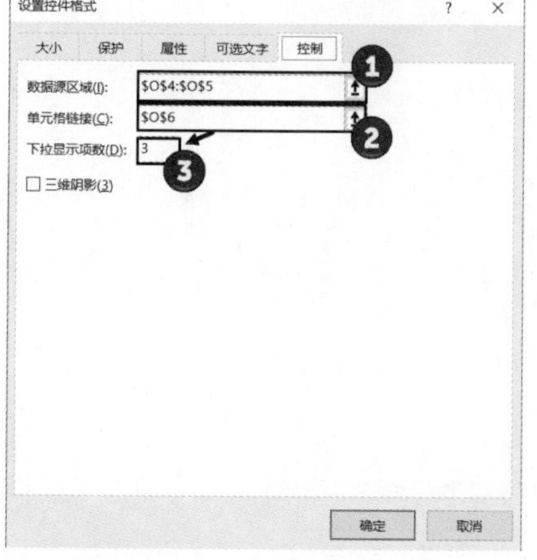
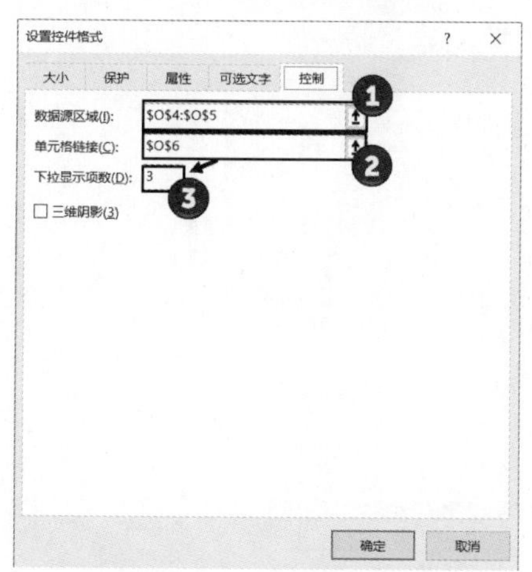

图 12.19　“设置控件格式”对话框

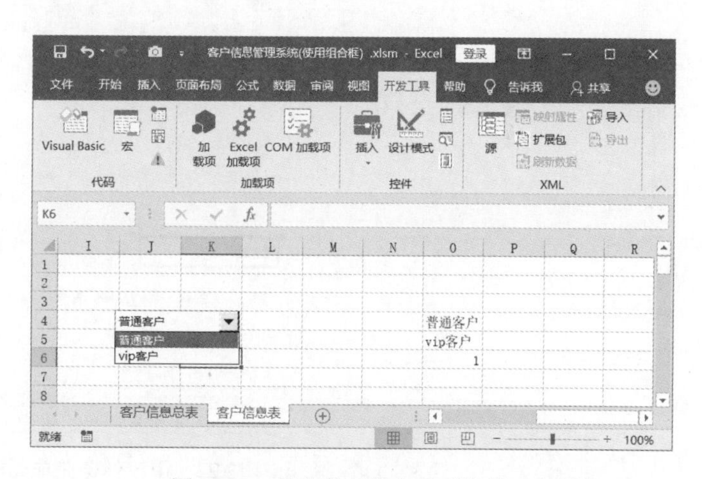

图 12.20　指定单元格中显示选项对应编号

04 选择需要填写“客户类别”的单元格，在编辑栏中输入公式“=IF(O6=1,"普通客户",IF(O6=2,"vip 客户"))”，如图 12.21 所示。该公式用于判断组合框中选择的是哪个选项，根据选项编号在单元格中填写对应的文字。

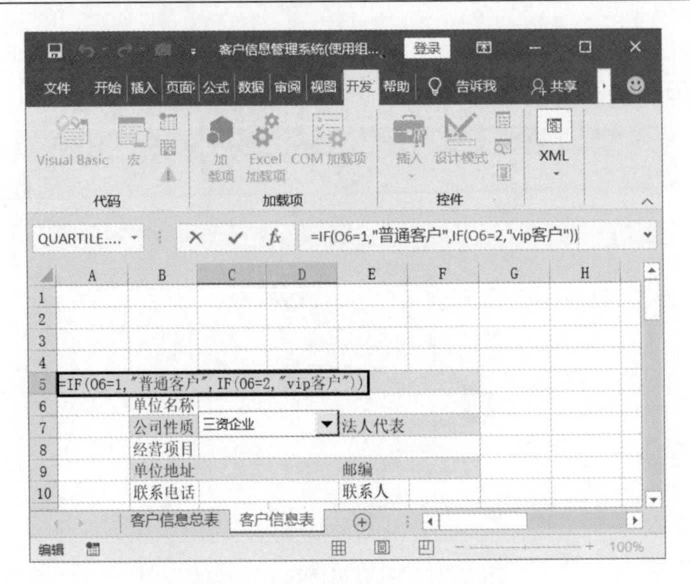

图 12.21　在编辑栏中输入公式

05 如果不希望用户更改该单元格的内容，可以将控件拖放过来，拖动控件上的控制柄调整控件大小，使其正好覆盖单元格，如图 12.22 所示。使用相同的方法为填写“公司性质”的单元格添加控件，控件添加完成后本例制作完成。

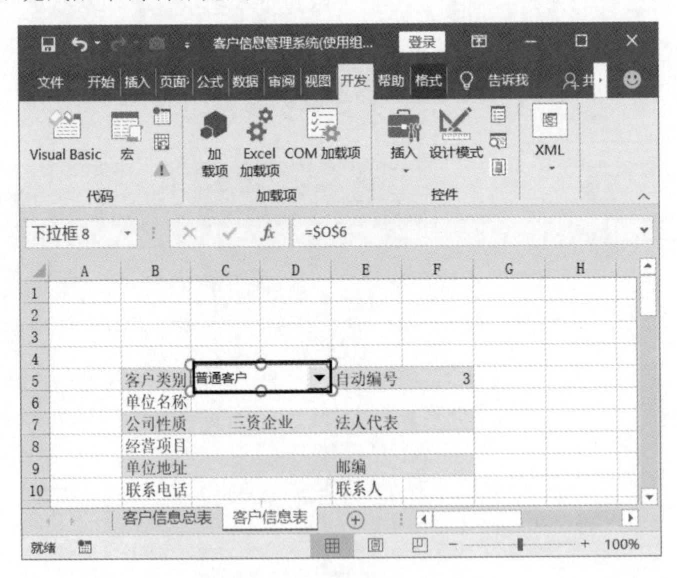

图 12.22　用控件覆盖单元格

第 13 章

Excel 2019 数据分析实战
——企业营销决策分析

在当前市场经济模式下，市场竞争激烈，企业为了促进市场发展、推进产品销售、扩大产品市场占有率，并提高企业产品的销售利润，需要制定完善而合理的经营销售策略。本章将介绍使用 Excel 构建营销决策模型以实现经营决策分析的方法。

13.1 案例描述

在介绍本章案例之前，首先介绍案例的制作思路和相应的技术要点。

13.1.1 案例制作思路

企业市场营销的一个重要决策问题是产品的定价，销售利润是企业经营决策追求的一个重要目标。公司的新产品要上市销售了，销售部面临着产品定价的问题。在经过了前期的大量市场调查之后，根据调查结果拟定了定价方案。

进行营销决策分析时，完成了基于利润的定价策略分析后，需要对产品的净利润进行分析。这里在对销售净利润进行分析时，需要了解在某些因素的影响下到底能否达到某个销售净利润水平，可以使用 Excel 进行双敏感度分析，分析销售价和销售量在怎样的水平下可以达到预期的净利润。

进行定价分析时，需要根据利润目标值来确定有效的销售定价。在进行分析时，可以假设固定成本、变动成本和销售数量不发生改变，可以改变的量是销售价格。通过计算，确定当销售价格变为多少时产品的销售净利润能够达到期望值。这实际上就是一个在确定了利润目标的前提下能够达到目标的销售定价是多少的问题。本案例将使用 Excel 的单变量求解功能来进行分析。

在完成以上分析后，确定销售方案。在进行销售决策时，销售方案需要利用各种条件来达到最佳的收益。本案例需要在一定条件限制下达到净利润的最大化，这些限制条件包括生产能力、渠道容量和销售数量。基于这些限制将使用 Excel 的规划求解工具来进行规划计算，以获得销售方案。

13.1.2 案例技术要点

本案例的制作流程如图 13.1 所示。

图 13.1 本案例制作流程

本案例涉及以下技术要点：

- Excel 函数应用
- Excel 图表应用
- Excel 图表设置

13.2 案例制作过程

下面介绍本案例的制作过程。

13.2.1 确定销售利润最大化的产品定价

在销售活动中，销售利润的大小与产品的定价有着密切的关系。产品定价过高，单位产品销售利润会增加，但总销售量可能会减少，从而使整体销售利润受到影响。如果产品定价过低，销售数量有可能会大幅增长，但由于单位产品的销售利润不高，可能即使销量很大，也会造成总的产品销售利润不高。

商品的定价决策，应该对产品在不同价格水平下综合考虑成本、销量和利润等多方面的因素，以销售利润最大化为目标。产品销售利润的计算实际上很简单，以年为核算周期，全年的销售利润＝全年销售–全年销售成本。考虑到销售的成本，新品的全年利润应该使用下面的公式进行计算：

全年销售利润＝销售价格×预测销售量–（全年的固定成本+单位变动成本×预测销售量）

这里在对几个定价方案进行分析时，需要利用公式计算不同价格水平下对应不同预测销售量的销售利润，然后根据销售利润最大化的原则，获得这几个销售方案中的最佳定价。

在获得利润最大的定价方案后，可以使用图表来表现在该定价方案下的总成本、总销售额和利润的大小关系。这里的图表使用折线图，在折线图中使用特殊的标记来表现利润最大。

下面介绍具体的制作步骤。

01 在工作表中选择 B8 单元格，在编辑栏中输入公式“=B3”，向右拖动填充柄将公式填充到右侧的单元格中，如图 13.2 所示。选择 B9 单元格，在编辑栏中输入公式“=B4”，向右拖动填充柄将公式复制到右侧的单元格中。

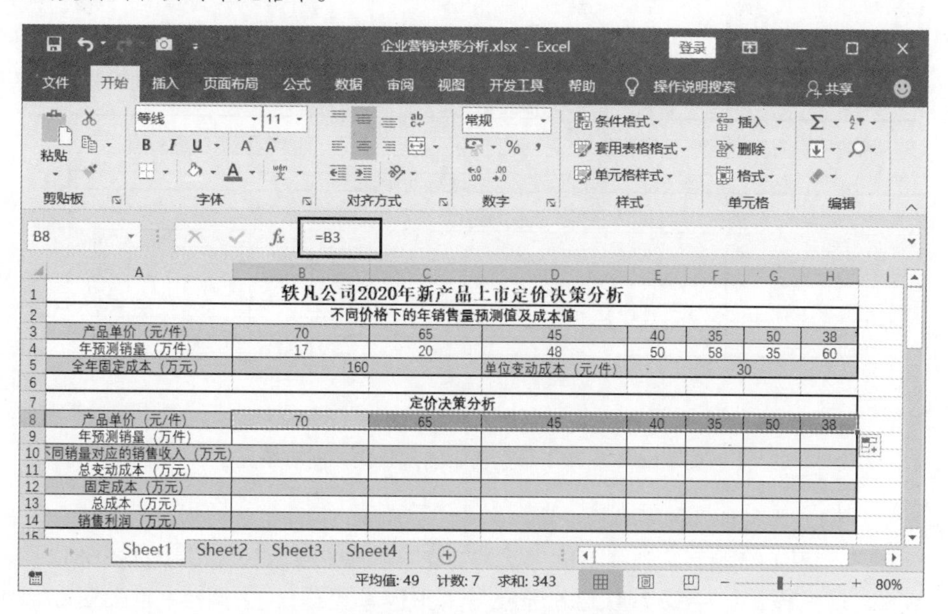

图 13.2　在 B8 单元格中输入公式并向右填充

02 选择 B10 单元格，在编辑栏中输入公式“=B8*B9”，向右拖动填充柄将公式填充到右侧的单元格中，如图 13.3 所示。选择 B11 单元格，在编辑栏中输入公式“=B9*$E$5”，向右拖动填充柄将公式填充到右侧的单元格中，如图 13.4 所示。

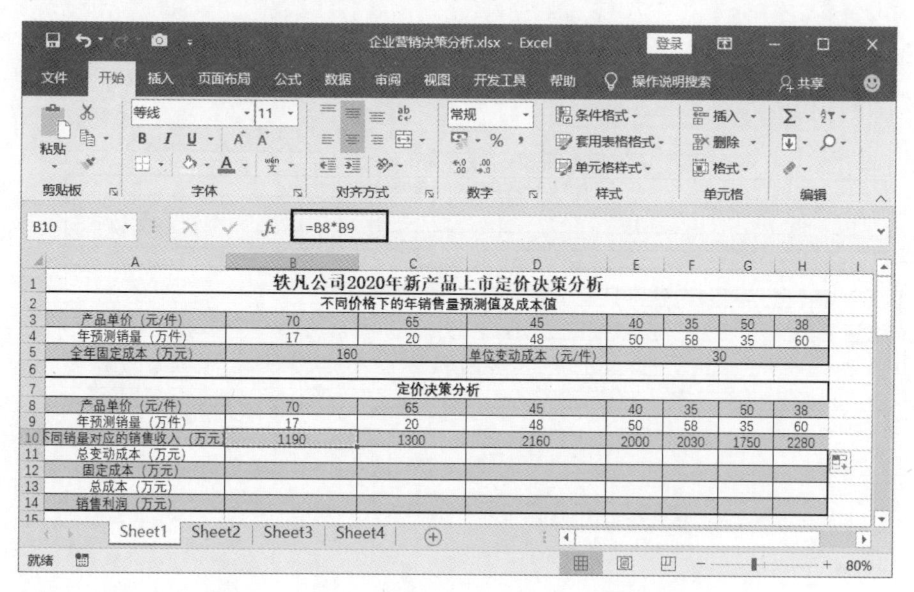

图 13.3　在 B10 单元格中输入公式并向右填充

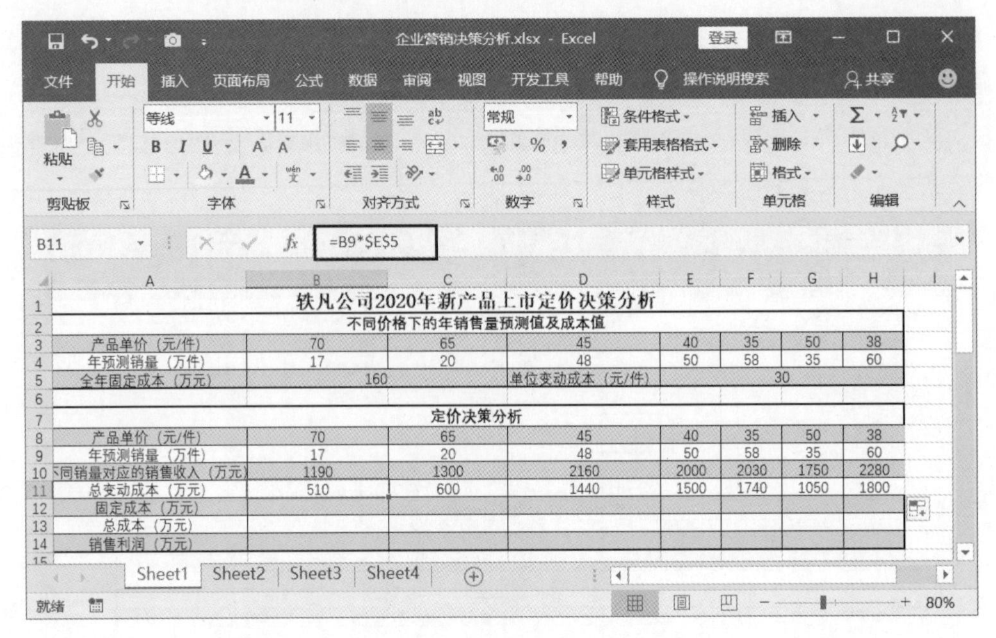

图 13.4　在 B11 单元格中输入公式并向右填充

03 选择 B12 单元格，在编辑栏中输入公式“=$B$5”获得销售的固定成本值，向右拖动填充柄填充公式，如图 13.5 所示。选择 B13 单元格，在编辑栏中输入公式“=B11+$B$12”获得成本总值，向右拖动填充柄填充公式，如图 13.6 所示。选择 B14 单元格，在编辑栏中输入公式“=B10-B13”获得对应的利润值，向右拖动填充柄填充公式，如图 13.7 所示。

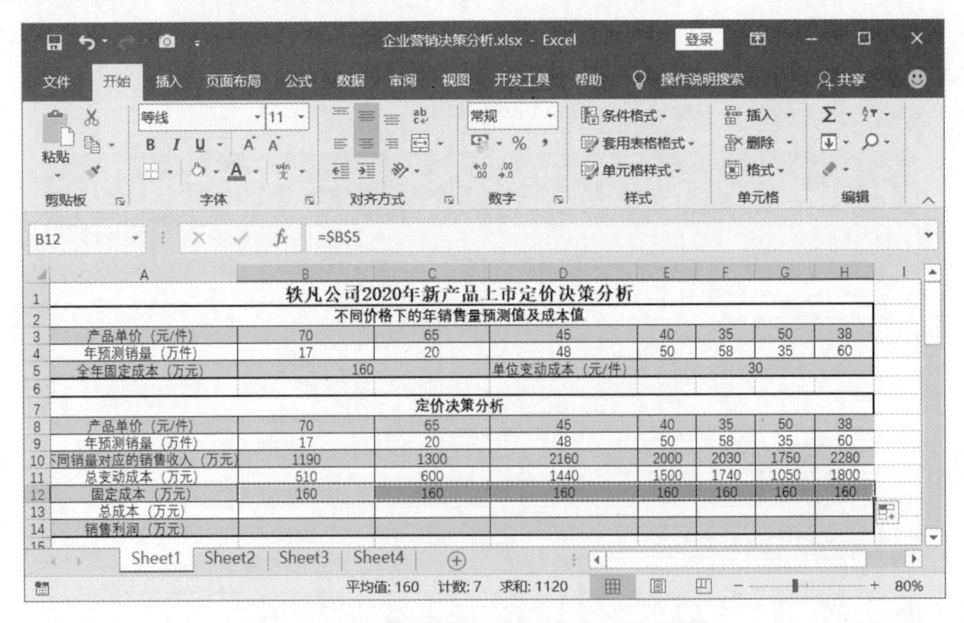

图 13.5　在 B12 单元格中输入公式并向右填充

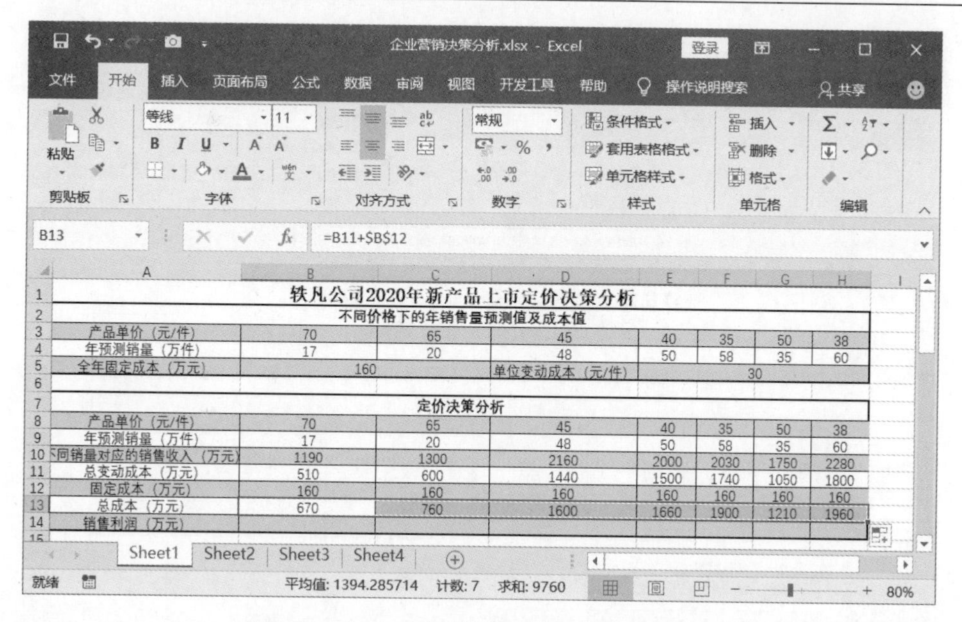

B13 =B11+$B$12

	A	B	C	D	E	F	G	H
1	铁凡公司2020年新产品上市定价决策分析							
2	不同价格下的年销售量预测值及成本值							
3	产品单价（元/件）	70	65	45	40	35	50	38
4	年预测销量（万件）	17	20	48	50	58	35	60
5	全年固定成本（万元）	160		单位变动成本（元/件）	30			
6								
7	定价决策分析							
8	产品单价（元/件）	70	65	45	40	35	50	38
9	年预测销量（万件）	17	20	48	50	58	35	60
10	不同销量对应的销售收入（万元）	1190	1300	2160	2000	2030	1750	2280
11	总变动成本（万元）	510	600	1440	1500	1740	1050	1800
12	固定成本（万元）	160	160	160	160	160	160	160
13	总成本（万元）	670	760	1600	1660	1900	1210	1960
14	销售利润（万元）							

图 13.6　在 B13 单元格中输入公式并向右填充

B14 =B10-B13

	A	B	C	D	E	F	G	H
1	铁凡公司2020年新产品上市定价决策分析							
2	不同价格下的年销售量预测值及成本值							
3	产品单价（元/件）	70	65	45	40	35	50	38
4	年预测销量（万件）	17	20	48	50	58	35	60
5	全年固定成本（万元）	160		单位变动成本（元/件）	30			
6								
7	定价决策分析							
8	产品单价（元/件）	70	65	45	40	35	50	38
9	年预测销量（万件）	17	20	48	50	58	35	60
10	不同销量对应的销售收入（万元）	1190	1300	2160	2000	2030	1750	2280
11	总变动成本（万元）	510	600	1440	1500	1740	1050	1800
12	固定成本（万元）	160	160	160	160	160	160	160
13	总成本（万元）	670	760	1600	1660	1900	1210	1960
14	销售利润（万元）	520	540	560	340	130	540	320

图 13.7　在 B14 单元格中输入公式并向右填充

04 在工作表中的 A16:B19 单元格区域创建数据表。选择选择 B17 单元格，在编辑栏中输入公式“=INDEX(B8:H8,MATCH(MAX(B14:H14),B14:H14,0))”，如图 13.8 所示。选择 B18 单元格，在编辑栏中输入公式“=INDEX(B9:H9,MATCH(MAX(B14:H14),B14:H14,0))”，如图 13.9 所示。选择 B19 单元格，在编辑栏中输入公式“=INDEX(B14:H14,MATCH(MAX(B14:H14),B14:H14,0))”，如图 13.10 所示。这样即可获得销售利润的最大值、利润最大时的产品定价和应销售件数值。

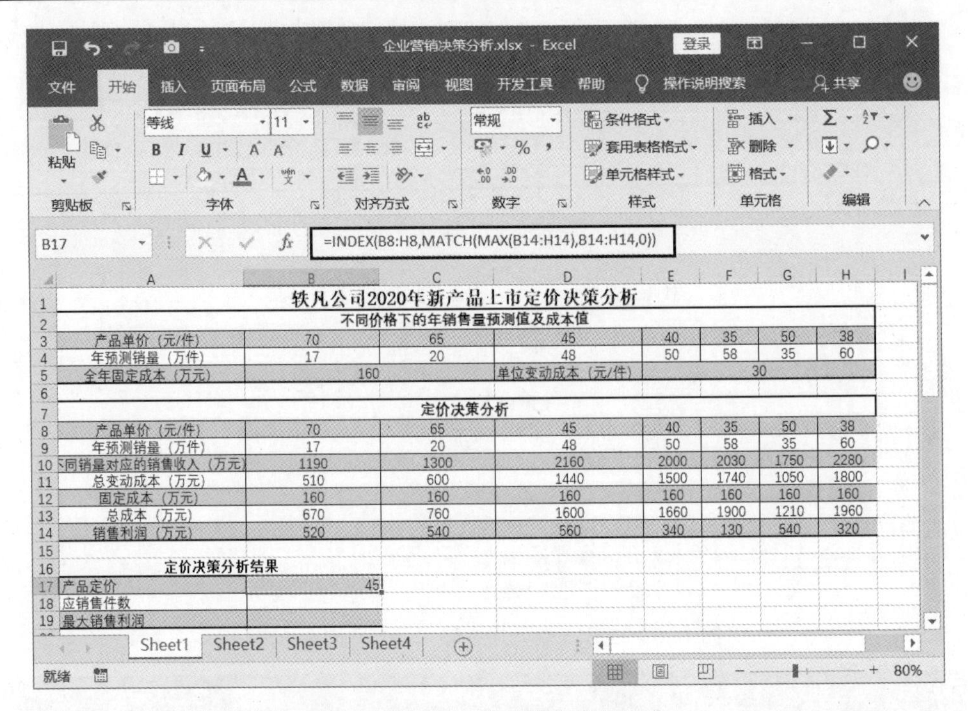

	A	B	C	D	E	F	G	H
1	铁凡公司2020年新产品上市定价决策分析							
2	不同价格下的年销售量预测值及成本值							
3	产品单价（元/件）	70	65	45	40	35	50	38
4	年预测销量（万件）	17	20	48	50	58	35	60
5	全年固定成本（万元）	160		单位变动成本（元/件）	30			
6								
7	定价决策分析							
8	产品单价（元/件）	70	65	45	40	35	50	38
9	年预测销量（万件）	17	20	48	50	58	35	60
10	不同销量对应的销售收入（万元）	1190	1300	2160	2000	2030	1750	2280
11	总变动成本（万元）	510	600	1440	1500	1740	1050	1800
12	固定成本（万元）	160	160	160	160	160	160	160
13	总成本（万元）	670	760	1600	1660	1900	1210	1960
14	销售利润（万元）	520	540	560	340	130	540	320
15								
16	定价决策分析结果							
17	产品定价	45						
18	应销售件数							
19	最大销售利润							

图 13.8　在 B17 单元格中输入公式

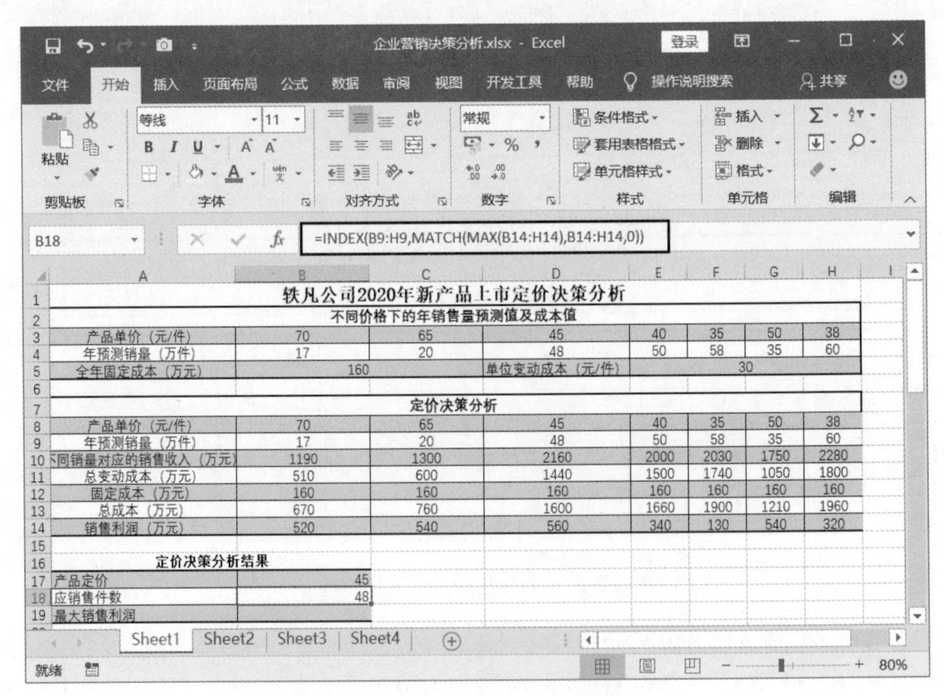

	A	B	C	D	E	F	G	H
1	铁凡公司2020年新产品上市定价决策分析							
2	不同价格下的年销售量预测值及成本值							
3	产品单价（元/件）	70	65	45	40	35	50	38
4	年预测销量（万件）	17	20	48	50	58	35	60
5	全年固定成本（万元）	160		单位变动成本（元/件）	30			
6								
7	定价决策分析							
8	产品单价（元/件）	70	65	45	40	35	50	38
9	年预测销量（万件）	17	20	48	50	58	35	60
10	不同销量对应的销售收入（万元）	1190	1300	2160	2000	2030	1750	2280
11	总变动成本（万元）	510	600	1440	1500	1740	1050	1800
12	固定成本（万元）	160	160	160	160	160	160	160
13	总成本（万元）	670	760	1600	1660	1900	1210	1960
14	销售利润（万元）	520	540	560	340	130	540	320
15								
16	定价决策分析结果							
17	产品定价	45						
18	应销售件数	48						
19	最大销售利润							

图 13.9　在 B18 单元格中输入公式

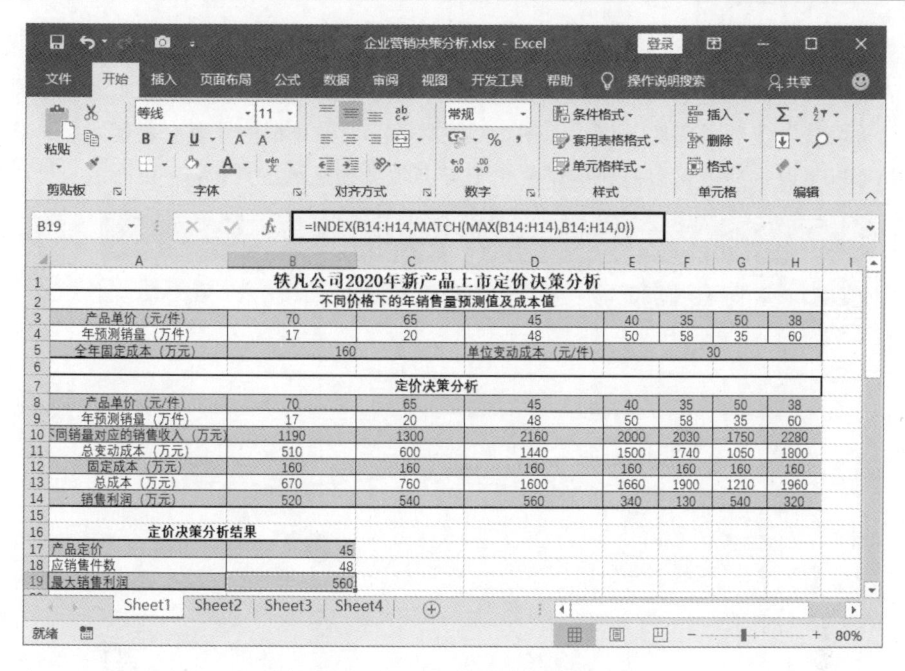

图 13.10　在 B19 单元格中输入公式

05 在工作表中同时选择 A10:H10 单元格区域、A13:H13 单元格区域以及 A14:H14 单元格区域，插入带数据标记的折线图。选择图表，在“设计”选项卡的“图表样式”列表中选择 Excel 内置图表样式，如图 13.11 所示。

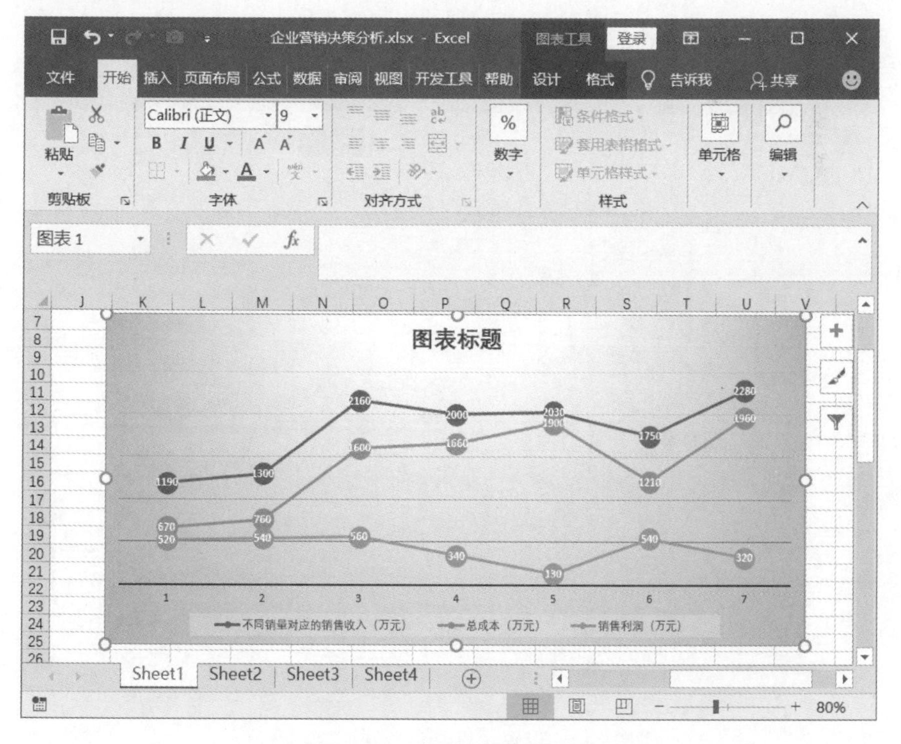

图 13.11　应用内置图表样式

06 通过单击 2 次鼠标的方式分别选择利润最大值所对应的利润、销售收入和总成本数据点，设置它们的填充颜色，如图 13.12 所示。将这些数据点的边框颜色设置得与填充颜色相同，设置边框颜色的“透明度”值和“宽度”值，如图 13.13 所示。设置边框的“复合类型”，如图 13.14 所示。这样就可以更改这些数据点的外观，使它们与其他数据点区分开来。

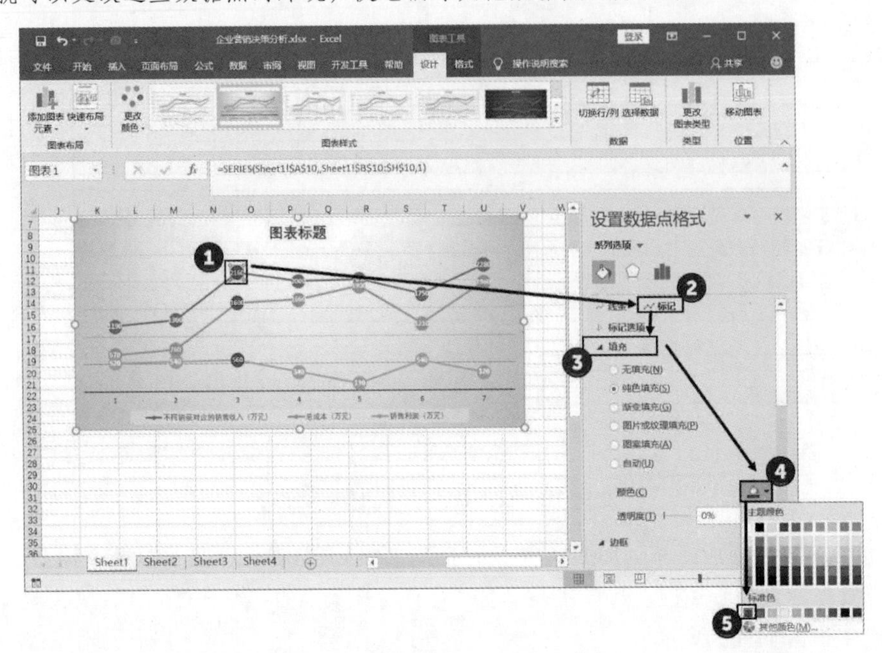

图 13.12　设置数据点填充颜色

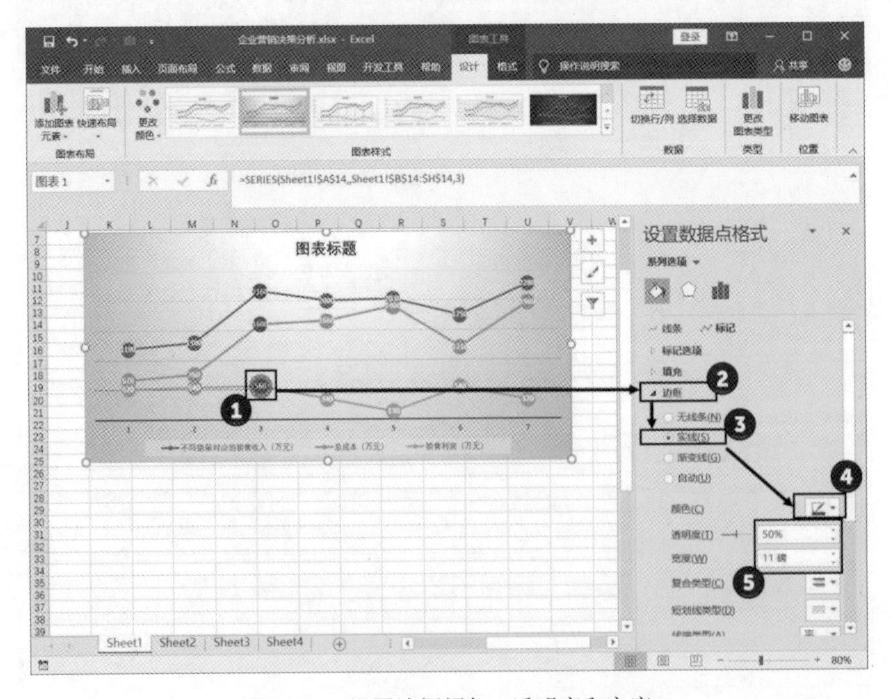

图 13.13　设置边框颜色、透明度和宽度

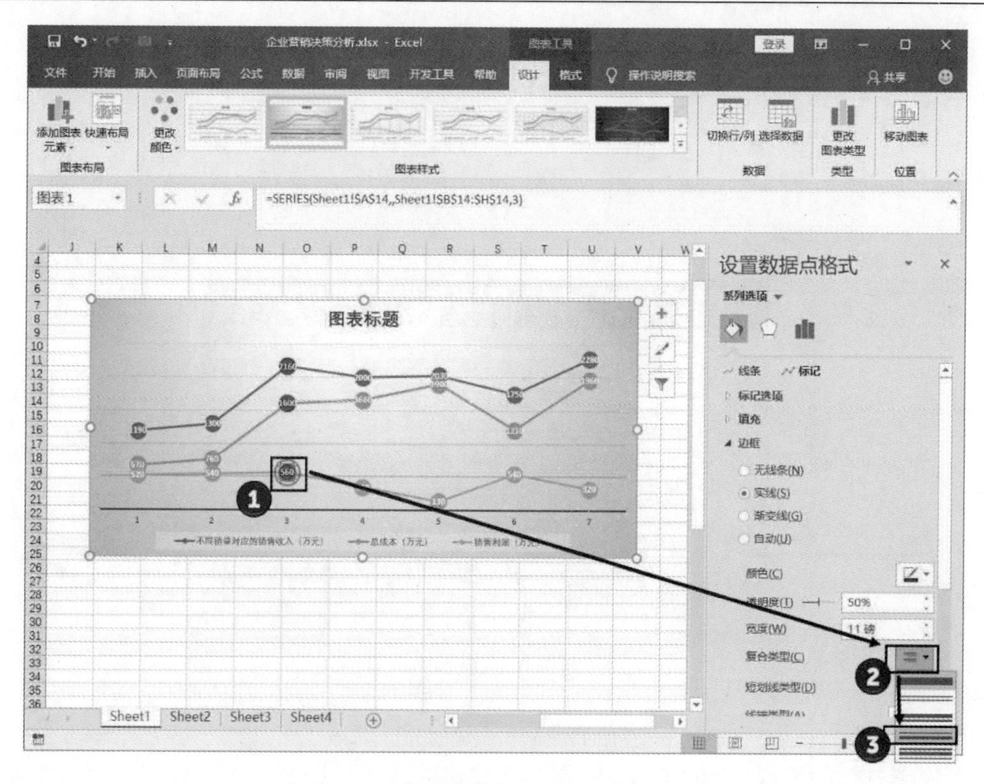

图 13.14　设置边框的“复合类型”

07 右击图表，选择关联菜单中的“选择数据”命令打开“选择数据源”对话框，在“水平（分类）轴标签”栏中单击“编辑”按钮，如图 13.15 所示。此时将打开“轴标签”对话框，在“轴标签区域”文本框中，输入轴标签文字所在单元格的引用地址，如图 13.16 所示。分别单击“确定”按钮关闭“轴标签”和“选择数据源”对话框，完成对水平轴轴标签文字的修改。为图表添加标题和注释文字，调整图表和绘图区的大小以及各图表元素的位置。至此，分析图表制作完成，如图 13.17 所示。

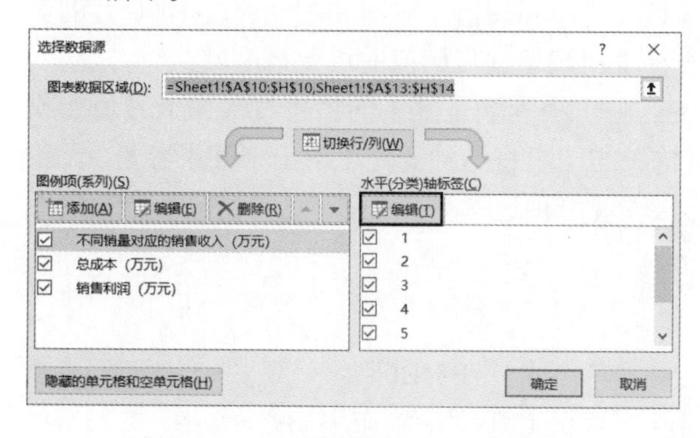

图 13.15　“选择数据源”对话框

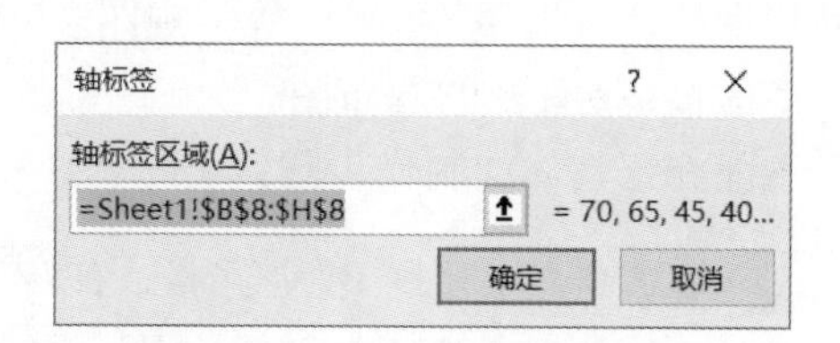

图 13.16　“轴标签”对话框

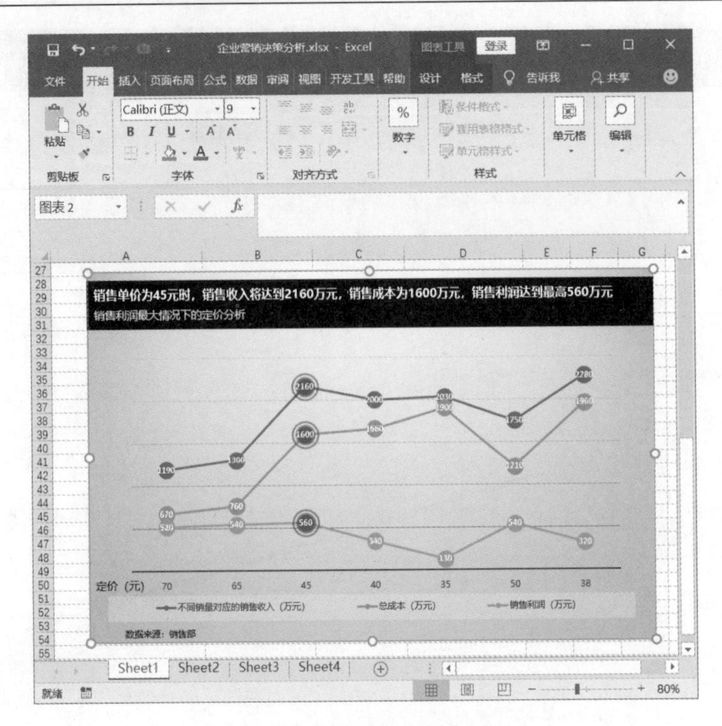

图 13.17　制作完成的分析图表

13.2.2　分析产品净利润

销售价格和销售数量是预测值，销售价格的改变肯定会引起利润的变化，销售价格的变化也会对销售数量值产生影响。因此，在进行销售决策分析时需要了解这两个变量的变化对净利润的影响。此时，应该使用销售价格和销售数量数据来进行双变量的敏感度分析。

进行双敏感度净利润分析时，可以使用 Excel 2019 提供的“模拟运算表”工具。在工作表中创建一个数据表，横向标题行中放置销售数量的变化值，纵向标题列中放置销售价格变化值，使用工具依据这些数据进行计算，以获得对应的净利润值。对净利润值超过 1000 万的单元格应用特殊的填充色，这样就能够方便地查看净利润超过目标值的单元格区域。

为了将数据直观表现出来，可以应用图表。由于净利润是基本的销售收入加上其他的收入后再减去各项费用和成本得到的，因此使用传统的图表将这种变化呈现出来并不容易，无论是柱形图还是条形图、折线图等常规图表都无法表现这种逐次增减关系，这种情况下合适的图表类型应该是 Excel 的瀑布图。

下面介绍具体的制作步骤。

01 在工作表中选择 B7 单元格，在编辑栏中输入公式“=B5*B6”，如图 13.18 所示。选择 B8 单元格，在编辑栏中输入公式“=B3+(B6*B4)”，如图 13.19 所示。选择 B9 单元格，在编辑栏中输入公式“=B7*0.05”，如图 13.20 所示。选择 B10 单元格，在编辑栏中输入公式“=B7*0.04”，如图 13.21 所示。

图 13.18　在 B7 单元格中输入公式

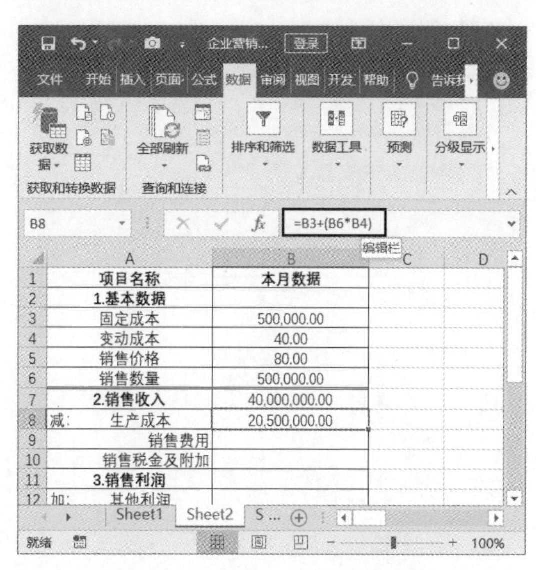

图 13.19　在 B8 单元格中输入公式

图 13.20　在 B9 单元格中输入公式

图 13.21　在 B10 单元格中输入公式

02 选择 B11 单元格，在编辑栏中输入公式“=B7-B8-B9-B10”，如图 13.22 所示。选择 B12 单元格，在编辑栏中输入数据 42000。选择 B13 单元格，在编辑栏中输入公式“=B7*0.0105”，如图 13.23 所示。选择 B14 单元格，在编辑栏中输入公式“=B7*0.002”，如图 13.24 所示。

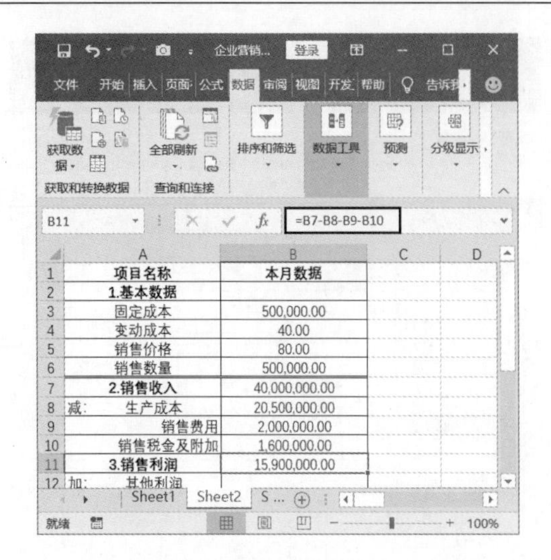

图 13.22　在 B11 单元格中输入公式

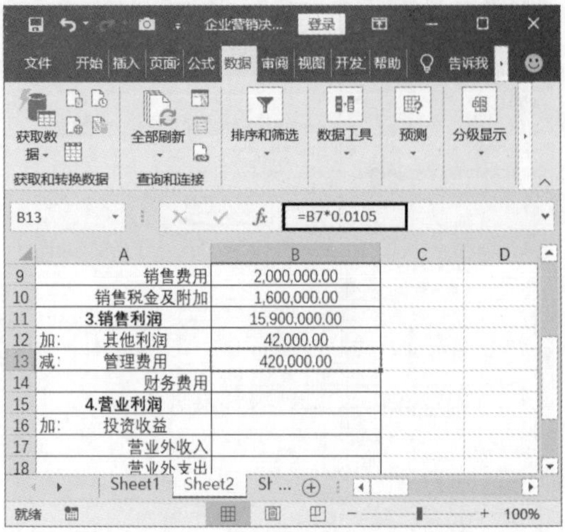

图 13.23　在 B13 单元格中输入公式

03 选择 B15 单元格，在编辑栏中输入公式“=B11+B12-B13-B14”，如图 13.25 所示。分别选择 B16、B17 和 B18 单元格，输入数字 250000、15000 和 80000。

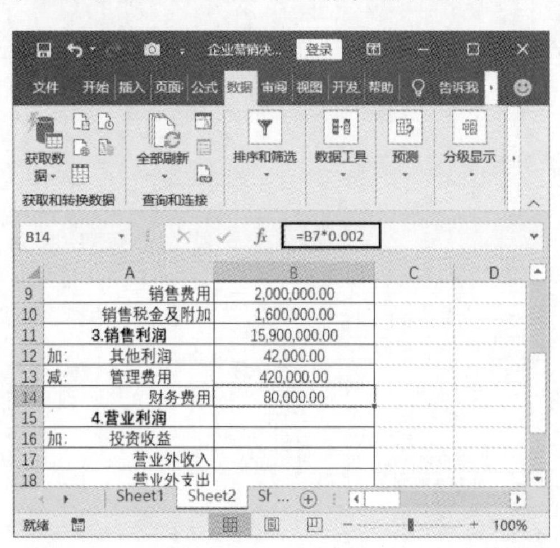

图 13.24　在 B14 单元格中输入公式

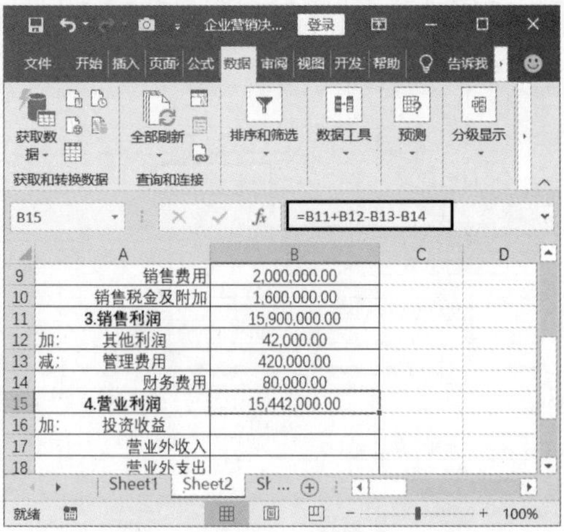

图 13.25　在 B15 单元格中输入公式

04 在工作表中选择 B19 单元格，在编辑栏中输入公式“=B15+B16+B17-B18”，如图 13.26 所示。选择 B20 单元格，在编辑栏中输入公式“=B19*0.2”如图 13.27 所示。选择 B21 单元格，在编辑栏中输入公式“=B19-B20”，如图 13.28 所示。

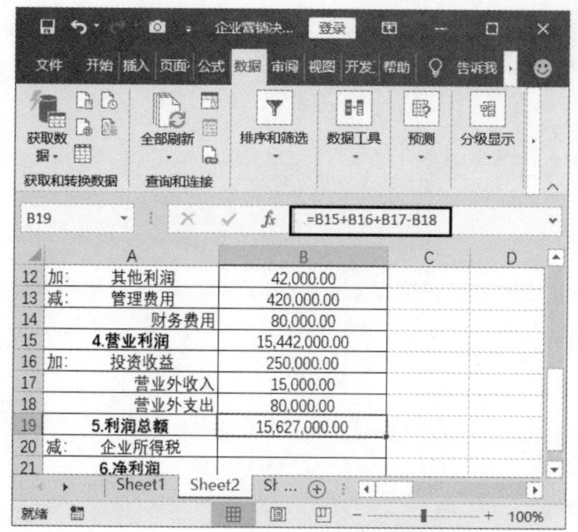

图 13.26 在 B19 单元格中输入公式

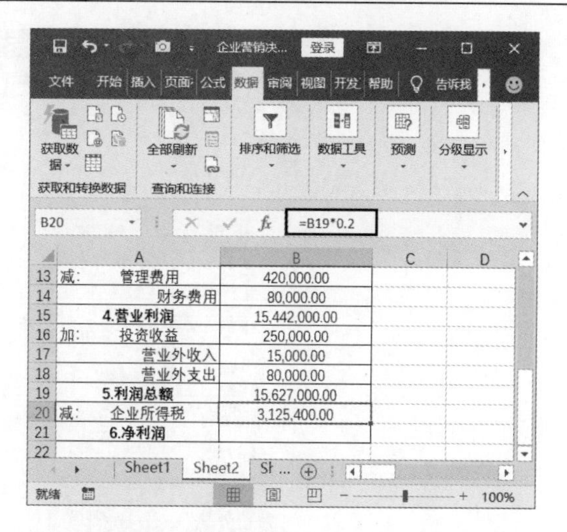

图 13.27 在 B20 单元格中输入公式

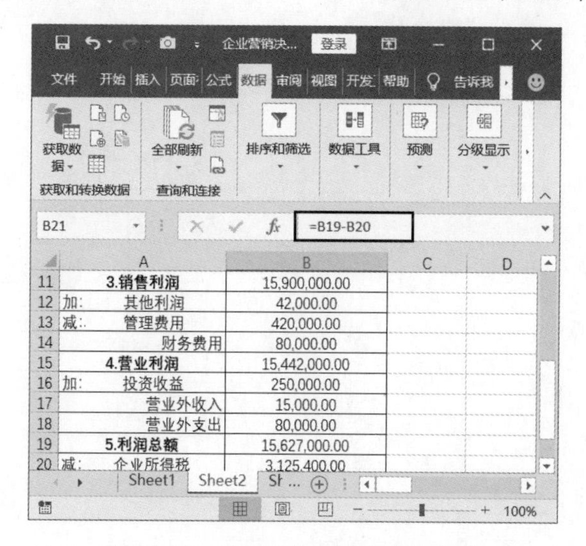

图 13.28 在 B21 单元格中输入公式

05 在工作表中选择 B3：B4 单元格区域以及 B7：B21 单元格区域。在"数据"选项卡的"数据工具"组中，单击"数据验证"按钮右侧的下三角按钮，在打开的列表中选择"数据验证"选项，如图 13.29 所示。此时将打开"数据验证"对话框，在"设置"选项卡中，将"允许"设置为"文本长度"，将"数据"设置为"等于"，将"长度"设置为 0，如图 13.30 所示。打开"输入信息"选项卡，设置"标题"和"输入信息"，如图 13.31 所示。打开"出错警告"选项卡，对"样式""标题"和"错误信息"进行设置，如图 13.32 所示。完成设置后，单击"确定"按钮关闭对话框。

图 13.29　选择“数据验证”选项

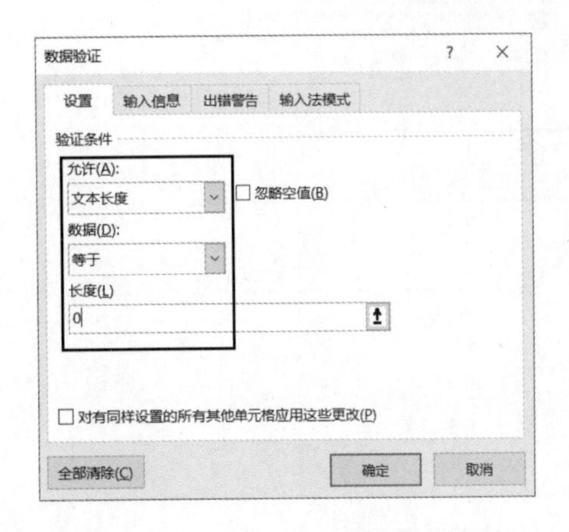

图 13.30　“设置”选项卡中的设置

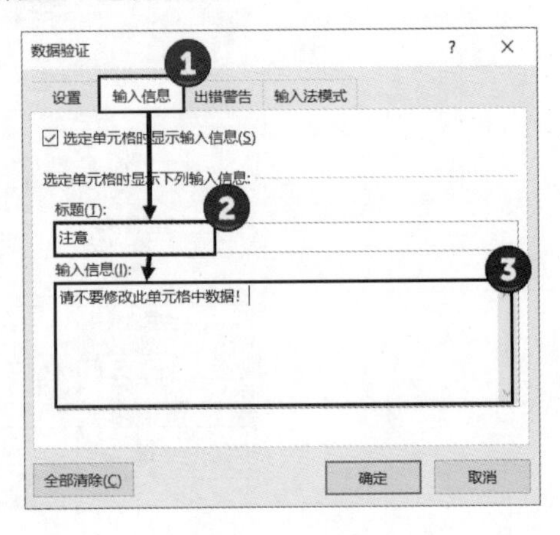

图 13.31　“输入信息”选项卡中的设置

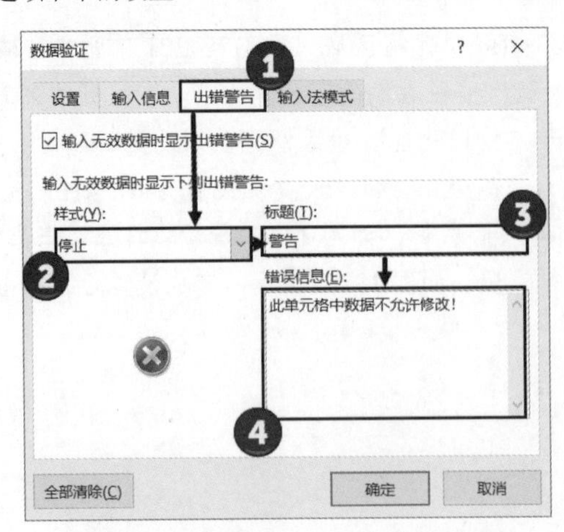

图 13.32　“出错警告”选项卡中的设置

06 此时在选择除了“销售价格”和“销售数量”单元格之外的数据单元格之后，Excel 会给出提示信息，如图 13.33 所示。如果修改了该单元格的数据，Excel 会弹出“警告”对话框，单元格中的数据将无法进行修改，如图 13.34 所示。

图 13.33　选择单元格后的提示信息

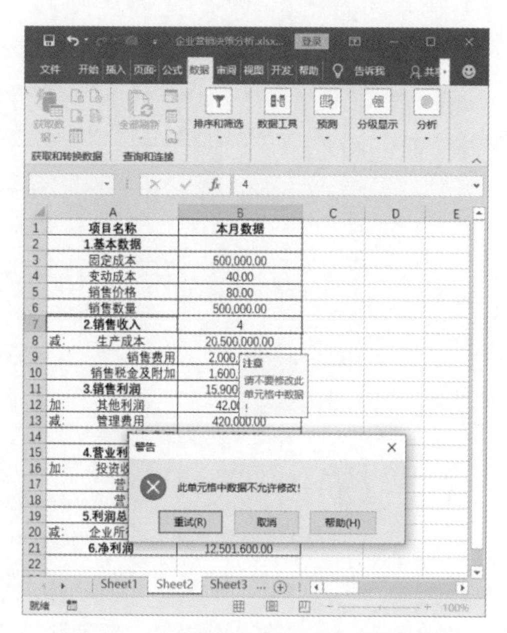

图 13.34　修改单元格数据时的出错提示

07 创建一个新的数据表，在其中的 E2 单元格中输入公式“=B21”获取净利润的值，如图 13.35 所示。选择 E2:L18 单元格区域，在“数据”选项卡的“数据工具”组中单击“模拟分析”按钮，在打开的列表中选择“模拟运算表”选项，如图 13.36 所示。打开“模拟运算表”对话框。在对话框的“输入引用行的单元格”文本框中输入“销售数量”数据所在的单元格地址，在“输入引用列的单元格”文本框中输入“销售价格”数据所在的单元格地址，如图 13.37 所示。单击“确定”按钮关闭对话框，即可获得需要的预测数据。

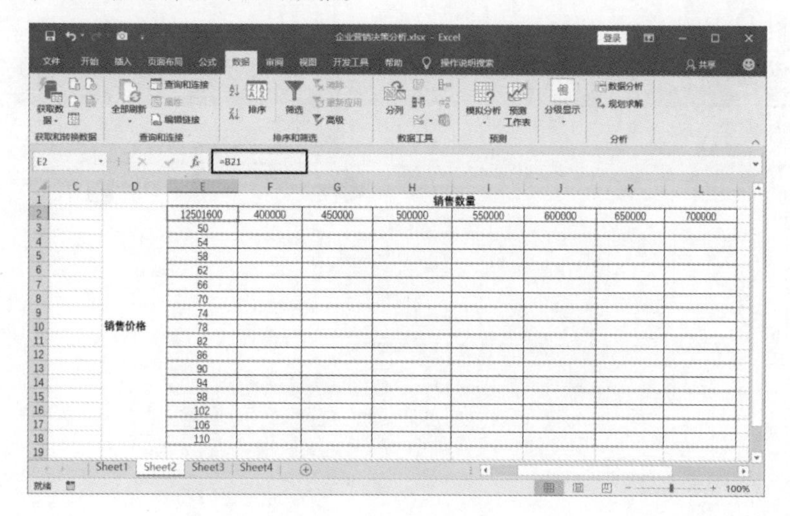

图 13.35　在 E2 单元格中输入公式

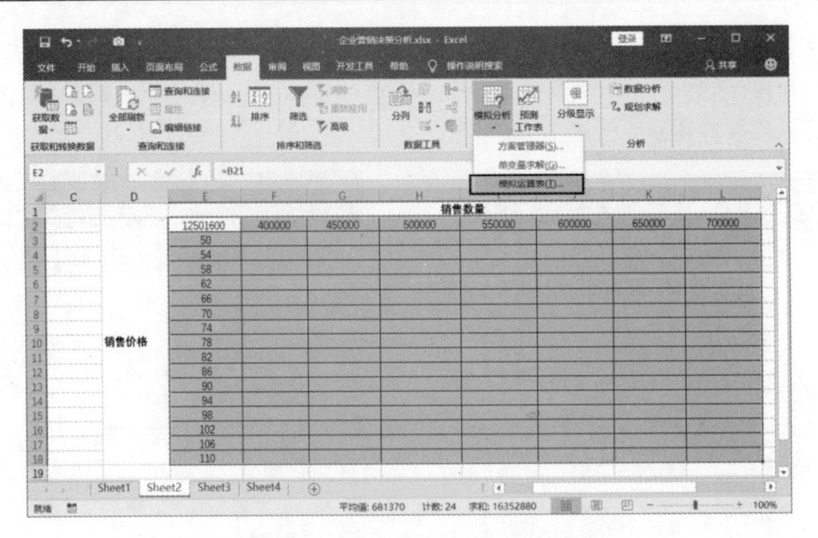

图 13.36　选择“模拟运算表”选项

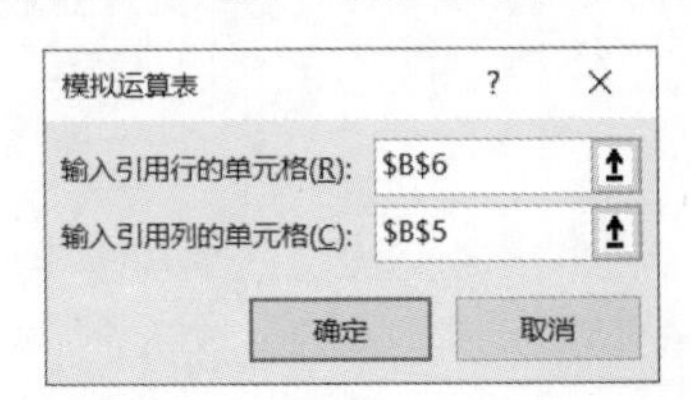

图 13.37　“模拟运算表”对话框

08 在工作表中选择 F3:L18 单元格区域，在“开始”选项卡的“样式”组中，单击“条件格式”按钮，在打开的列表中选择“突出显示单元格规则”选项，在下级列表中选择“大于”选项打开“大于”对话框，如图 13.38 所示。在“大于”对话框的“为大于以下值的单元格设置格式”文本框中输入数字，在“设置为”下拉列表中选择“自定义格式”选项，如图 13.39 所示。此时将打开“设置单元格格式”对话框，在“填充”选项卡中设置满足条件的单元格应该填充的颜色，如图 13.40 所示。完成设置后，单击“确定”按钮关闭对话框，金额大于 10000000 元的单元格被填充指定的颜色，如图 13.41 所示。

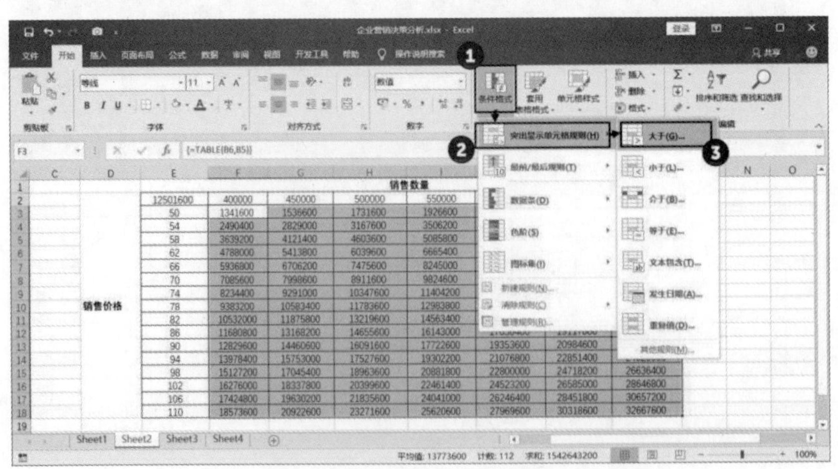

图 13.38　选择“大于”选项

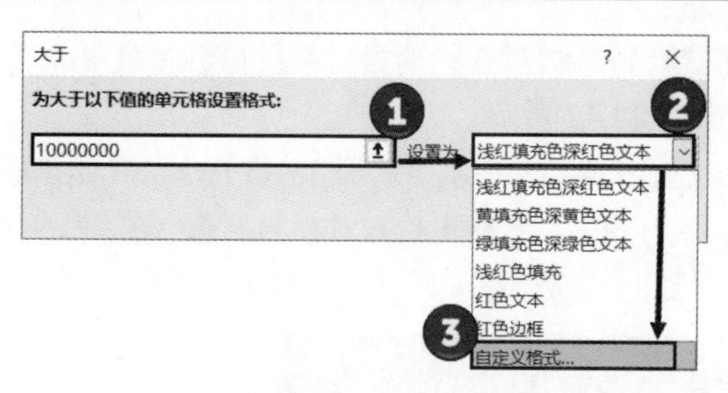

图 13.39 “大于”对话框

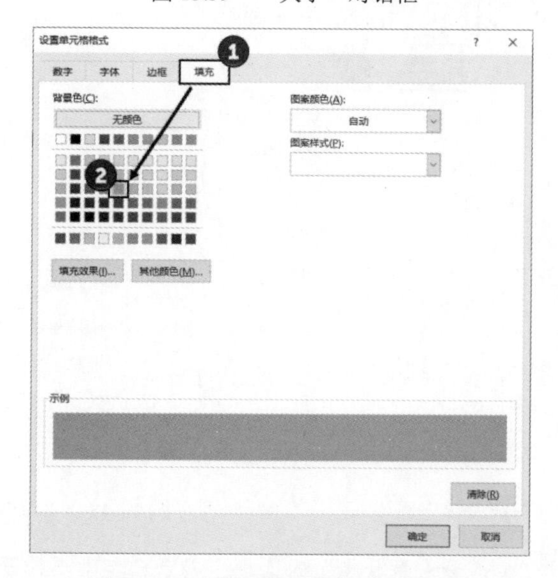

图 13.40 “设置单元格格式”对话框

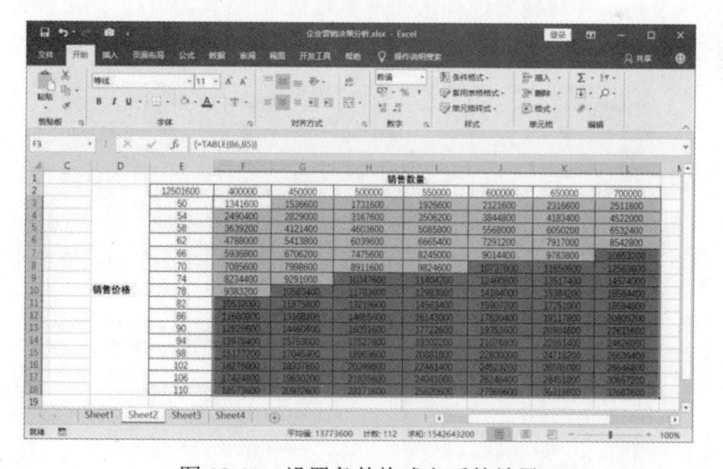

图 13.41 设置条件格式之后的效果

13.2.3 根据利润目标确定销售定价

要实现对销售价格的计算，可以使用 Excel 提供的“单变量求解”工具。该工具的使用十分简单，只需要打开“单变量求解”对话框，对相关的参数进行设置即可。新产品的销售定价以净利润能达到 1000 万元作为目标净利润值来进行测算。

01 打开数据表，在“数据”选项卡的数据工具组中单击模拟分析按钮，在打开的列表中选择“单变量求解”选项，如图 13.42 所示。

02 此时将打开“单变量求解”对话框（见图 13.43），在“目标单元格”文本框中将自动输入选择单元格的地址，在“目标值”文本框中输入目标利润值。在“可变单元格”文本框中输入“销售价格”值所在的单元格地址。完成设置后，单击“确定”按钮关闭“单变量求解”对话框。

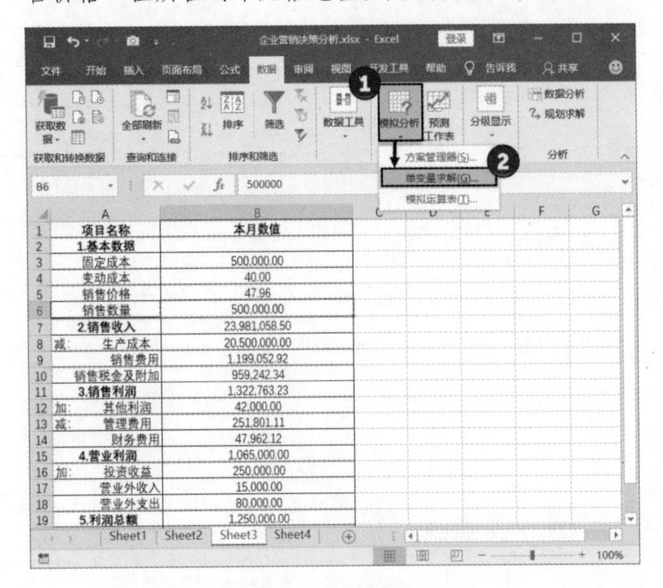

图 13.42 选择“单变量求解”选项

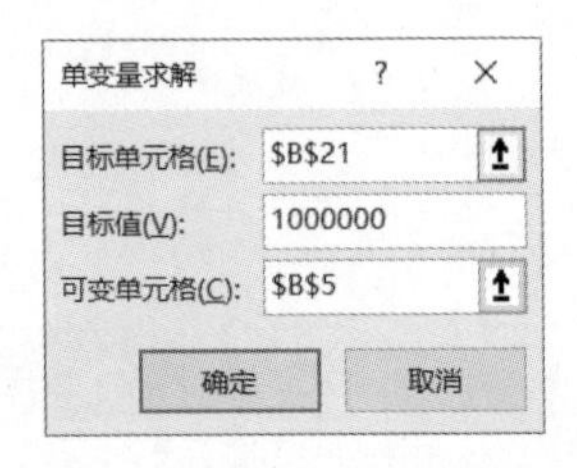

图 13.43 “单变量求解”对话框

03 此时 Excel 打开“单变量求解状态”对话框，表示已经求得需要的值，如图 13.44 所示。在 B5 单元格中获得满足条件的销售价格值，该单元格的值为 73.03，说明将销售价格设为 73.03 元时，如果销售数量达到 500000 件，净利润就可以达到 1000 万元。

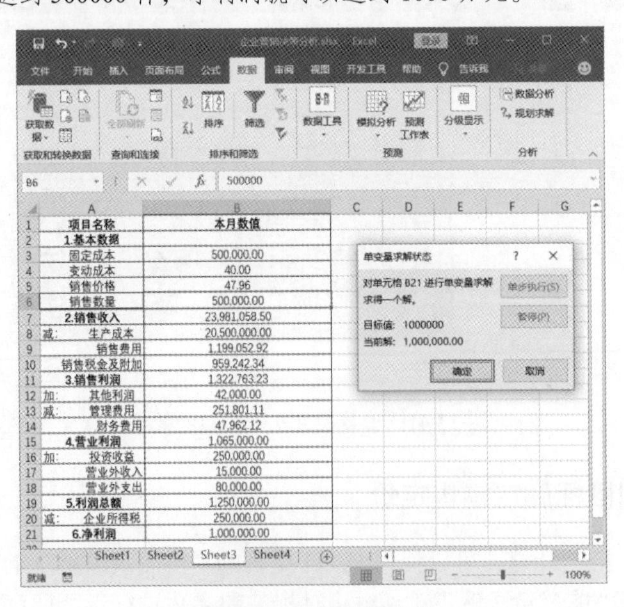

图 13.44 获得计算结果

13.2.4　规划营销决策

这里进行的规划计算可以直接使用 Excel 提供的“规划求解”工具来进行。使用该工具能够方便地获得相关的数据，对营销进行规划。

01 在“数据”选项卡的“分析”组中单击“规划求解”按钮，如图 13.45 所示。此时将打开“规划求解参数”对话框，在“设置目标”单元格中输入“净利润”数据所在的单元格地址，选择“最大值”单选按钮。在“通过更改可变单元格”文本框中，输入“销售价格”和“销售数量”值所在的单元格的地址，如图 13.46 所示。

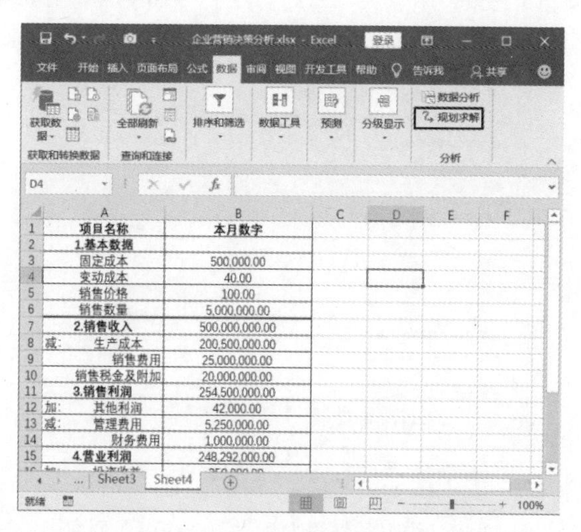

图 13.45　单击“规划求解”按钮

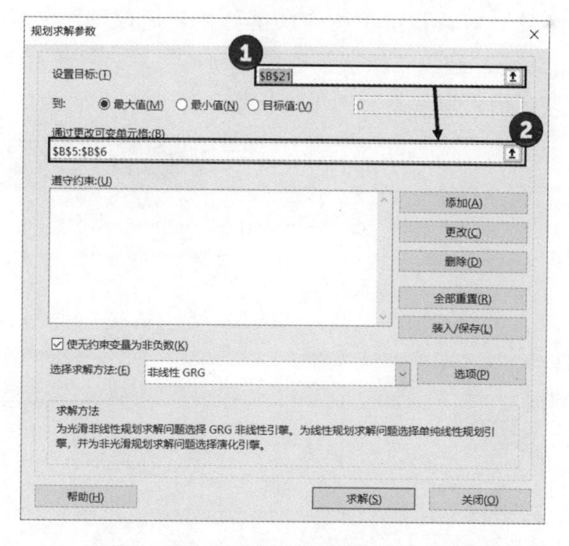

图 13.46　“规划求解参数”对话框

02 在“规划求解参数”对话框中单击“添加”按钮，打开“添加约束”对话框，在“单元格引用”文本框中输入“销售价格”所对应的单元格地址，在中间列表中选择“<=”选项，在“约束”列表中输入数值 100，输入完成后单击“添加”按钮，如图 13.47 所示。在“添加约束”对话

框中再次输入约束条件并单击“添加”按钮添加约束条件，如图 13.48 所示。此时两个约束条件都添加到“规划求解参数”对话框的“遵守约束”列表中，如图 13.49 所示。这两个约束条件分别表示销售价格小于等于 100 元、销售数量小于等于 80 万件。

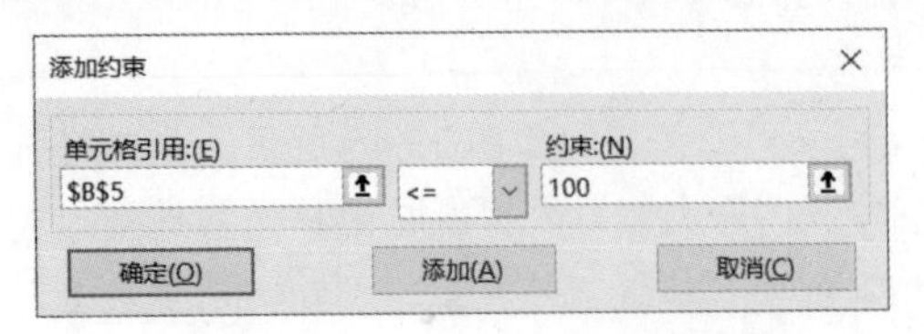

图 13.47　添加第一个约束条件

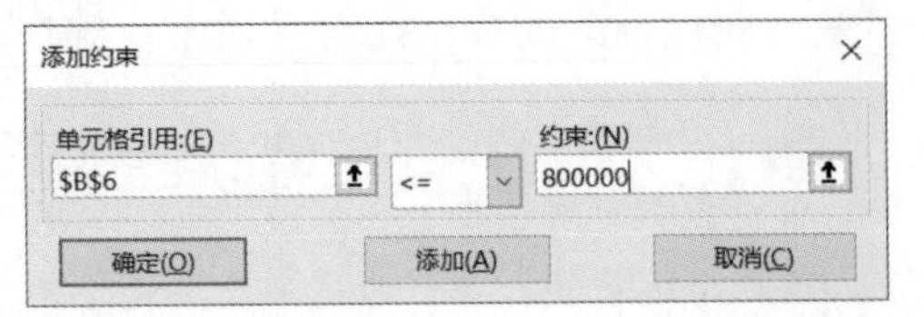

图 13.48　添加第二个约束条件

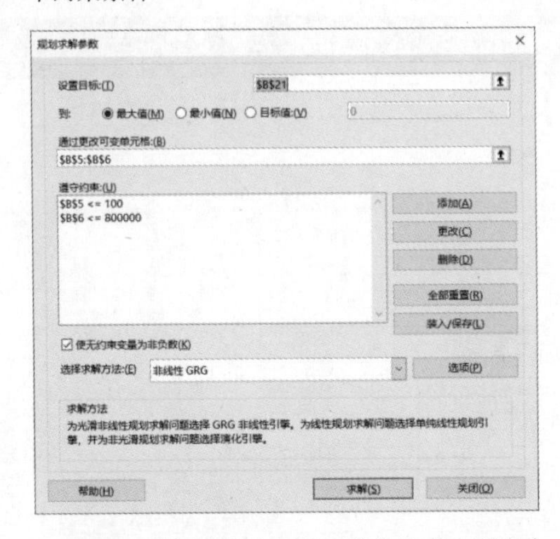

图 13.49　约束条件添加到“遵守约束”列表中

03 在“规划求解参数”对话框中单击“求解”按钮进行规划求解。如果求解成功，Excel 给出“规划求解结果”对话框，选择“保留规划求解的解”单选按钮后单击“确定”按钮，如图 13.50 所示。在工作表中获得的求解结果如图 13.51 所示。

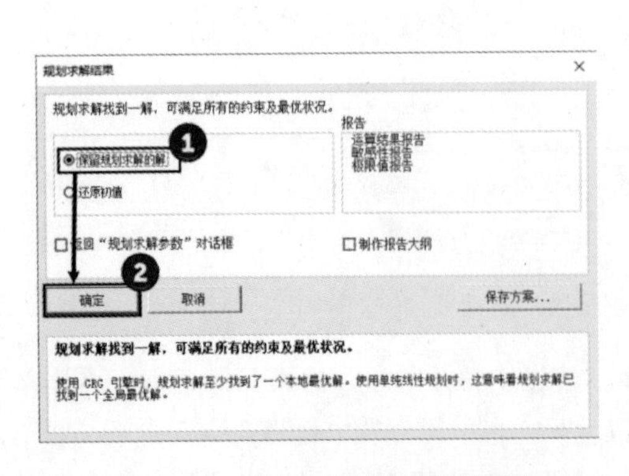

图 13.50　“规划求解结果”对话框

	A	B
1	项目名称	本月数字
2	1.基本数据	
3	固定成本	500,000.00
4	变动成本	40.00
5	销售价格	100.00
6	销售数量	800,000.00
7	2.销售收入	80,000,000.00
8	减：　生产成本	32,500,000.00
9	销售费用	4,000,000.00
10	销售税金及附加	3,200,000.00
11	3.销售利润	40,300,000.00
12	加：　其他利润	42,000.00
13	减：　管理费用	840,000.00
14	财务费用	160,000.00
15	4.营业利润	39,342,000.00
16	加：　投资收益	250,000.00
17	营业外收入	15,000.00
18	营业外支出	80,000.00
19	5.利润总额	39,527,000.00
20	减：　企业所得税	7,905,400.00
21	6.净利润	31,621,600.00

图 13.51　获得规划结果